"十四五"职业教育国家规划教材

建筑信息模型（BIM）技术应用系列新形态教材

浙江省普通高校
新形态教材项目

BIM 建筑信息模型
——Revit 操作教程

（第三版）

柴美娟　徐卫星　赵　丹　编　著

清华大学出版社

北京

内 容 简 介

本书以 Autodesk Revit 为工具，以实际工程项目为载体，指导读者进行 BIM 建模。全书共有 14 章。第 1 章为进入 Revit 的世界，讲解 Revit 的安装、视图界面和图元的基本操作。第 2~11 章以某工程项目从建立标高、轴网到图纸输出的整个建模过程为例，介绍 Revit 的建模操作方法，包括创建标高、轴网，结构布置，创建墙体，创建门、窗，创建楼板、天花板、屋顶，创建楼梯、洞口、坡道、栏杆，室内家具、卫浴布置，室外场地布置，渲染与漫游，图纸输出。第 12 章为 Revit 的族制作方法介绍。第 13 章为 Revit 的概念体量模型制作方法介绍。第 14 章为创建钢结构模型的方法介绍。同时，本书通过国家 BIM 相关政策、大国工匠、中国古代建筑、中国当代建筑等内容，培养读者的家国情怀、工匠精神、科技创新、责任担当等职业素养。

本书是一本建筑信息建模入级图书，面向具备一定土建专业知识但没有 BIM 建模经验的读者，旨在帮助他们掌握使用 Autodesk Revit 进行 BIM 建模的技能，适合土建大类各专业学生和初学 BIM 建模的相关工作者使用。

图书在版编目（CIP）数据

BIM建筑信息模型：Revit操作教程 / 柴美娟，徐卫星，赵丹编著. -- 3版. -- 北京：清华大学出版社，2025.5（2025.8重印）. -- (建筑信息模型（BIM）技术应用系列新形态教材). -- ISBN 978-7-302-69377-2

Ⅰ. TU201.4

中国国家版本馆 CIP 数据核字第 2025U71A23 号

责任编辑：杜　晓
封面设计：曹　来
责任校对：郭雅洁
责任印制：宋　林

出版发行：清华大学出版社
　　　　　网　　　址：https://www.tup.com.cn，https://www.wqxuetang.com
　　　　　地　　　址：北京清华大学学研大厦A座　　　　　邮　　编：100084
　　　　　社 总 机：010-83470000　　　　　　　　　　　邮　　购：010-62786544
　　　　　投稿与读者服务：010-62776969，c-service@tup.tsinghua.edu.cn
　　　　　质量反馈：010-62772015，zhiliang@tup.tsinghua.edu.cn
　　　　　课件下载：https://www.tup.com.cn，010-83470410
印 装 者：三河市铭诚印务有限公司
经　　销：全国新华书店
开　　本：185mm×260mm　　　印　　张：20.5　　　字　　数：473千字
版　　次：2019年8月第1版　　2025年5月第3版　　印　　次：2025年8月第2次印刷
定　　价：59.00元

产品编号：111859-01

序

建筑业作为我国国民经济的重要支柱产业，在过去几十年取得了长足的发展。随着科技的进步，目前建筑业正处于转型升级的关键时期。工业化、数字化、智能化、绿色化成为建筑行业发展的重要方向。例如，建筑信息模型（Building Information Modeling，BIM）技术的应用为各方建设主体提供了协同工作的基础，在提高生产效率、节约成本和缩短工期方面发挥了重要作用，在设计、施工、运维方面很大程度上改变了传统模式和方法；智能建筑系统的普及提升了居住和办公环境的舒适度和安全性；人工智能技术在建筑行业中的应用逐渐增多，如无人机、建筑机器人的应用，提高了工作效率、降低了劳动强度，并为建筑行业带来更多创新；装配式建筑改变了建造方式，其建造速度快、受气候条件影响小，既可节约劳动力，又可提高建筑质量，并且节能环保；绿色低碳理念推动了建筑业可持续发展。2020 年 7 月，住房和城乡建设部等 13 个部门联合印发《关于推动智能建造与建筑工业化协同发展的指导意见》（建市〔2020〕60 号），旨在推进建筑工业化、数字化、智能化升级，加快建造方式转变，推动建筑业高质量发展，并提出到 2035 年，"'中国建造'核心竞争力世界领先，建筑工业化全面实现，迈入智能建造世界强国行列"的奋斗目标。

然而，人才缺乏已经成为制约行业转型升级的瓶颈，培养大批掌握建筑工业化、数字化、智能化、绿色化技术的高素质技术技能人才成为土木建筑大类专业的使命和机遇，同时也对土木建筑大类专业教学改革，特别是教学内容改革提出了迫切要求。

教材建设是专业建设的重要内容，是职业教育类型特征的重要体现，也是教学内容和教学方法改革的重要载体，在人才培养中起着重要的基础性作用。优秀的教材更是提高教学质量、培养优秀人才的重要保证。为了满足土木建筑大类各专业教学改革和人才培养的需求，清华大学出版社借助清华大学一流的学科优势，聚集优秀师资，以及行业骨干企业的优秀工程技术和管理人员，启动 BIM 技术应用、装配式建筑、智能建造三个方向的土木建筑大类新形态系列教材建设工作。该系列教材由四川建筑职业技术学院胡兴福教授担任丛书主编，统筹作者团队，确定教材编写原则，并负责审稿等工作。该系列教材具有以下特点。

（1）思想性。该系列教材全面贯彻党的二十大精神，落实立德树人根本任务，引导学生践行社会主义核心价值观，不断强化职业理想和职业道德培养。

（2）规范性。该系列教材以《职业教育专业目录（2021 年）》和国家专业教学标准为依据，同时吸取各相关院校的教学实践成果。

（3）科学性。教材建设遵循职业教育的教学规律，注重理实一体化，内容选取、结构安排体现职业性和实践性的特色。

（4）灵活性。鉴于我国地域辽阔，自然条件和经济发展水平差异很大，部分教材采用不同课程体系，一纲多本，以满足各院校的个性化需求。

（5）先进性。一方面，教材建设体现新规范、新技术、新方法，以及现行法律、法规和行业相关规定，不仅突出 BIM、装配式建筑、智能建造等新技术的应用，而且反映了营改增等行业管理模式变革内容。另一方面，教材采用活页式、工作手册式、融媒体等新形态，并配套开发数字资源（包括但不限于课件、视频、图片、习题库等），大部分图书配套有富媒体素材，通过二维码的形式链接到出版社平台，供学生扫码学习。

教材建设是一项浩大而复杂的千秋工程，为培养建筑行业转型升级所需的合格人才贡献力量是我们的夙愿。BIM、装配式建筑、智能建造在我国的应用尚处于起步阶段，在教材建设中有许多课题需要探索，本系列教材难免存在不足之处，恳请专家和广大读者批评、指正，希望更多的同仁与我们共同努力！

胡兴福
2025 年 1 月

前　言

BIM 全称为 Building Information Modeling，即建筑信息模型，是继 AutoCAD 之后，建筑领域的第二次信息革命，自面世以来已席卷工程建设行业，引发了史无前例的变革。BIM 基于三维数字设计解决方案，构建"可视化"的数字建筑模型。BIM 能够优化团队协作，支持建筑师、工程师、承包商、建造人员与业主更加清晰、可靠地沟通设计意图。通过数字信息仿真模拟建筑物所具有的真实信息，为建筑施工、房地产等各环节工作人员提供"模拟和分析"的协同工作平台，帮助他们利用三维数字模型对项目进行设计建筑及运营管理，最终使整个工程项目在设计、施工和使用等阶段都能够有效地节省能源、节约成本、提高效率。

近年来，BIM 技术的应用在我国也广泛受到重视，住房和城乡建设部早在"十二五"期间就明确提出基本实现建筑行业信息系统的普及应用，加快 BIM 技术在工程中的应用。2016 年，住房和城乡建设部在《住房城乡建设事业"十三五"规划纲要》中指出，快速推动装配式建筑与信息化深度整合，推进建筑信息模型（BIM）、基于网络的协同工作等信息技术的应用。2023 年，住房城乡建设部办公厅在《关于开展工程建设项目全生命周期数字化管理改革试点工作的通知》中指出推进 BIM 报建和智能辅助审查，将 BIM 技术的应用和发展推向一个新的发展阶段。

党的二十大报告中指出："教育、科技、人才是全面建设社会主义现代化国家的基础性、战略性支撑。必须坚持科技是第一生产力、人才是第一资源、创新是第一动力，深入实施科教兴国战略、人才强国战略、创新驱动发展战略，开辟发展新领域新赛道，不断塑造发展新动能新优势。"本书融入党的二十大精神，将国家推动 BIM 应用的相关政策、BIM 等科技创新引领建筑业进入高质量发展新时代、新时代大国工匠、中国古代建筑和当代建筑等课程思政内容引入教材，以培养具有家国情怀、掌握新技术新工艺、具备科技创新和责任担当使命的新时代建工类人才。

Autodesk Revit 软件专为建筑信息模型而构建。该软件有助于在项目设计流程前期探究新颖的设计概念和外观，并能在整个施工文档中忠实地传达设计理念，支持可持续设计、碰撞检测、施工规划和建造。设计过程中的所有变更都会在相关设计与文档中自动更新，实现更加协调一致的流程，获得更加可靠的设计文档。

本书由浙江工商职业技术学院建筑工程学院柴美娟、徐卫星、赵丹编著，宁波行知中等职业学校叶丽参与编写。具体编写分工如下：第 1 章由赵丹完成，第 2~11 章由柴美娟完成，第 12 章和第 13 章由徐卫星完成，第 14 章由叶丽完成。配套操作微视频由柴美娟、徐卫星共同录制完成。杭州熙域科技有限公司高级工程师吴小菲提供技术材料和教学案例，参与习题集的编写和教材配套实战建模的视频制作，有效提高了教材与实际项目的结合度和教材深度。

　　为方便教师教学和学生学习，本书配有相应的教学微视频、网络慕课课程、Revit 建模阶段性成果文件、CAD 图纸、作业、BIM 考级试卷等数字资源，可直接扫描书中的二维码获取使用。

　　由于编著者水平有限，书中不足之处在所难免，恳请读者批评、指正。

编著者

2025 年 1 月

目　录

第1章 进入Revit的世界

1.1 认识Revit

1.1.1 BIM介绍

建筑信息模型（BIM）的英文全称是Building Information Modeling，是一个完备的信息模型，能够将工程项目在全生命周期中各个不同阶段的工程信息、过程和资源集成在一个模型中，以便工程各参与方使用。通过三维数字技术模拟建筑物所具有的真实信息，为工程设计和施工提供相互协调、内部一致的信息模型，使该模型达到设计与施工的一体化，各专业协同工作，从而降低了工程生产成本，保障工程按时按质完成。

教学视频：
认识Revit

1. BIM的特点

1）可视化性

可视化即"所见即所得"的形式，对于建筑行业来说，可视化的作用是非常大的，例如常见的施工图纸，只是采用线条绘制各个构件的信息，构件真正的构造形式需要建筑业参与人员自行想象。对于一般简单的东西来说，这种想象也未尝不可，但是近年来建筑的建筑形式各异，复杂造型不断推出，仅靠想象不太现实。所以BIM提供了可视化的思路，将以往的线条式的构件以 种二维的立体实物图形展示在人们的面前。建筑业也有设计方出效果图的情况，但是这种效果图是分包给专业的效果图制作团队进行识读而设计制作出的线条式信息，并不是通过构件的信息自动生成的，缺少了同构件之间的互动性和反馈性。BIM提到的可视化是一种同构件之间能够形成互动性和反馈性的可视化。在BIM中，由于整个过程都是可视化的，所以可视化的结果不仅可以用来展示效果图及生成报表，更重要的是，项目设计、建造、运营过程中的沟通、讨论、决策都是在可视化的状态下进行的。

2）协调性

协调是建筑业中的重点因素，不管是施工单位还是业主及设计单位，都进行着协调及相互配合的工作。一旦项目在实施过程中遇到了问题，就要将各有关人员组织起来开协调会，找出施工问题发生的原因及解决办法，然后进行变更，做相应的补救措施等。那么真的只能等出现问题后再进行协调吗？在设计时，往往由于各专业设计师之间的沟通不到位，出现各种专业之间的碰撞问题，例如，暖通等管道在进行布置时，由于施工图纸是绘制在各自的施工图纸上的，真正施工过程中，可能在布置管线时正好有结构设计的梁等构件妨碍管线的布置，这就是施工中常遇到的碰撞问题。BIM 的协调性服务就可以帮助设计师处理这种问题，也就是说，BIM 可在建筑物建造前期对各专业的碰撞问题进行协调，生成协调数据提供给用户。当然 BIM 的协调作用也并不是只能解决各专业间的碰撞问题，它还可以解决其他问题，例如，电梯井布置与其他设计布置及净空要求的协调问题、防火分区与其他设计布置的协调问题、地下排水布置与其他设计布置的协调问题等。

3）模拟性

BIM 并不是只能模拟设计出建筑物模型，还可以模拟不能在真实世界中进行操作的事物。在设计阶段，BIM 可以对设计上需要进行模拟的一些内容进行模拟实验，例如，节能模拟、紧急疏散模拟、日照模拟、热能传导模拟等。在招标投标和施工阶段可以进行 4D 模拟（3D 模型加项目的发展时间），也就是根据施工的组织安排模拟实际施工情况，从而确定合理的施工方案。同时，BIM 还可以进行 5D 模拟（基于 3D 模型的造价控制），从而实现成本控制；后期运营阶段可以模拟日常紧急情况的处理方式，例如，地震人员逃生模拟及消防人员疏散模拟等。

4）优化性

事实上，建筑的整个设计、施工、运营的过程就是一个不断优化的过程，当然优化和 BIM 也不存在实质性的必然联系，但在 BIM 的基础上可以做更好的优化、更好地做优化。优化受三种因素的制约：信息、复杂程度和时间。没有准确的信息做不出合理的优化结果，BIM 提供了建筑物实际存在的信息，包括几何信息、物理信息、规则信息，还提供了建筑物变化以后实际存在的信息。当复杂程度上升到一定水平时，参与人员凭本身的能力无法掌握所有的信息，必须借助一定的科学技术和设备。现代建筑物的复杂程度大多超过参与人员本身的能力极限，BIM 及与其配套的各种优化工具提供了对复杂项目进行优化的可能。项目工期会因实际施工中遇到的各种问题与原来的实施计划产生偏差，BIM 及其相关工具可实现对项目的时间优化控制。基于 BIM 的优化可以做下面的工作。

（1）项目方案优化：把项目设计和投资回报分析结合起来，设计变化对投资回报的影响可以实时计算出来。这样业主对设计方案的选择就不会主要停留在对形状的评价上，而更多地可以使业主知道哪种项目设计方案更有利于满足自身的需求。

（2）特殊项目的设计优化：如裙楼、幕墙、屋顶、大空间等到处都可以看到异形设计，这些内容看起来占整个建筑的比例不大，但是占投资和工作量的比例和前者相比却往往要大得多，而且通常也是施工难度比较大和施工问题比较多的地方，对这些内容的设计施工方案进行优化，可以显著降低施工难度，减少施工问题。

（3）时间优化：把 BIM 模型与时间进度相关联，按照目标工期要求编制计划，模拟实施进度，实施和检查计划的实际执行情况，并在分析进度偏差原因的基础上不断调整、修改计划，直至工程竣工交付使用。通过对进度影响因素实施控制及各种关系协调，综合运用各种可行方法、措施，将项目的计划工期控制在事先确定的目标工期范围之内，在兼顾成本、质量控制目标的同时，努力缩短建设工期。

5）可出图性

BIM 并不是为了出建筑设计院所出的常见的建筑设计图纸，以及一些构件加工的图纸，而是为了通过对建筑物进行可视化展示、协调、模拟、优化，帮助业主做出以下图纸。

（1）综合管线图（经过碰撞检查和设计修改，消除相应错误以后出图）。

（2）综合结构留洞图（预埋套管图）。

（3）碰撞检查侦错报告和建议改进方案。

6）一体化性

BIM 技术可进行从设计到施工再到运营的项目管理，贯穿了工程项目的全生命周期的一体化管理过程。BIM 的技术核心是一个由计算机三维模型构成的数据库，不仅包含了建筑的设计信息，而且可以容纳从设计到建成使用，甚至是使用周期终结的全过程信息。

7）参数化性

参数化建模是指通过参数而不是数字建立和分析模型，简单地改变模型中的参数值就能建立和分析新的模型；BIM 中的图元以构件的形式出现，这些构件之间的不同之处是通过参数的调整反映出来的，参数保存了图元作为数字化建筑构件的所有信息。

8）信息完备性

信息完备性体现在 BIM 技术可对工程对象进行 3D 几何信息和拓扑关系的描述，以及完整的工程信息描述方面。

2. BIM 的应用价值

建立以 BIM 应用为载体的信息化管理平台，提升项目生产效率、提高建筑质量、缩短工期、降低建造成本，具体体现在以下方面。

1）三维渲染，宣传展示

三维渲染动画给人以真实感和直接的视觉冲击。创建好的 BIM 模型可以作为二次渲染开发的模型基础，大大提高了 3D 渲染效果的精度与效率，给业主更为直观的宣传介绍，提高中标概率。

2）快速算量，精度提升

BIM 通过建立 5D 关联数据库，可以准确、快速地计算工程量，提高施工预算的精度与效率。由于 BIM 数据库的数据粒度达到构件级，可以快速提供支撑项目各条线管理所需的数据信息，有效提升施工管理效率。BIM 技术能自动计算工程实物量，这属于较传统的算量软件的功能，在国内此类应用案例非常多。

3）精确计划，减少浪费

施工企业精细化管理很难实现的根本原因在于海量的工程数据无法快速、准确地获取，以支持资源计划，致使经验主义盛行。而 BIM 的出现可以让相关管理条线快速、准确地获得工程基础数据，为施工企业制订精确人才培养计划提供有效的支撑，大大减少了资源、物流和仓储环节的浪费，为实现限额领料、消耗控制提供了技术支撑。

4）多算对比，有效管控

管理的支撑是数据，项目管理的基础就是工程基础数据的管理，及时、准确地获取相关工程数据就是项目管理的核心竞争力。BIM 数据库可以实现任一时间点上工程基础信息的快速获取，通过合同、计划与实际施工的消耗量、分项单价、分项合价等数据的多算对比，可以有效地了解项目运营是否盈亏、消耗量有无超标、进货分包单价有无失控等问题，实现对项目成本风险的有效管控。

5）虚拟施工，有效协同

三维可视化功能再加上时间维度，可以进行虚拟施工。随时随地、直观快速地将施工计划与实际进度进行对比，同时进行有效协同，施工方、监理方甚至非工程行业出身的业主和领导都能对工程项目的各种问题与情况了如指掌。这样，通过 BIM 技术结合施工方案、施工模拟和现场视频监测，可大大减少建筑质量问题、安全问题，减少返工和整改。

6）碰撞检查，减少返工

BIM 最直观的特点在于三维可视化，利用 BIM 的三维技术在前期可以进行碰撞检查，优化工程设计，减少在建筑施工阶段可能存在的错误损失和返工的可能性，而且可以优化净空，优化管线排布方案。最后，施工人员可以利用碰撞优化后的三维管线方案进行施工交底、施工模拟，提高施工质量，同时也提高了与业主沟通的能力。

7）冲突调用，决策支持

BIM 数据库中的数据具有可计量（computable）的特点，大量工程相关的信息可以为工程提供数据后台的支撑。BIM 中的项目基础数据可以在各管理部门进行协同和共享，工程量信息可以根据时空维度、构件类型等进行汇总、拆分、对比分析等，保证工程基础数据及时、准确地提供，为决策者制订工程造价项目群管理、进度款管理等方面的决策提供依据。

3. BIM 的相关软件介绍

目前市场上创建 BIM 模型的软件多种多样，其中比较有代表性的有 Autodesk Revit 系列、Gehry Technologies、基于 Dassault Catia 的 Digital Project（简称 DP）、Bentley Architecture 系列和 DRAPHISOFT ArchiCAD 等。在我国应用最广、知名度最高的是 Autodesk Revit 系列。

1.1.2 Revit 的工作界面介绍

📖 知识准备

Autodesk Revit 的工作界面如图 1.1.1 所示，主要包括"应用程序按钮""快速访问工具栏""选项卡""上下文选项卡""选项栏""面板""工具""属性面板""项目浏览器""状态栏""视图控制栏""工作集状态""显示与工作区域""视图导航栏""View Cube"等。

✎ 实训操作

启动 Revit 应用程序，了解 Revit 基本界面，步骤如下。

（1）双击桌面上的 Revit 快捷图标或选择 Windows 界面左下角的"开始"菜单→ Autodesk → Revit 命令，都可以启动 Autodesk Revit。启动后，会显示如图 1.1.2 所示的"最近使用的文件"界面。在该界面中，Revit 会分别按时间顺序依次列出最近使用的项目文件、最近使用的族文件缩略图和名称。

当 Revit 第一次启动时，会显示建筑样例项目、结构样例项目、系统样例项目和建筑样例族、结构样例族、系统样例族。

图 1.1.1　Autodesk Revit 工作界面各组成部分

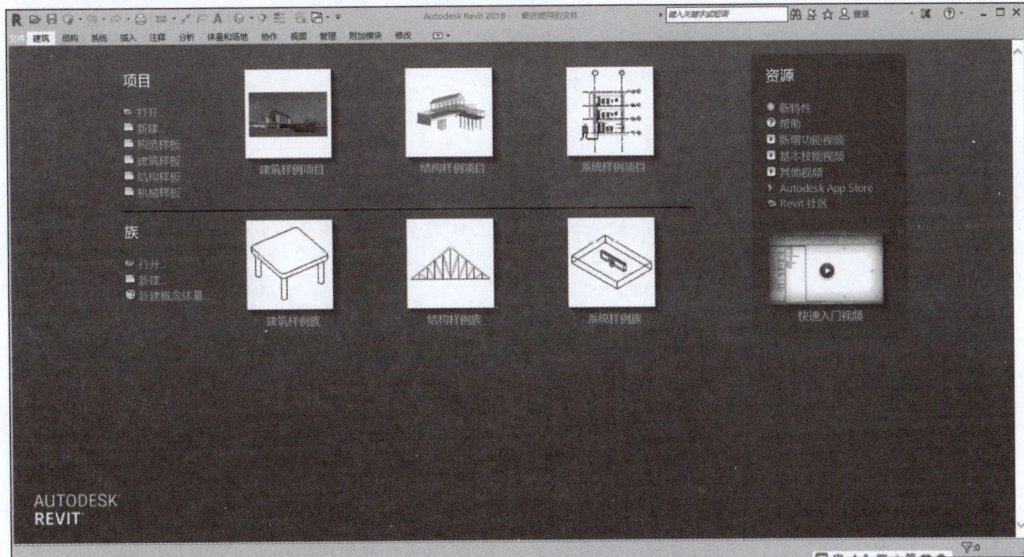

图 1.1.2　Autodesk Revit 启动界面

（2）单击建筑样例项目，打开样例文件，Autodesk Revit 用户界面如图 1.1.3 所示。

（3）单击左上角的"应用程序菜单"图标，可以打开应用程序下拉菜单，如图 1.1.4 所示。与 Autodesk 的其他软件一样，其中包含"新建""打开""保存"和"导出"等命令。右侧默认显示最近打开过的文件。

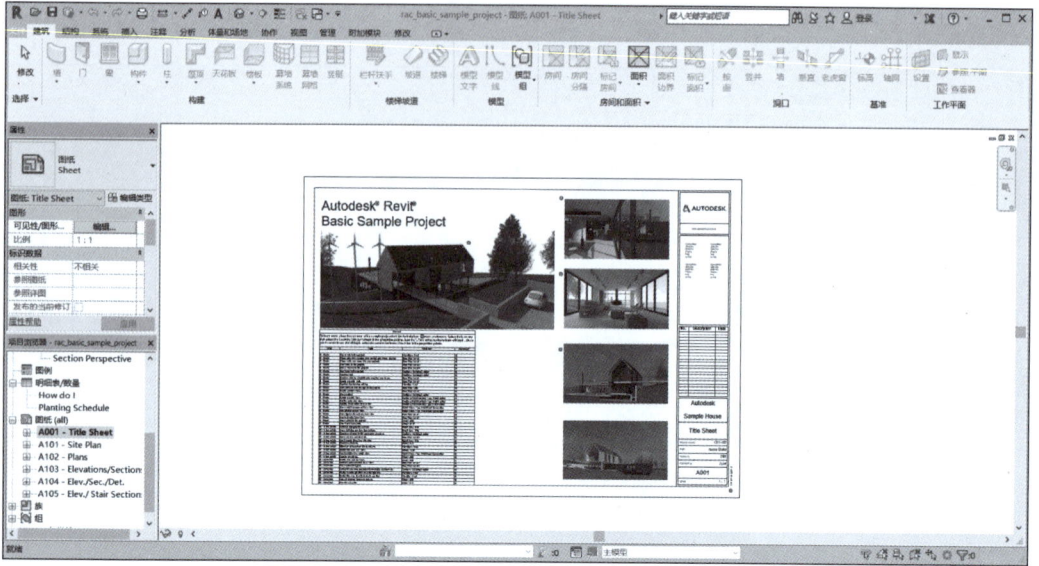

图 1.1.3　Autodesk Revit 用户界面

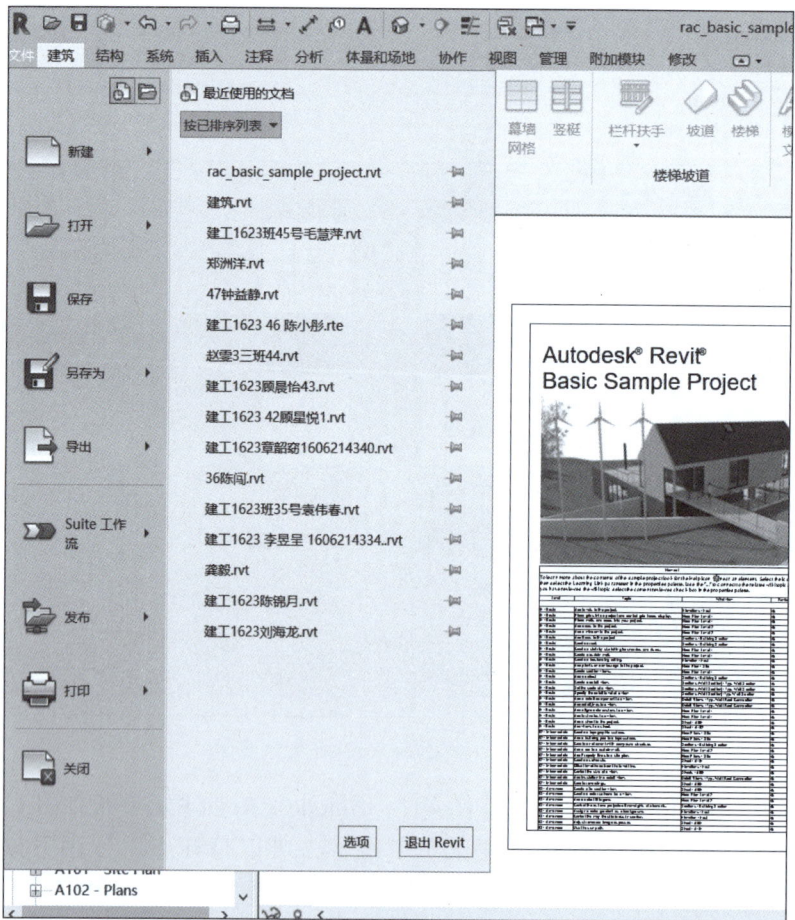

图 1.1.4　应用程序菜单

（4）单击左下角的"项目浏览器"，双击"三维视图"→ Approach，工作区中将显示建筑的三维视图，如图 1.1.5 所示。

图 1.1.5　项目浏览器

（5）如图 1.1.6 所示，单击选中三维视图中的墙，可观察到"属性"面板中出现基本墙的属性。"上下文选项卡"和"选项栏"中出现"修改 | 墙"选项卡，"面板"和"工具栏"也跟着选择内容发生变化。选择"屋顶""风车"等内容，观察"属性"面板、"上下文选项卡"和"选项栏"的变化。

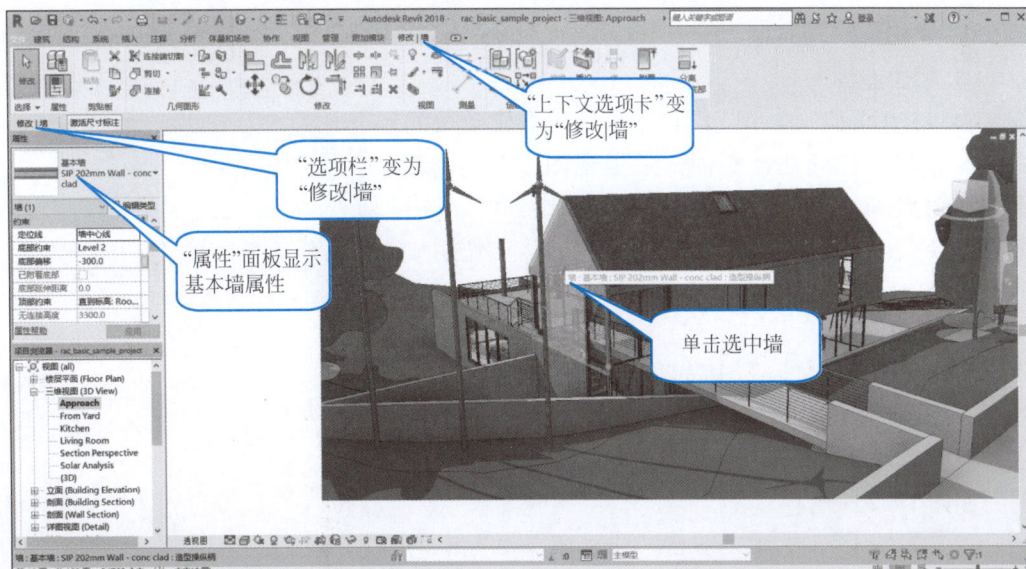

图 1.1.6　"属性"面板、"上下文选项卡"和"选项栏"

（6）Autodesk Revit用户界面设置：如图1.1.7所示，单击"视图"选项卡→"窗口"面板→"用户界面"工具，可看到"项目浏览器"和"属性"等，勾选表示显示，取消勾选将不显示。请依次将各项勾选和取消勾选，以认识相应的面板和工具。

图 1.1.7　Autodesk Revit 用户界面设置

1.2　Revit 的视图显示与控制

1.2.1　使用项目浏览器

📖 知识准备

"项目浏览器"在实际项目中扮演着非常重要的角色，项目创建的楼层平面、三维视图、立面、剖面、详图视图、渲染、图纸、明细表／数量和族等内容，都会在"项目浏览器"中显示出来，以方便用户管理整个项目资源，如图1.2.1所示。

🖎 实训操作

使用"项目浏览器"浏览项目的各类资源的步骤如下。

（1）启动 Revit，打开前面操作过的建筑样例项目，如图1.2.2所示。

（2）如图1.2.3所示，双击"项目浏览器"中的"楼层平面"→ Level 1/Level 2/Site，分别浏览不同的平面视图。与 AutoCAD 软件相同，向上滚动鼠标滚

教学视频：使用项目浏览器

图 1.2.1　Revit 的"项目浏览器"

轮可放大显示视图，向下滚动鼠标滚轮可缩小显示视图，按住鼠标滚轮不放可上、下、左、右平移视图。

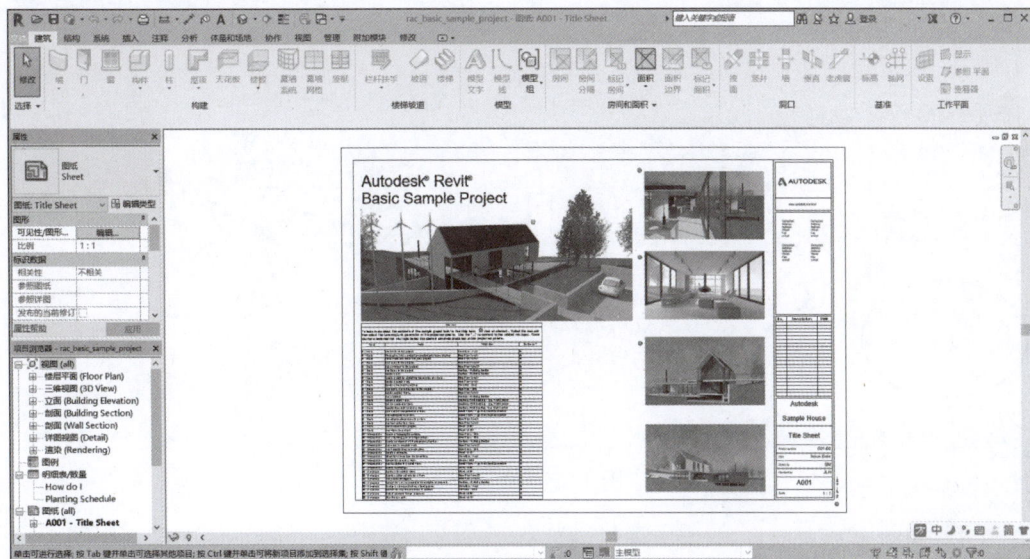

图 1.2.2　建筑样例项目

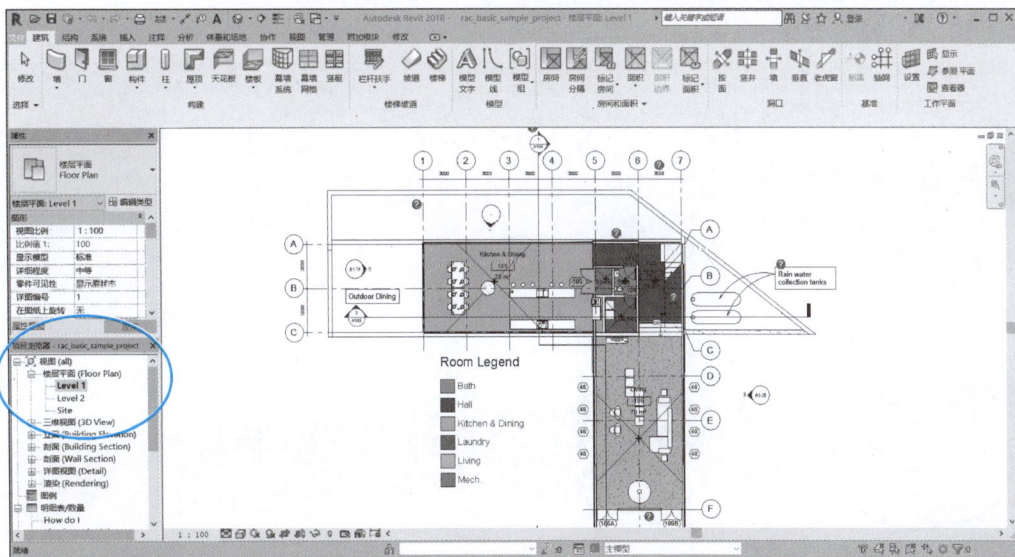

图 1.2.3　楼层平面视图

（3）如图 1.2.4 所示，双击"项目浏览器"中的"立面"→ East/North/South/West，可分别浏览项目的东、北、南、西立面视图。与 AutoCAD 软件相同，向上滚动鼠标滚轮可放大显示视图，向下滚动鼠标滚轮可缩小显示视图，按住鼠标滚轮不放可上、下、左、右平移视图。

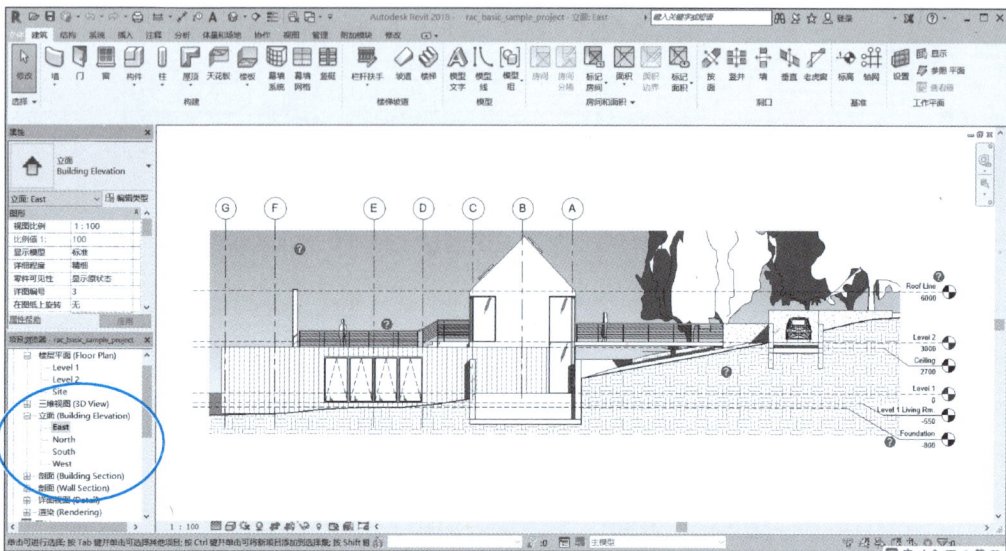

图 1.2.4　立面视图

（4）如图 1.2.5 所示，双击"项目浏览器"中的"剖面"，选择不同的剖面视图，可浏览项目创建的各剖面视图。与 AutoCAD 软件相同，向上滚动鼠标滚轮可放大显示视图，向下滚动鼠标滚轮可缩小显示视图，按住鼠标滚轮不放可上、下、左、右平移视图。

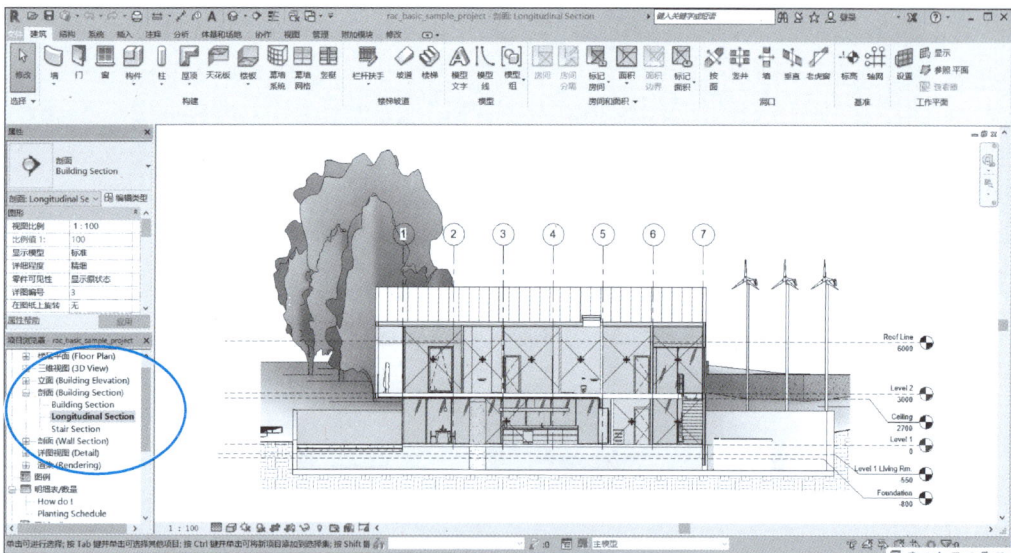

图 1.2.5　剖面视图

（5）如图 1.2.6 所示，双击"项目浏览器"中的"详图视图"，选择不同的详图视图，可浏览项目创建的各详图视图。与 AutoCAD 软件相同，向上滚动鼠标滚轮可放大显示视图，向下滚动鼠标滚轮可缩小显示视图，按住鼠标滚轮不放可上、下、左、右平移视图。

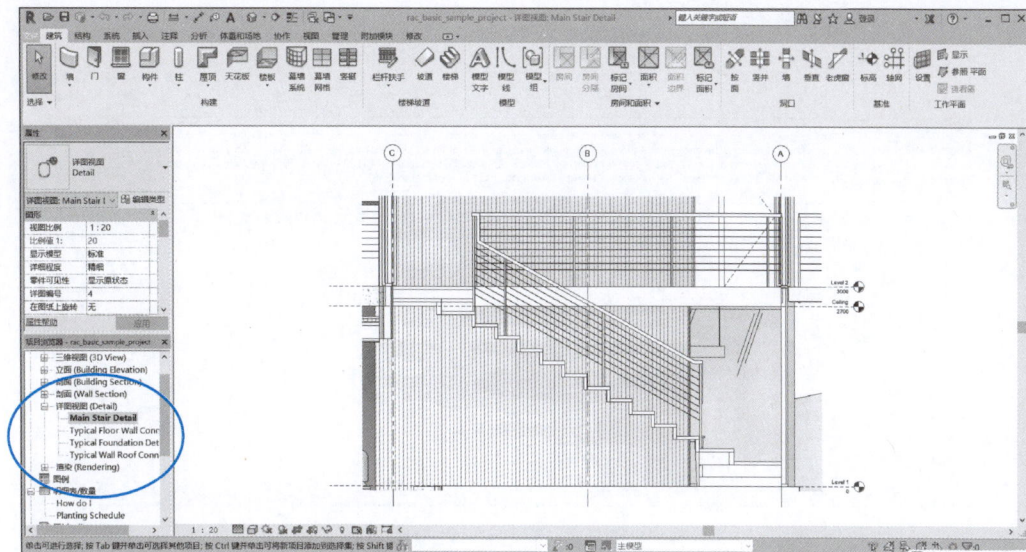

图 1.2.6　详图视图

（6）如图 1.2.7 所示，双击"项目浏览器"中的"渲染"，选择不同的渲染图，可浏览项目创建的各渲染图。与 AutoCAD 软件相同，向上滚动鼠标滚轮可放大显示视图，向下滚动鼠标滚轮可缩小显示视图，按住鼠标滚轮不放可上、下、左、右平移视图。

图 1.2.7　渲染图

（7）如图 1.2.8 所示，双击"项目浏览器"中的"明细表 / 数量"，选择不同的明细表，可浏览项目创建的各明细表。

（8）如图 1.2.9 所示，双击"项目浏览器"中的"图纸"，选择不同的图纸，可浏览项目创建的各图纸并导出 CAD 文件。

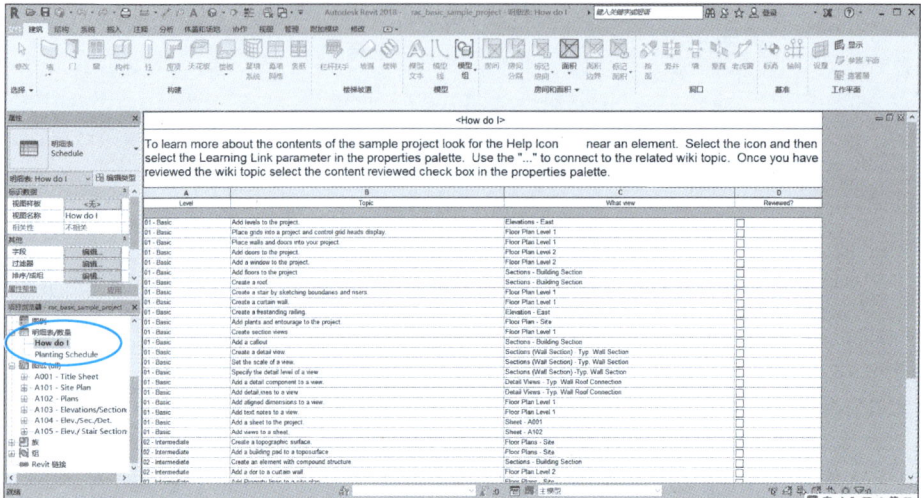

图 1.2.8　明细表 / 数量图

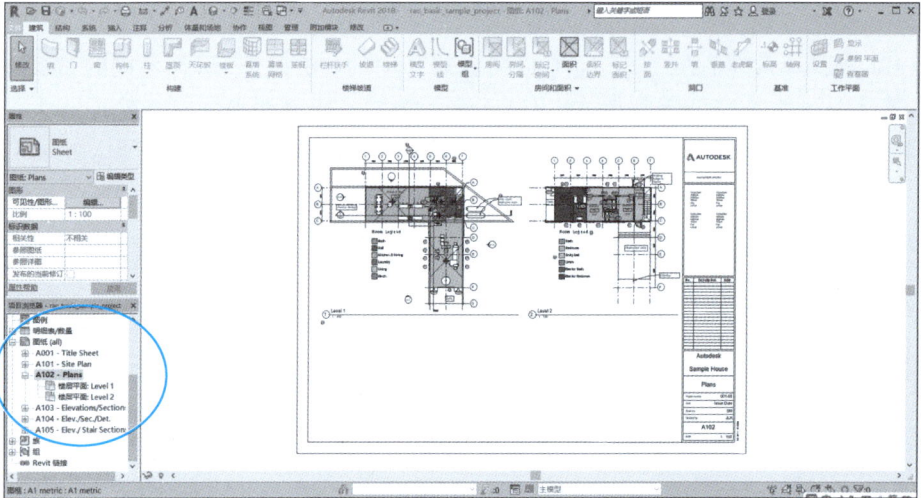

图 1.2.9　图纸

（9）如图 1.2.10 所示，双击"项目浏览器"中的"族"，选择不同的族，可浏览项目使用的各类族信息。

1.2.2　视图导航与控制

📖 知识准备

Revit 提供了多种视图导航和控制工具，可对视图进行放大、缩小、平移、旋转、隐藏、隔离等操作，以方便使用者看到想要的内容，如图1.2.11所示。本小节将分别介绍用鼠标、"View Cube""视图导航栏"和"视图控制栏"对视图进行导航与控制的操作方法。

教学视频：
视图导航
与控制

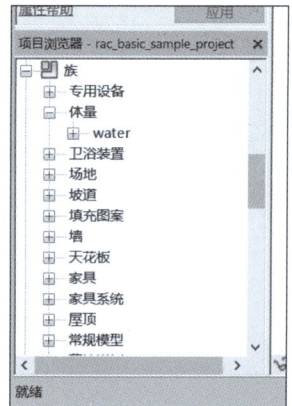

图 1.2.10　族

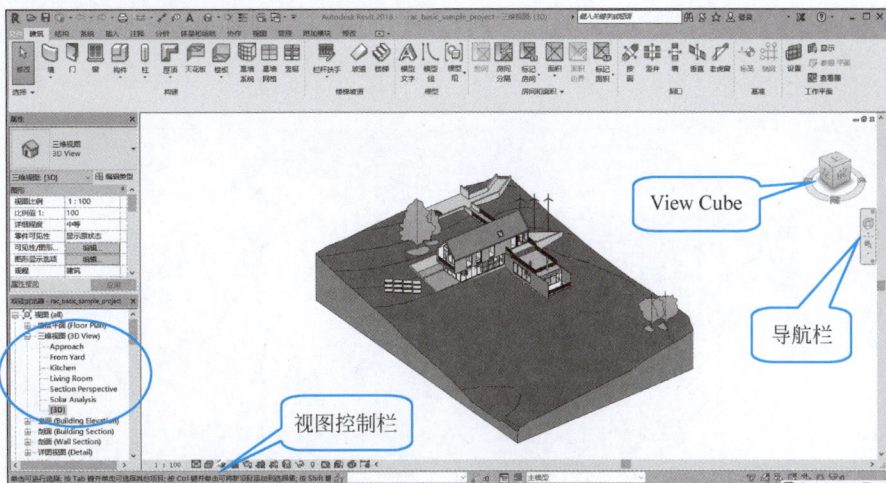

图 1.2.11　三维视图

📖 实训操作

分别用鼠标、"View Cube""视图导航栏"和"视图控制栏"对视图进行导航与控制。

1. 使用鼠标控制视图

（1）启动 Revit，打开前面操作过的建筑样例项目，双击"项目浏览器"→"三维视图"→{3D}，如图 1.2.12 所示。

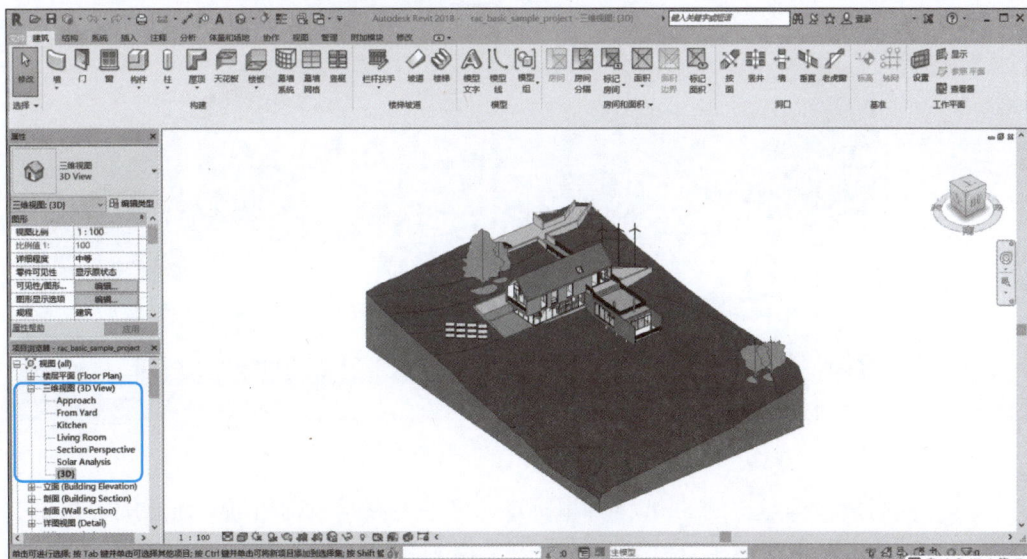

图 1.2.12　3D 视图

（2）向上滚动鼠标滚轮可放大视图，向下滚动鼠标滚轮可缩小视图，如图 1.2.13 所示。

（3）移动鼠标指针至视图中心位置，按住鼠标滚轮不放，可上、下、左、右平移视图，将房子移到工作区中心并放大，如图 1.2.14 所示。

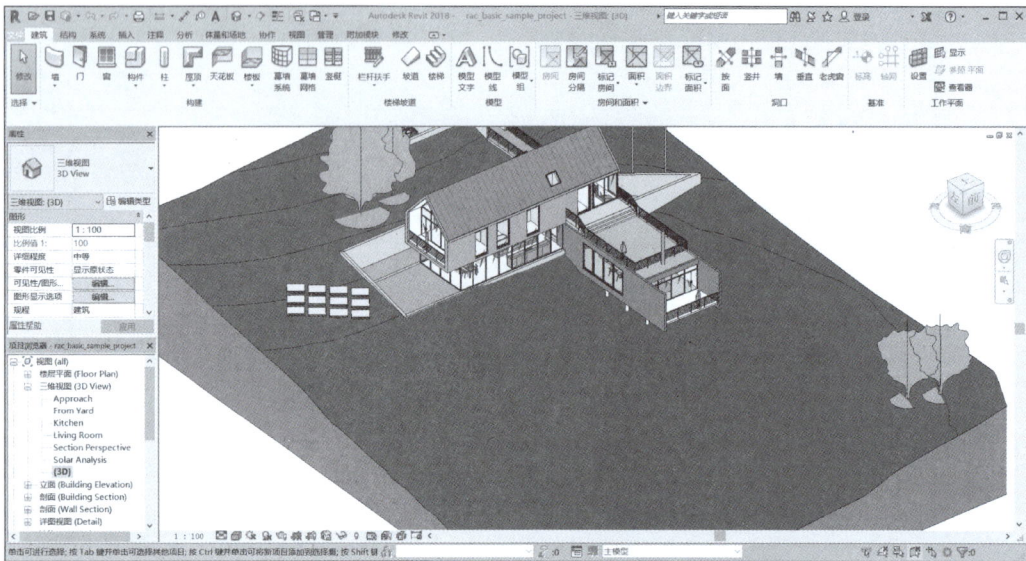

图 1.2.13　放大 / 缩小视图

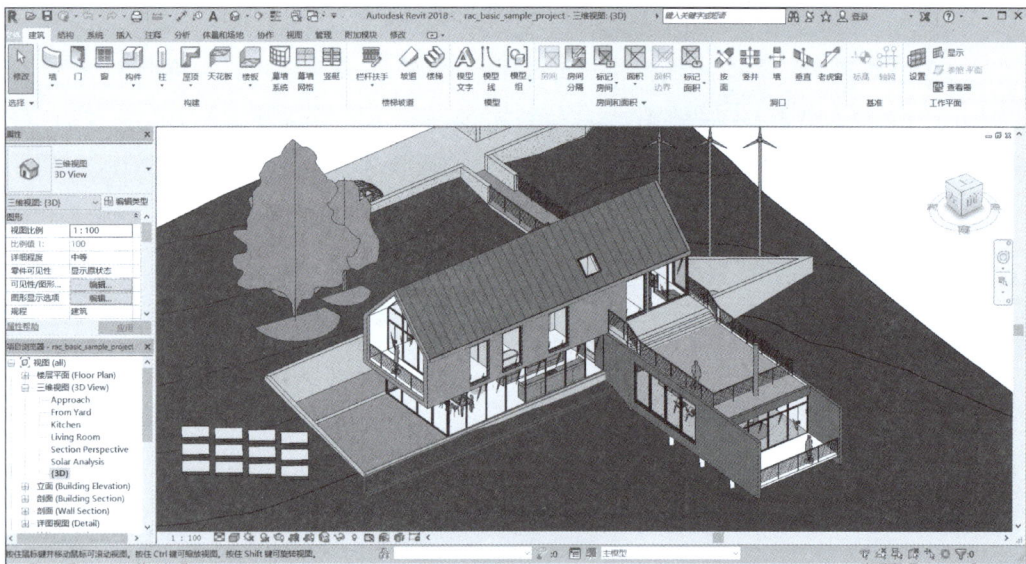

图 1.2.14　平移视图

（4）同时按住键盘上的 Shift 键和鼠标滚轮，左右移动鼠标指针，任意旋转视图中的模型，可从不同角度观察 3D 模型，如图 1.2.15 所示。

2. 使用"视图导航栏"控制视图

（1）启动 Revit，打开前面操作过的建筑样例项目，双击"项目浏览器"→"三维视图"→{3D}，找到右边的"视图导航栏"，如图 1.2.16 所示。

（2）单击"视图导航栏"中的"导航控制盘"按钮，打开"导航控制盘"，如图 1.2.17 所示。

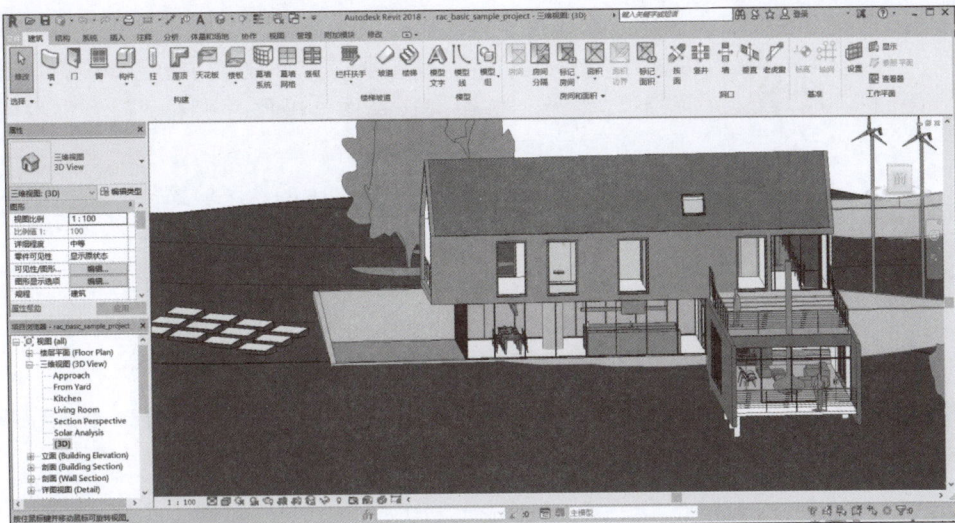

图 1.2.15　旋转视图

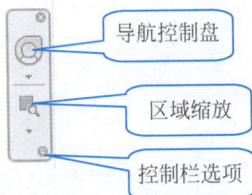

图 1.2.16　视图导航栏

图 1.2.17　导航控制盘

移动鼠标指针，将"导航控制盘"放到三维视图的中心，将鼠标指针放置到"缩放"按钮上，"缩放"按钮会高亮显示，按住鼠标左键不放，"导航控制盘"消失，视图中出现绿色球形图标，上、下、左、右移动鼠标指针，可实现视图的缩放，如图 1.2.18

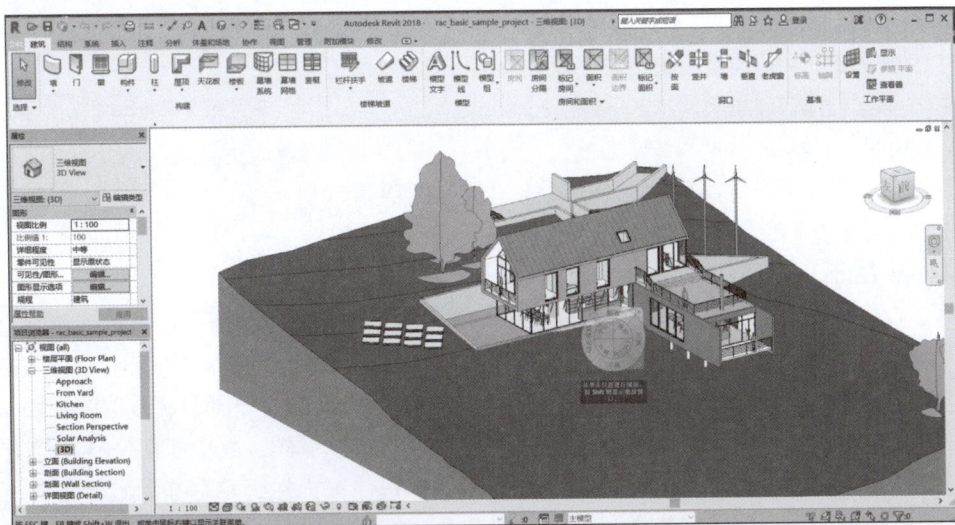

图 1.2.18　使用"导航控制盘"缩放视图

图 1.2.19　区域缩放

所示。完成操作后，松开鼠标左键，"导航控制盘"恢复。可以继续选择"平移""动态观察""回放""中心""环视""向上 / 向下""漫游"按钮进行操作，操作方法和"缩放"按钮一样，在此不再赘述。

（3）单击"视图导航栏"中的"区域缩放"按钮的下三角按钮，如图 1.2.19 所示。

下面以第一个功能"区域放大"为例介绍。选择"区域放大"，框选视图中某一个区域，即可放大该区域到整个工作区，如图 1.2.20 所示。

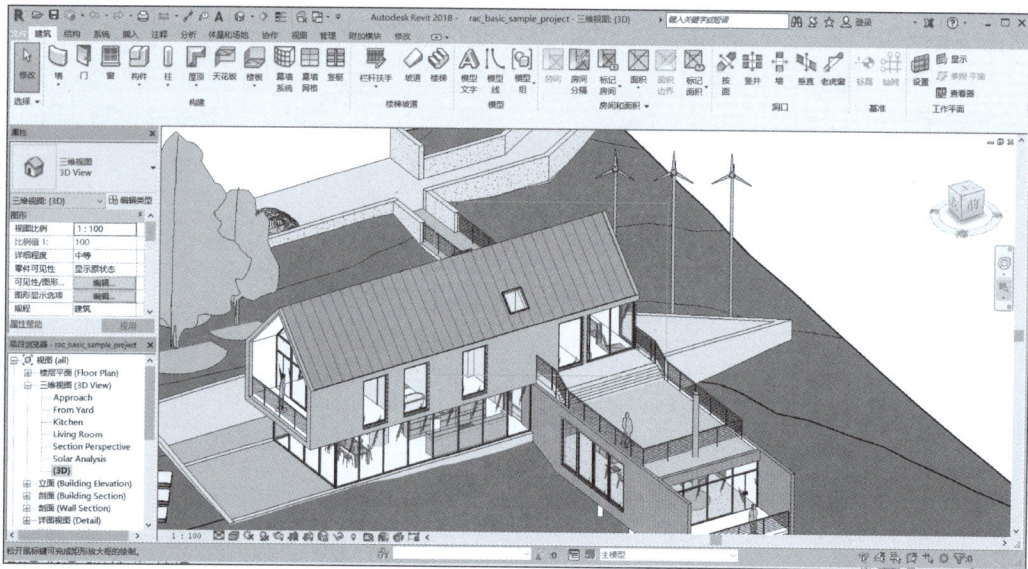

图 1.2.20　区域放大

可自行选择"缩小两倍""缩放匹配""缩放全部以匹配""缩放图纸大小""上一次平移 / 缩放""下一次平移 / 缩放"，操作尝试其功能。

3. 使用"View Cube"控制视图

（1）启动 Revit，打开前面操作过的建筑样例项目，双击"项目浏览器"→"三维视图"→{3D}，找到右边的"View Cube"工具，如图 1.2.21 所示。

（2）单击"上"，可以切换到顶视图，单击右上方的"旋转"，将视图做 90° 的旋转，如图 1.2.22 所示。View Cube 上的"前""后""左""右""下"，以及各个边、角都可以单击，工作区将根据单击位置显示该方位的视图。

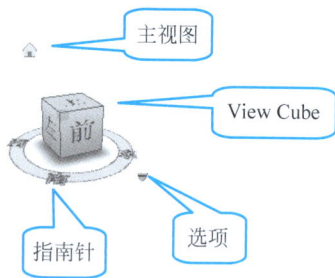

图 1.2.21　View Cube 工具

（3）单击"指南针"工具中的"东""西""南""北"字样，可快速切换到相应方向的视图，也可将光标移动到"指南针"的圆圈上，按住鼠标左键左右拖动鼠标指针，视点将约束到当前视点高度，随着鼠标指针移动方向旋转，如图 1.2.23 所示。

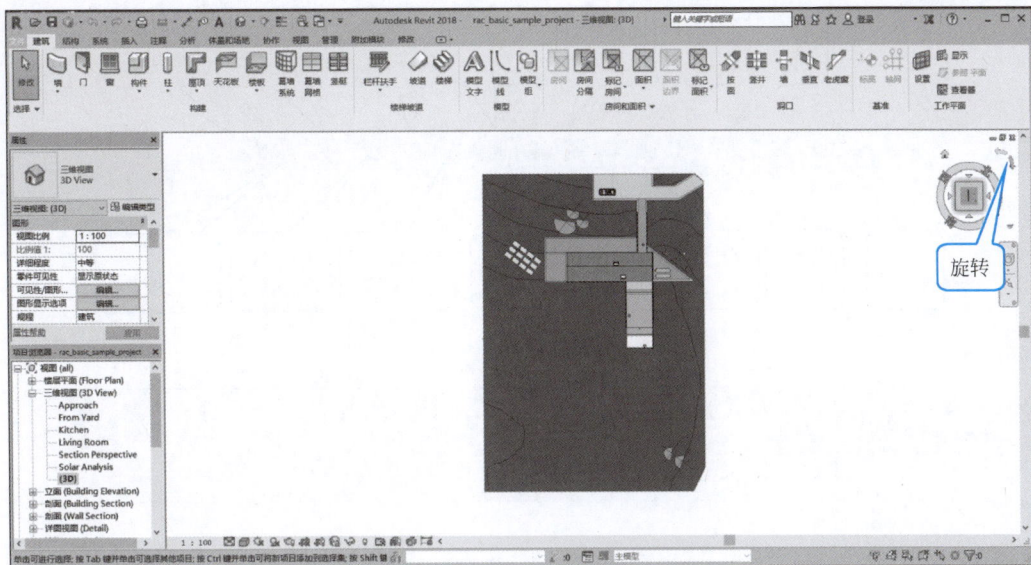

图 1.2.22　使用"View Cube"控制视图

图 1.2.23　使用"指南针"控制视图

4. 使用"视图控制栏"对视图的显示进行控制

（1）启动 Revit，打开前面操作过的建筑样例项目，双击"项目浏览器"→"三维视图"→{3D}，找到下方的"视图控制栏"，如图 1.2.24 所示。

（2）在"项目浏览器"中找到"楼层平面"，打开 Level 1，单击"视图控制栏"→"视图比例"，如图 1.2.25 所示，将原来的比例 1∶100 调成 1∶50 后，观察视图的变化，再将比例改回 1∶100。

（3）放大左下角的墙体，单击"视图控制栏"→"详细程度"，分别选择"粗略""中等""精细"，观察墙体的变化，如图 1.2.26 所示。

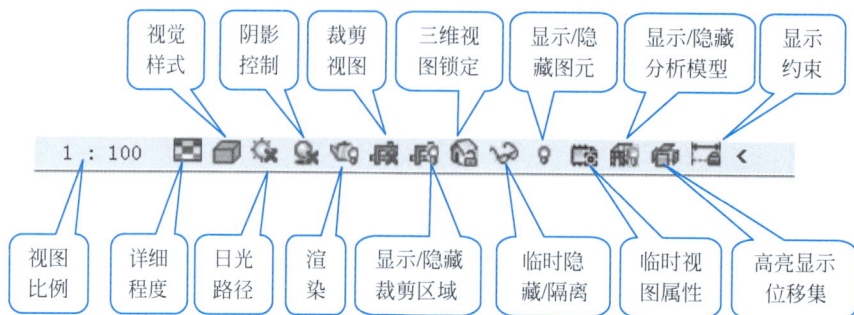

图 1.2.24 "视图控制栏"

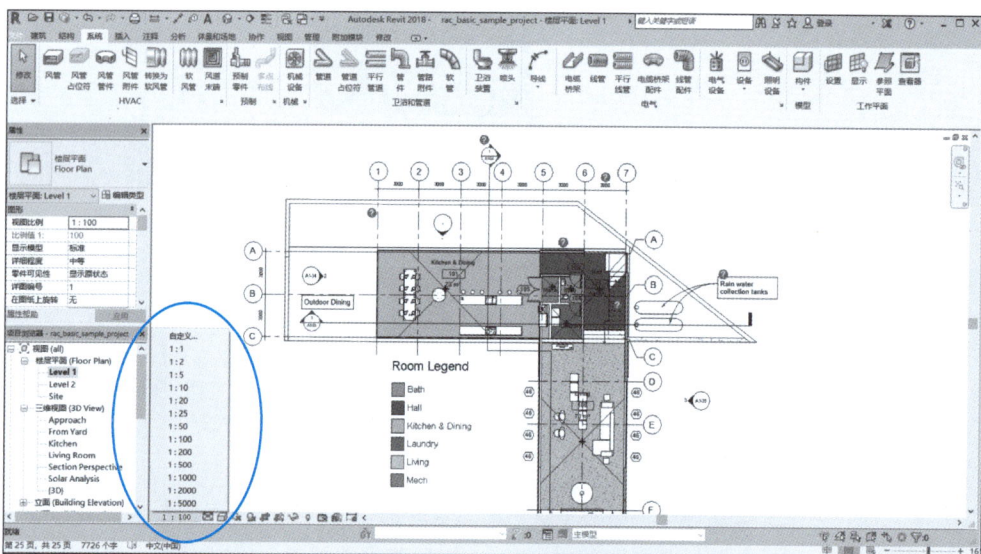

图 1.2.25 "视图比例"

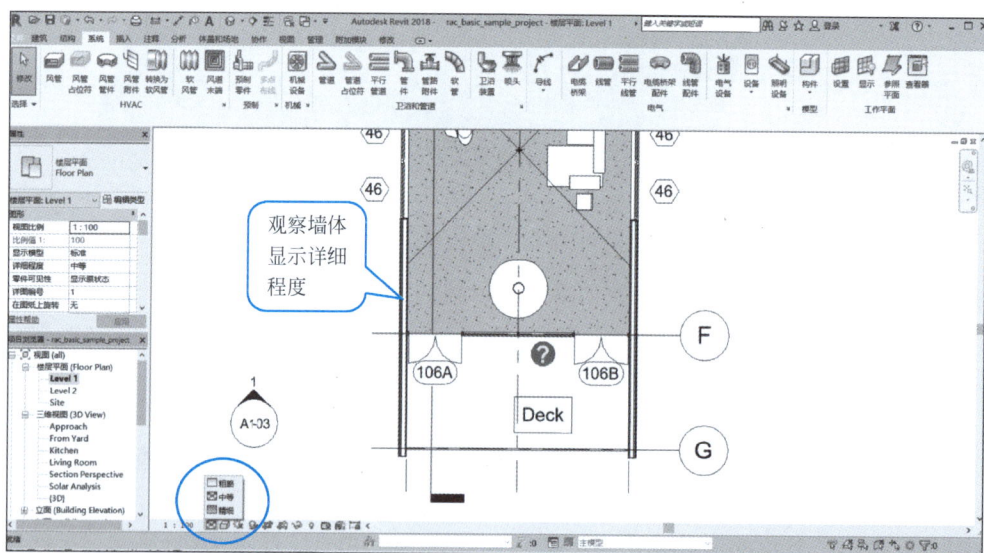

图 1.2.26 "详细程度"

（4）双击"项目浏览器"→"三维视图"→{3D}，单击"视图控制栏"→"视觉样式"，分别使用"线框""隐藏线""着色""一致的颜色""真实""光线追踪"，观察视图显示变化，如图 1.2.27 所示。

注意

视觉样式越往上调，对计算机的内存等要求越高，会导致软件运行速度变慢，一般显示时调到"着色"为宜。

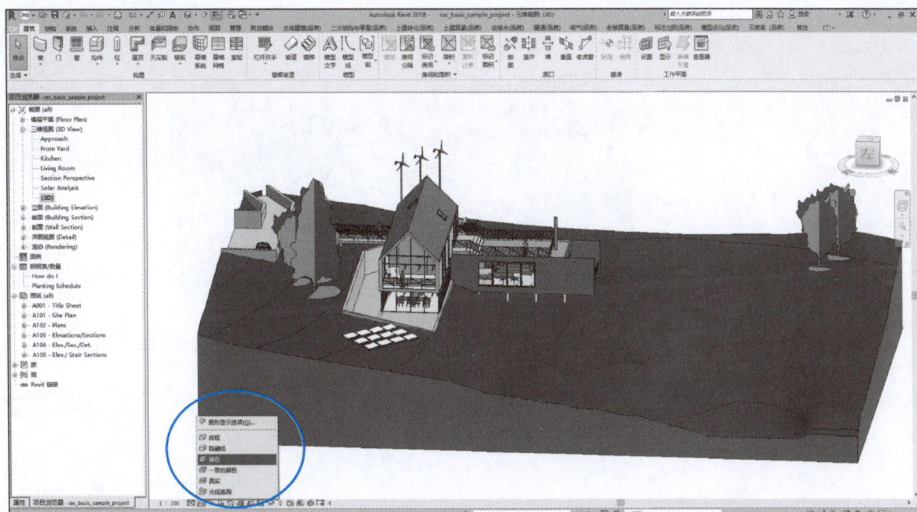

图 1.2.27　"视觉样式"

（5）单击"视图控制栏"→"日光路径"→"日光设置"按钮，出现"日光设置"对话框，选择 Sunlight from Top Right 选项，并设置方位角、仰角度数，如图 1.2.28 所示，单击"确定"按钮，使用"日光路径"中的"打开日光路径"查看其效果。

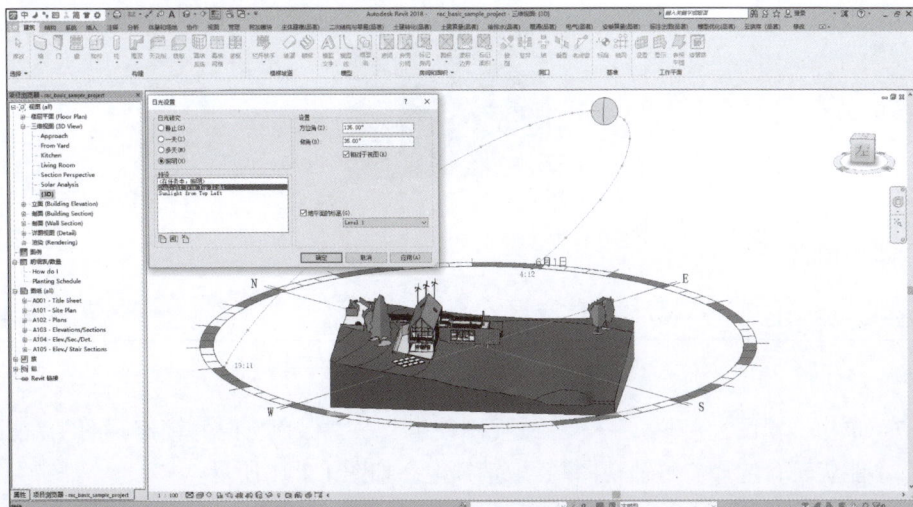

图 1.2.28　"日光设置"

（6）单击"视图控制栏"→"显示/隐藏裁剪区域"，出现一个裁剪区域框，选中该框，可调整区域大小，如图 1.2.29 所示。单击其左侧的"裁剪视图"按钮，视图工作区中将只显示裁剪区域的内容，如图 1.2.30 所示，再单击该按钮又可恢复显示全部内容。

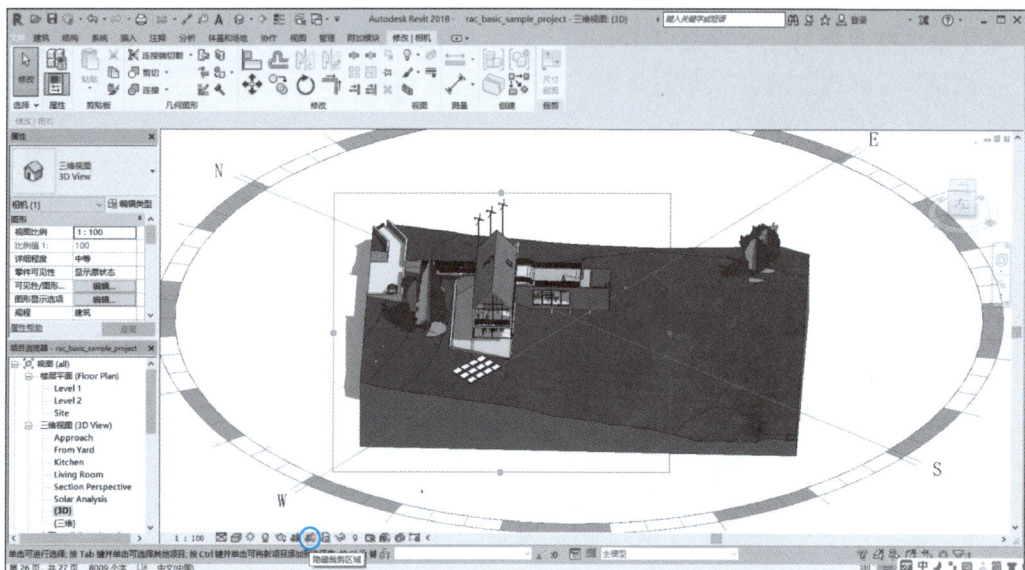

图 1.2.29 "显示/隐藏裁剪区域"

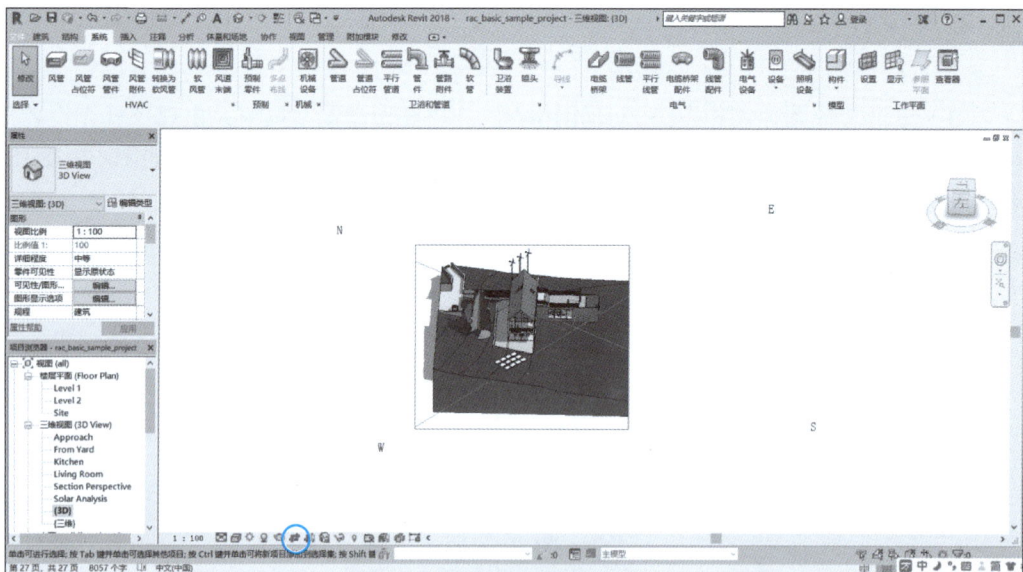

图 1.2.30 "裁剪视图"

（7）单击"视图控制栏"→"三维视图锁定"→"保存方向并锁定视图"，视图被锁定，不能旋转；选择"解锁视图"，取消锁定，如图 1.2.31 所示。

图 1.2.31　"三维视图锁定"

（8）放大三维视图，单击任意一堵墙，单击"视图控制栏"→"临时隐藏/隔离"→"隔离类别"，如图 1.2.32 所示。可以看到，当前视图中其他类别的图元全部被隐藏，只显示墙类别的图元；单击"重设临时隐藏 / 隔离"恢复原来的显示。"隔离图元"与"隔离类别"的功能相似，视图中除选中的图元之外其他图元全部被隐藏，单击"重设临时隐藏 / 隔离"恢复原来的显示。

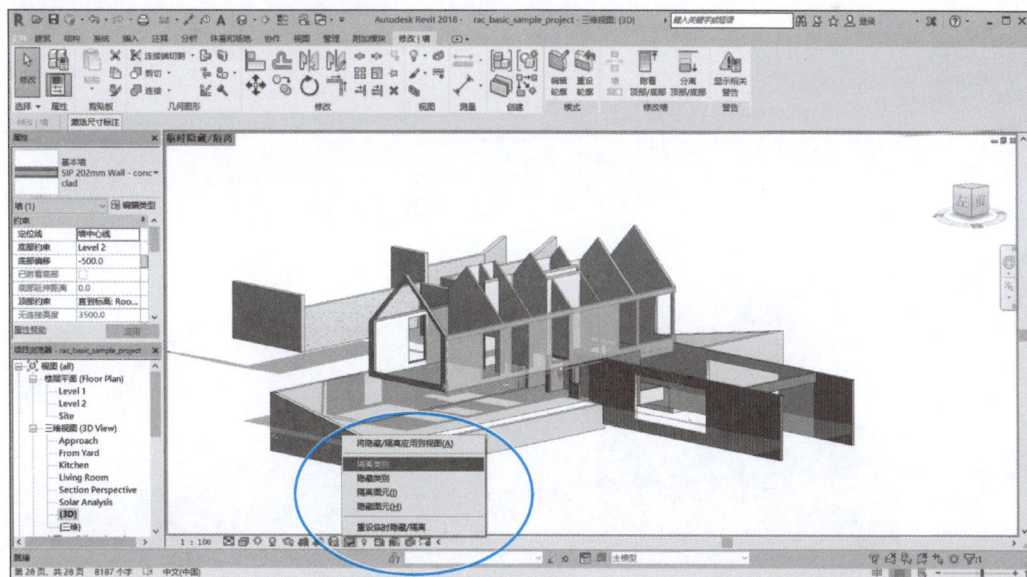

图 1.2.32　"隔离类别"

（9）放大三维视图，单击任意一堵墙，单击"视图控制栏"→"临时隐藏/隔离"→"隐藏类别"，可以看到，在当前视图中墙类别的图元全部被隐藏，单击"重设临时隐藏 /

隔离"恢复原来的显示，如图 1.2.33 所示。"隐藏图元"与"隐藏类别"的功能相似，视图中除选中图元之外其他图元将被隐藏，单击"重设临时隐藏 / 隔离"恢复原来的显示。

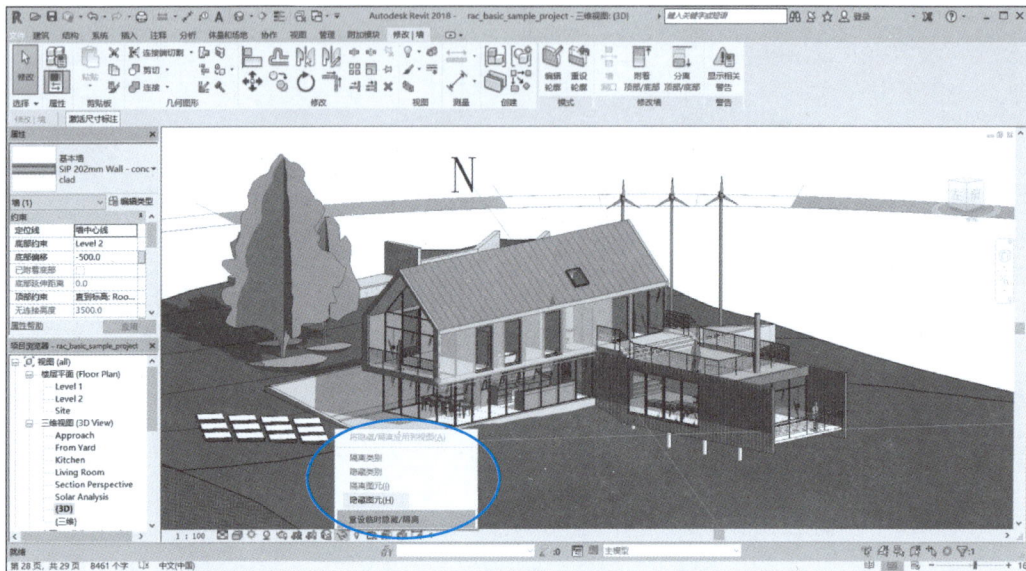

图 1.2.33 "重设临时隐藏 / 隔离"

（10）放大三维视图，单击任意一堵墙，单击"视图控制栏"→"临时隐藏/隔离"→"隐藏类别"，可以看到，在当前视图中墙类别的图元全部被隐藏，单击"将隐藏 / 隔离应用到视图"，墙类别被永久隐藏，"临时隐藏 / 隔离"工具菜单中的选项全部变得不可用，如图 1.2.34 所示。

图 1.2.34 永久隐藏

（11）显示永久隐藏的图元并取消隐藏。单击"视图控制栏"→"显示 / 隐藏图元"，可以看到，前面被永久隐藏的墙以红色的边框显示出来，在任意一面墙上右击，弹出快捷菜单，单击"取消在视图中隐藏"→"类别"，再单击"视图控制栏"→"显示 / 隐藏图元"，墙体就又恢复正常显示，如图 1.2.35 所示。

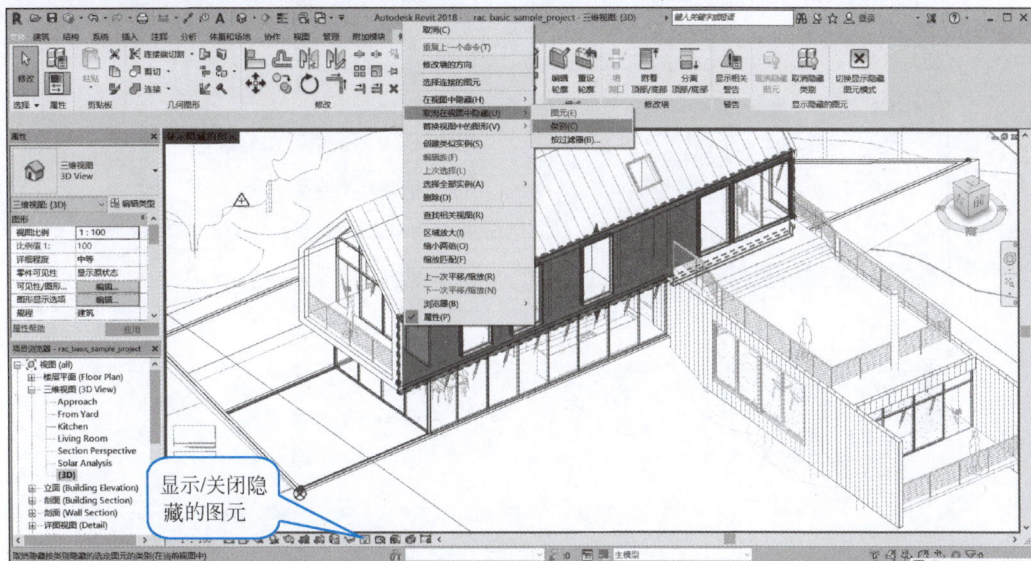

图 1.2.35　显示永久隐藏的图元

1.3　Revit 的基本操作

1.3.1　选择图元

📖 **知识准备**

教学视频：选择图元

对任何图元的修改和编辑都要先选择图元。选择图元的方式有多种，最简单的方式为单击某图元。除此之外，还有键盘功能键结合鼠标循环选择、框选、选择相同类型的图元等方式。

✎ **实训操作**

各种图元选择的方法如下。

（1）启动 Revit，打开前面操作过的建筑样例项目，双击"项目浏览器"→"楼层平面"→ Level 1，将视图放大，显示 Kitchen & Dining，如图 1.3.1 所示。

（2）选中左上角的第一把椅子，如图 1.3.2 所示。

（3）按住 Ctrl 键不放，鼠标指针变成"＋"形状，再单击其他椅子，可在选择集中添加图元；按住 Shift 键不放，鼠标指针变成"－"形状，再单击已选择的椅子，可将该图元从选择集中删除，如图 1.3.3 所示。

（4）如图 1.3.4 所示，按住鼠标左键不放，从图元的左上角拖动鼠标指针到图元的右下角，会出现一个实线选择框，实线选择框意味着只有被实线完全包围的图元才能被选择。

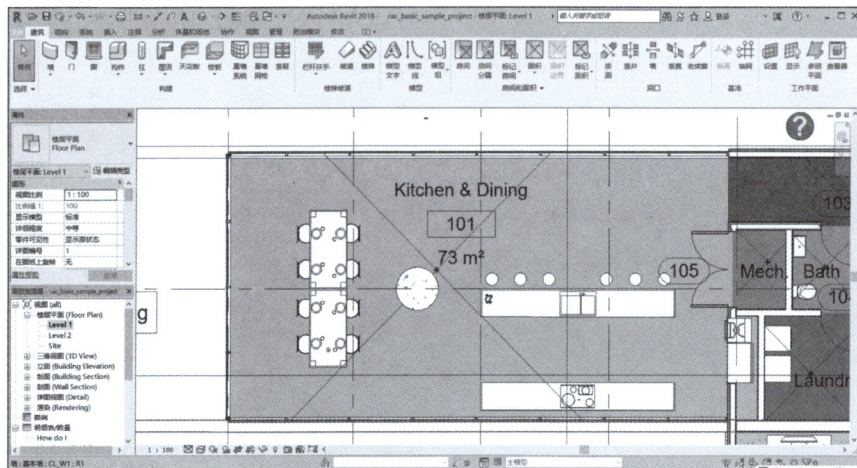

图 1.3.1 楼层平面

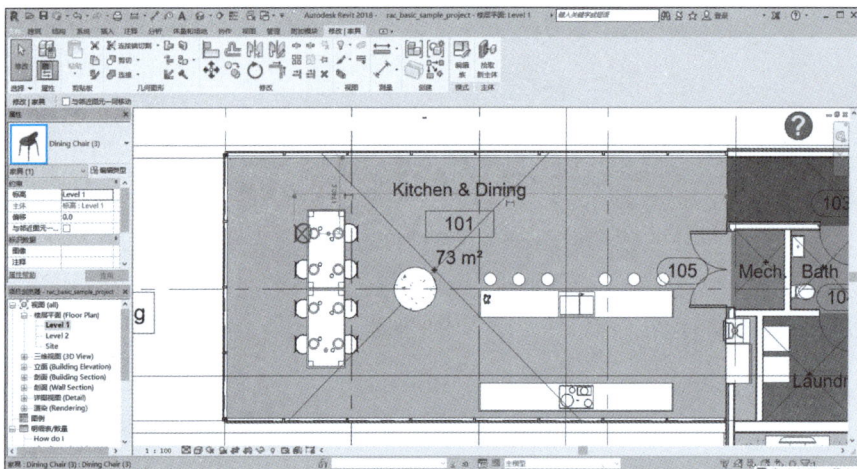

图 1.3.2 单击选择单个图元

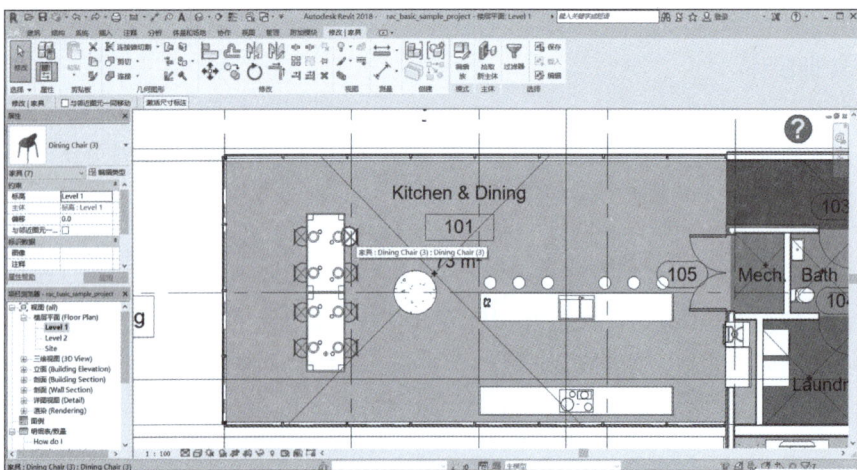

图 1.3.3 添加 / 删除图元

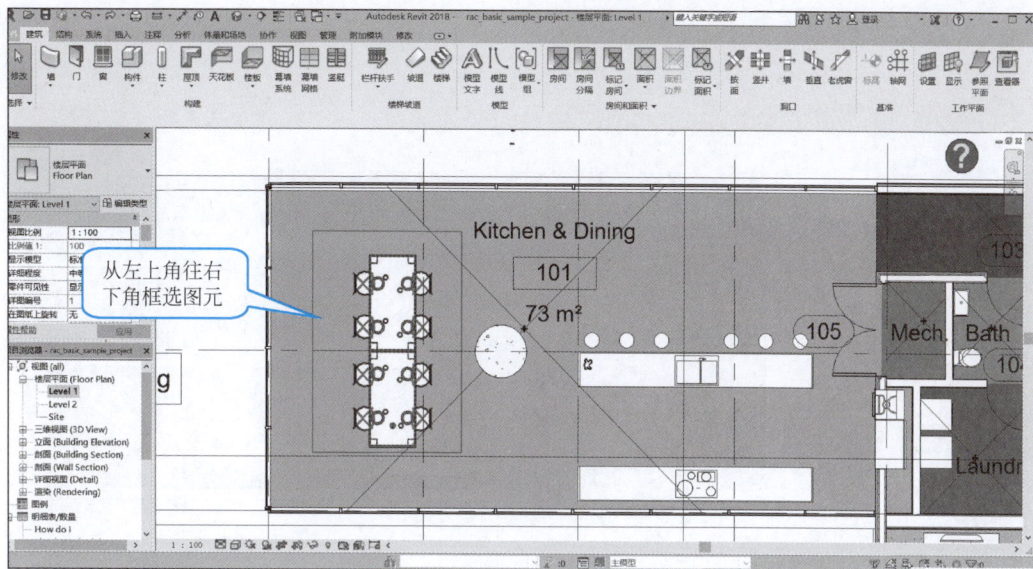

图 1.3.4　从左上角往右下角框选图元

（5）如图 1.3.5 所示，按住鼠标左键不放，从图元的右下角拖动鼠标指针到图元的左上角，会出现一个虚线选择框，虚线选择框意味着包含在框内的对象以及与虚线相交的对象都将被选择。

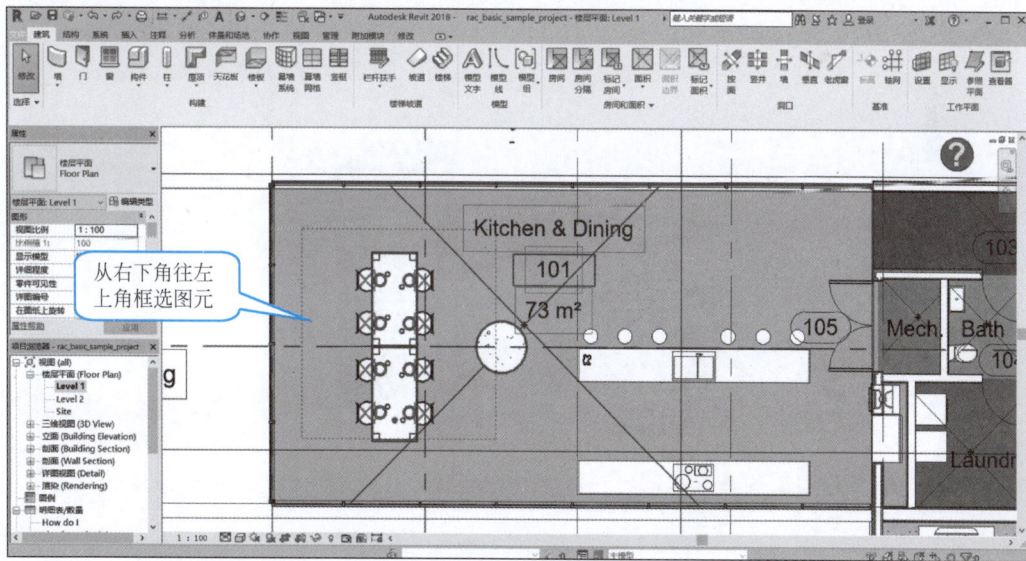

图 1.3.5　从右下角往左上角框选图元

（6）如图 1.3.6 所示，单击选中一把椅子，右击弹出快捷菜单，单击"选择全部实例"→"在视图中可见"或"在整个项目中"，将选择该视图中或整个项目中的相同类型的图元。

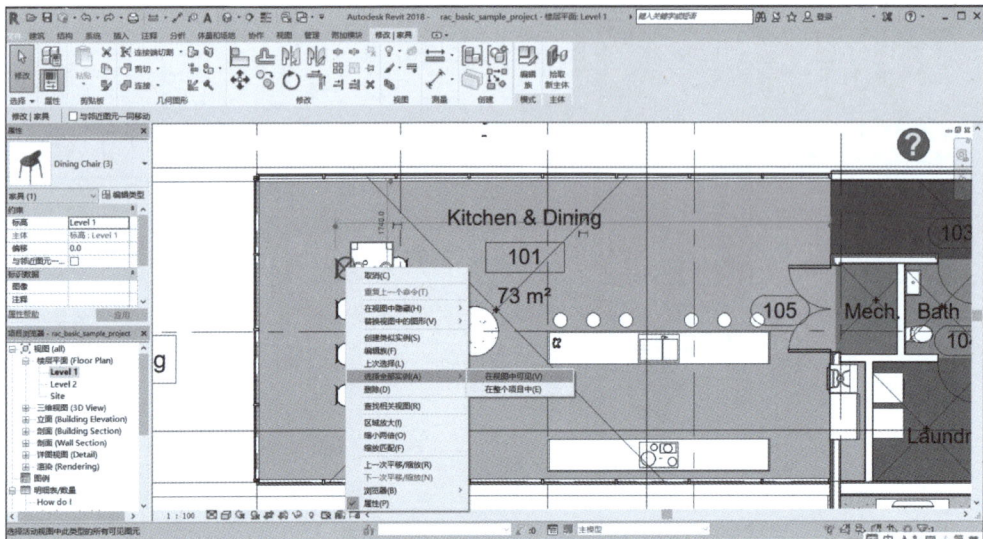

图 1.3.6　选择相同类型的图元

（7）如图 1.3.7 所示，缩小视图，将整个 Level 1 平面图显示在屏幕上，使用右侧框选功能选择所有图元，单击窗口右下角的"过滤器"→"放弃全部"按钮，勾选"家具"复选框，单击"确定"按钮，所有的家具将被选中。

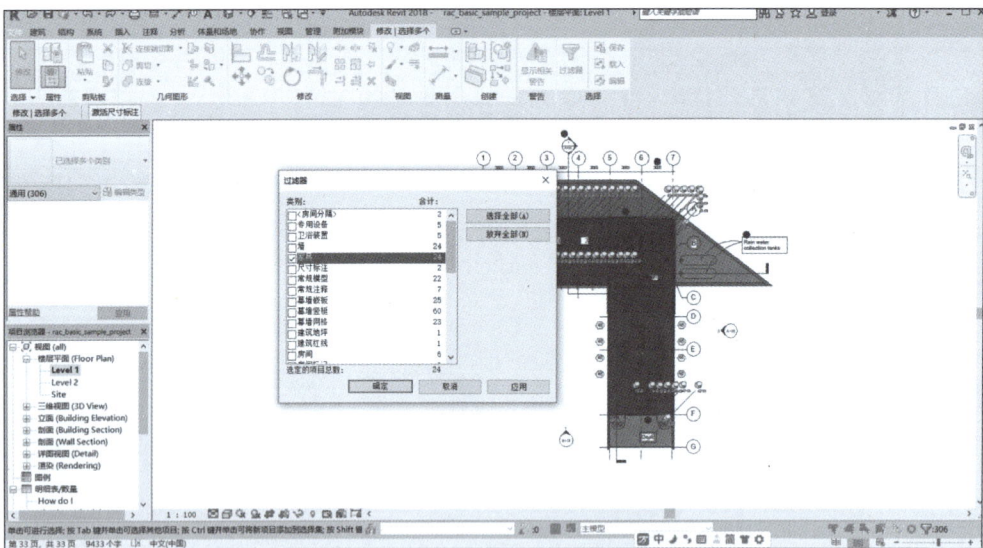

图 1.3.7　使用过滤器选择图元

1.3.2　编辑图元

📖 知识准备

在模型绘制过程中，经常需要对图元进行编辑和修改。"修改"面板中提供了大量的图元修改和编辑工具，如图 1.3.8 所示，这些工具与 CAD 软件中的工具功能基本相同。

教学视频：
编辑图元

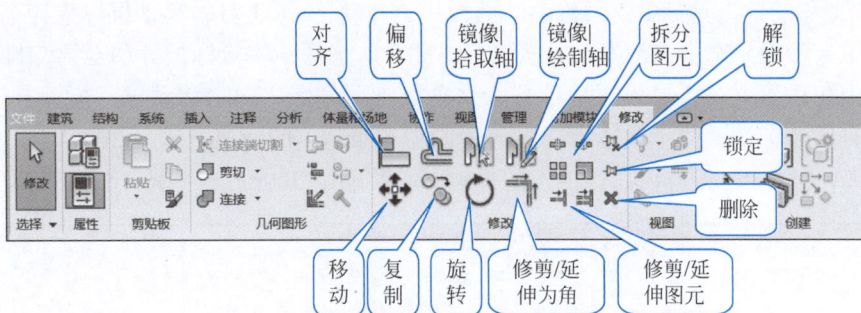

图 1.3.8　"修改"面板

实训操作

编辑图元的各种工具的说明如下。

（1）"对齐"工具：启动 Revit，打开前面操作过的建筑样例项目，双击"项目浏览器"→"楼层平面"→Level 1，将视图放大，显示 Living。单击"修改"面板→"对齐" 按钮，在"选项栏"中勾选"多重对齐"，移动鼠标指针至沙发的最右侧，单击，Revit 将在该位置处显示蓝色参照平面，移动鼠标指针到沙发两边的小桌子的最右侧，单击将小桌子与沙发对齐，如图 1.3.9 所示，按 Esc 键取消"对齐"工具。

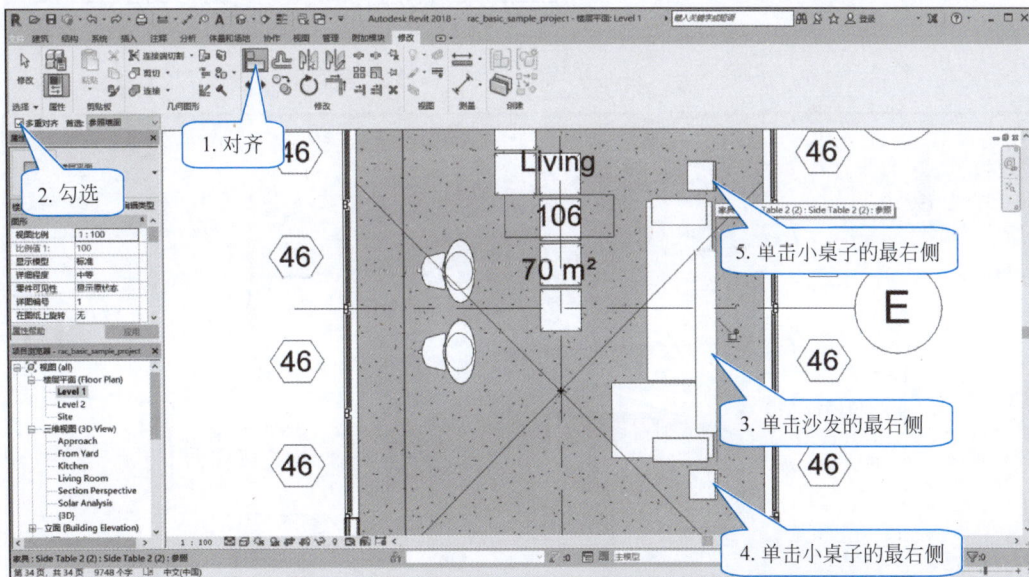

图 1.3.9　"对齐"工具

（2）"复制"工具：单击"修改"面板→"复制" 工具，移动鼠标指针至第二排单人沙发，选中该沙发，并按 Space 键确认选择；将鼠标指针移至第三排第一张沙发左上角位置并单击，设置该位置为复制基点；向右移动鼠标指针至第三排第二张沙发左上角并单击，完成复制，第二排的相应位置复制出一张沙发，如图 1.3.10 所示。

（3）"移动"工具：单击"修改"面板→"移动" ✥ 工具，移动鼠标指针至第二排第二张单人沙发，选中该沙发，并按 Space 键确认选择；将鼠标指针移至第二排第二张沙发右上角位置并单击，设置该位置为移动的参照基点；向右移动鼠标指针，Revit 将显示临时尺寸标注，提示鼠标指针当前位置与参照基点的距离，输入 300，将其作为移动的距离，按 Enter 键确认，该沙发的位置向右移动了 300mm，如图 1.3.11 所示。

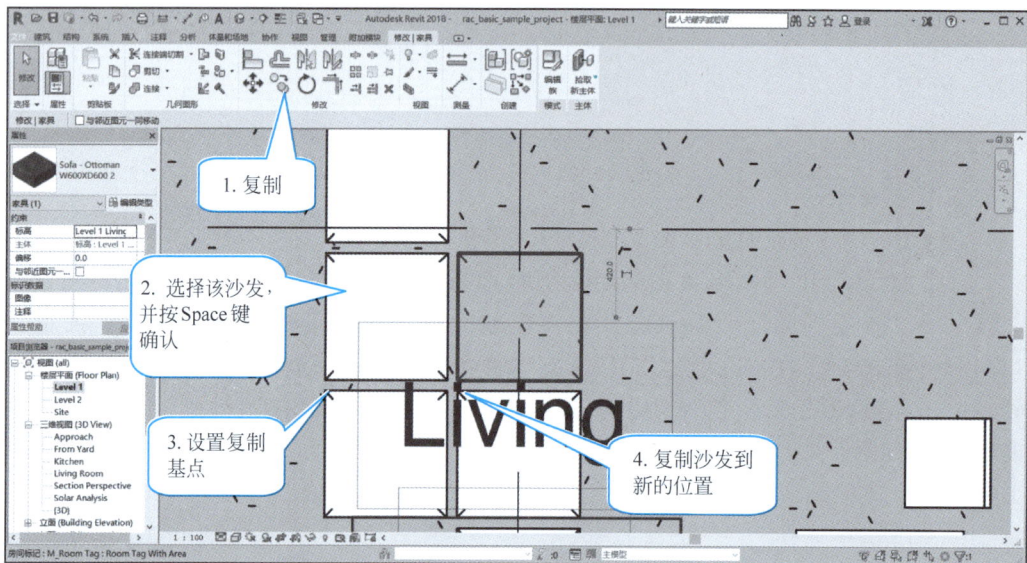

图 1.3.10 "复制"工具

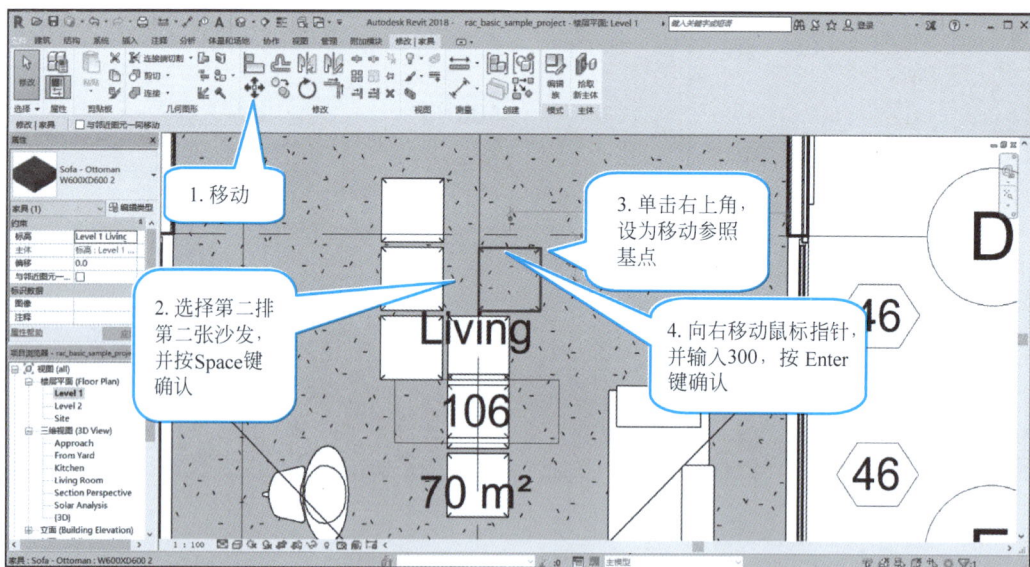

图 1.3.11 "移动"工具

（4）"镜像"工具：单击"修改"面板→"镜像|拾取轴" 工具，移动鼠标指针至第二排第二张单人沙发，选中该沙发，并按 Space 键确认选择；将鼠标指针指向 D 轴线

并单击，将该轴线设为镜像轴，在 D 轴的上方会复制生成新的沙发，如图 1.3.12 所示。

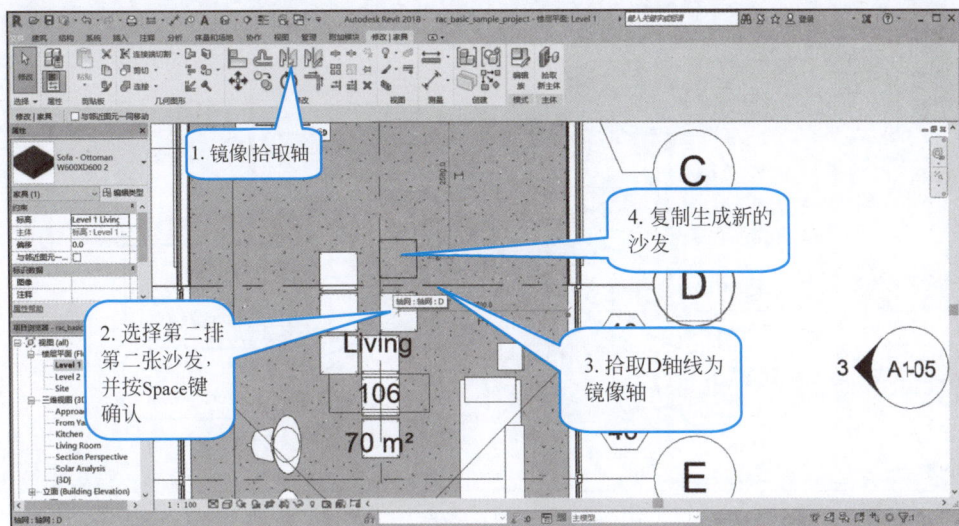

图 1.3.12　"镜像"工具

（5）"旋转"工具：单击"修改"面板→"旋转" ↻ 工具，移动鼠标指针至第一张椅子，选中该椅子，并按 Space 键确认选择；移动鼠标指针至椅子的左侧，单击指定旋转的开始放射线，此时显示的线表示第一条放射线；移动鼠标指针至旋转的结束放射线，也可直接输入指定旋转的度数后确定结束放射线，完成旋转，如图 1.3.13 所示。

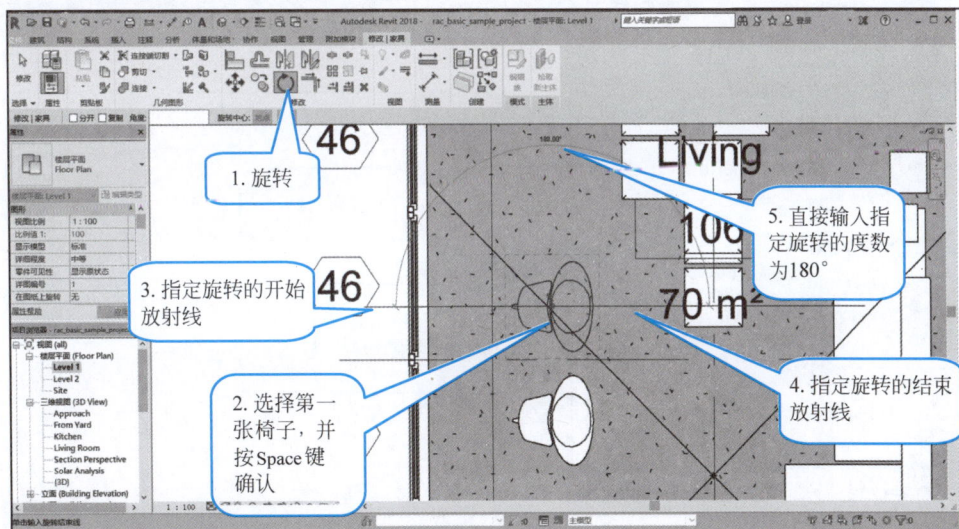

图 1.3.13　"旋转"工具

（6）"阵列"工具：单击"修改"面板→"阵列" ▦ 工具，移动鼠标指针至第五排的沙发，选中该沙发，并按 Space 键确认选择；单击该沙发的中点为参照基点，向下移动鼠标指针，输入 650，按 Enter 键确认，输入项目数 5，按 Enter 键确认，完成阵列复制，如图 1.3.14 所示。

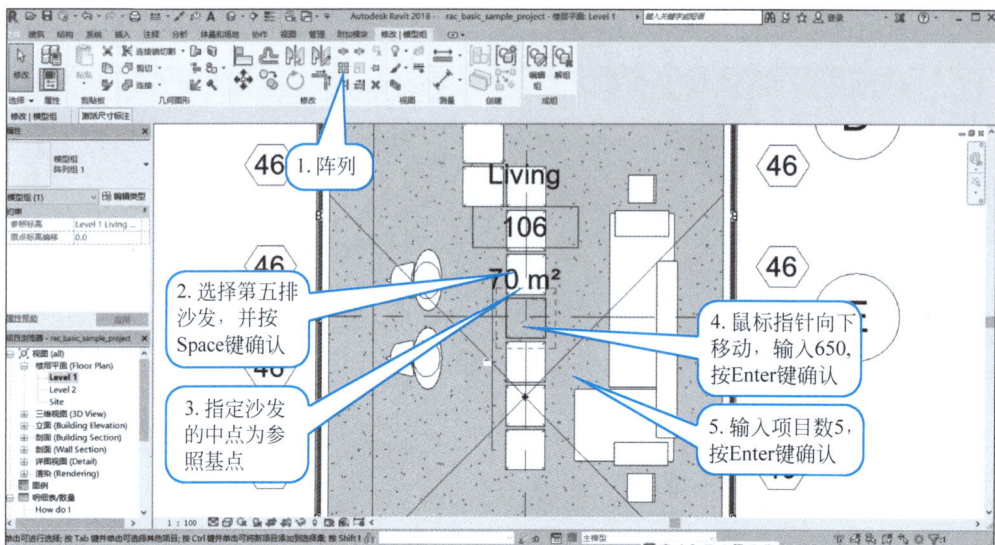

图 1.3.14 "阵列"工具

（7）"偏移"工具：单击"修改"面板→"偏移" 🔲 工具，在"选项栏"中选择"数值方式"，在"偏移"后的文本框中输入偏移值 1500，移动鼠标指针至墙体左侧，将会在墙体的左侧 1500mm 处显示一条虚线，如图 1.3.15 所示，单击，将会在原墙体的左侧复制出一面墙，按 Esc 键退出"偏移"工具。

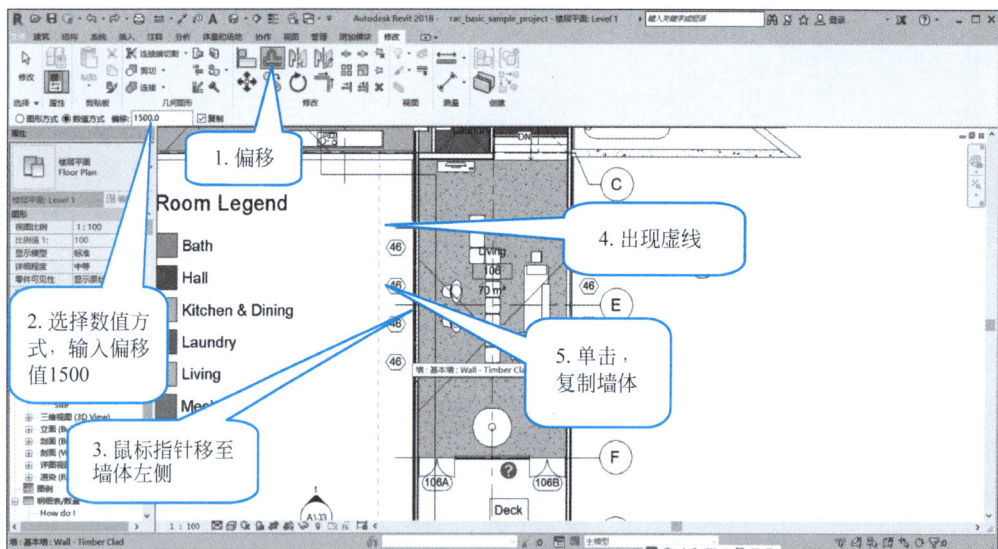

图 1.3.15 "偏移"工具

（8）"拆分图元"工具和"删除"工具：单击"修改"面板→"拆分图元" 🔲 工具，在刚才复制的墙体 2400mm 处单击，原来的墙体图元被拆分成两部分，如图 1.3.16 所示。按 Esc 键退出"拆分图元"工具，单击选中刚拆分开的那部分墙体，按 Delete 键或单击"修改"面板中的"删除" ✖ 工具，删除该部分墙体。进入"3D"三维视图，观察操作的墙体效果，如图 1.3.17 所示。

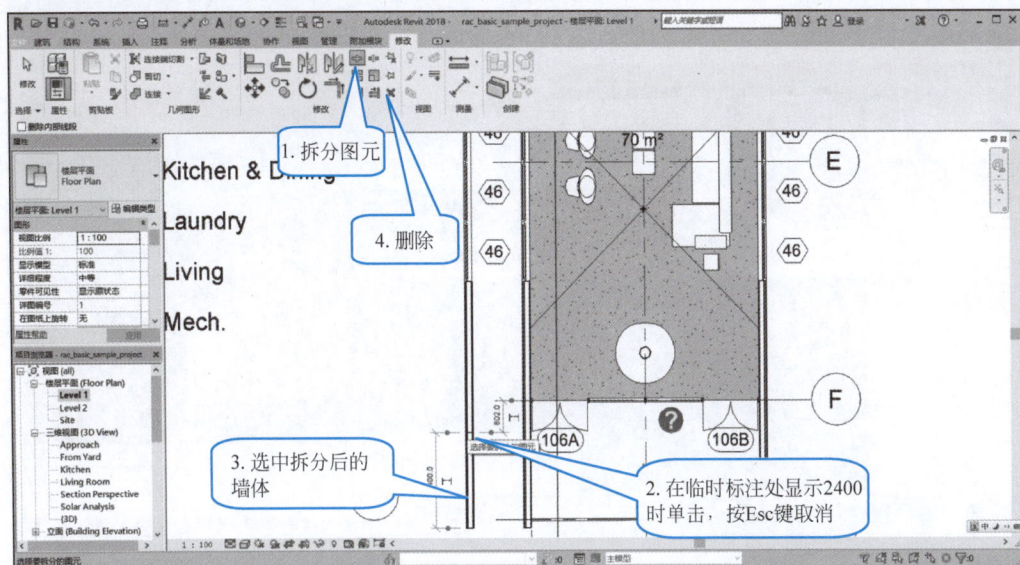

图 1.3.16　"拆分图元"工具和"删除"工具

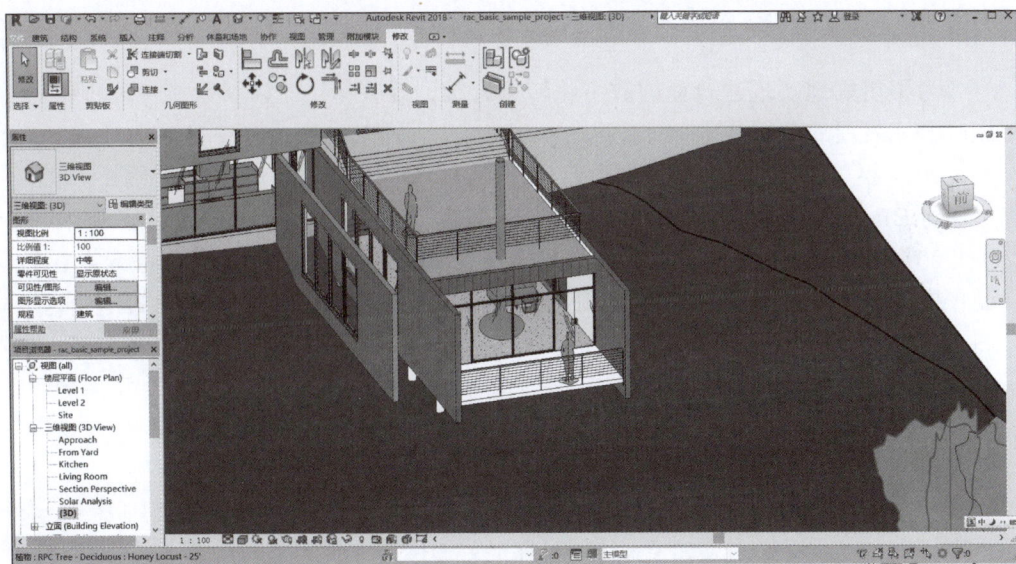

图 1.3.17　三维效果

（9）"锁定"工具和"解锁"工具：选中剩余的墙体，单击"修改"面板→"锁定" 🔲 工具，墙体上会出现一个锁定的图标。单击"修改"面板→"删除" ✖ 工具，尝试删除该墙体，右下角出现如图 1.3.18 所示警告："锁定对象未删除，若要删除，请先将其解锁，然后再使用删除。"单击"修改"面板→"解锁" 🔲 工具，将墙体解锁，单击"修改"面板→"删除" ✖ 工具，删除该部分墙体。

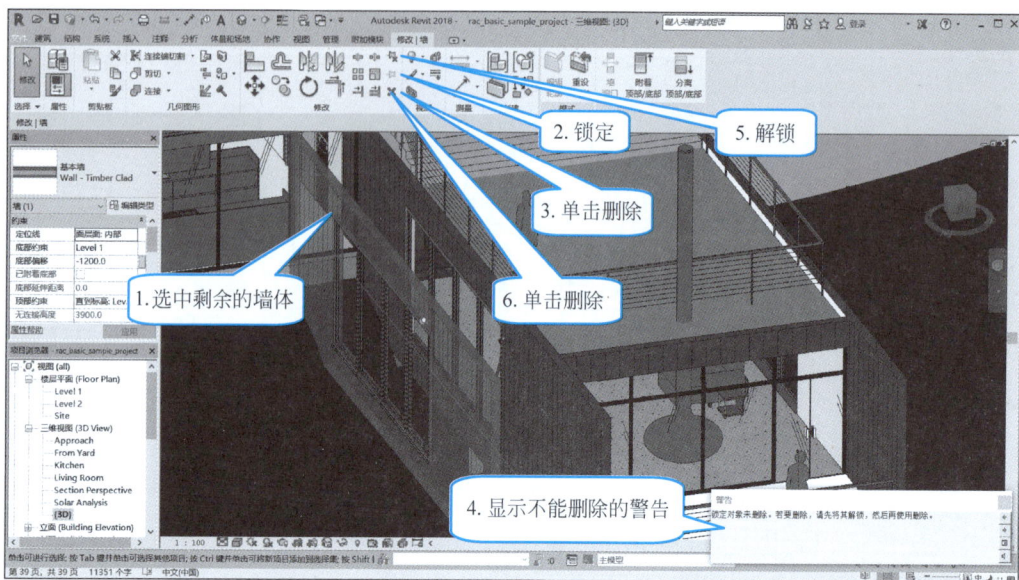

图 1.3.18 "锁定"工具和"解锁"工具

拓展阅读——BIM 相关政策汇总

为了更好地实现建筑业的数字化转型升级，近些年政府以及行业管理机构对 BIM 技术发展的重视力度持续加强。

2011 年，住房和城乡建设部发布《2011—2015 年建筑业信息化发展纲要》，第一次将 BIM 纳入信息化标准建设内容。

2014 年，住房和城乡建设部在《关于推进建筑业发展和改革的若干意见》中提到：推进建筑信息模型在设计、施工和运维中的全过程应用，探索开展白图代替蓝图、数字化审图等工作。

2015 年，住房和城乡建设部在《关于印发推进建筑信息模型应用指导意见的通知》中特别指出：2020 年末实现 BIM 与企业管理系统和其他信息技术的一体化集成应用、新立项目集成应用 BIM 的项目比率达 90%。

2016 年，住房和城乡建设部发布《2016—2020 年建筑业信息化发展纲要》，纲要将 BIM 列为"十三五"建筑业重点推广的五大信息技术之首。

2017 年，国家和地方加大 BIM 政策与标准落地，《建筑业 10 项新技术（2017 版）》将 BIM 列为信息技术之首。

2017 年 2 月，国务院在《关于促进建筑业持续健康发展的意见》中提到：加快推进建筑信息模型（BIM）技术在规划、勘察、设计、施工和运营维护全过程的集成应用。

2017 年 3 月，住房和城乡建设部发布《"十三五"装配式建筑行动方案》和《建筑工程设计信息模型交付标准》；同年 5 月在发布的《建设项目工程总承包管理规范》中提到，采用 BIM 技术或者装配式技术的，招标文件中应当有明确要求：建设单位对承诺采用 BIM 技术或装配式技术的投标人应当适当设置加分条件；《建筑信息模型施工应用标准》提到从深化设计、施工模拟、预制加工、进度管理、预算与成本管理、质量与安全管理、施工监理、竣工验收等方面，提出建筑信息模型的创建、使用和管理要求。

交通运输部在 2017 年 2 月发布的《推进智慧交通发展行动计划（2017—2020 年）》中提到，到 2020 年在基础设施智能化方面，推进建筑信息模型（BIM）技术在重大交通基础设施项目规划、设计、建设、施工、运营、检测维护管理全生命周期中的应用；同年 3 月发布的《关于推进公路水运工程应用 BIM 技术的指导意见（征求意见函）》中提到，推动 BIM 在公路水运工程等基础设施领域的应用。

2018 年以来，各地纷纷出台了对应的落地政策，BIM 类政策呈现出非常明显的地域和行业扩散、应用方向明确、应用支撑体系健全地发展特点。政策发布主体从部分发达省份向中西部省份扩散，目前全国已经有接近 80% 省区市发布了 BIM 专项政策。大多数地方政策制定了明确的应用范围、应用内容等，有助于更好地约束 BIM 应用方向，评价 BIM 应用效果。同时，更多的地区明确了 BIM 应用的相关标准及收费政策，有效地支撑了整体市场的活跃。

2019 年，关于 BIM 政策的发文更加频繁，上半年共发布相关文件 6 次。

2019 年 2 月 15 日，住房和城乡建设部发布的《关于印发〈住房和城乡建设部工程质量安全监管司 2019 年工作要点〉的通知》中指出，推进 BIM 技术集成应用，支持推动 BIM 自主知识产权底层平台软件的研发，组织开展 BIM 工程应用评价指标体系和评价方法研究，进一步推进 BIM 技术在设计、施工和运营维护全过程的集成应用。

2019 年 3 月 7 日，住房和城乡建设部发布《关于印发 2019 年部机关及直属单位培训计划的通知》，将 BIM 技术列入面向从领导干部到设计院、施工单位人员、监理等不同人员的培训内容。

2019 年 3 月 15 日，国家发展改革委与住房城乡建设部联合发布的《关于推进全过程工程咨询服务发展的指导意见》中指出：要建立全过程工程咨询服务管理体系。大力开发和利用建筑信息模型（BIM）、大数据、物联网等现代信息技术和资源，努力提高信息化管理与应用水平，为开展全过程工程咨询业务提供保障。

2019 年 3 月 27 日，住房和城乡建设部发布的《关于行业标准〈装配式内装修技术标准（征求意见稿）〉公开征求意见的通知》中指出：装配式内装修工程宜依托建筑信息模型（BIM）技术，实现全过程的信息化管理和专业协同，保证工程信息传递的准确性与质量可追溯性。

2019 年 4 月 1 日，人力资源和社会保障部正式发布 BIM 新职业——建筑信息模型技术员。

2019 年 4 月 8 日、9 日，住房和城乡建设部发布行业标准《建筑工程设计信息模型制图标准》（JGJ/T 448—2018）、国家标准《建筑信息模型设计交付标准》

（GB/T 51301—2018），进一步深化和明晰 BIM 交付体系、方法和要求，为 BIM 产品成为合法交付物提供了标准依据。

2020 年 6 月，BIM 设计人员被纳入上海市高级职称评选范围。

2020 年 7 月 3 日，住房和城乡建设部联合国家发展和改革委员会、科学技术部、工业和信息化部、人力资源和社会保障部、交通运输部、水利部等十三个部门联合印发的《关于推动智能建造与建筑工业化协同发展的指导意见》中提出：加快推动新一代信息技术与建筑工业化技术协同发展，在建造全过程加大建筑信息模型（BIM）、互联网、物联网、大数据、云计算、移动通信、人工智能、区块链等新技术的集成与创新应用。

2020 年 8 月 28 日，住房和城乡建设部、教育部、科技部、工业和信息化部等九部门联合印发的《关于加快新型建筑工业化发展的若干意见》中提出：大力推广建筑信息模型（BIM）技术。加快推进 BIM 技术在新型建筑工业化全生命期的一体化集成应用。充分利用社会资源，共同建立、维护基于 BIM 技术的标准化部品部件库，实现设计、采购、生产、建造、交付、运行维护等阶段的信息互联互通和交互共享。试点推进 BIM 报建审批和施工图 BIM 审图模式，推进与城市信息模型（CIM）平台的融通联动，提高信息化监管能力，提高建筑行业全产业链资源配置效率。

2021 年 3 月，浙江省发布的《关于推动浙江建筑业改革创新高质量发展的实施意见》中提出："到 2025 年，装配式建筑占新建建筑比重达到 35% 以上，钢结构建筑占装配式建筑比重达到 40% 以上""建筑信息模型（BIM）、物联网、大数据等数字技术全面应用于建筑产业，智慧工地覆盖率达到 100%""推动装配化装修和钢结构等装配式建筑深度融合"。

2021 年 7 月，住房和城乡建设部办公厅《关于印发智能建造与新型建筑工业化协同发展可复制经验做法清单（第一批）的通知》中 19 次提及 BIM，并单独列项计取 BIM 应用技术费。

2021 年 12 月，人力资源社会保障部发布国家职业技能标准《建筑信息模型技术员》，BIM 建模人员迎来国家级权威认证。这一标准的出台，将极大地促进 BIM 人才评定的规范化，为 BIM 的发展奠定人才基础。

2023 年 2 月 7 日，中共中央、国务院印发了《质量强国建设纲要》，并发出通知，要求各地区各部门结合实际认真贯彻落实。其中第六章"提升建设工程品质"提出加快建筑信息模型等数字化技术研发和集成应用，创新开展工程建设工法研发、评审、推广。

2023 年 7 月 31 日，住房城乡建设部《关于推进工程建设项目审批标准化规范化便利化的通知》指出：推进智能辅助审查。推进工程建设图纸设计、施工、变更、验收、档案移交全过程数字化管理，实现工程建设项目全程"一张图"管理和协同应用。鼓励有条件的地区在设计方案审查、施工图设计文件审查、竣工验收、档案移交环节采用建筑信息模型（BIM）成果提交和智能辅助审批，加强 BIM 在建筑全生命周期管理的应用。

　　2023 年 10 月 24 日，住房和城乡建设部办公厅关于开展工程建设项目全生命周期数字化管理改革试点工作的通知。文中指出"推进 BIM 报建和智能辅助审查。加强建筑信息模型（BIM）技术在建筑全生命周期中的应用，选取一批项目，在设计方案审查、施工图审查、竣工验收、档案移交等环节采用 BIM 成果提交和智能辅助审查，完善 BIM 成果交付和技术审查标准，探索基于 BIM 的建筑全生命周期审批监管创新模式和制度机制。"

　　2024 年 1 月 3 日，住房和城乡建设部发布了关于印发培育新时代建筑产业工人可复制经验做法清单（第一批）的通知，多项举措涉及 BIM 智能建造：大力推动新工种建筑产业工人培养基地建设，开展建筑信息模型（BIM）、装配式建筑等新工程专题培训；积极推行"智能建造＋产业工作"培养模式试点工作。

　　从上述国家和地方针对 BIM 发展的一系列政策可以看出，BIM 技术正在成为继 AutoCAD 之后我国建筑业的第二次信息革命，是未来建筑业发展及转型升级的方向。让我们以科技创新圆复兴之梦，掌握 BIM 技术，为建筑业的发展添砖加瓦。

学习笔记

习题

一、单选题

1. BIM（Building Information Model）的中文含义是（　　）。
   A. 建筑模型信息　　　　　　　　　　B. 建筑信息模型
   C. 建筑信息模型化　　　　　　　　　D. 建筑模型信息化

2. 关闭项目浏览器后，要恢复它可以在（　　）里重新打开。
   A. 管理　　　　　B. 系统　　　　　C. 视图　　　　　D. 协作

3. 项目浏览器用于组织和管理当前项目中包括的所有信息，下列有关项目浏览器描述错误的是（　　）。
   A. 包括项目中所有视图、明细表、图纸、族、组、链接的 Revit 模型等项目资源
   B. 可以隐藏项目浏览器中项目视图信息
   C. 可以对视图、族及族类型名称进行查找定位
   D. 可以定义项目视图的组织方式

4. 当使用鼠标控制视图时，按住鼠标滚轮上、下、左、右移动，可实现（　　）。
   A. 放大视图　　　　　　　　　　　　B. 缩小视图
   C. 旋转视图中的模型　　　　　　　　D. 平移视图

5. 在视图导航栏的缩放工具中，区域缩放的下拉列表中不包含（　　）命令。
   A. 放大两倍　　　　　　　　　　　　B. 区域放大
   C. 缩小两倍　　　　　　　　　　　　D. 缩放匹配

6. 在视图控制栏上的详细程度中没有（　　）。
   A. 粗略　　　　　B. 精细　　　　　C. 中等　　　　　D. 简单

7. 下列哪种方式不能打开视图的"图形显示"选项？（　　）
   A. 单击视图控制栏中的"视觉样式"→"图形显示"
   B. 单击视图"属性"栏中的"图形显示选项"
   C. 单击"视图"选项卡中的图形栏的小三角
   D. 单击"项目浏览器"→"选项"→"渲染"

8. 在对视图操作过程中描述有误的是（　　）。
   A. 将视图比例由 1∶100 调整为 1∶50，模型实际尺寸放大为原来的两倍
   B. 切换窗口工具只可用于在多个已打开的视图窗口间进行切换
   C. 在任何视图中进行视图控制栏的设置，不会影响其他视图
   D. "关闭隐藏对象"工具不能在平铺、层叠视图模式下使用

9. 新建视图样板时，默认的视图比例是（　　）。
   A. 1∶50　　　　B. 1∶1000　　　　C. 1∶100　　　　D. 1∶10

10. 显示实时渲染样式的视图样式为（　　）。
    A. 着色　　　　B. 真实　　　　C. 光线追踪　　　　D. 选项 BC 均正确

11. 在日光路径设置中不属于日光研究方式的是（　　）。
    A. 一天　　　　B. 多天　　　　C. 多云　　　　D. 照明

12. 采用临时隐藏 / 隔离图元命令将项目中某一个门图元临时隐藏，调回正常视图应（　　　）。

    A. 单击将隐藏 / 隔离应用到视图　　　　B. 使用快捷键 HH

    C. 单击显示隐藏的图元取消隐藏　　　　D. 单击重设临时隐藏 / 隔离

13. 下列关于图元选择说法错误的是（　　　）。

    A. 在 Revit 中可以使用 3 种方式进行图元的选择，即单击选择、框选、按过滤器选择

    B. 在选择时如果多个图元彼此重叠，可以移动光标至图元位置，循环按 Tab 键，Revit 将循环高亮预览显示各图元，当要选择的图元高亮显示后单击选择该图元

    C. 按 Shift+Tab 键可以选择多个图元，并可以循环切换这几个图元进行高亮预览显示

    D. 选择多个图元时，可以按住键盘 Ctrl 键后，再次单击要添加到选择集中的图元

二、多选题

1. BIM 技术在现阶段建筑设计中有哪些应用价值？（　　　）

    A. 优化、协调　　　　　　　　　　　B. 可视化

    C. 出图　　　　　　　　　　　　　　D. 模拟

    E. 施工管理

2. 视图控制栏的操作命令中包含（　　　）。

    A. 缩小两倍　　　　　　　　　　　　B. 放大两倍

    C. 缩放匹配　　　　　　　　　　　　D. 区域放大

    E. 缩放图纸大小

3. Revit 中进行图元选择的方式有哪几种？（　　　）

    A. 按鼠标滚轮选择　　　　　　　　　B. 按过滤器选择

    C. 按 Tab 键选择　　　　　　　　　　D. 单击选择

    E. 框选

三、小讨论

请阅读国家推出的 BIM 相关政策，谈一谈 BIM 的发展前景。

第 2 章　创建标高、轴网

2.1　项目的新建与保存

📖 知识准备

Revit 中的常用文件格式如下。

（1）项目文件格式（RVT 格式）：项目是单个设计信息数据库模型，项目文件包含建筑的所有设计，包括项目所有的建筑模型、注释、视图和图纸等内容。通过使用项目文件，用户可以轻松地修改设计，还可以将修改的结果反映到所有关联区域（如平面视图、立面视图、剖面视图和明细表等），仅需跟踪一个文件，就可以方便项目管理。

（2）项目样板文件格式（RTE 格式）：项目样板的功能相当于 AutoCAD 中的 DWT 文件，其中会定义好相关的参数，包含项目单位、标注样式、文字样式、线型、线宽、线样式和导入 / 导出设置等内容。在不同的样板中，包含的内容也不相同。如绘制建筑模型时，需要选择建筑样板。在项目样板中会默认提供一些门、窗和家具等族库，以便在实际建立模型时快速调用，从而节省制作时间。

（3）族样板文件格式（RFT 格式）：创建 Revit 可载入族样板文件格式。创建不同类别的族要选择不同的族样板文件。

（4）族文件格式（RFA 格式）：族是组成项目的构件。用户可以根据项目需要创建自己的常用族文件，以便随时在项目中调用。

图 2.1.1　新建项目文件

✎ 实训操作

项目文件的新建和保存的方法如下。

（1）启动 Revit，单击"文件"选项卡→"新建"选项→"项目"，如图 2.1.1 所示。

（2）弹出"新建项目"对话框，在"样板文件"的下拉列表中选择"建筑样板"，选择"项目"，单击"确定"按钮，如图 2.1.2 所示。

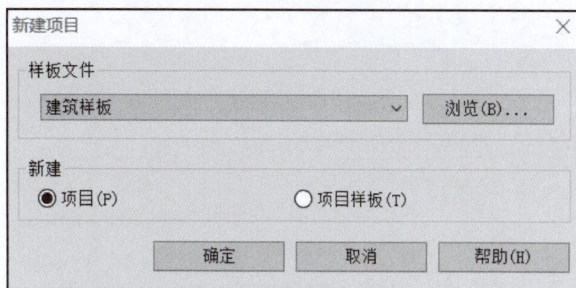

图 2.1.2　"新建项目"对话框

（3）单击"管理"选项卡，弹出"项目信息"对话框，输入新建项目的项目信息，如图 2.1.3 所示。

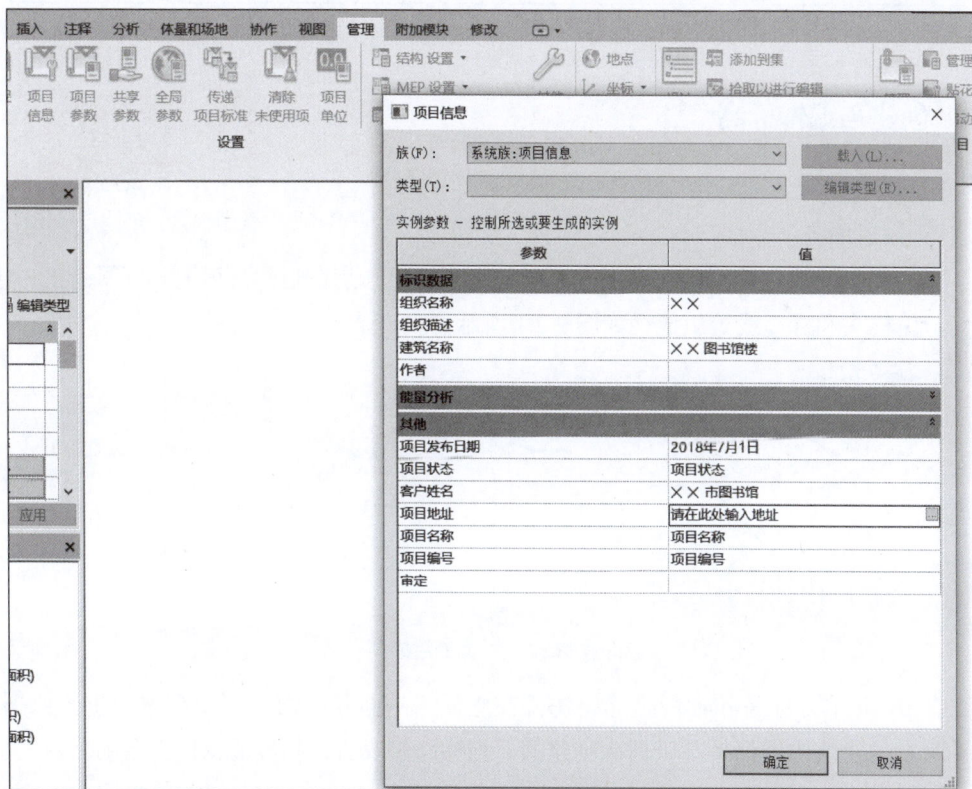

图 2.1.3　设置项目信息

（4）单击"文件"→"保存"按钮，选择保存的路径和输入项目文件名，单击"选项"按钮，弹出"文件保存选项"对话框，设置"最大备份数"为 5，如图 2.1.4 所示，单击"确定"按钮，再单击"保存"按钮，观察相应目录中将出现以".rvt"为扩展名的项目文件。

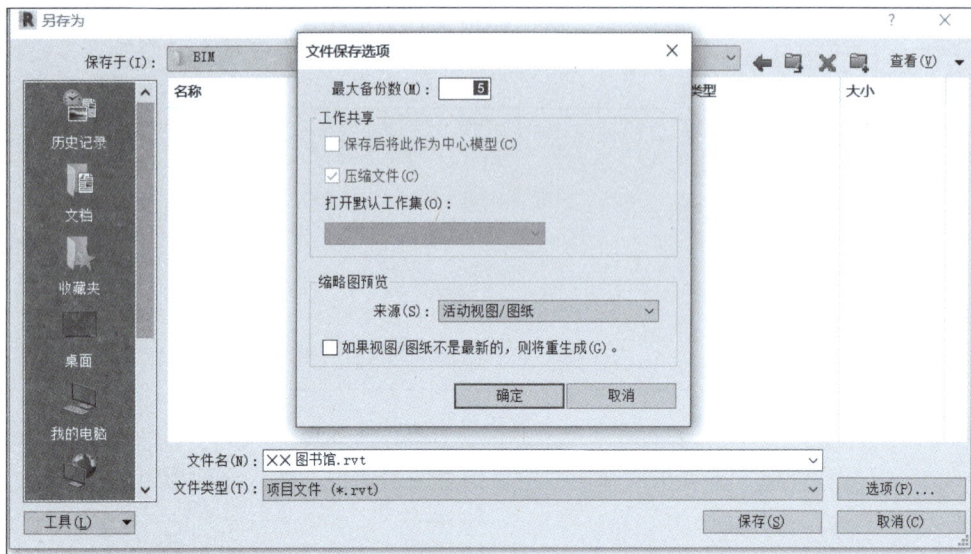

图 2.1.4 "文件保存选项"对话框

2.2 创建与编辑标高

2.2.1 创建标高

教学视频：创建与编辑标高

📖 **知识准备**

标高用于反映建筑构件在高度方向上的定位情况，是在空间高度上相互平行的一组平面，由标头和标高线等组成，如图 2.2.1 所示。

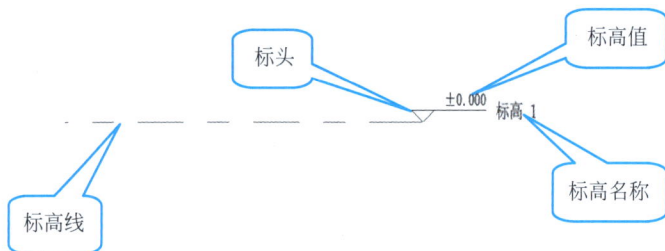

图 2.2.1 标高的组成

在 Revit 中，标高和轴网是建筑构件在立面、剖面和平面视图中定位的重要依据。几乎所有的建筑构件都是基于标高创建的。当标高修改后，相应的构件也会随之发生高度上的偏移。

使用"标高"工具可定义垂直高度或建筑内的楼层标高，可为每个已知楼层或其他建筑参照创建标高。要添加标高，必须处于剖面视图或立面视图中。

✍ **实训操作**

项目标高的创建步骤如下。

（1）启动 Revit，打开 2.1 节新建的"××图书馆"项目文件，双击"项目浏览

器"→"立面"，双击"南"，打开南立面视图，单击"建筑"选项卡→"基准"面板→
"标高"工具，如图 2.2.2 所示。

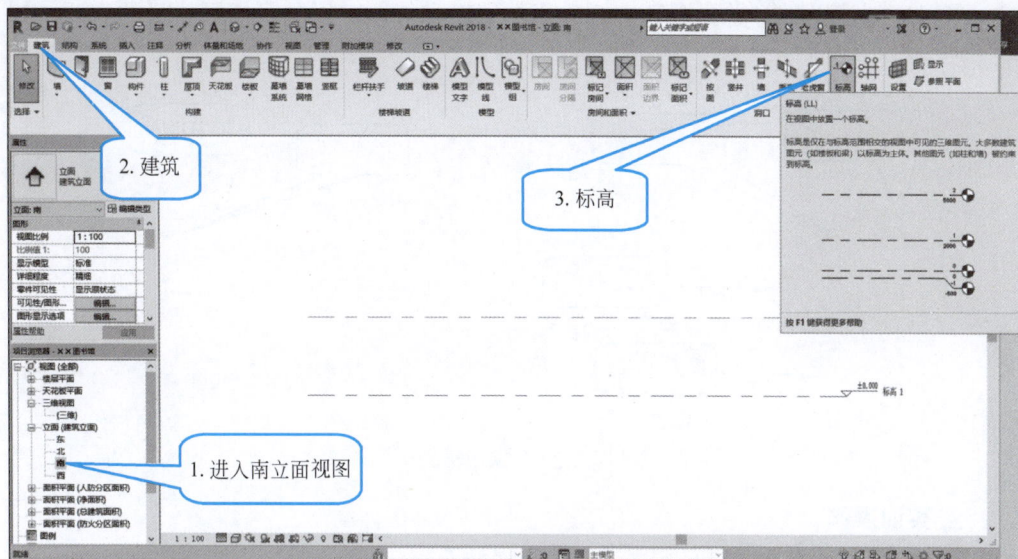

图 2.2.2　"标高"工具

（2）将鼠标指针移至标高 2 上部 4000mm 处，左端与标高 2 对齐出现虚线，如
图 2.2.3 所示，单击并水平移动鼠标指针至右侧与标高 2 对齐后，就可以绘制标高了，如
图 2.2.4 所示。

图 2.2.3　绘制标高前

图 2.2.4　绘制标高 3

2.2.2　编辑标高

📖 **知识准备**

当标高创建以后，需要对其进行适当的编辑和修改，以满足实际项目的需要，如图 2.2.5 所示。

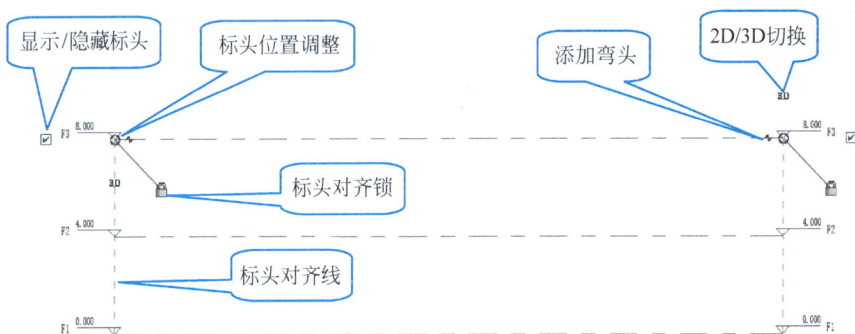

图 2.2.5　编辑标高

✍ **实训操作**

项目标高类型设置和项目标高编辑的步骤如下。

（1）修改标高类型：打开南立面视图，选中 3 条标高线，在"属性"面板的标高类型处选择"上标头""下标头""正负零标高"，观察其变化，如图 2.2.6 所示。

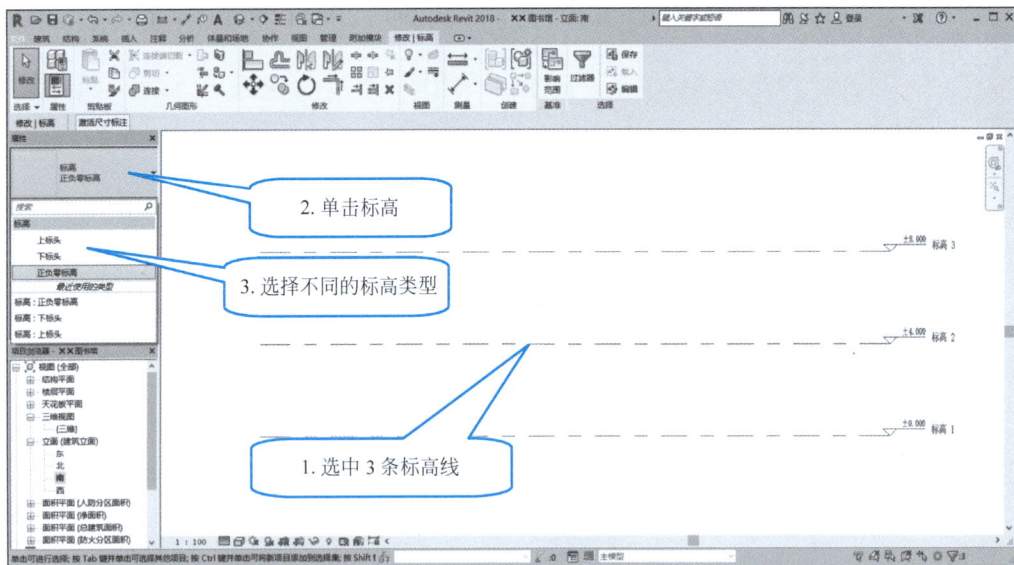

图 2.2.6　修改标高类型

（2）编辑标高类型：选择 3 条标高线，单击"属性"面板中的"编辑类型"按钮，将弹出"类型属性"对话框，可分别对基面、线宽、颜色、线型图案、符号等进行设置，如图 2.2.7 所示。

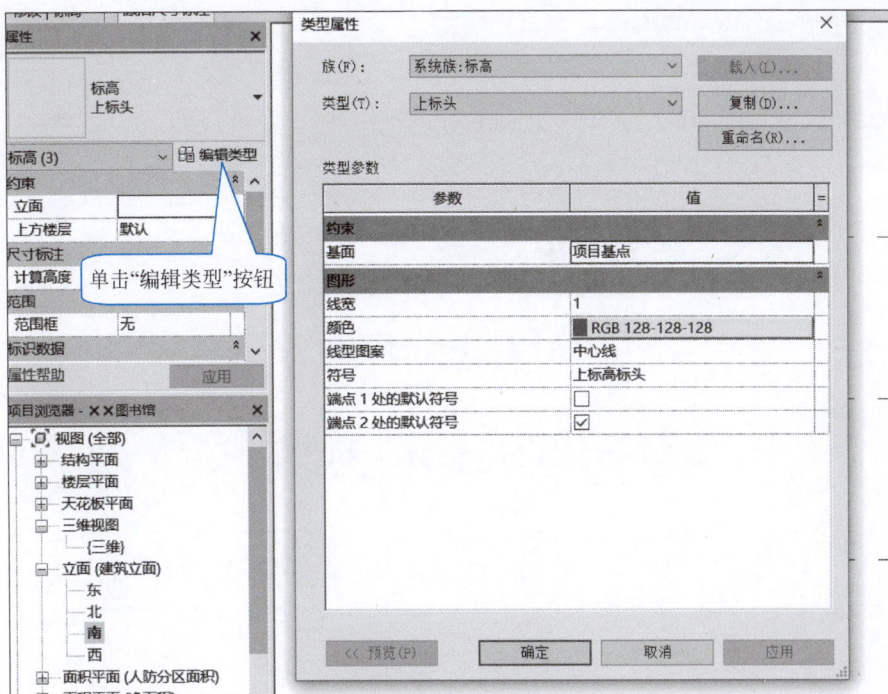

图 2.2.7 编辑标高类型

（3）标高线重命名：在立面视图中双击标高 1、标高 2、标高 3，将其改名为 F1、F2、F3，软件显示"是否希望重命名相应视图？"时，选择"是"，并设置左侧显示标头，如图 2.2.8 所示。

图 2.2.8 标高线重命名

（4）标头位置调整：在立面视图中选中某一条标高线，按住标高线边上的空心圆圈水平拖动，可改变标头位置，当对齐线起作用时，3 条标高线都会跟着调整，单击"标头对齐锁"解锁，修改单条标高线标头，如图 2.2.9 所示。

（5）移动标高：选择标高线，在该标高线与其直接相邻的上下标高线之间，将显示临时尺寸标注。若要上下移动选定的标高，则单击临时尺寸标注，输入数值并按 Enter 键确认，也可直接修改标高线两端的标高值修改标高，如图 2.2.10 所示。

图 2.2.9　标头位置调整

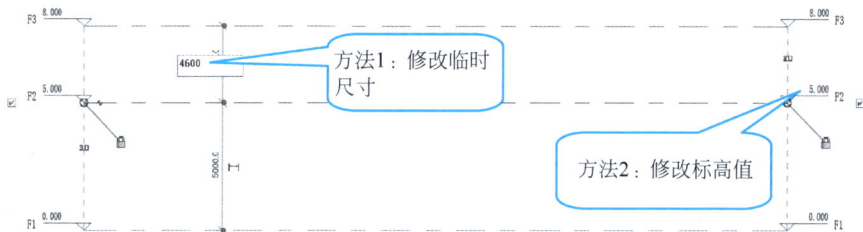

图 2.2.10　移动标高

（6）添加弯头：选择标高线，单击"添加弯头"，如图 2.2.11 所示。

图 2.2.11　添加弯头

（7）2D/3D 切换：在 3D 模式中，Revit 在任何一个立面视图中修改标高都会影响其他视图。双击"项目浏览器"中的东、西、南、北立面，会发现所有标高都被同步修改。但在某些情况下，例如出施工图纸的时候，可能要求的标高线长度不同，可将标高调整为 2D 模式进行修改，其他视图将不会受到影响。进入南立面视图，转换为 2D 模式，将 F3 的标高线调短，进入北立面视图，观察北立面的标高没有变动，如图 2.2.12 所示。

🖥 实战任务

任务描述：×× 图书馆建筑标高创建。使用 2.2 节介绍的标高创建和编辑方法，并结合 1.3.2 小节编辑图元中的移动、复制、偏移、阵列、删除等工具，绘制 ×× 图书馆的标高线，如图 2.2.13 所示。

教学视频：创建 ×× 图书馆建筑标高

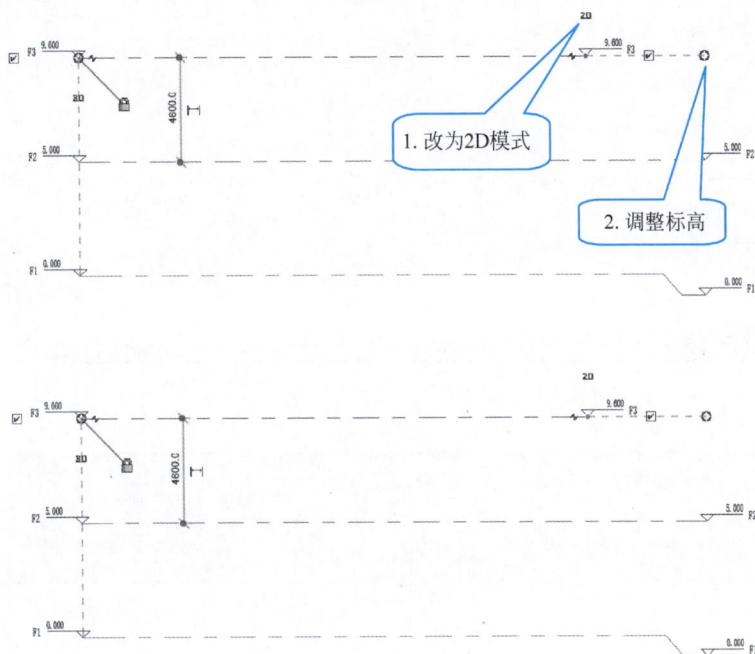

1. 改为2D模式

2. 调整标高

图 2.2.12　2D/3D 切换

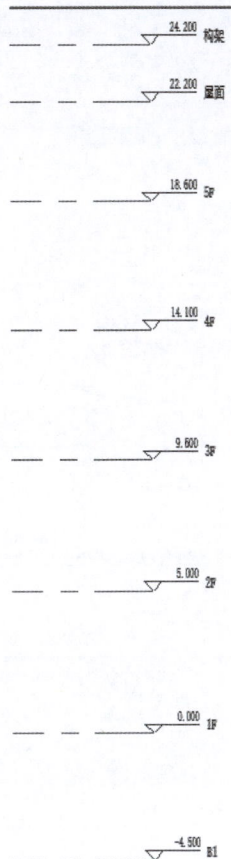

图 2.2.13　×× 图书馆
建筑标高

2.3　创建与编辑轴网

2.3.1　创建轴网

📖 知识准备

轴网用于在平面视图中定位项目图元，标高创建完成后，可以切换到任意平面视图来创建和编辑轴网。

教学视频：创建
与编辑轴网

✎ 实训操作

创建轴网的步骤如下。

（1）启动 Revit，打开 2.2 节中操作的"×× 图书馆"项目文件，双击"项目浏览器"中的"楼层平面"，双击 1F，打开一层平面视图，单击"建筑"选项卡→"基准"面板→"轴网"工具，如图 2.3.1 所示。

（2）在"绘制"面板中选择"直线"工具，在绘图区单击确定起始点，当轴线达到正确的长度时再次单击，完成绘制，如图 2.3.2 所示。

图 2.3.1　创建轴网

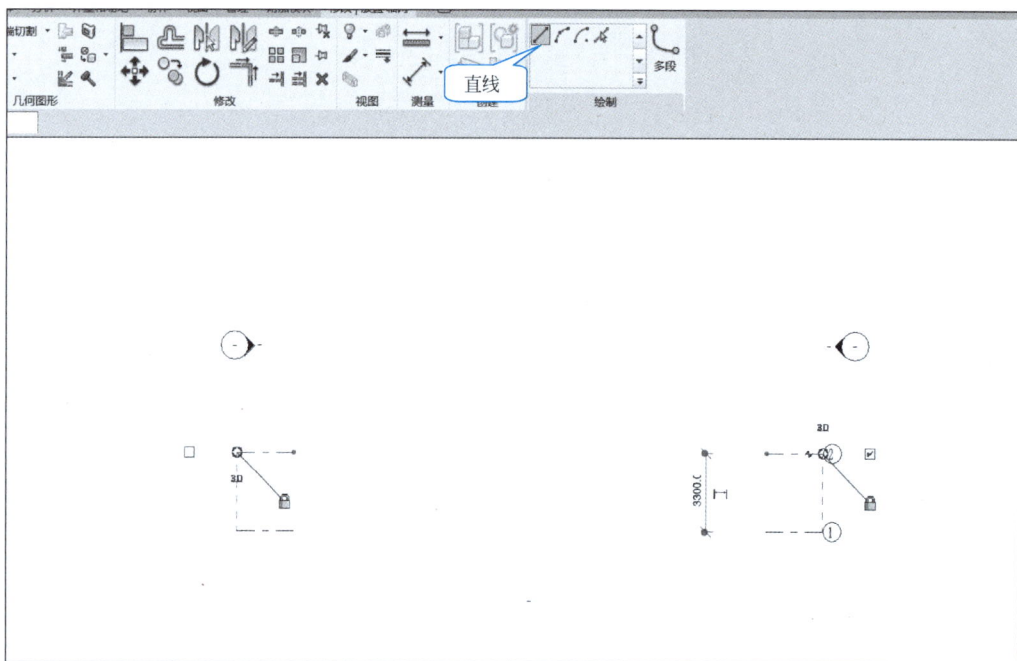

图 2.3.2　绘制轴网

（3）单击"视图"选项卡→"创建"面板→"平面视图"工具，选择"楼层平面"，选中所有的标高，单击"确定"按钮，Revit 将根据 2.2 节中建立的标高创建所有的楼层平面视图，双击进入各平面视图，在每个平面中都有上一步创建的轴网，如图 2.3.3 所示。

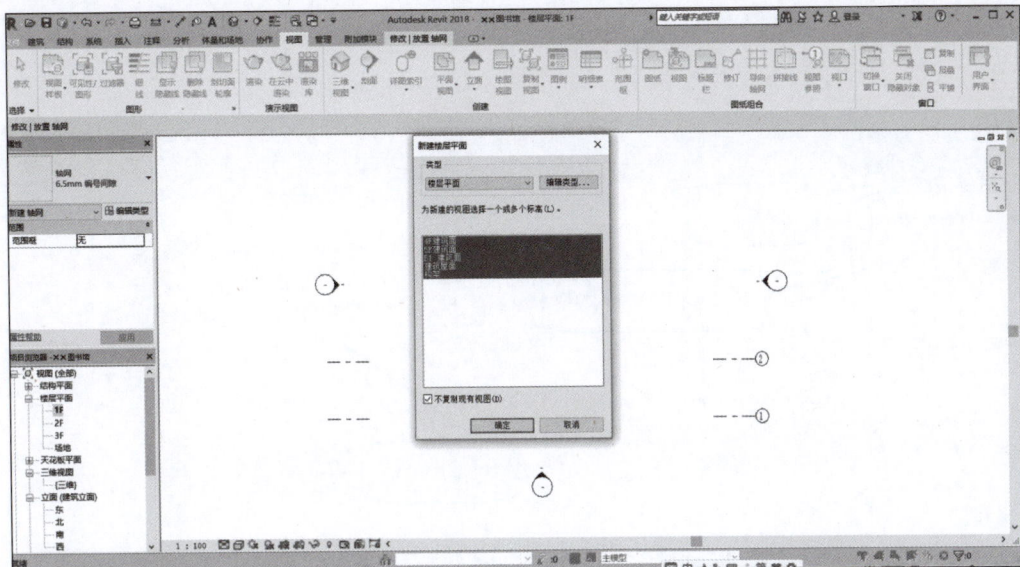

图 2.3.3　根据标高创建各楼层平面视图

2.3.2　编辑轴网

📖 知识准备

当轴网创建以后，需要对其进行适当的编辑和修改，以满足实际项目的需要，如图 2.3.4 所示。

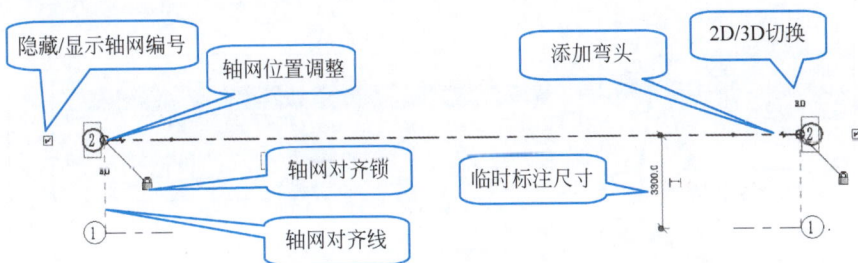

图 2.3.4　编辑轴网

✍ 实训操作

项目轴网的类型设置和编辑的步骤如下。

（1）修改轴网类型的方法与修改标高类型的方法相同：打开 1F，选择第 2 条轴网，单击"属性"面板中的轴网类型进行选择，如图 2.3.5 所示。

（2）编辑轴网类型：选择第 2 条轴网，单击"属性"面板→"编辑类型"按钮，弹出"类型属性"对话框，可分别对轴线中段、轴线末段宽度、轴线末段颜色、轴线末段填充图案、轴线末段长度、平面视图轴号端点 1（默认）、平面视图轴号端点 2（默认）、非平面视图符号（默认）等进行设置，如图 2.3.6 所示。

（3）更改轴网值：在平面视图中单击轴网标题中的值就可以输入新值，也可在"属性"面板的"名称"属性中输入新值，还可以输入数字或字母，如图 2.3.7 所示。

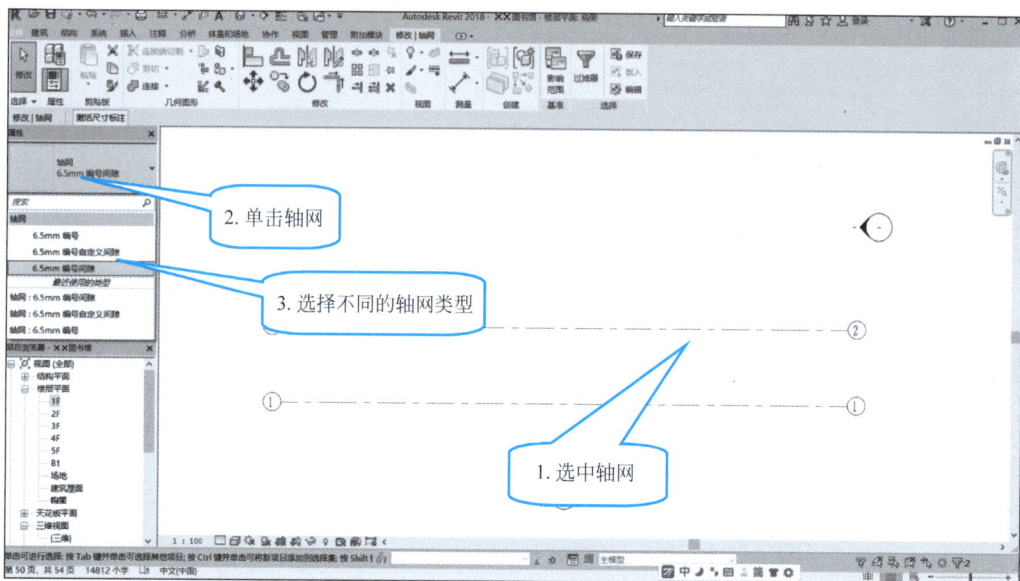

图 2.3.5　修改轴网类型

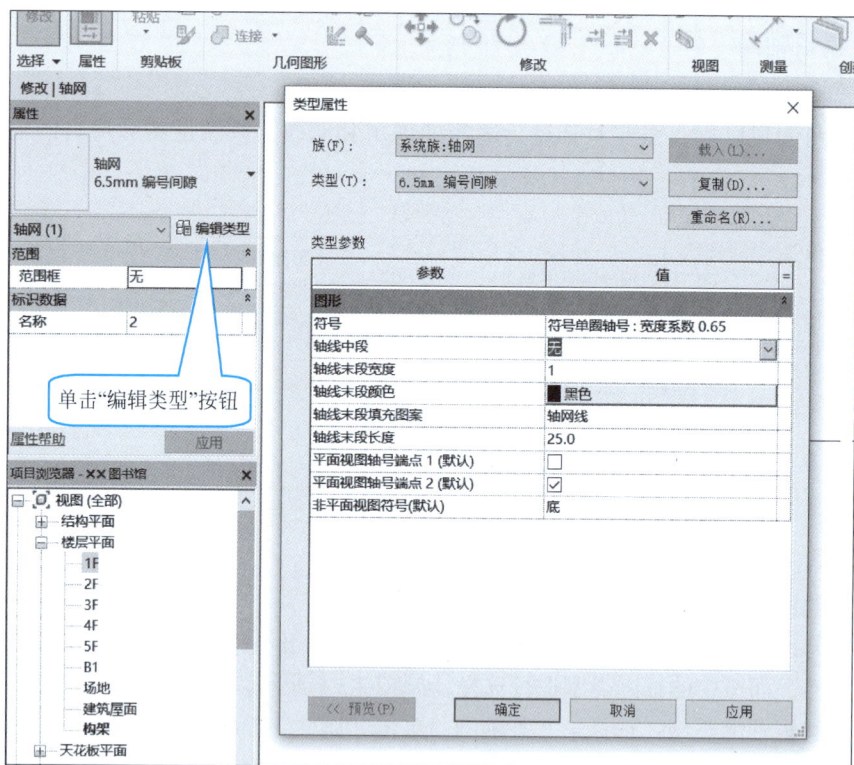

图 2.3.6　编辑轴网类型

（4）轴线长度调整：在平面视图中选中某一条轴线，按住轴线边上的空心圆圈水平或上下拖动，可改变轴线长度，当对齐线起作用时，两条轴线都会跟着调整，单击"轴线对齐锁"解锁，修改单条轴线长度，如图 2.3.8 所示。

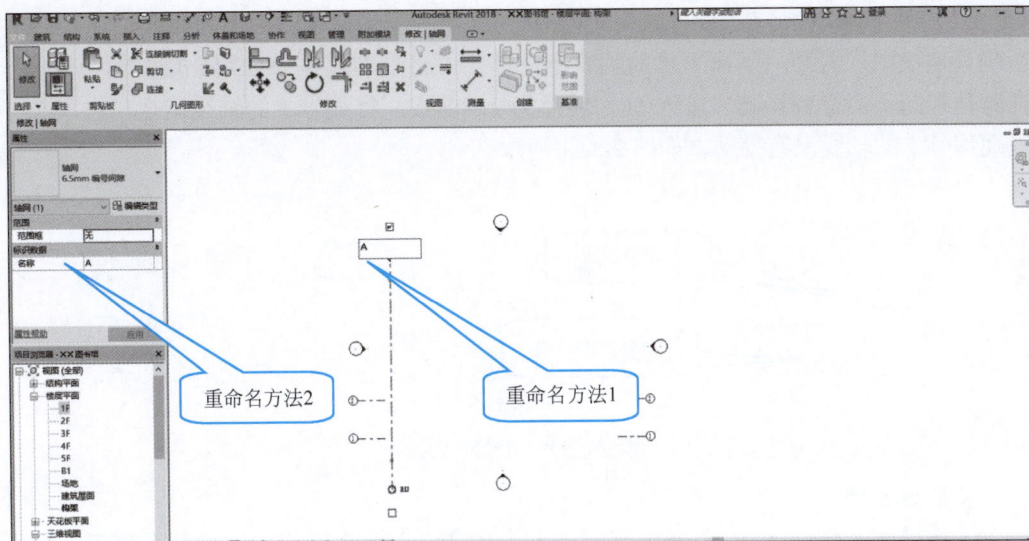

图 2.3.7　更改轴网值

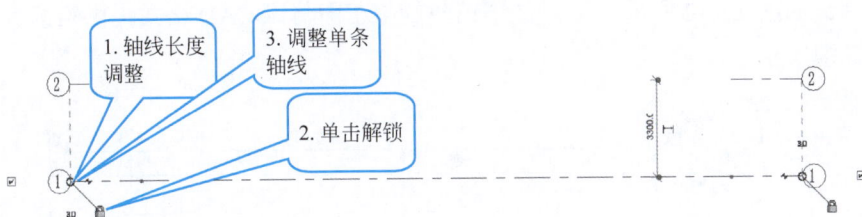

图 2.3.8　轴线长度调整

（5）移动轴线：选择轴线，在该轴线与其直接相邻的轴线之间，将显示临时尺寸标注。若要移动选定的轴线，则单击临时尺寸标注，输入新值并按 Enter 键确认，如图 2.3.9 所示。

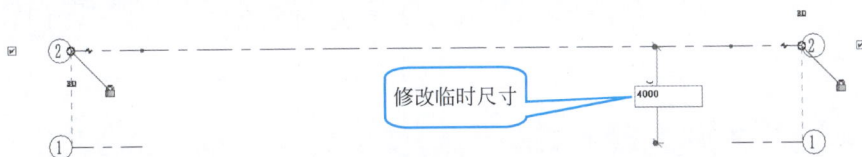

图 2.3.9　移动轴线

（6）添加弯头：选择轴线，单击"添加弯头"，如图 2.3.10 所示。

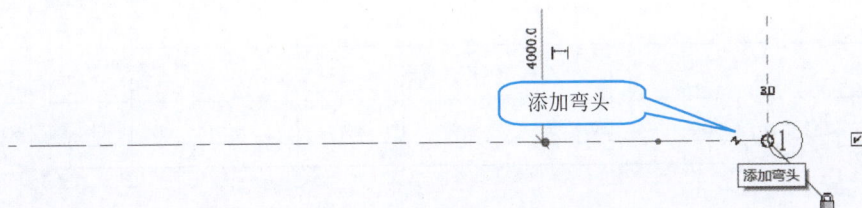

图 2.3.10　添加弯头

（7）2D/3D 切换：在 3D 模式中，Revit 在任何一个平面视图中绘制修改轴网，都会影响其他视图。若某一平面要求的轴线不一样，可将轴网调整为 2D 模式进行修改，这样其他视图不会受到影响。进入 1F，转换为 2D 模式，将编号 1 的轴线调短。进入 2F，发现编号 1 的轴线没有变动，如图 2.3.11 所示。

图 2.3.11　2D/3D 切换

💻 **实战任务**

任务描述：创建 ×× 图书馆建筑轴网。使用 2.3 节介绍的轴网创建和编辑方法，并结合 1.3.2 小节编辑图元中的移动、复制、偏移、阵列、删除等工具，绘制 ×× 图书馆的轴网，如图 2.3.12 所示。×× 图书馆建筑施工图将以 CAD 格式提供给读者，以方便查看详细尺寸。

图 2.3.12　创建 ×× 图书馆建筑轴网

任务实施：使用已有的 AutoCAD 图纸创建轴网。进入 1F 视图，单击"插入"选项卡→"导入"面板→"导入 CAD"，在弹出的对话框中选择"××图书馆 - 基础平面布置图"（文件以 CAD 电子文件提供给读者），单击"打开"按钮，如图 2.3.13 所示。

教学视频：创建 ×× 图书馆　　教学视频：创建 ×× 图书馆　　教学视频：创建 ×× 图书馆
建筑轴网（一）　　　　　　建筑轴网（二）　　　　　　建筑轴网（三）

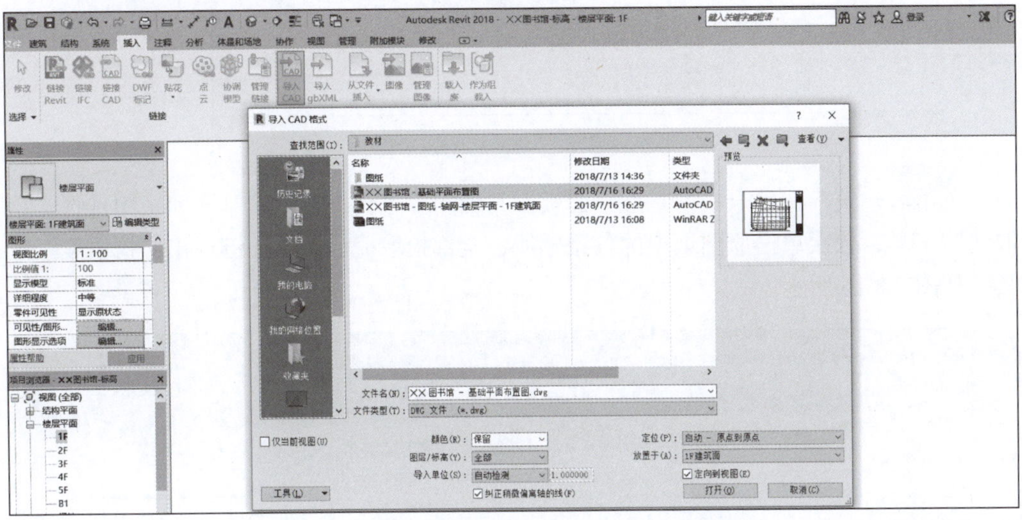

图 2.3.13　使用已有的 AutoCAD 图纸创建轴网

如图 2.3.14 所示，单击图纸上的图钉形状按钮，修改为"允许改变图元位置"，将图纸移到视图的中心位置，并将 4 个建筑立面图标移到图纸的四周，如图 2.3.15 所示。

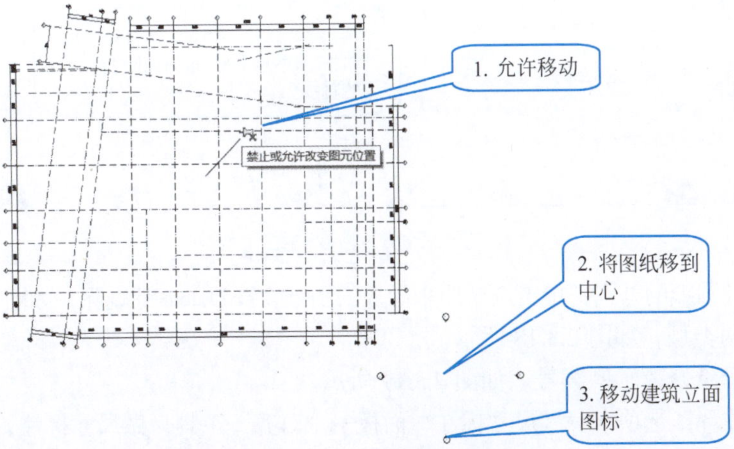

1. 允许移动

2. 将图纸移到中心

3. 移动建筑立面图标

图 2.3.14　移动前图纸位置

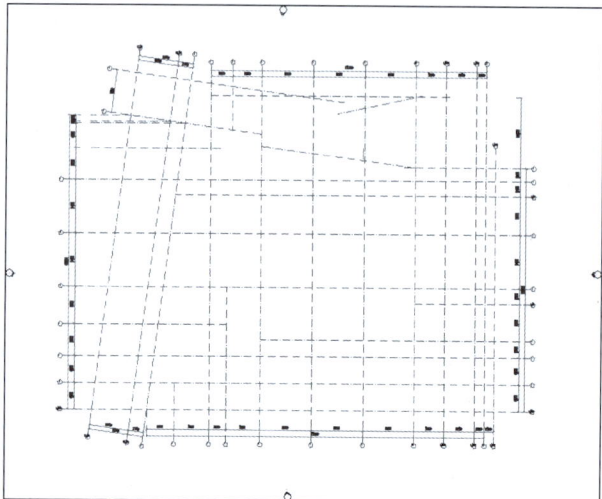

图 2.3.15　移动后图纸位置

单击"建筑"选项卡→"基准"面板→"轴网"工具，在"绘制"面板中选择"拾取线"工具，依次单击原图纸中的各条轴线，全部拾取完后按 Esc 键退出"拾取线"工具，如图 2.3.16 所示。

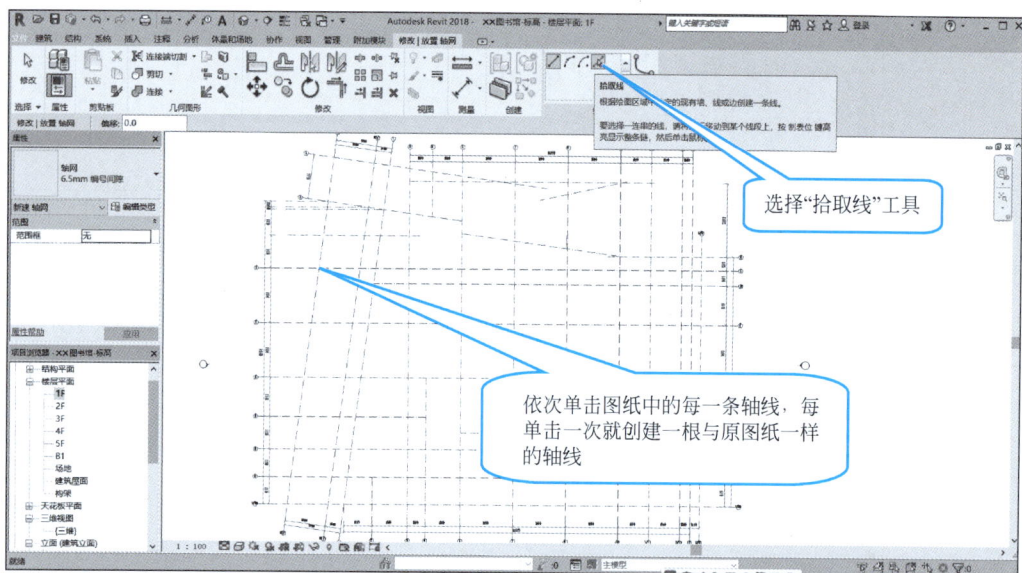

图 2.3.16　拾取轴线

光标移到图纸的外围，单击选中原来导入的图纸，按 Delete 键删除，如图 2.3.17 所示。

编辑轴网类型，如图 2.3.18 所示。

根据原图纸修改轴网编号，如图 2.3.19 所示。

单击"注释"选项卡→"尺寸标注"面板→"对齐"工具，做尺寸标注，如图 2.3.20 所示。

选中所有尺寸标注，单击"剪贴板"面板→"复制到剪贴板"工具，如图 2.3.21 所示。

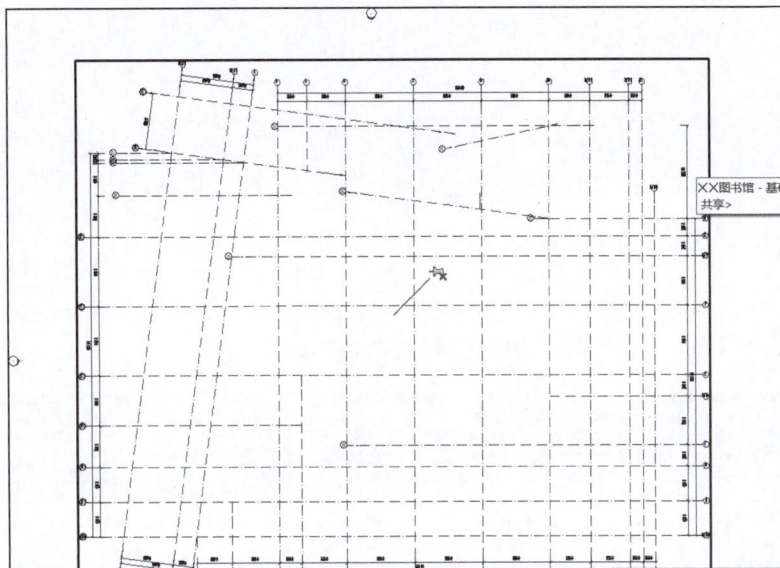

图 2.3.17 删除导入图纸

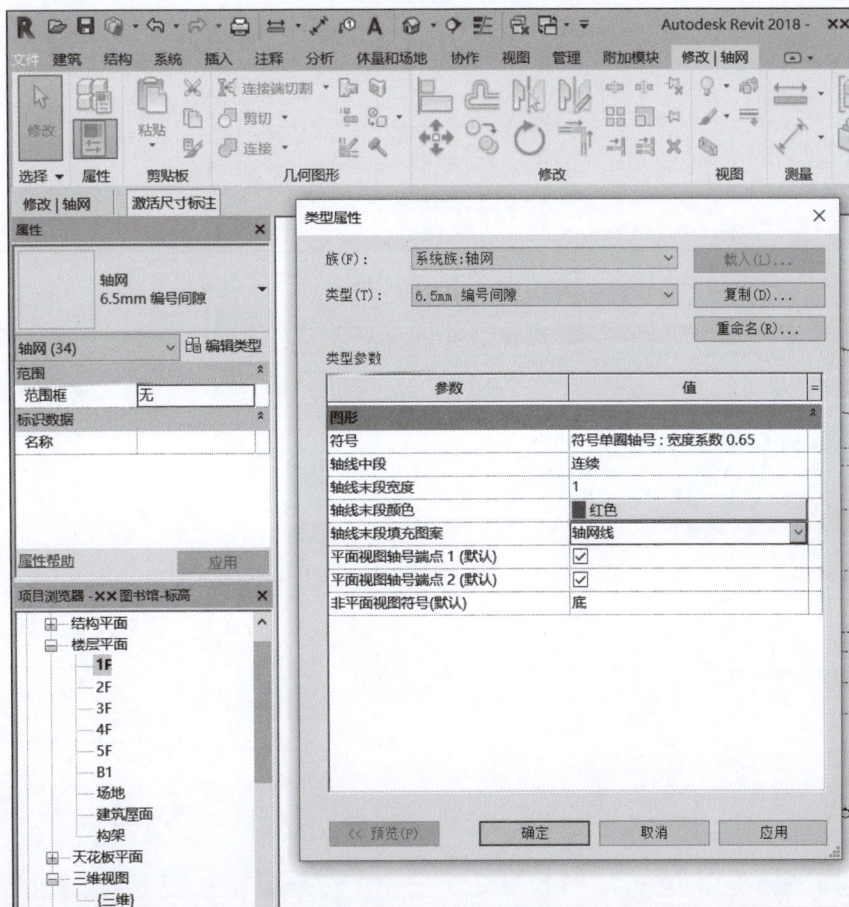

图 2.3.18 编辑轴网类型

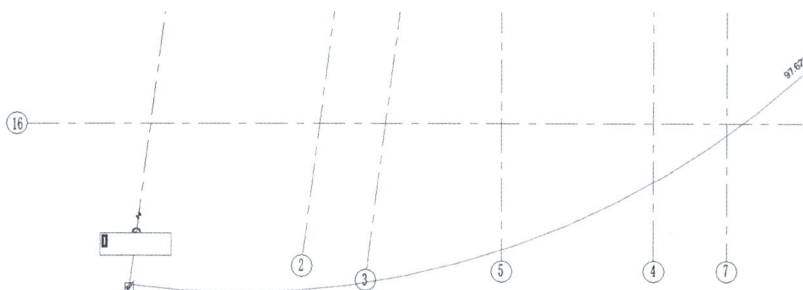

图 2.3.19　修改轴网编号

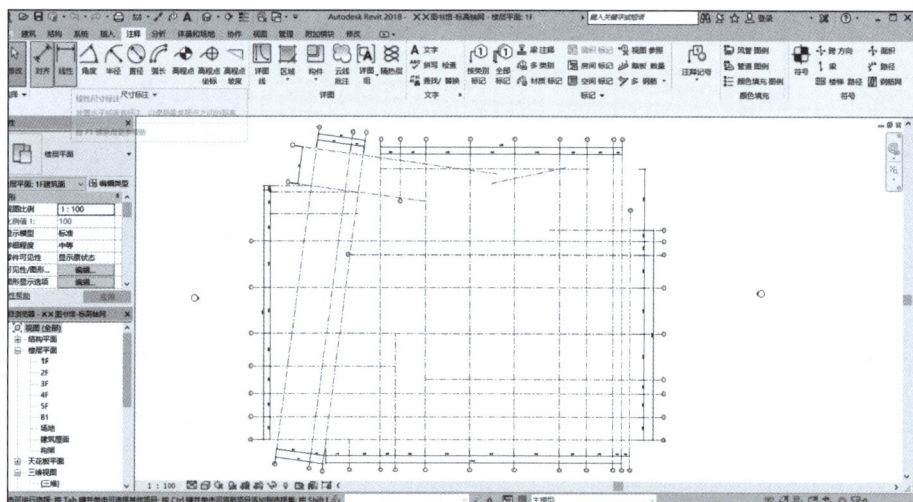

图 2.3.20　尺寸标注

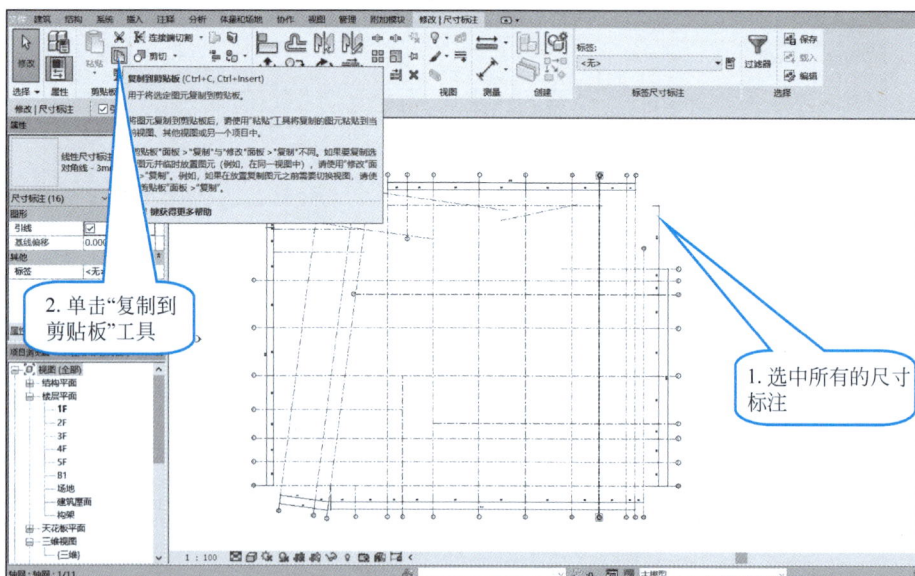

图 2.3.21　复制到剪贴板

单击"剪贴板"面板→"粘贴"下三角按钮，选择"与选定的视图对齐"，如图 2.3.22 所示。

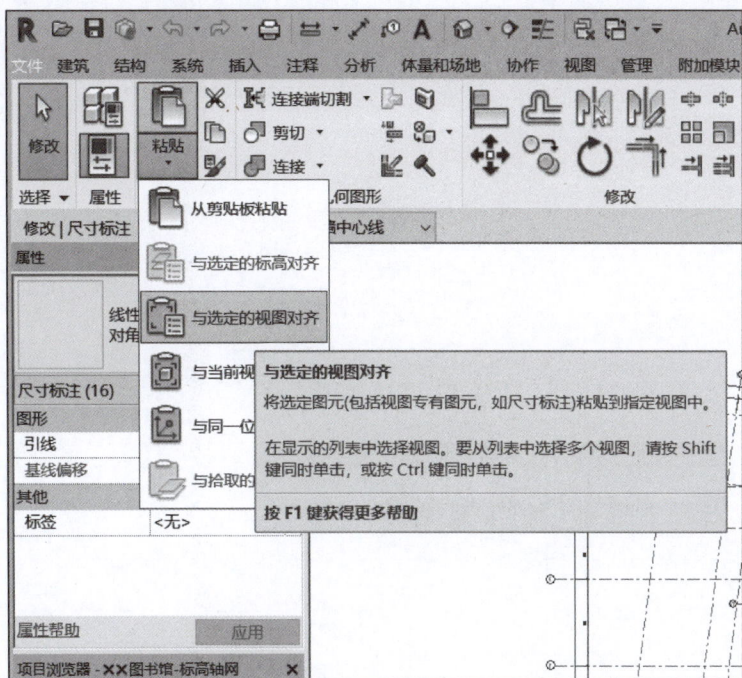

图 2.3.22　粘贴

选择除 1F 以外的其他楼层平面视图，单击"确定"按钮，将所有尺寸标注复制到其他的楼层平面视图中，如图 2.3.23 所示。

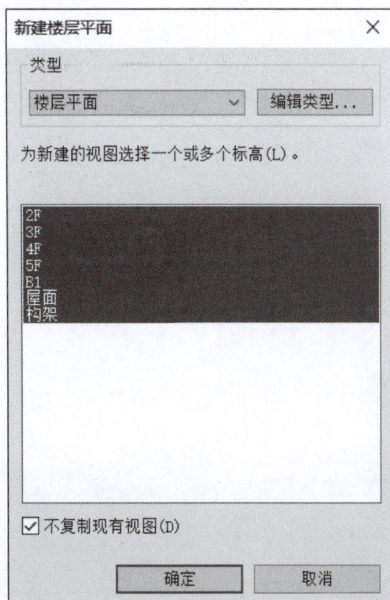

图 2.3.23　选择视图

单击东、西、南、北立面，调整标高的长度和位置，使其与轴网相交。图 2.3.24 和图 2.3.25 分别为标高调整前和调整后的视图。

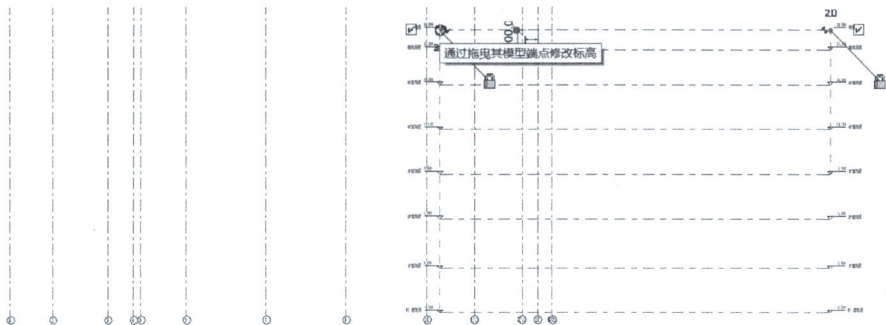

图 2.3.24　标高调整前的视图

图 2.3.25　标高调整后的视图

学习笔记

阶段性成果验收

阶段性成果验收单

查 验 构 件	查 验 指 标	自　评	互　评	教 师 评 价
标高	完整性：是否按图书馆立面完成所有标高创建	☐是　☐否	☐是　☐否	☐是　☐否
	正确性：所有标高层高是否正确	☐是　☐否	☐是　☐否	☐是　☐否
	规范性：标高格式设置是否合理，与轴网相交位置是否合理	☐是　☐否	☐是　☐否	☐是　☐否
轴网	完整性：是否按图书馆平面完成所有轴网创建	☐是　☐否	☐是　☐否	☐是　☐否
	正确性：所有轴网轴符间距是否正确	☐是　☐否	☐是　☐否	☐是　☐否
	规范性：轴网格式设置是否合理，尺寸标注是否规范，各层轴网格式是否统一	☐是　☐否	☐是　☐否	☐是　☐否
验收结果	☐优　☐良　☐中　☐合格　☐不合格			
验收成员签字				
	年　　月　　日			

习题

一、单选题

1. 下列关于项目样板说法错误的是（   ）。
   A. 项目样板是 Revit 的工作基础
   B. 项目样板包含族类型的设置
   C. 项目样板文件后缀为".rte"
   D. 用户只可以使用系统自带的项目样板进行工作

2. 下列对 Revit 的描述有误的是（   ）。
   A. Revit 是针对工程建设行业推出的 BIM 工具
   B. 使用高版本创建的".rvt"格式的项目文件无法在低版本的 Revit 中打开，而使用高版本创建的".rte"格式的项目样板可在低版本的 Revit 中打开
   C. Revit 没有图层的概念
   D. Revit 的任何单一图元都由某一个特定族产生

3. 下列哪项不是 Revit 提供的默认样板？（   ）
   A. 构造样板   B. 结构样板   C. 机械样板   D. 机电样板

4. 在哪个视图中可以绘制标高？（   ）
   A. 立面视图   B. 平面视图   C. 天花板视图   D. 三维视图

5. 在 Revit 里修改标高名称，相应视图的名称是否会改变？（   ）
   A. 不会   B. 可选择改变或不改变
   C. 会   D. 两者没有关联

6. Revit 中创建第一个标高 1F 之后，复制 1F 标高到上方 5000 处，生成的新标高名称为（   ）。
   A. 2F   B. 2G   C. 1G   D. 以上都不对

7. 下列各类图元，属于基准图元的是（   ）。
   A. 楼梯   B. 轴网   C. 天花板   D. 桁架

二、多选题

1. 以下参数包含在系统族轴网的类型属性对话框中的是（   ）。
   A. 线宽   B. 颜色   C. 线型图案   D. 符号
   E. 端点 1 处的默认符号

2. 以下参数包含在系统族轴网的类型属性对话框中的是（   ）。
   A. 轴线中段   B. 轴线中段颜色   C. 轴线末端颜色   D. 轴线中段长度
   E. 轴线末端宽度

第3章　结构布置

3.1　布置结构柱和建筑柱

教学视频：
布置结构柱

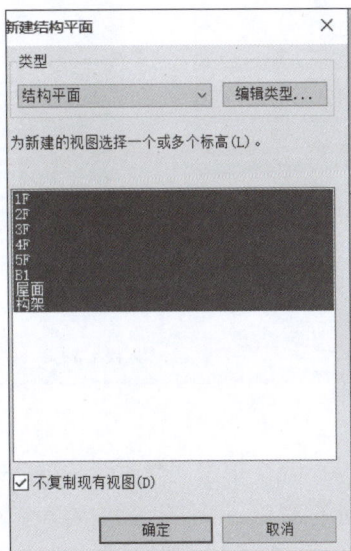

3.1.1　布置结构柱

📖 **知识准备**

在建筑设计过程中需要排布柱网，其中包含结构柱和建筑柱。

结构柱用于对建筑中的垂直承重图元建模，适用于钢筋混凝土柱等与墙材质不同的柱类型，是承载梁和板等构件的承重构件，由结构工程经过专业计算后确定截面尺寸。在平面视图中，结构柱截面与墙截面各自独立。

✎ **实训操作**

布置结构柱的步骤如下。

（1）结构柱需建立在结构平面中。启动 Revit，打开第 2 章中操作的"××图书馆"项目文件，单击"视图"选项卡→"创建"面板→"平面视图"工具，选择"结构视图"，选择所有标高，单击"确定"按钮，为该项目所有标高创建结构平面，如图 3.1.1 所示。

（2）双击"项目浏览器"→"结构平面"，双击 1F，打开一层平面视图，单击"结构"选项卡→"结构"面板→"柱"工具，如图 3.1.2 所示。

（3）单击"修改 | 放置 结构柱"上下文选项卡→"模式"面板→"载入族"工具，选择系统族中的"结构"→"柱"→"混凝土"→"混凝土 - 矩形 - 柱"（不同版本的目录会稍有不同），如图 3.1.3 所示。

（4）单击"属性"面板→"编辑类型"按钮，在"类型属性"对话框中单击"复制"按钮，输入类型名称为 F1 KZ1 600mm × 600mm，修改柱的尺寸：b 为 600，h 为 600，得到符合图纸要求的柱类型，如图 3.1.4 所示。

图 3.1.1　创建结构平面

（5）选择"垂直柱"，在"修改 | 放置 结构柱"选项栏选择"高度"、2F，以确定结构柱从 1F 到 2F 的高度，然后在 A-7 轴的位置单击，完成一根结构柱的放置，如图 3.1.5 所示。

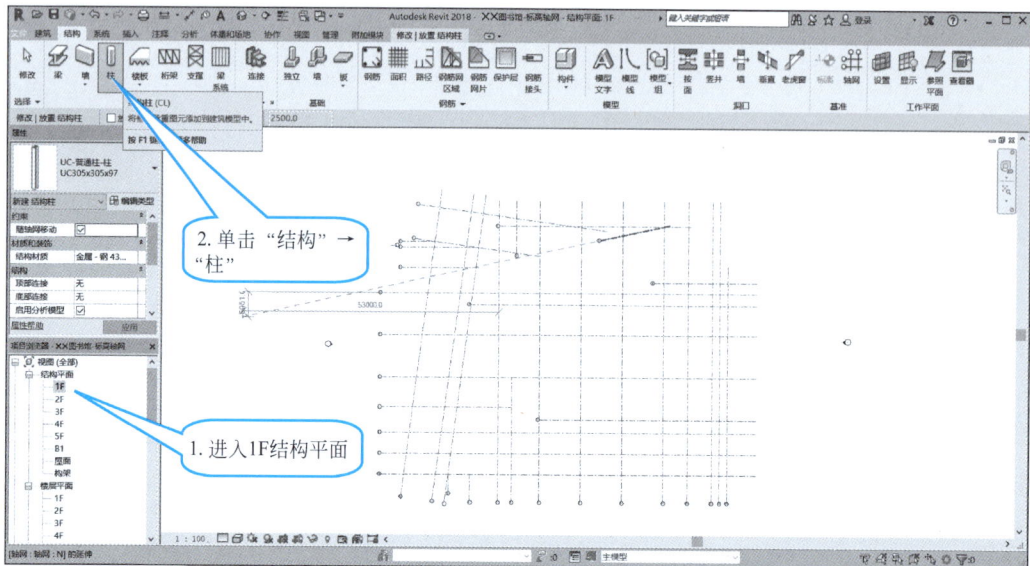

图 3.1.2　创建结构柱

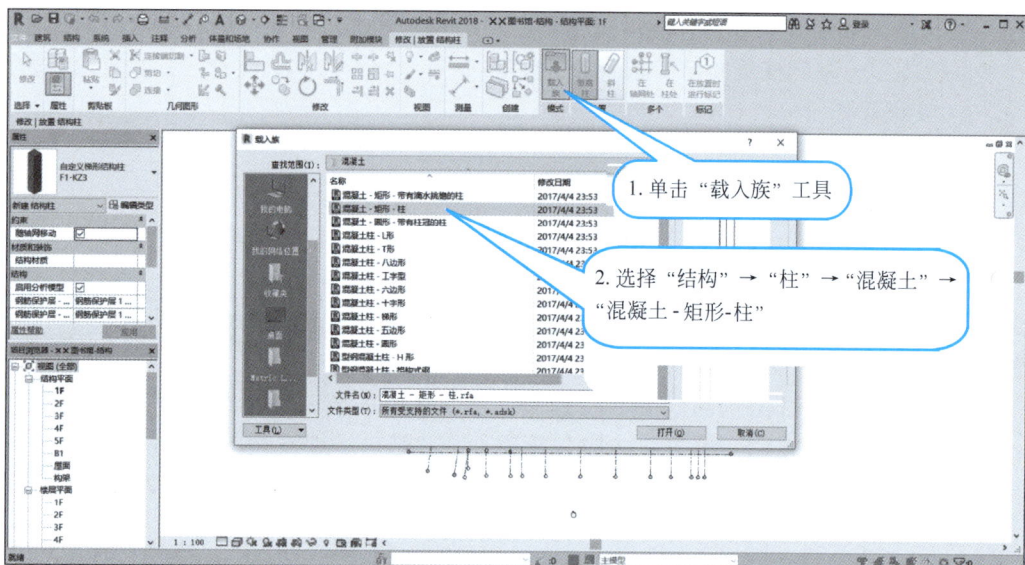

图 3.1.3　载入族

（6）单击"修改"，选中该结构柱，使用"移动"工具将该柱子移动到如图 3.1.6 所示位置。

（7）单击"修改"，选中该结构柱，使用"复制"工具，勾选"多个"复选框，将该柱子复制到其他位置，如图 3.1.7 所示。

（8）放置斜柱：创建斜柱的方法与创建垂直柱的方法基本相同，只是在选择工具时将"垂直柱"改为"斜柱"。在选项栏中设置"第一次单击"为 1F，"第二次单击"为 2F，在轴网上单击一层斜柱所在的位置（在此可任意找一个点尝试），然后在轴网上单击二层斜柱所在的位置（在此可找另一个点尝试），如图 3.1.8 所示。

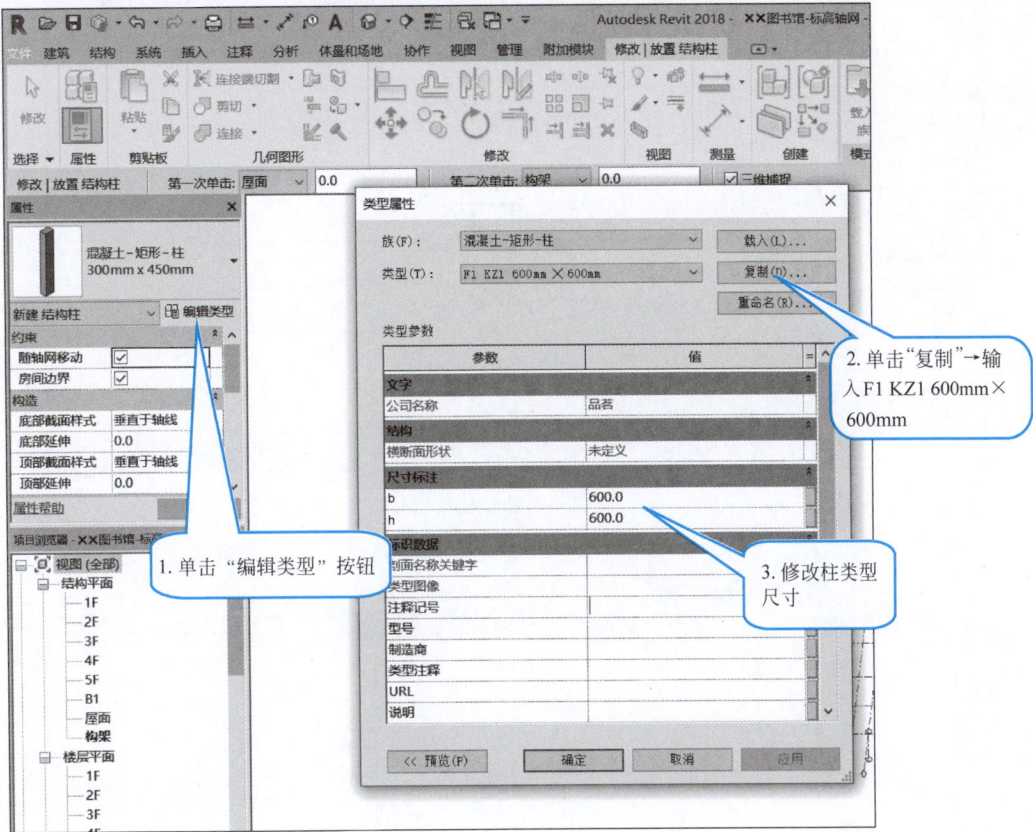

图 3.1.4　复制修改结构柱类型

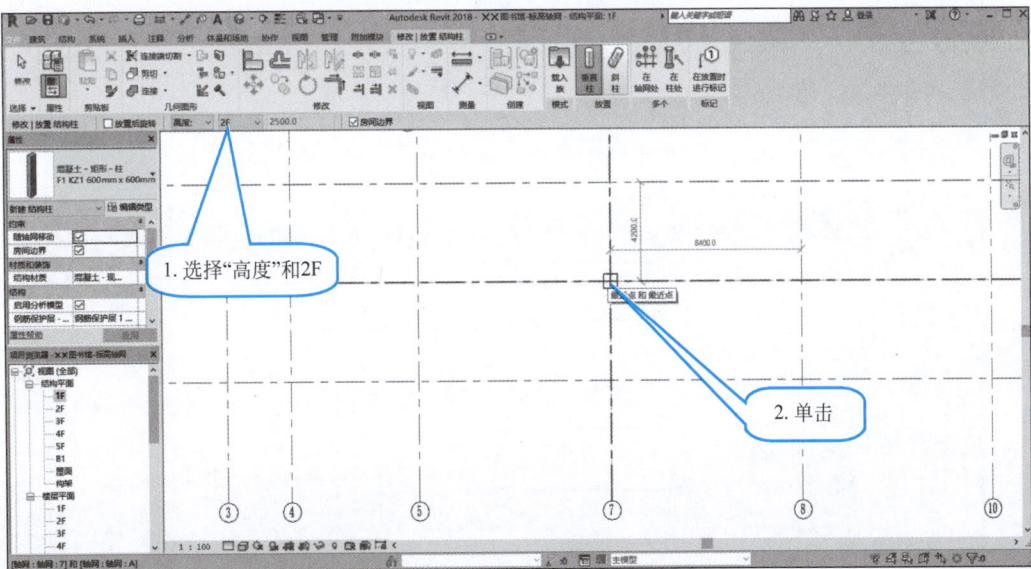

图 3.1.5　放置柱

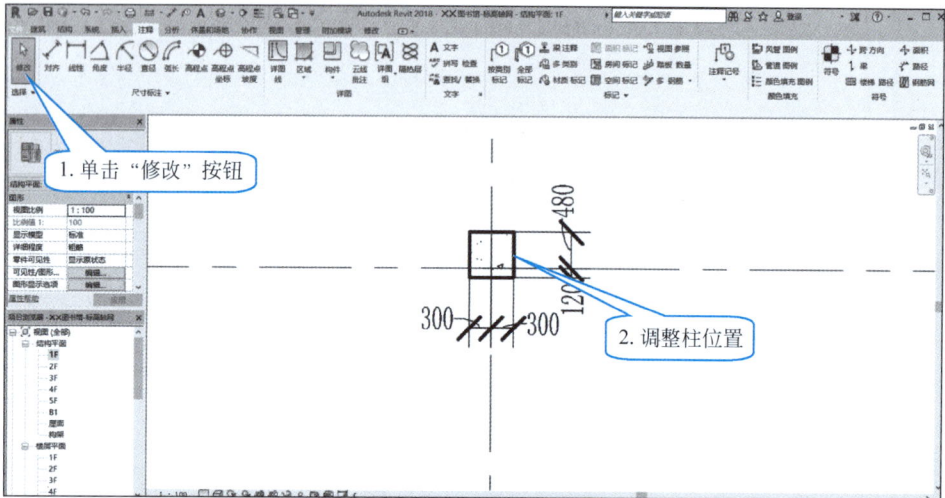

图 3.1.6　调整柱位置

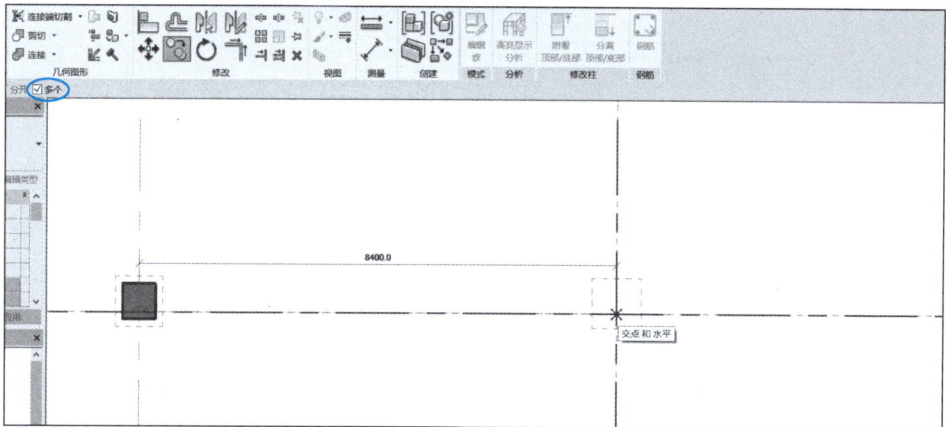

图 3.1.7　复制柱

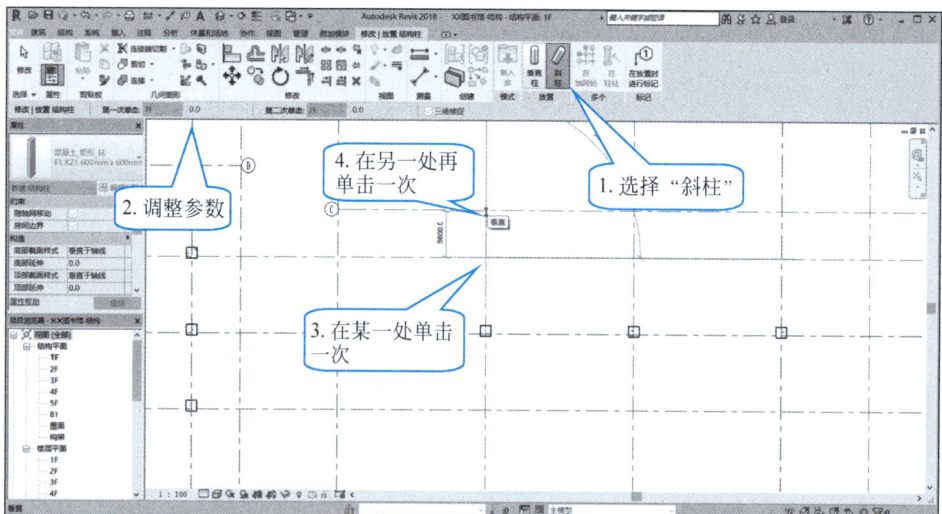

图 3.1.8　放置斜柱

（9）选择"项目浏览器"→"三维视图"→"{ 三维 }"选项，将显示三维的柱，如图 3.1.9 所示。

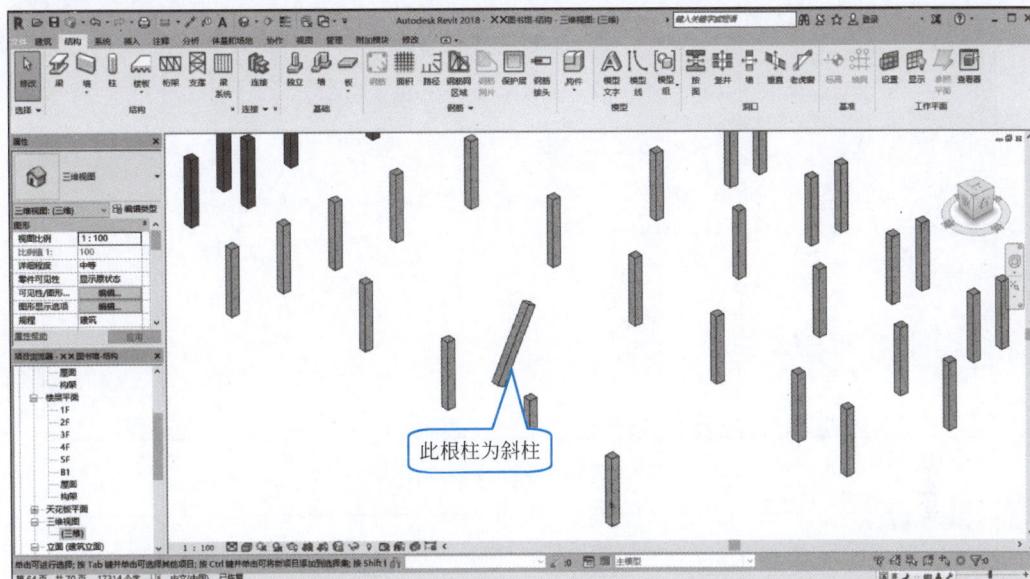

此根柱为斜柱

图 3.1.9　三维视图

（10）结构柱实例属性：单击任意一根结构柱，"属性"面板中将显示结构柱的实例属性，如图 3.1.10 所示，可通过属性值的设置改变结构柱的实例属性。

3.1.2　布置自定义结构柱

📖 知识准备

当系统族中的构件无法满足实际项目要求时，可以用新建族的方式自定义结构柱形状，以满足实际工程的建模需要。

教学视频：布置
自定义结构柱

✎ 实训操作

布置自定义结构柱的步骤如下。

（1）新建自定义结构柱：启动 Revit，打开前面操作的"××图书馆"项目文件，单击"文件"选项卡→"新建"选项→"族"按钮，如图 3.1.11 所示。

（2）选择"公制结构柱"族样板文件，如图 3.1.12 所示。

（3）修改楼层平面"低于参照标高"平面的尺寸，并添加参照线，如图 3.1.13 所示。

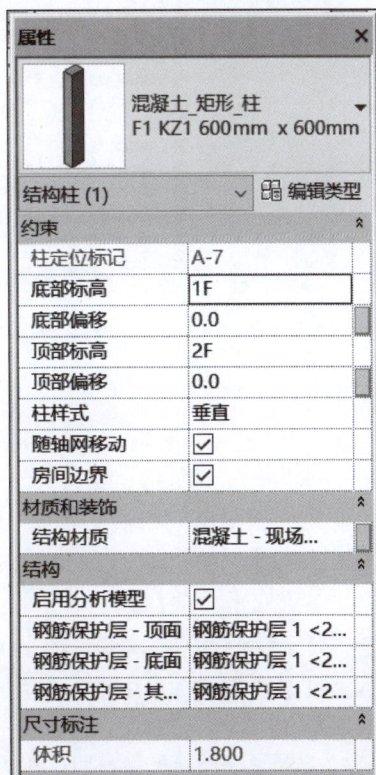

图 3.1.10　结构柱实例属性

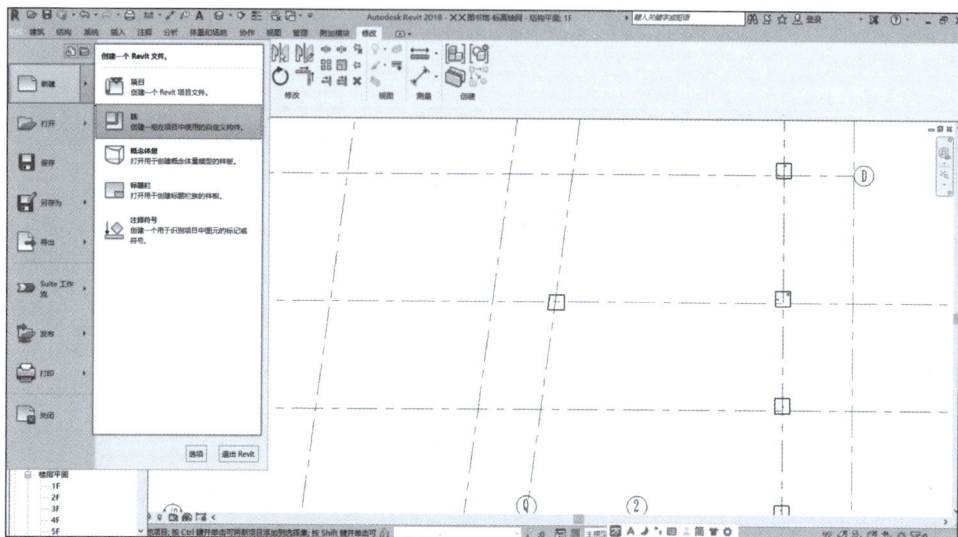

图 3.1.11 新建自定义结构柱

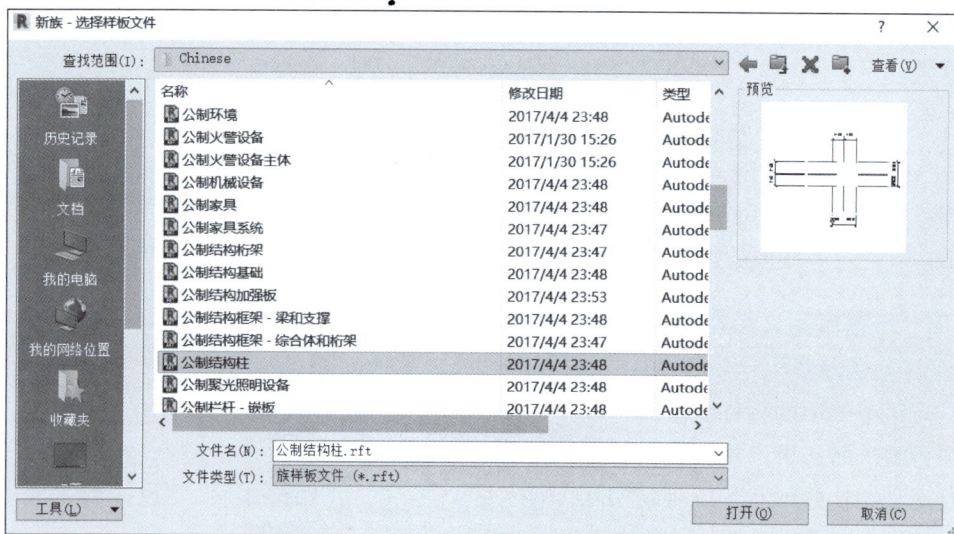

图 3.1.12 选择"公制结构柱"族样板文件

（4）单击"创建"选项卡→"形状"面板→"拉伸"工具，使用"修改|创建拉伸"上下文选项卡的"绘制"面板中的"直线"工具，绘制如图 3.1.14 所示的梯形，单击"模式"面板中的"完成编辑模式"按钮。

（5）双击"项目浏览器"→"前"立面，选中柱子，单击向上箭头，调整柱的高度至"高于参照标高"，单击边上的锁，创建对齐约束（这一步一定要做，否则创建的柱不会根据建筑的标高而改变高度），调整柱的底部至"低于参照标高"，单击边上的锁，创建对齐约束，如图 3.1.15 所示。

（6）在"属性"面板中设置"用于模型行为的材质"为"混凝土"，如图 3.1.16 所示。

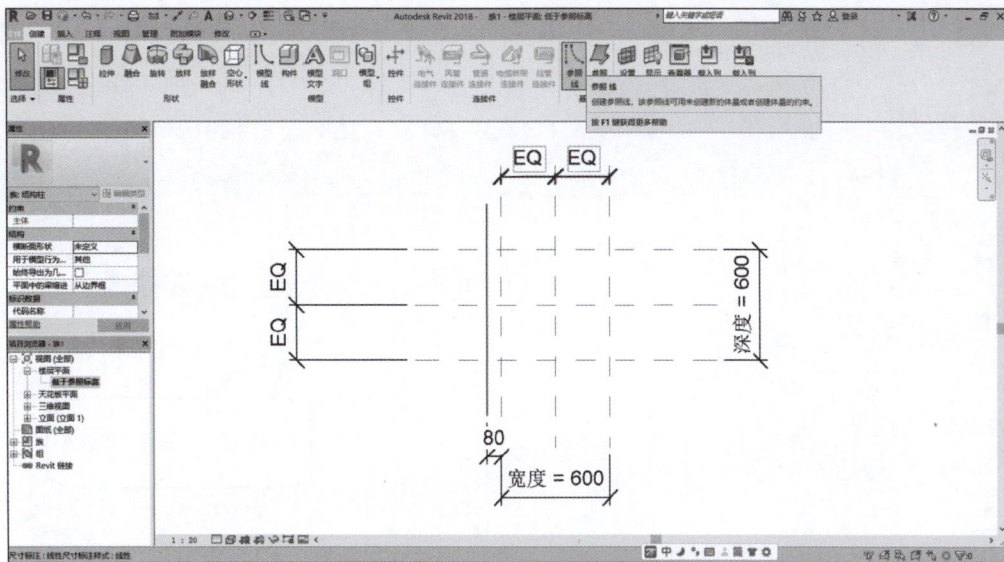

图 3.1.13 添加参照线

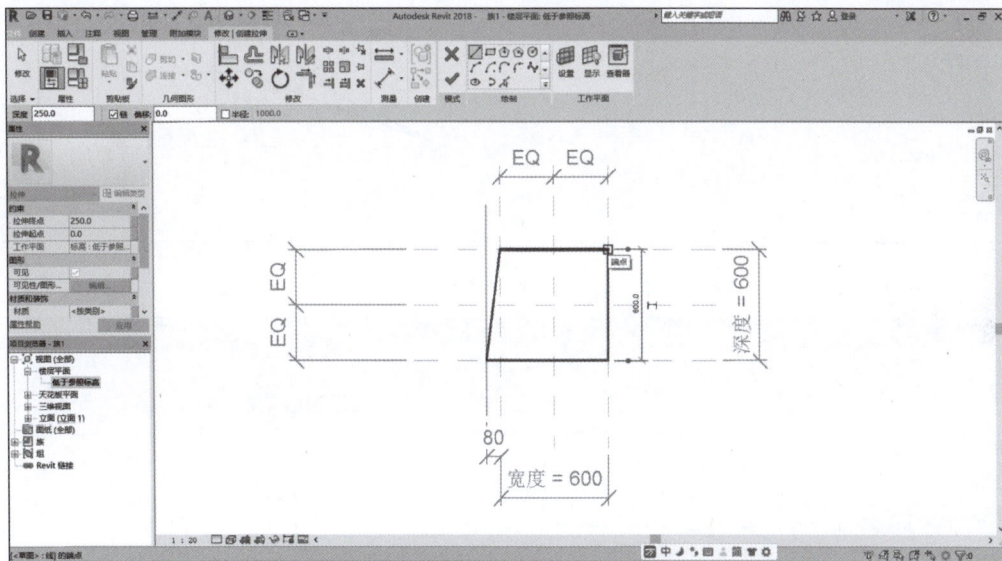

图 3.1.14 创建拉伸

（7）单击快速访问工具栏中的"保存"或"文件"中的"保存"，保存创建的结构柱族为"自定义梯形结构柱"，如图 3.1.17 所示。

（8）单击"族编辑器"面板中的"载入到项目"，将创建好的结构柱载入"××图书馆"项目中，如图 3.1.18 所示。

（9）单击"修改 | 放置 结构柱"上下文选项卡→"放置"面板→"垂直柱"工具，在"属性"面板中选择"自定义梯形结构柱"，单击"编辑类型"按钮，在弹出的"类型属性"对话框中单击"复制"按钮，输入名称 F1-KZ3，单击"确定"按钮，如图 3.1.19 所示。

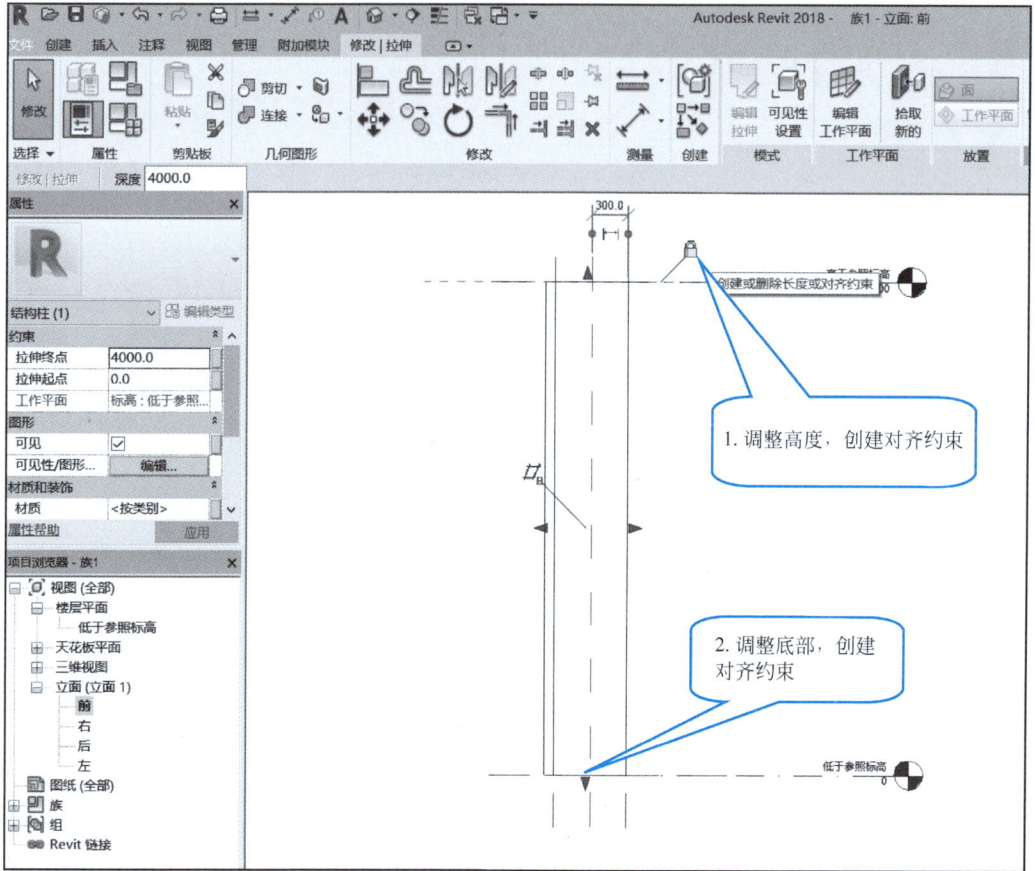

图 3.1.15　调整拉伸高度并创建对齐约束

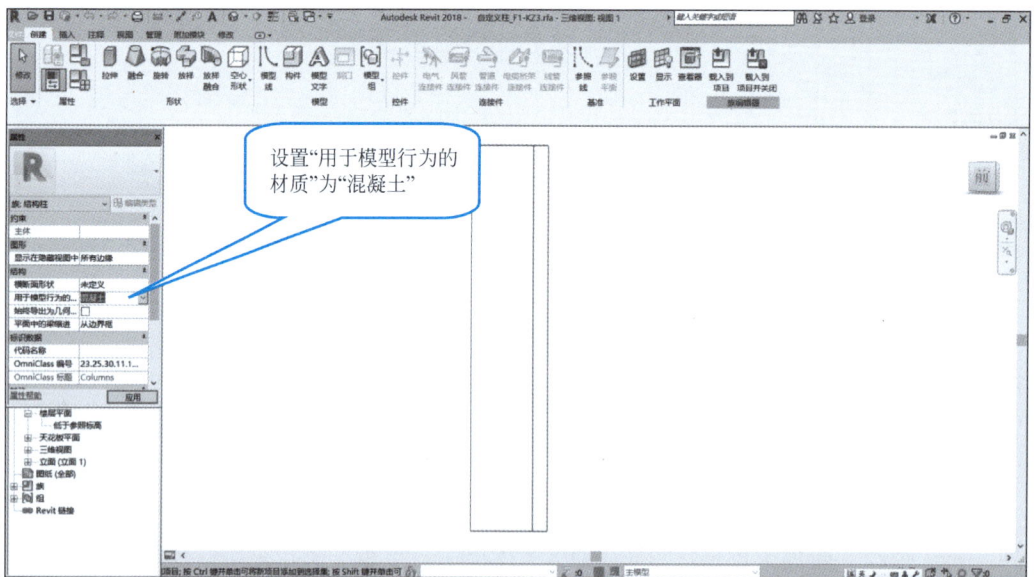

图 3.1.16　设置用于模型行为的材质

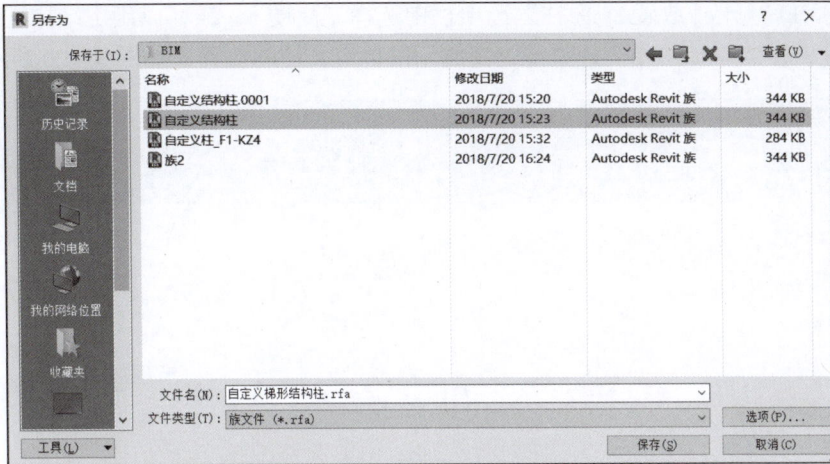

图 3.1.17 保存族

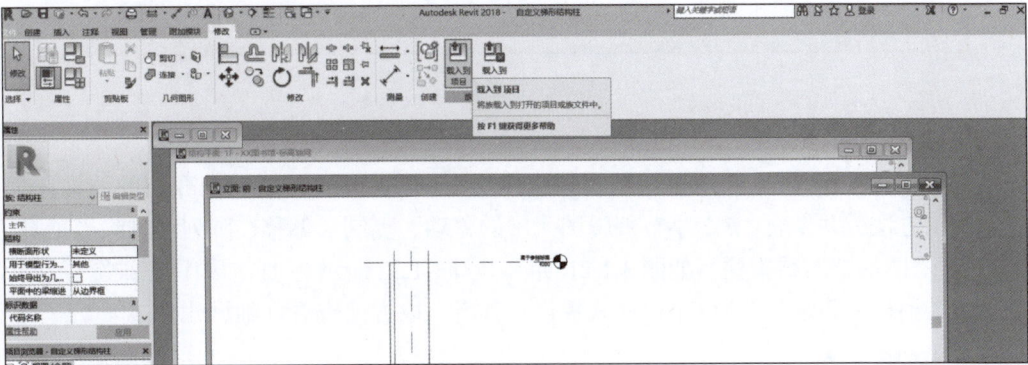

图 3.1.18 载入到项目

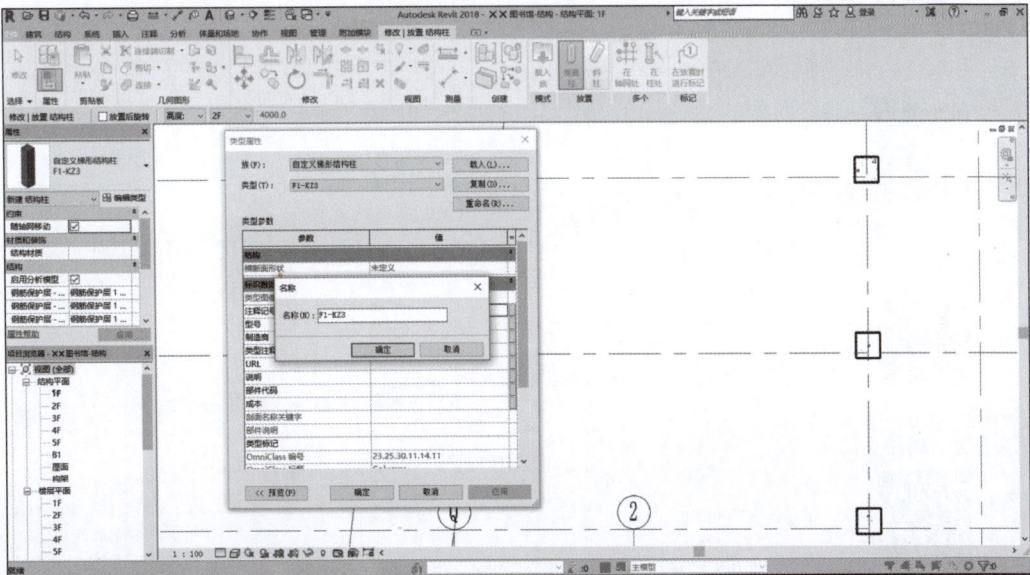

图 3.1.19 新建结构柱

（10）在"修改|放置 结构柱"选项栏中选择"高度"、2F，以确定结构柱从 1F 到 2F 的高度，在 A-1 轴的相交处单击，完成一根自定义柱的放置，如图 3.1.20 所示。

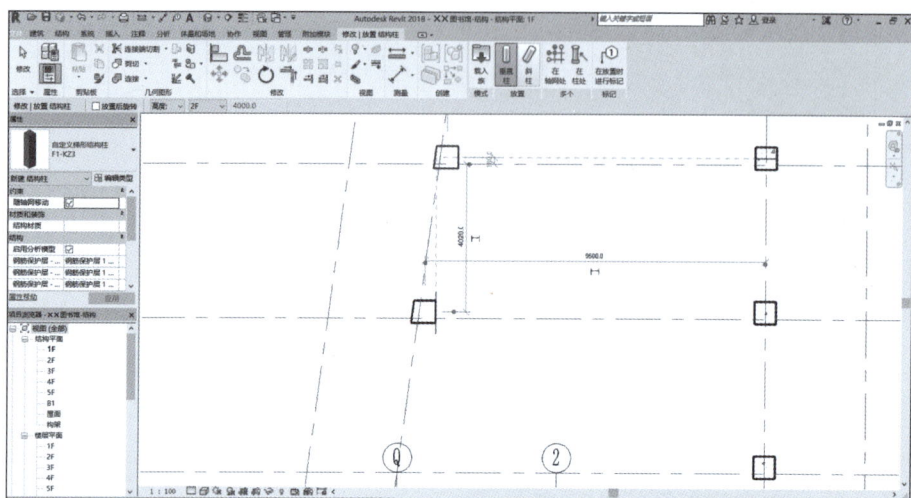

图 3.1.20　放置自定义柱

💻 实战任务

任务描述：创建 ×× 图书馆结构柱。使用 3.1.1 小节和 3.1.2 小节介绍的结构柱创建和编辑方法，并结合 1.3.2 小节编辑图元中的移动、复制、偏移、阵列、删除等工具，绘制 ×× 图书馆的结构柱，如图 3.1.21 所示。图 3.1.22 所示为 1F 结构柱三维图。×× 图书馆结构柱平面定位图以 CAD 格式提供给读者，以方便查看详细尺寸。

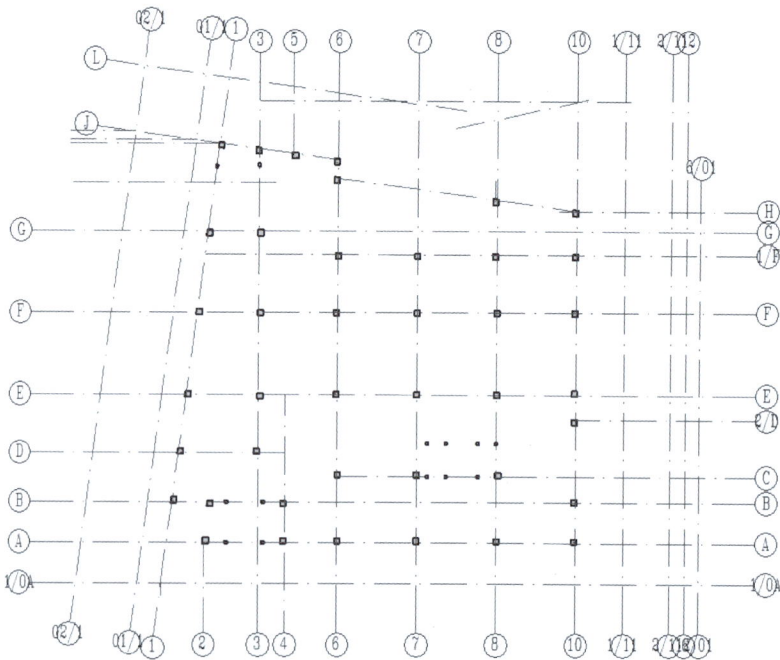

教学视频：创建 ×× 图书馆结构柱（一）

教学视频：创建 ×× 图书馆结构柱（二）

教学视频：创建 ×× 图书馆结构柱（三）

教学视频：创建 ×× 图书馆结构柱（四）

图 3.1.21　×× 图书馆 1F 结构柱布置

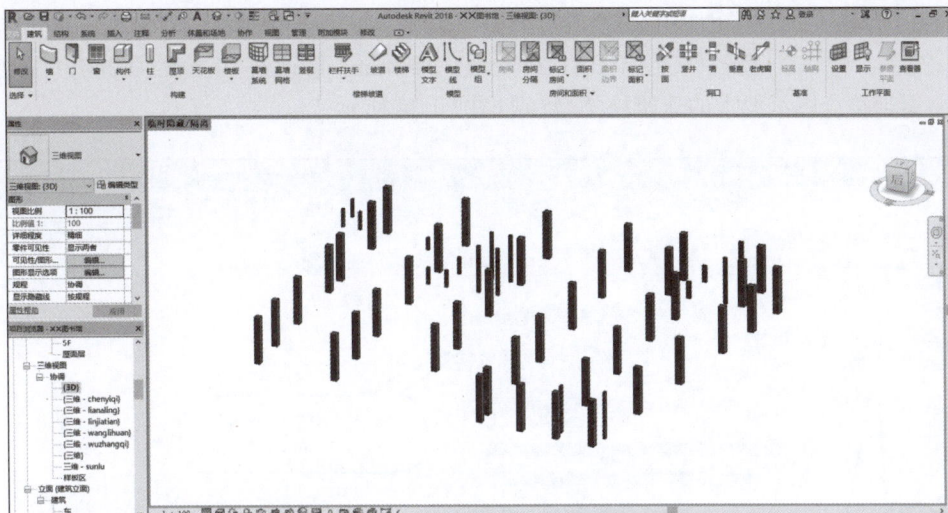

图 3.1.22　××图书馆 1F 结构柱三维图

3.1.3　布置建筑柱

📖 **知识准备**

建筑柱主要起到装饰作用，并不参与结构计算，适用于墙垛等柱类型，可以自动继承与其相连的墙体等其他构件的材质。

教学视频：布置建筑柱

✎ **实训操作**

布置建筑柱的步骤如下。

（1）启动 Revit，打开前面操作的"××图书馆"项目文件，双击"项目浏览器"→"楼层平面"→1F，打开一层平面视图，单击"建筑"选项卡→"构建"面板→"柱"工具，选择"柱：建筑"，如图 3.1.23 所示。

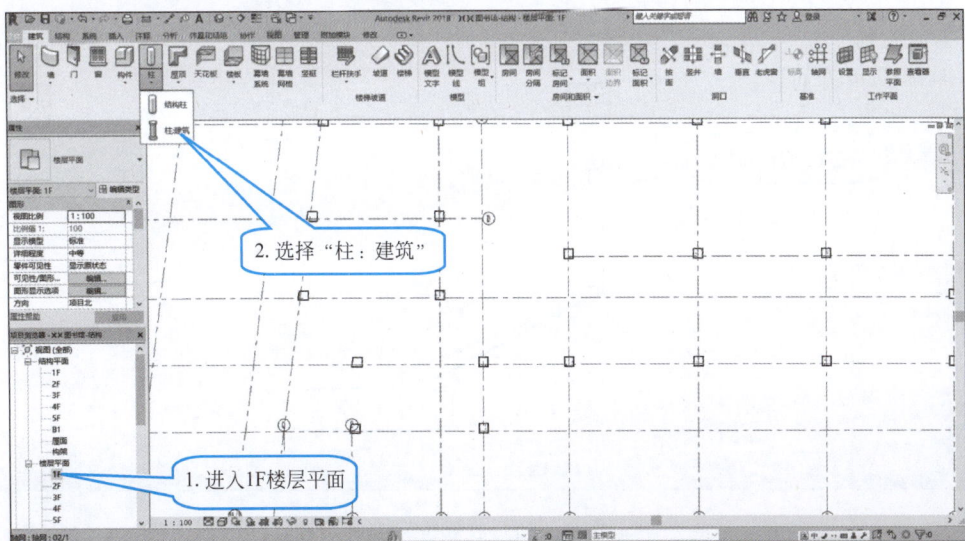

图 3.1.23　选择建筑柱

（2）单击"属性"面板中的"编辑类型"按钮，在"类型属性"对话框中单击"复制"按钮，输入类型名称为 F1 GZ1 240mm×240mm，修改柱的宽度为 240，深度为 240，得到符合图纸要求的建筑柱类型，如图 3.1.24 所示。

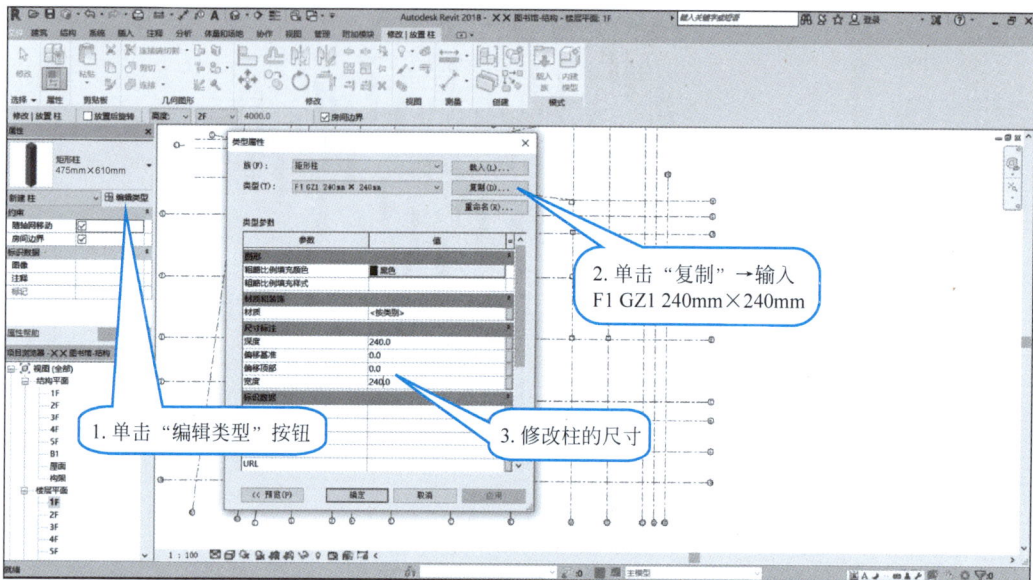

图 3.1.24　复制修改建筑柱类型

（3）在"修改|放置 柱"选项栏中选择"高度"、2F，以确定建筑柱从 1F 到 2F 的高度，在轴线的相交处单击，完成一根建筑柱的放置，如图 3.1.25 所示。

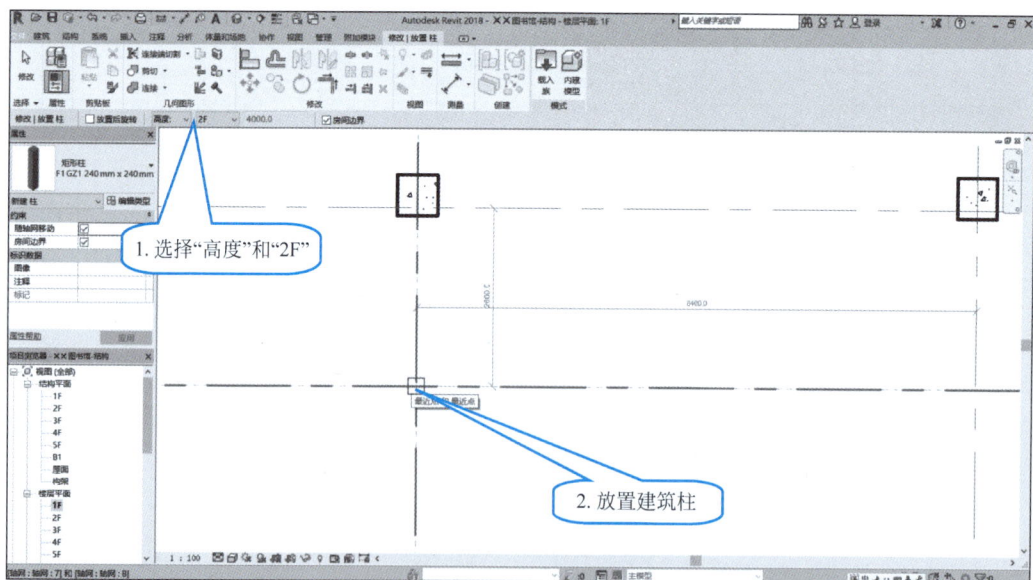

图 3.1.25　放置建筑柱

（4）建筑柱实例属性：单击该建筑柱，"属性"面板中将显示建筑柱的实例属性，如图 3.1.26 所示，可通过对属性值的设置改变建筑柱的实例属性。

3.2　绘制结构梁

📖 知识准备

结构梁是用于承重的结构图元。每个梁的图元都是通过特定梁族的类型属性定义的，此外，还可以修改各种实例属性来定义梁的功能。

教学视频：绘制结构梁

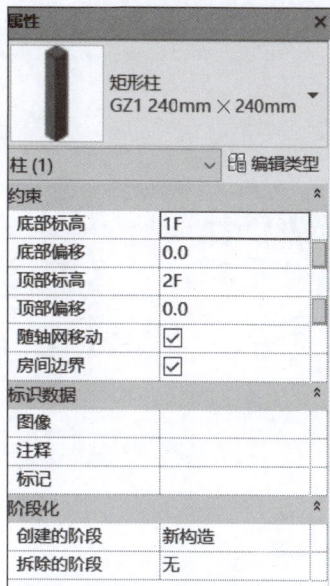

🖉 实训操作

绘制结构梁的步骤如下。

（1）启动 Revit，打开前面操作的"××图书馆"项目文件，双击"项目浏览器"中的"结构平面"，双击 2F，打开二层平面视图，单击"结构"选项卡→"结构"面板→"梁"工具，如图 3.2.1 所示。

图 3.1.26　建筑柱实例属性

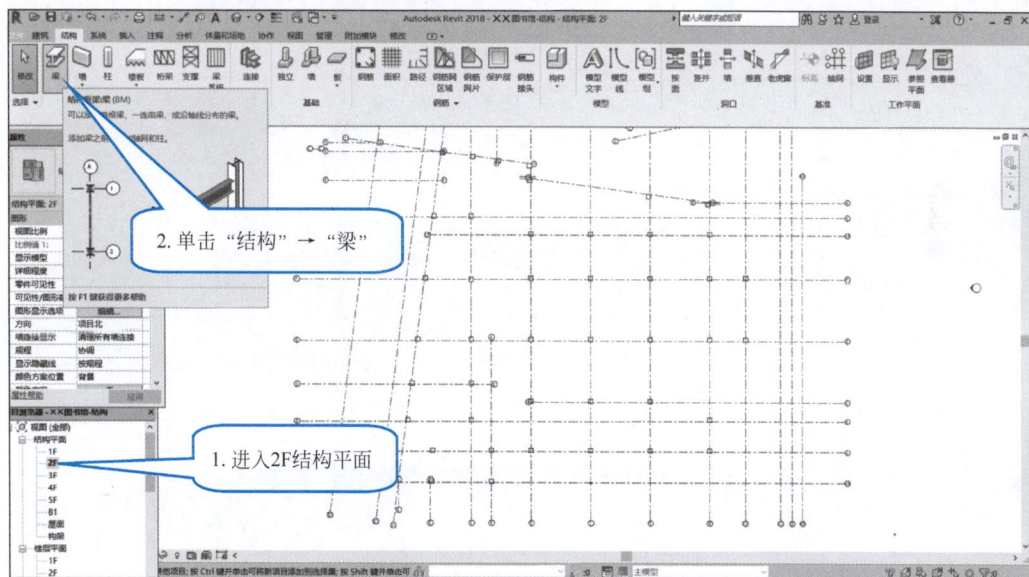

图 3.2.1　创建结构梁

（2）单击"修改 | 放置 梁"上下文选项卡→"模式"面板→"载入族"工具，选择系统族中的"结构"→"框架"→"混凝土"→"混凝土 - 矩形梁"（不同版本目录会稍有不同），如图 3.2.2 所示。

（3）单击"属性"面板中的"编辑类型"按钮，在"类型属性"对话框中单击"复制"按钮，输入类型名称为 F2 KL1 240mm×750mm，修改梁的尺寸 b 为 240，h 为 750，得到符合图纸要求的梁类型，如图 3.2.3 所示。

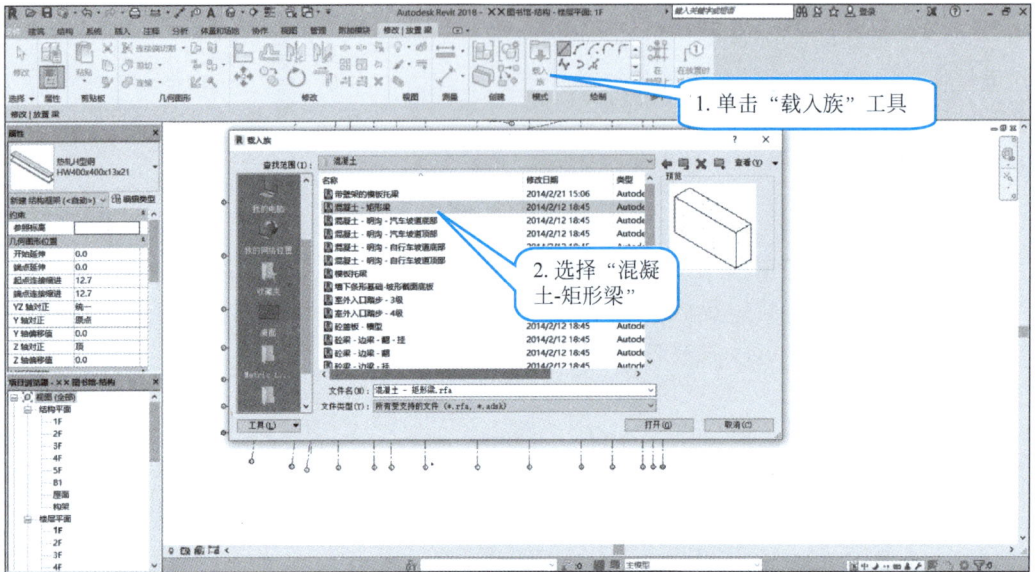

图 3.2.2　载入混凝土 – 矩形梁族

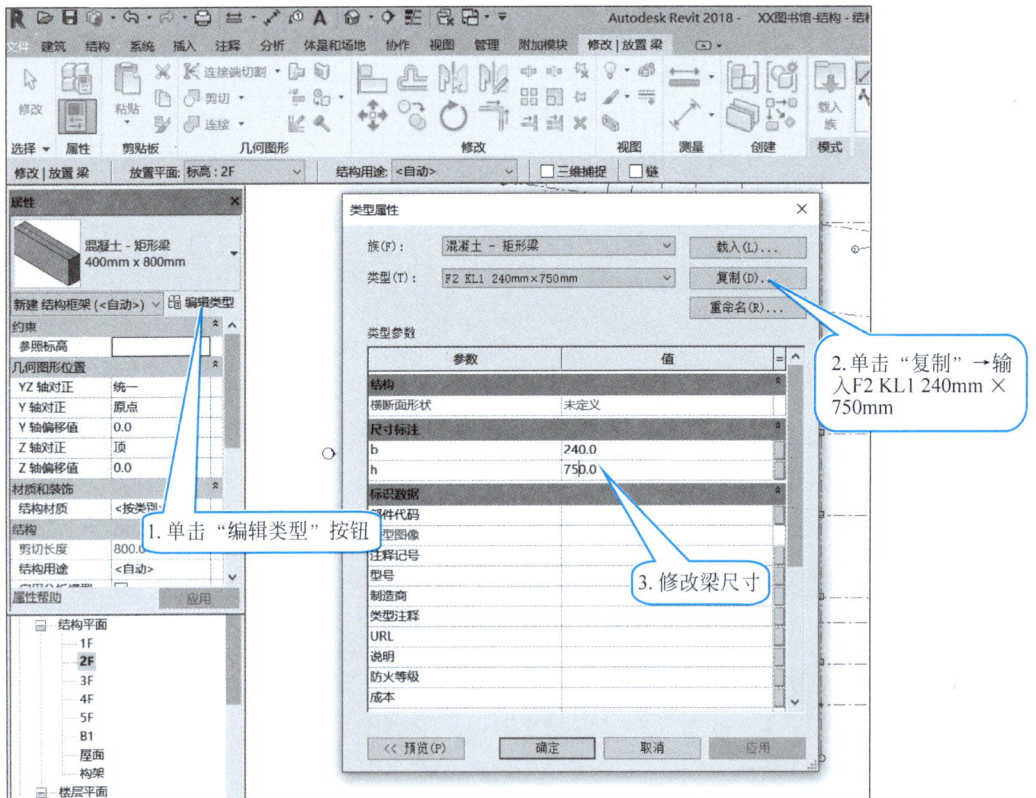

图 3.2.3　复制修改矩形梁类型

（4）选择"线"工具，在"修改|放置 梁"选项栏→"放置平面"处选择"标高：2F"，"结构用途"选择"＜自动＞"，在 B-1 至 K-1 之间绘制框架梁 KL1，如图 3.2.4 所示。

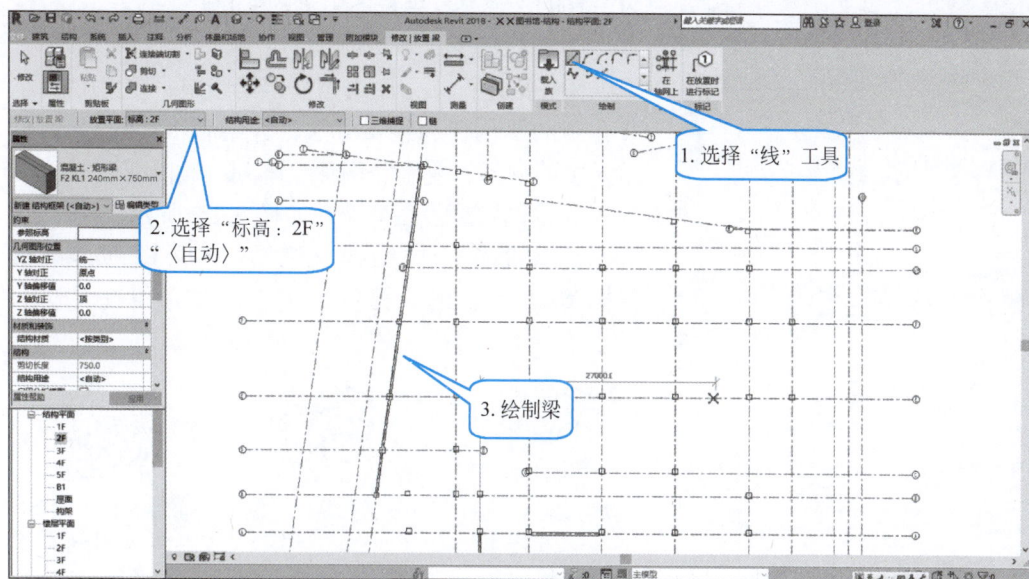

图 3.2.4 绘制梁

（5）双击"项目浏览器"→"三维视图"→"{ 三维 }"选项，将显示三维的梁，如图 3.2.5 所示。

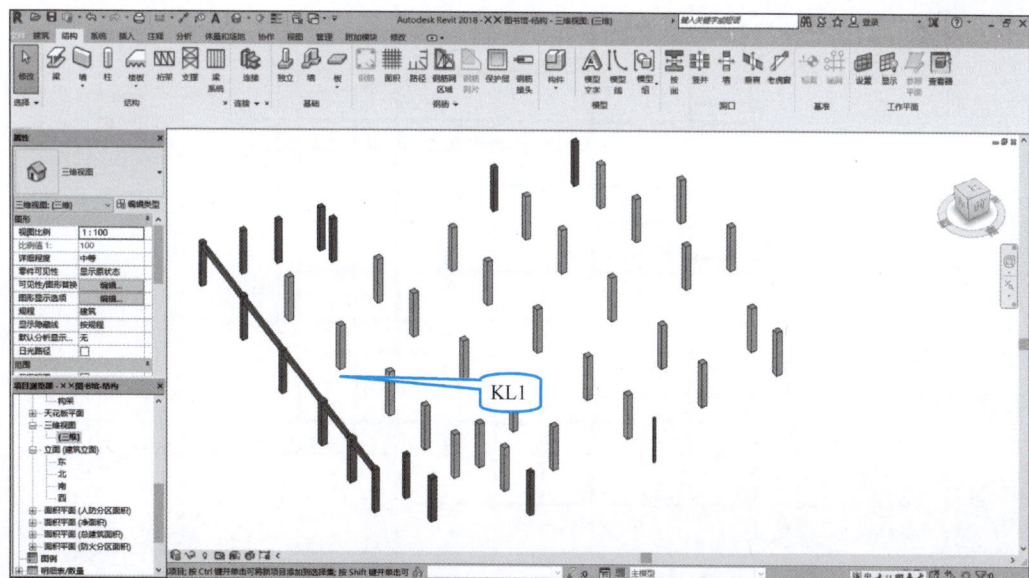

图 3.2.5 三维视图

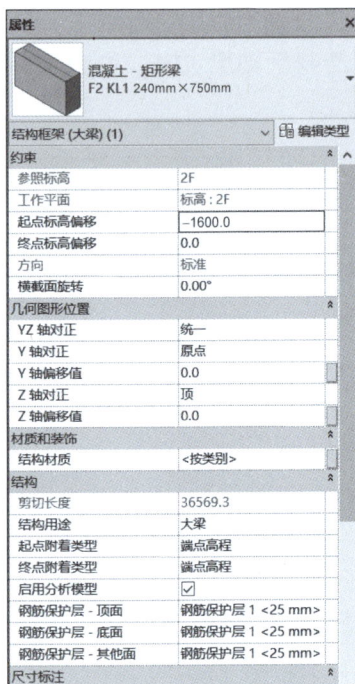

图 3.2.6　梁实例属性

（6）梁实例属性：单击 KL1，"属性"面板中将显示梁的实例属性，如图 3.2.6 所示，可通过对属性值的设置改变梁的实例属性，可修改起点标高偏移为 −1600，观察三维视图中梁的变化。

💻 **实战任务**

任务描述：××图书馆框架梁绘制。使用 3.2.1 小节介绍的梁创建和编辑方法，并结合 1.3.2 小节编辑图元中的移动、复制、偏移、阵列、删除等工具，绘制××图书馆的框架梁，如图 3.2.7 所示。图 3.2.8 所示为图书馆一层结构三维图。××图书馆梁布置图将以 CAD 格式提供给读者，以方便查看详细尺寸。

教学视频：绘制
××图书馆
框架梁（一）

教学视频：绘制
××图书馆
框架梁（二）

教学视频：绘制
××图书馆
框架梁（三）

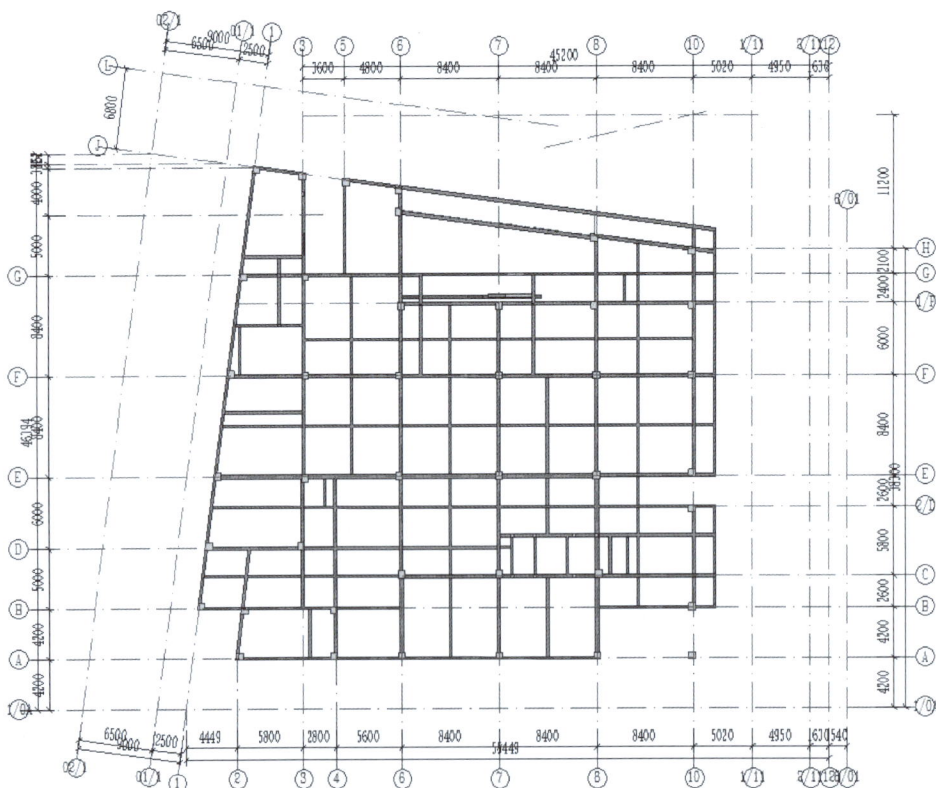

图 3.2.7　××图书馆 2F 框架梁布置

图 3.2.8　××图书馆一层结构三维图

—— 学习笔记 ——

阶段性成果验收

阶段性成果验收单

查 验 构 件	查 验 指 标	自 评	互 评	教师评价
柱	完整性：是否按图书馆图纸完成所有柱创建	☐是 ☐否	☐是 ☐否	☐是 ☐否
	正确性：所有柱标高、材质、水平定位是否正确	☐是 ☐否	☐是 ☐否	☐是 ☐否
	规范性：柱名是否命名规范，格式是否统一	☐是 ☐否	☐是 ☐否	☐是 ☐否
梁	完整性：是否按图书馆图纸完成所有梁创建	☐是 ☐否	☐是 ☐否	☐是 ☐否
	正确性：所有梁标高、材质、定位是否正确	☐是 ☐否	☐是 ☐否	☐是 ☐否
	规范性：梁名是否命名规范，格式是否统一	☐是 ☐否	☐是 ☐否	☐是 ☐否
验收结果	☐优 ☐良 ☐中 ☐合格 ☐不合格			
验收成员签字	年　　月　　日			

习题

一、单选题

1. 以下（　　　）不属于一般结构柱实例属性。

　　A. 底部标高　　　　　　　　　　　B. 顶部偏移量

　　C. 柱的宽度　　　　　　　　　　　D. 顶部标高

2. 想要结构柱仅在平面视图中表面涂黑，需要更改柱子材质里的（　　　）。

　　A. 截面填充图案　　　　　　　　　B. 表面填充图案

　　C. 着色　　　　　　　　　　　　　D. 粗略比例填充样式

3. 当系统族中的柱构件无法满足实际项目要求时，可通过以下哪种方式创建结构柱？（　　　）

　　A. 新建公制常规模型　　　　　　　B. 新建公制轮廓

　　C. 新建公制柱　　　　　　　　　　D. 新建公制结构柱

4. 如果要将一段梁的两端相对于标高同时偏移相同的距离，可以通过以下哪个方式实现？（　　　）

　　A. 设置终点标高偏移量　　　　　　B. 设置起点标高偏移量

　　C. 设置 Y 轴偏移值　　　　　　　　D. 设置 Z 轴偏移值

5. 在 2F（2F 标高为 4000mm）平面图中，创建 600mm 高的结构梁，将梁属性栏中的 Z 轴对正设置为顶，将 Z 轴偏移设置为 −200mm，则该结构梁的顶标高为（　　　）。

　　A. 4000mm　　　　B. 3800mm　　　　C. 4400mm　　　　D. 3200mm

6. 绘制梁和柱时，若希望两者可以自动连接，在族参数中应该如何定义两者"用于模型行为的材质"？（　　　）

　　A. 梁：钢 柱：钢　　　　　　　　　B. 梁：预制混凝土 柱：预制混凝土

　　C. 梁：预制混凝土 柱：混凝土　　　D. 梁：混凝土 柱：混凝土

二、多选题

1. 以下属于混凝土 - 矩形 - 柱类型属性的是（　　　）。

　　A. 尺寸标注 b　　　B. 尺寸标注 h　　　C. 结构材质　　　　D. 型号

　　E. 类型标记

2. 以下属于斜结构柱底部截面样式构造的有（　　　）。

　　A. 垂直于轴线　　　B. 水平于轴线　　　C. 竖直　　　　　　D. 平行于轴线

　　E. 水平

三、小讨论

如何使用科技创新引领我国建筑业进入高质量发展新时代？

第 4 章　创建墙体

4.1　创建基本墙

4.1.1　创建实体外墙

教学视频：创建实体外墙和室内墙体

　　📖 **知识准备**

　　在 Revit 中，墙属于系统族，共有 3 种类型的墙族：基本墙、层叠墙和幕墙。

　　墙体结构：Revit 中的墙包含多个垂直层或区域，墙的类型参数"结构"中定义了墙的每个层的位置、功能、材质和厚度。Revit 中设置了 6 种层：面层 1[4]、涂膜层、保温层 / 空气层 [3]、衬底 [2]、结构 [1]、面层 2[5]，如图 4.1.1 所示。[ ] 内的数字代表优先级，数字越大，该层的优先级越低。当墙与墙相连时，Revit 会先连接优先级高的层，然后连接优先级低的层。

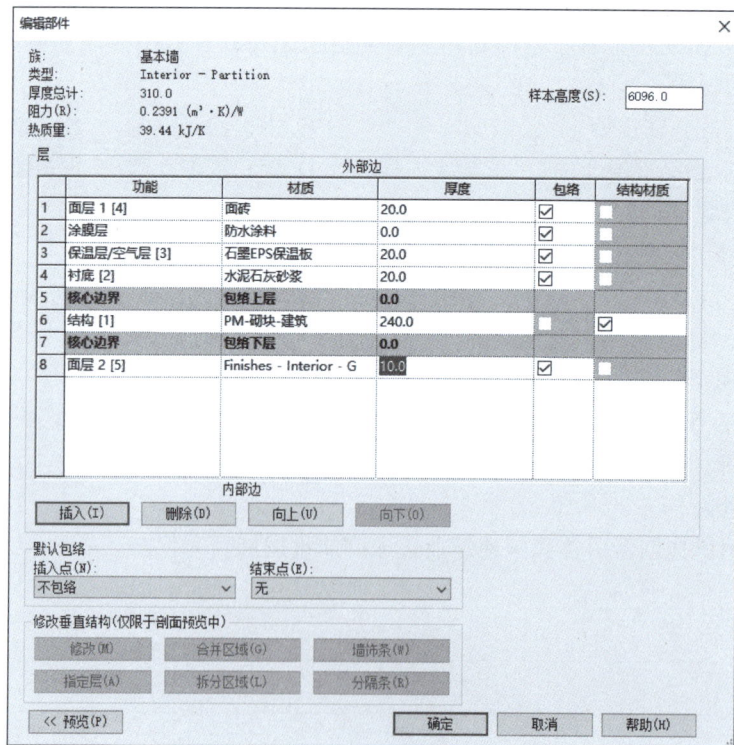

图 4.1.1　墙体结构

结构 [1]：支撑其余墙、楼板或屋顶的层。

衬底 [2]：作为其他材质基础的材质（如胶合板或石膏板）。

保温层 / 空气层 [3]：隔绝并防止空气渗透。

涂膜层：通常用于防止水蒸气渗透的薄膜。涂膜层的厚度应该为零。

面层 1[4]：面层 1 通常是外层。

面层 2[5]：面层 2 通常是内层。

✎ 实训操作

定义和绘制建筑外墙的步骤如下。

（1）启动 Revit，打开前面操作的"××图书馆"项目文件，双击"项目浏览器"→"楼层平面"→1F，打开一层平面视图，单击"建筑"选项卡→"构建"面板→"墙"工具→"墙：建筑"按钮，如图 4.1.2 所示。

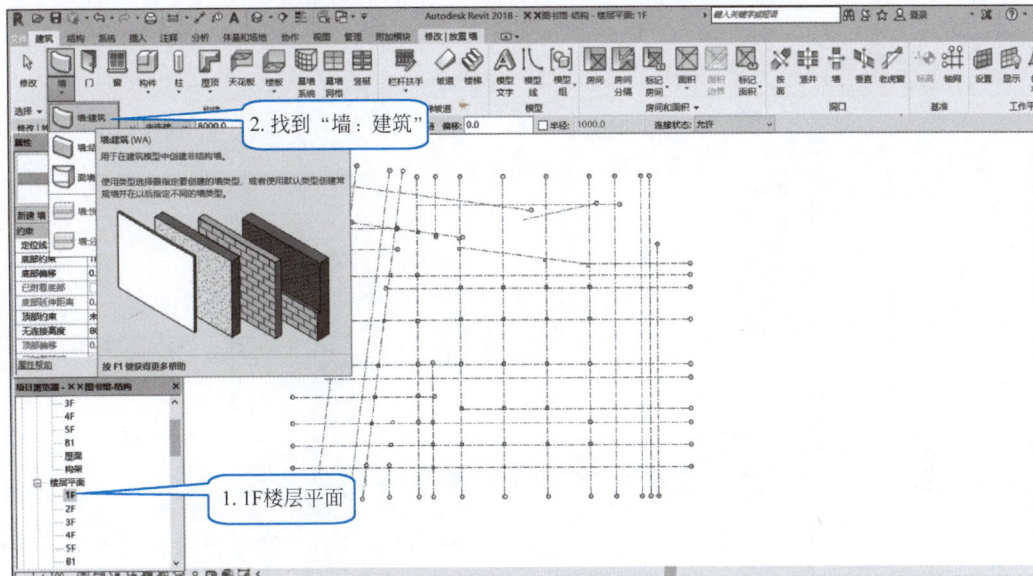

图 4.1.2　创建基本墙

（2）单击"属性"面板，选择"类型"为"基本墙　常规 -200mm"，单击"编辑类型"按钮，在"类型属性"对话框中单击"复制"按钮，输入类型名称为"建筑外墙 -240mm"，单击"确定"按钮关闭对话框，再单击"编辑"按钮，打开墙编辑器，如图 4.1.3 所示。

（3）打开"编辑部件"对话框，单击"插入"按钮分别插入面层 1 和保温层并设置厚度，单击"向上"按钮将面层 1 和保温层调至核心边界的外部；同理，单击"插入"按钮和"向下"按钮设置面层 2，如图 4.1.4 所示。

（4）对面层 1[4] 定义材质：单击第 1 行面层 1 中材质单元格中"按类别"边上的"浏览" ▦ 按钮定义材质，在材质浏览器中搜索"涂料"，将材质添加到文档中，选中"涂料 - 黄色"，右击选择"复制"，双击复制出来的涂料重命名为"涂料 - 外墙"，单击右侧的"着色"中的"颜色"栏，输入颜色值分别为 255、205、105，如图 4.1.5 所示。

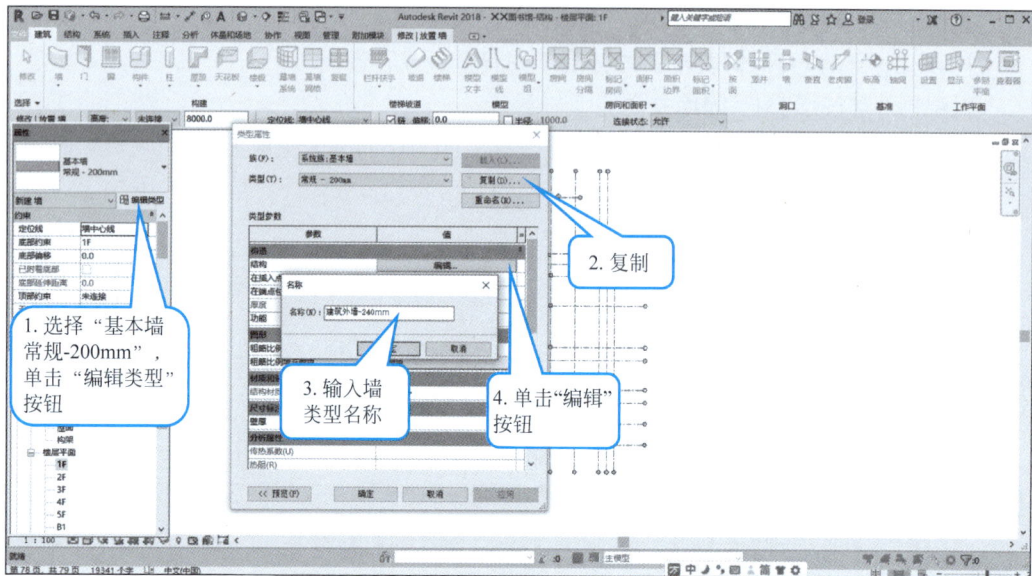

图 4.1.3　复制墙类型

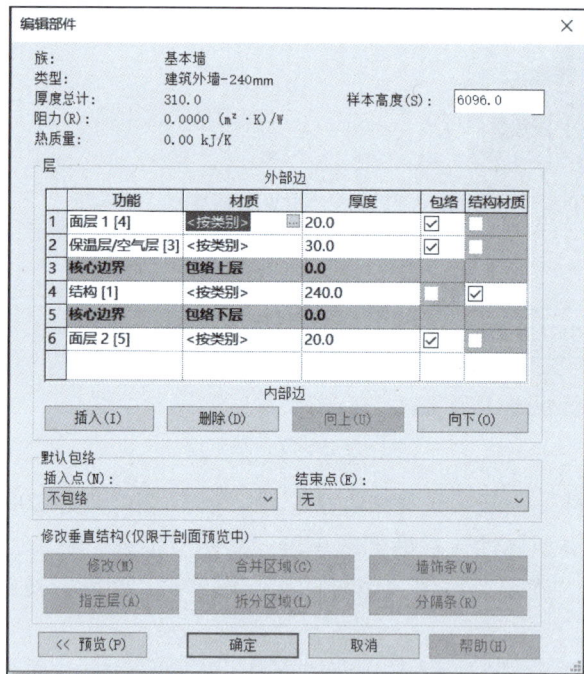

图 4.1.4　定义墙体结构

（5）单击"表面填充图案"，选择"填充图案"中的"砌体 - 砌块 200×400mm"，如图 4.1.6 所示。

（6）单击"截面填充图案"，选择"填充图案"中的"上对角线"，如图 4.1.7 所示。

（7）按前面的方法设置保温层 / 空气层 [3] 的材质、着色、填充图案，如图 4.1.8 所示。

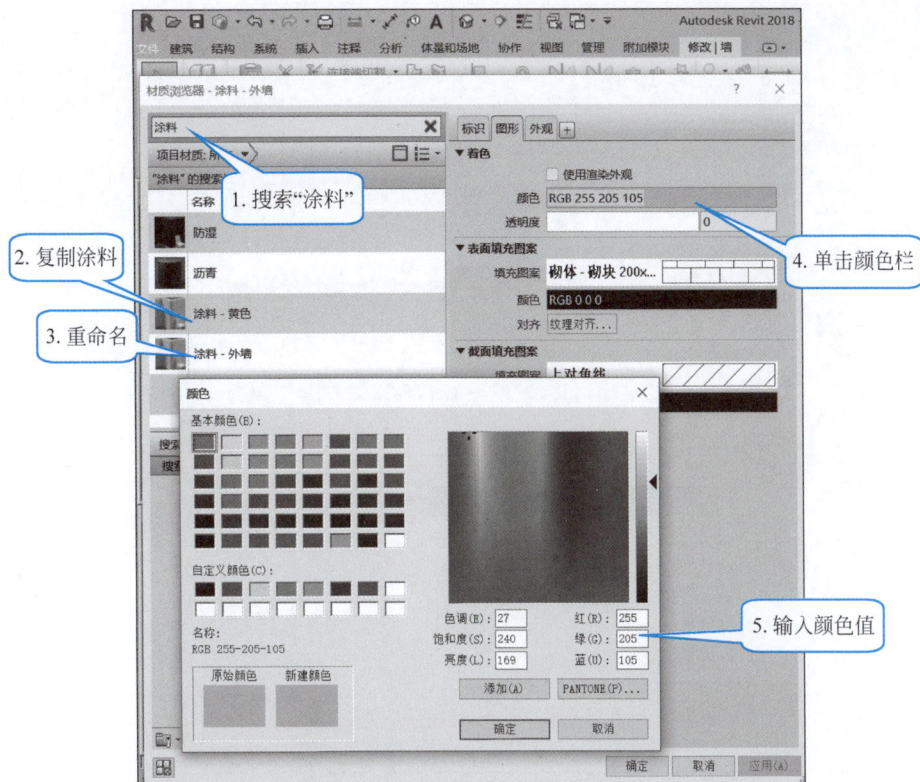

图 4.1.5　定义面层 1[4] 的材质

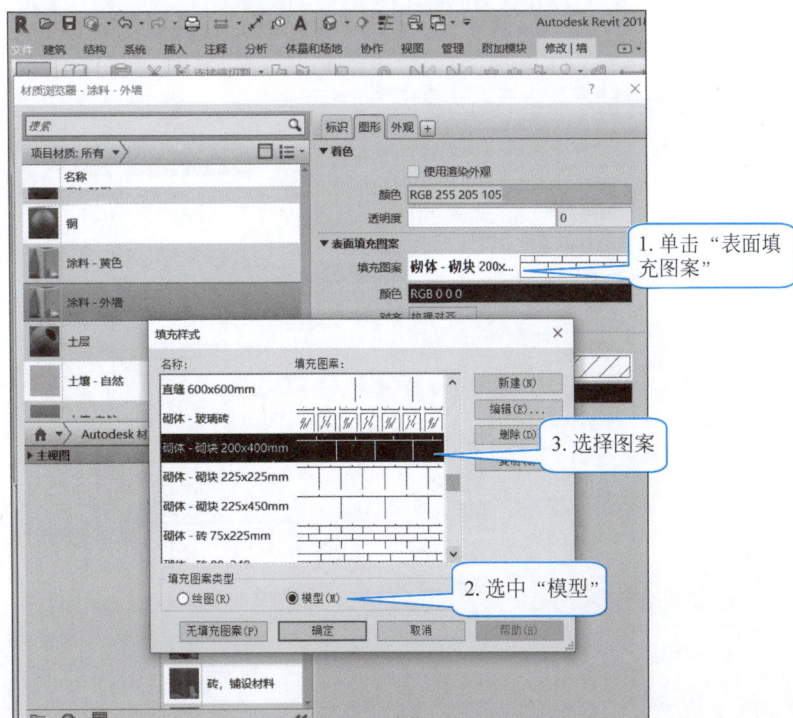

图 4.1.6　定义面层 1[4] 的表面填充图案

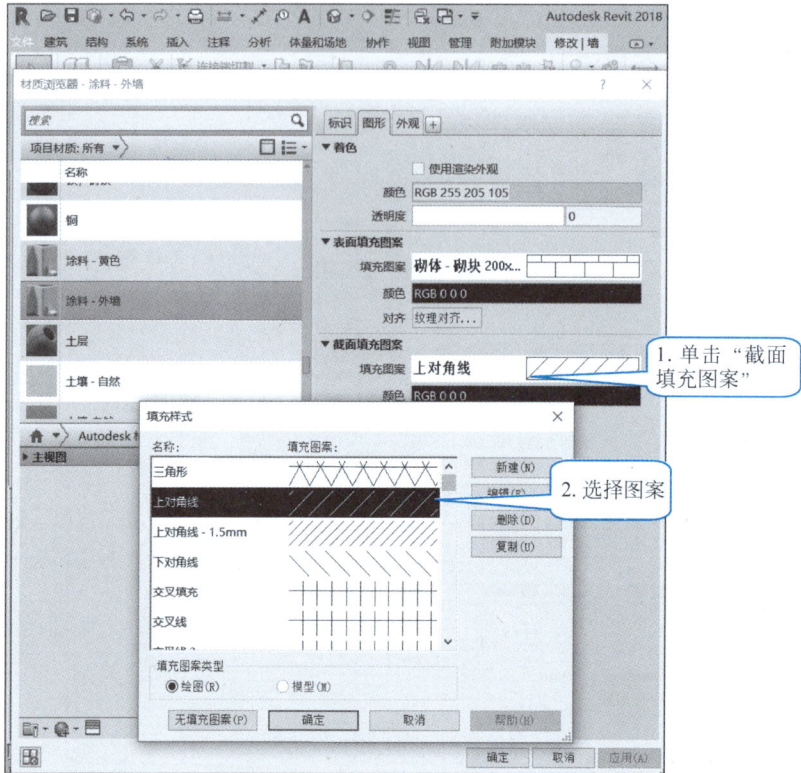

图 4.1.7　定义面层 1[4] 的截面填充图案

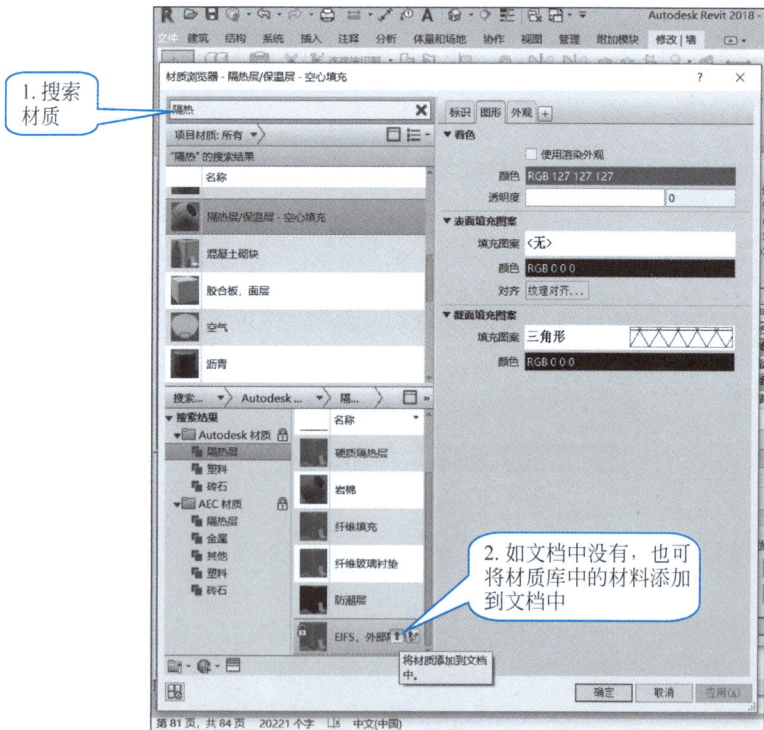

图 4.1.8　定义保温层 / 空气层 [3]

（8）按前面的方法设置结构 [1] 的材质、着色、填充图案，如图 4.1.9 所示。

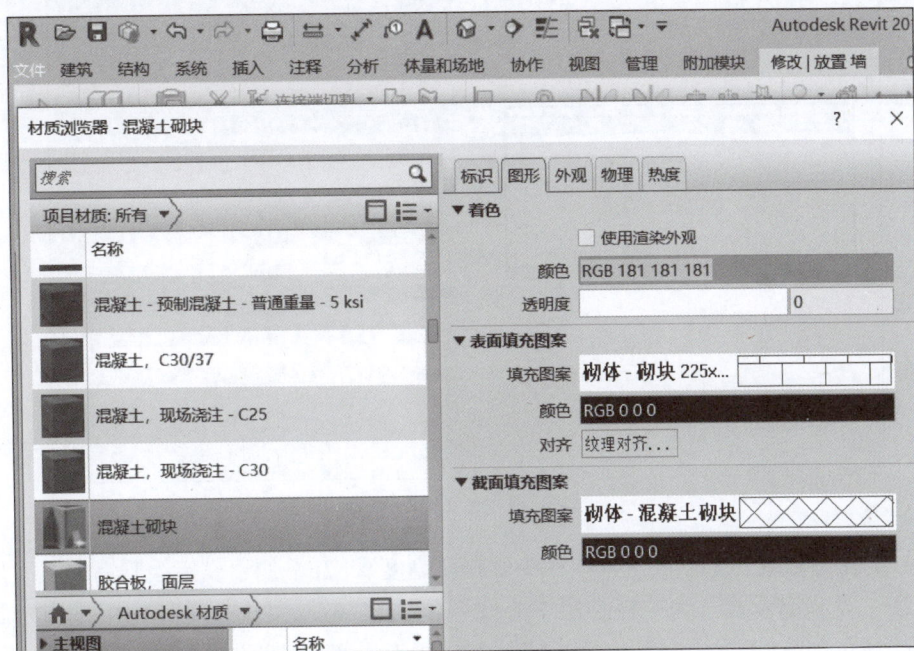

图 4.1.9　定义结构 [1]

（9）按前面的方法设置面层 2[5] 的材质、着色、填充图案，如图 4.1.10 所示。

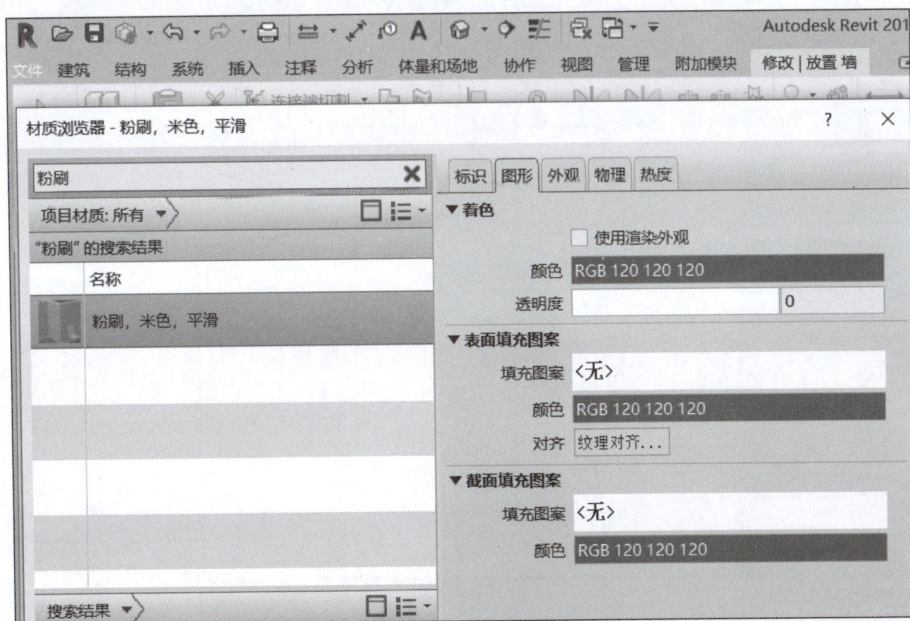

图 4.1.10　定义面层 2[5]

（10）单击"类型属性"对话框中的"预览"按钮，可以预览已编辑好的墙体结构，如图 4.1.11 所示，单击"确定"按钮完成墙体类型的定义。

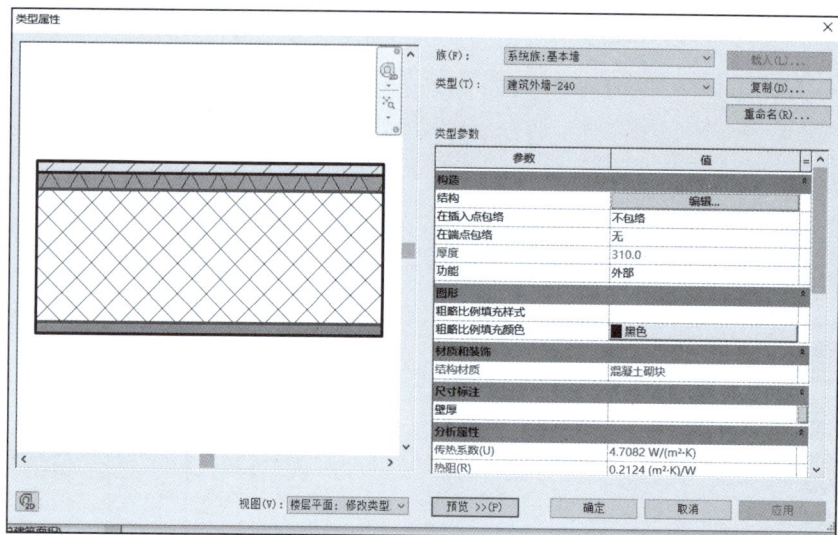

图 4.1.11　预览墙体结构

（11）在"修改 | 放置 墙"选项栏中选择"高度"、2F，用于设定绘制墙的立面是从 1F 到 2F。设"定位线"为"核心层中心线"，勾选"链"复选框（其作用是当绘制完成一段墙后，可以连续绘制其他墙，使其首尾相连，使用"直线"工具在 1F 楼层平面绘制墙体，如图 4.1.12 所示。

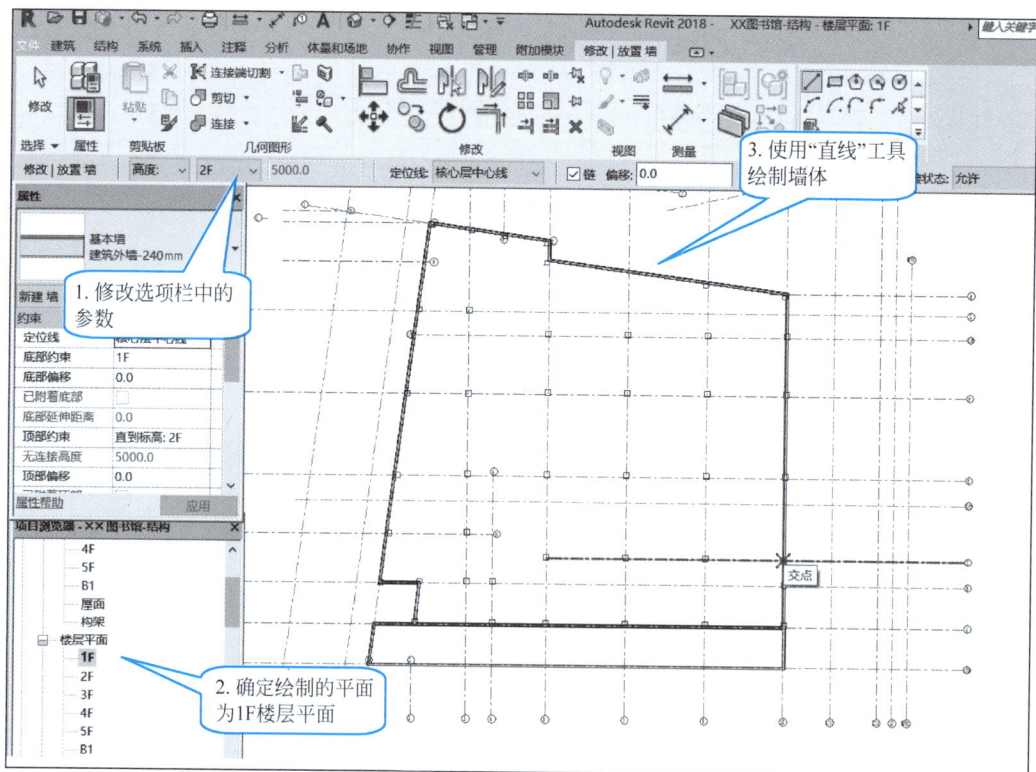

图 4.1.12　绘制墙体

（12）Revit 还提供了矩形、多边形、圆形、弧线、拾取线等工具，可绘制不同形状的墙体，如图 4.1.13 所示。

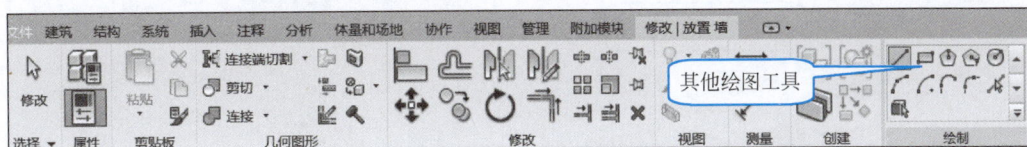

图 4.1.13　墙体绘制工具

（13）选择"项目浏览器"→"三维视图"→"{ 三维 }"选项，将显示三维的墙效果，如图 4.1.14 所示，如果发现墙体内层和外层方向相反，可右击该墙体的"修改墙的方向"（如显示不出设置的墙体的颜色和填充图案，可单击"视图控制栏"中的"视觉样式"，使用"着色""一致的颜色"）。

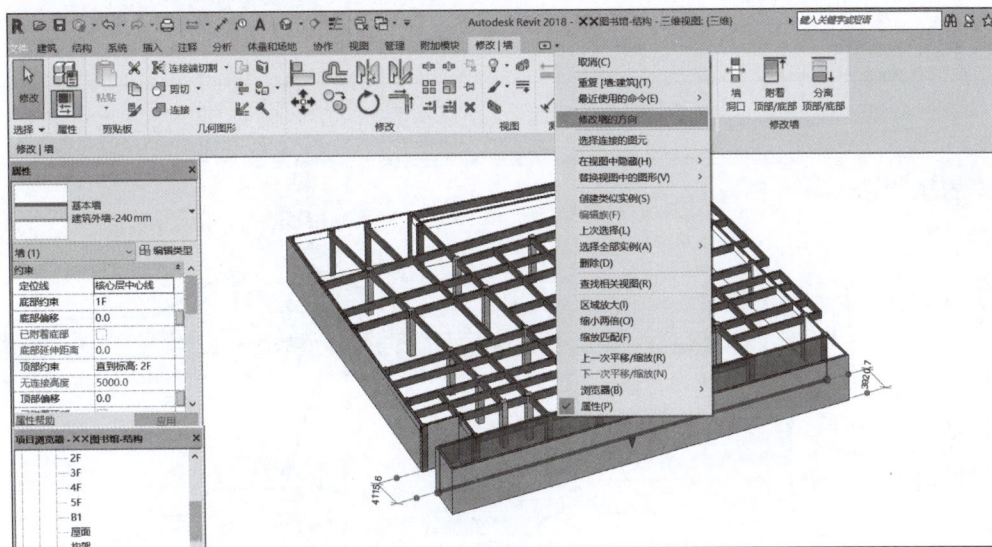

图 4.1.14　墙体三维显示

4.1.2　创建室内墙体

📖 知识准备

建筑内墙和建筑外墙的画法一致，只是墙体的结构有所不同。

✍ 实训操作

定义和绘制建筑内墙的步骤如下。

（1）启动 Revit，打开前面操作的"××图书馆"项目文件，双击"项目浏览器"中的"楼层平面"，双击 1F，打开一层平面视图，单击"建筑"选项卡→"构建"面板→"墙"工具→"墙：建筑"按钮，如图 4.1.15 所示。

（2）单击"属性"面板，选择"类型"为"基本墙　常规 -200mm"，单击"编辑类型"按钮，在"类型属性"对话框中单击"复制"按钮，输入类型名称为"建筑内墙 -200mm"，单击"确定"按钮，再单击"编辑"按钮，打开墙编辑器，如图 4.1.16 所示。

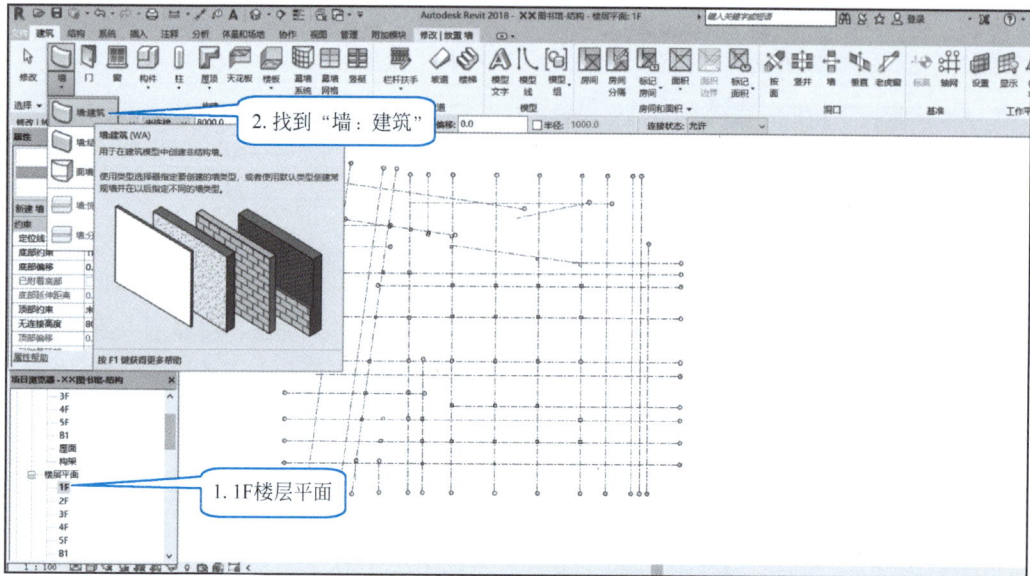

图 4.1.15　创建基本墙

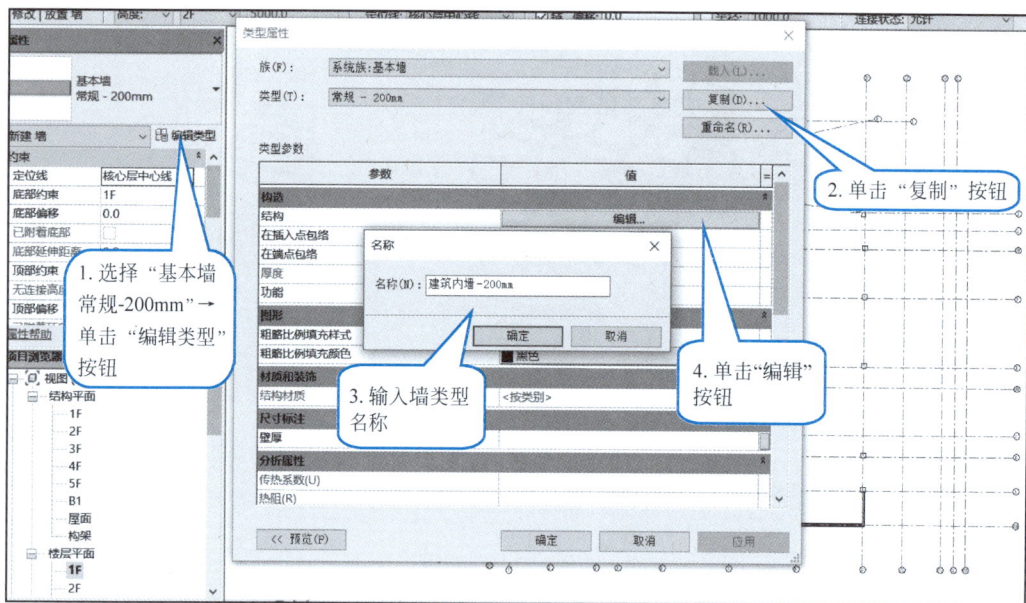

图 4.1.16　复制墙类型

（3）打开"编辑部件"对话框，单击"插入"按钮，插入面层 1 并设置厚度，单击"向上"按钮将面层 1 调至核心边界的外部；同理，单击"插入"按钮和"向下"按钮设置面层 2，如图 4.1.17 所示。

（4）对面层 1[4] 定义材质：单击第 1 行面层 1 中材质单元格中"按类别"边上的"浏览" ⋯ 按钮定义材质，在材质浏览器中搜索"粉刷"，将材质添加到文档中，选中"粉刷，米色，平滑"，右击选择"复制"，双击复制出来的涂料，然后将其重命名为"粉刷，白色，平滑"，单击右侧的"着色"中的"颜色"栏，设定为 RGB 255 255 255，如图 4.1.18 所示。

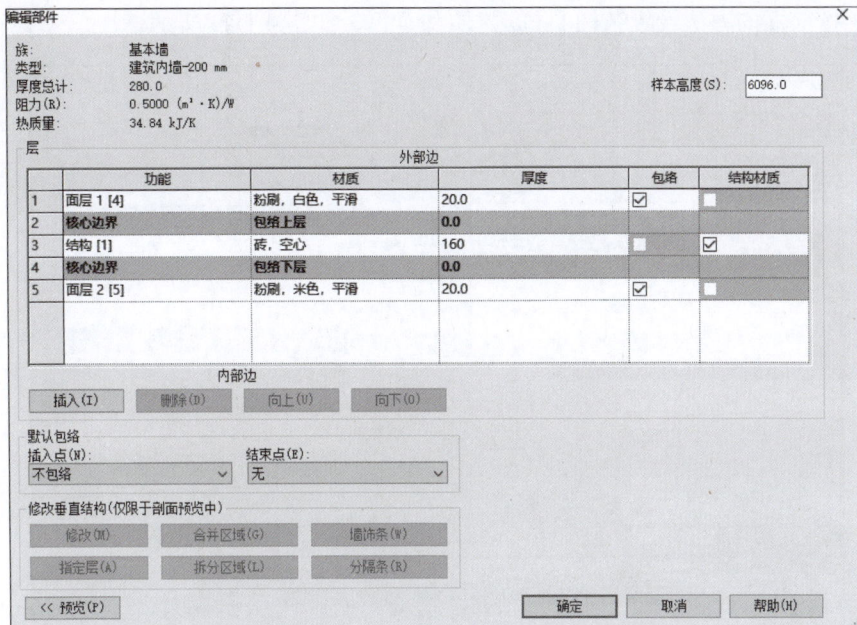

图 4.1.17　定义墙体结构

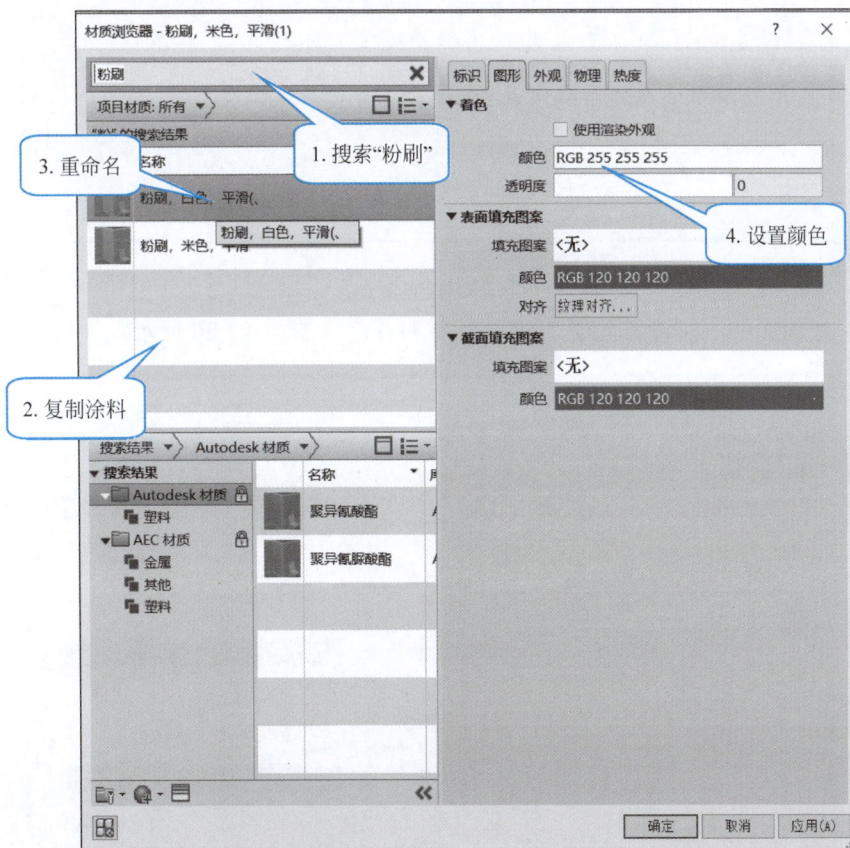

图 4.1.18　定义面层 1[4]

（5）按前面的方法设置结构 [1] 的材质和着色，如图 4.1.19 所示。

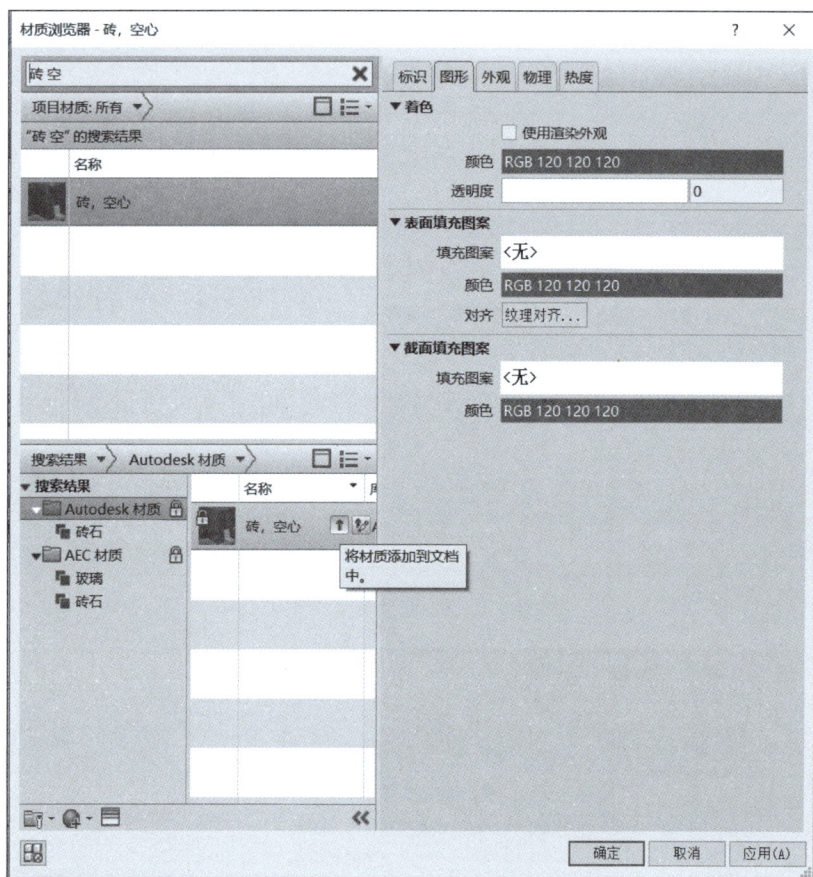

图 4.1.19　定义结构 [1]

（6）按前面的方法设置面层 2[5] 的材质和着色，如图 4.1.20 所示。

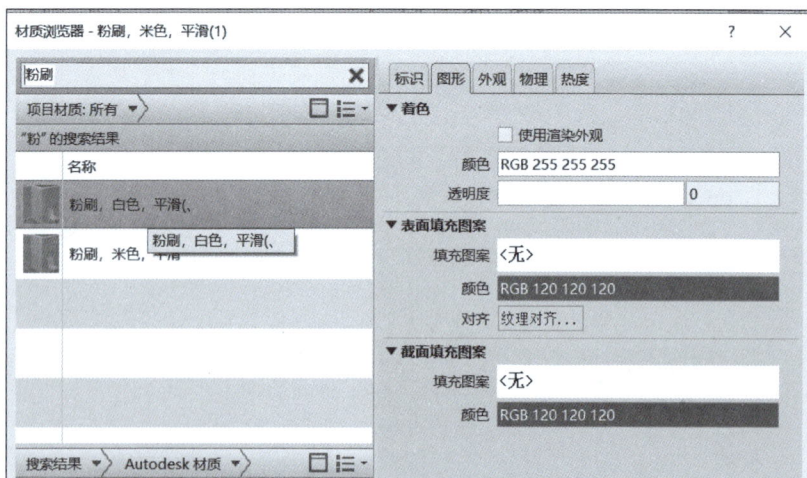

图 4.1.20　定义面层 2[5]

（7）在"修改 | 放置 墙"选项栏中选择"高度"、2F，用于设定绘制墙的立面是从 1F 到 2F。设"定位线"为"核心层中心线"，勾选"链"复选框，使用"直线"工具在 1F 楼层平面绘制内墙，如图 4.1.21 所示。

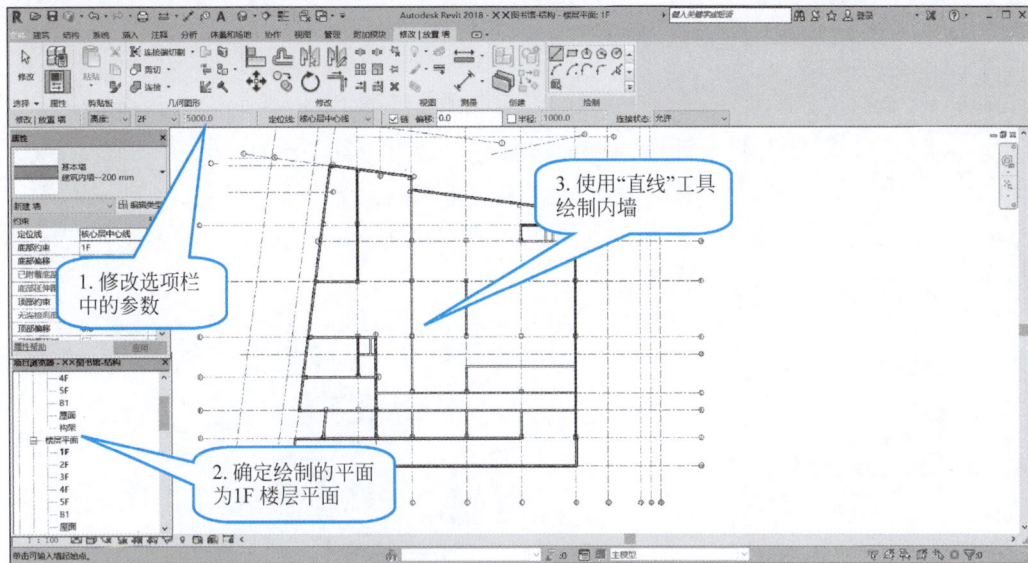

图 4.1.21　绘制内墙

（8）选择"项目浏览器"→"三维视图"→"{ 三维 }"选项，将显示三维的墙效果，如图 4.1.22 所示。

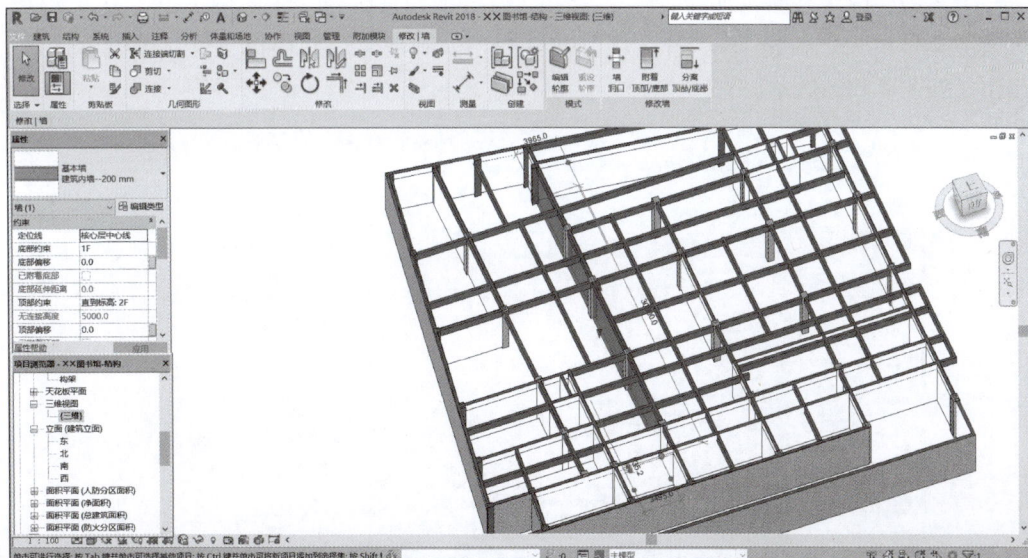

图 4.1.22　墙体三维显示

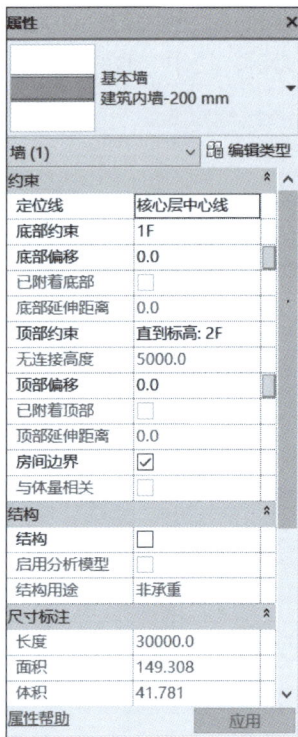

图 4.1.23 墙体属性

（9）选中某一面墙，"属性"面板中将显示该墙体类型和所有的属性，如图 4.1.23 所示，用户也可以通过修改相应的属性来改变墙体的位置等。

4.1.3 创建墙饰条

📖 知识准备

在 Revit 中，可使用"墙：饰条"工具向墙中添加踢脚板、散水或其他类型的墙体装饰。与墙体创建不同，墙饰条创建需要打开立面视图或三维视图，如图 4.1.24 所示。

教学视频：创建墙饰条

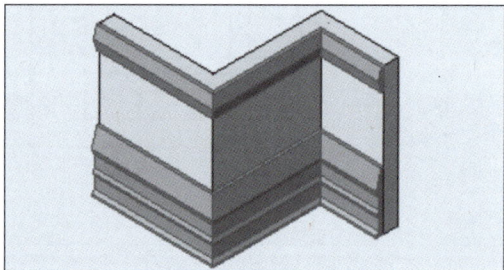

图 4.1.24 墙饰条

🗫 实训操作

创建建筑外墙散水的步骤如下。

（1）新建散水截面轮廓族：启动 Revit，打开前面操作的"××图书馆"项目文件，单击"文件"→"新建"，选择"族"文件→"公制轮廓"族样板文件，单击"打开"按钮，如图 4.1.25 所示。

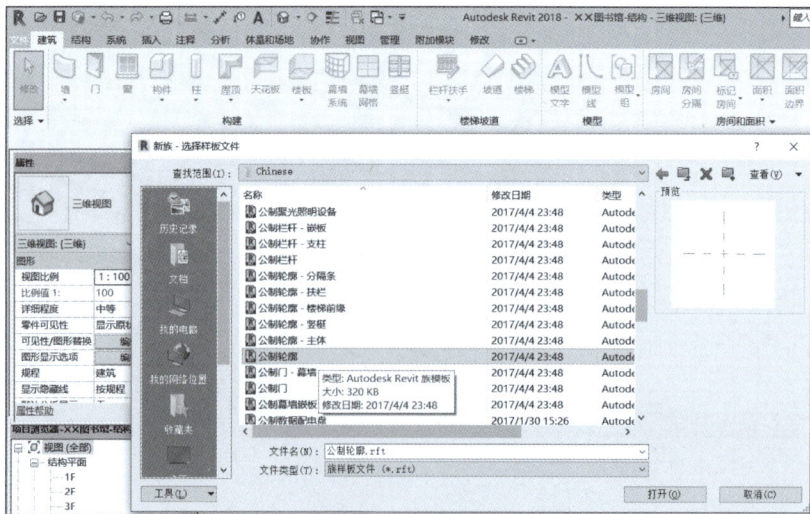

图 4.1.25 新建"公制轮廓"族样板文件

（2）使用"创建"选项卡中的"线"工具，绘制首尾相连且封闭的散水截面轮廓，如图 4.1.26 所示。单击"保存"按钮，命名文件名为"室外散水截面轮廓"，单击"族编辑器"面板中的"载入到项目"工具，将创建好的散水截面轮廓载入"××图书馆"项目中。

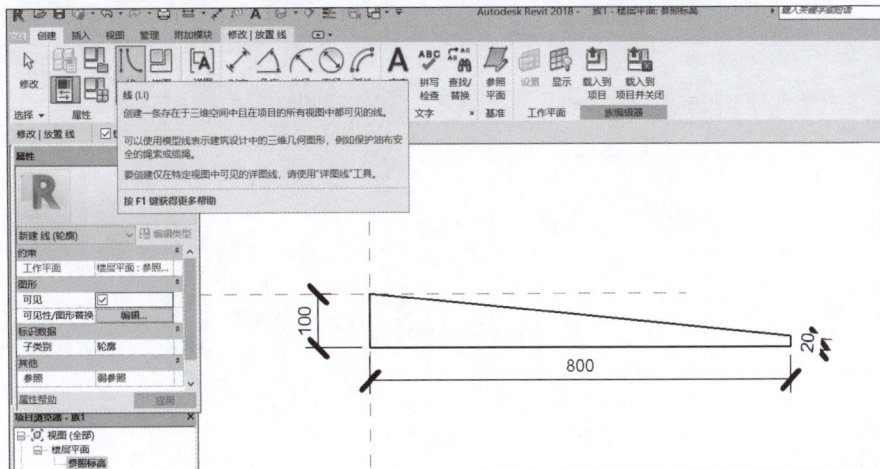

图 4.1.26　绘制室外散水截面轮廓

（3）双击"项目浏览器"→"三维视图"→"{三维}"，打开三维视图，选中所有的建筑外墙，将"属性"面板中墙的底部偏移量改为−600，如图 4.1.27 所示。

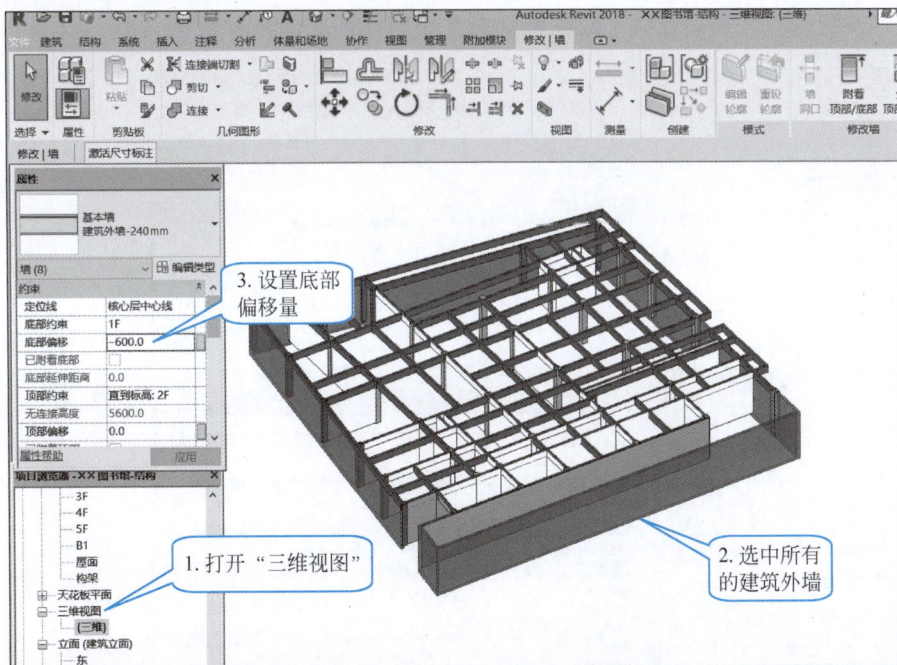

图 4.1.27　修改建筑外墙底部偏移

（4）单击"建筑"选项卡→"构建"面板→"墙"工具→"墙：饰条"按钮，如图 4.1.28 所示。

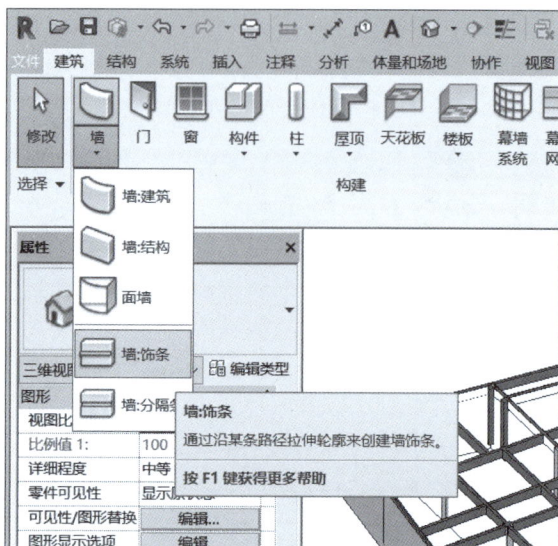

图 4.1.28　创建"墙：饰条"

（5）单击"属性"面板中的"编辑类型"按钮，在"类型属性"对话框中单击"复制"按钮，输入类型名称为"800 宽室外散水"。修改类型参数：勾选"被插入对象剪切"复选框，即当墙饰条位置插入门窗洞口时自动被洞口打断；"轮廓"选择刚刚新建的"室外散水截面轮廓：室外散水截面轮廓"；"材质"选择"混凝土 - 现场浇注混凝土"。单击"确定"按钮退出"类型属性"对话框，修改相对标高的偏移量为 0，如图 4.1.29 所示。

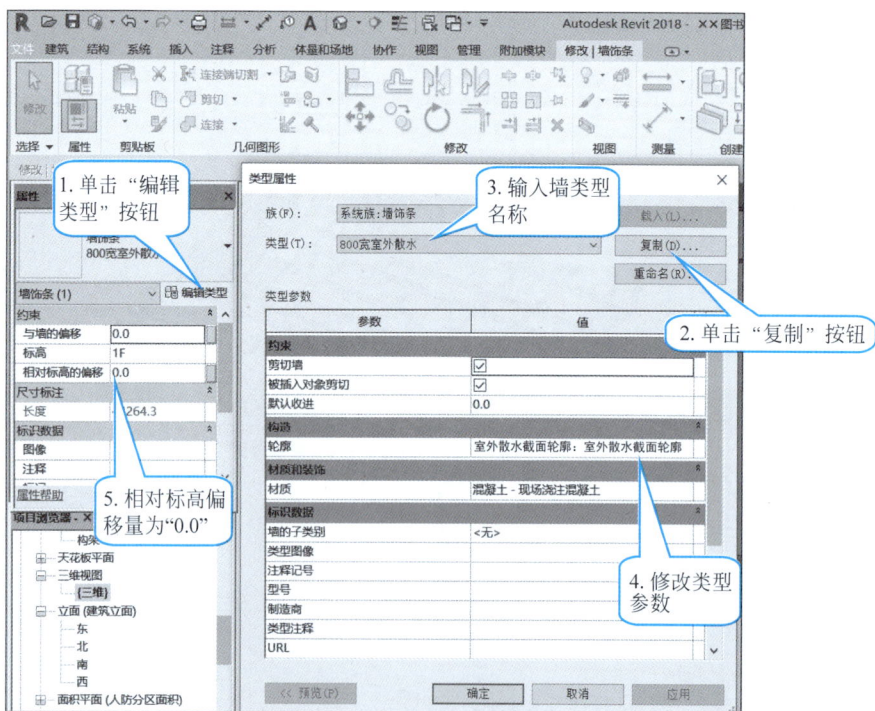

图 4.1.29　散水类型属性

（6）确认"放置"面板中墙饰条的生成方向为"水平"，即沿墙水平方向生成墙饰条，在三维视图中，分别单击拾取建筑外墙底部边缘，沿所拾取墙底部边缘生成散水，如图 4.1.30 所示。

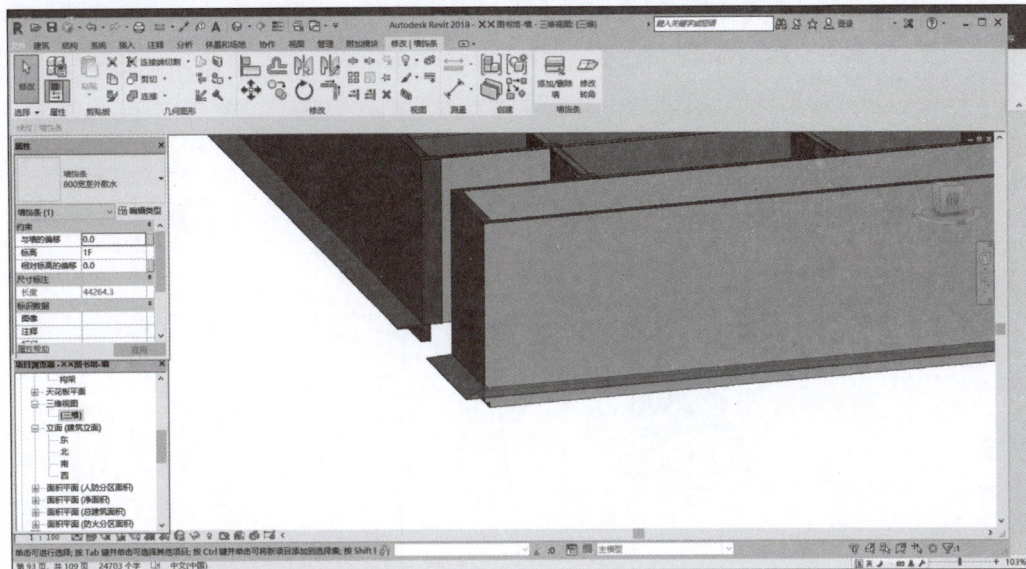

图 4.1.30　沿所拾取墙底部边缘生成散水

4.1.4　创建叠层墙

📖 知识准备

叠层墙是 Revit 的一种特殊墙体类型。当一面墙的上、下有不同的厚度、材质、构造层时，可以用叠层墙来创建，如图 4.1.31 所示。

教学视频：创建叠层墙

图 4.1.31　叠层墙结构

✎ 实训操作

定义和绘制叠层墙的步骤如下。

（1）启动 Revit，打开前面操作的"××图书馆"项目文件，双击"项目浏览器"中的"楼层平面"，双击 1F，打开一层平面视图，单击"建筑"选项卡→"构建"面板→"墙"工具→"墙：建筑"按钮，如图 4.1.32 所示。

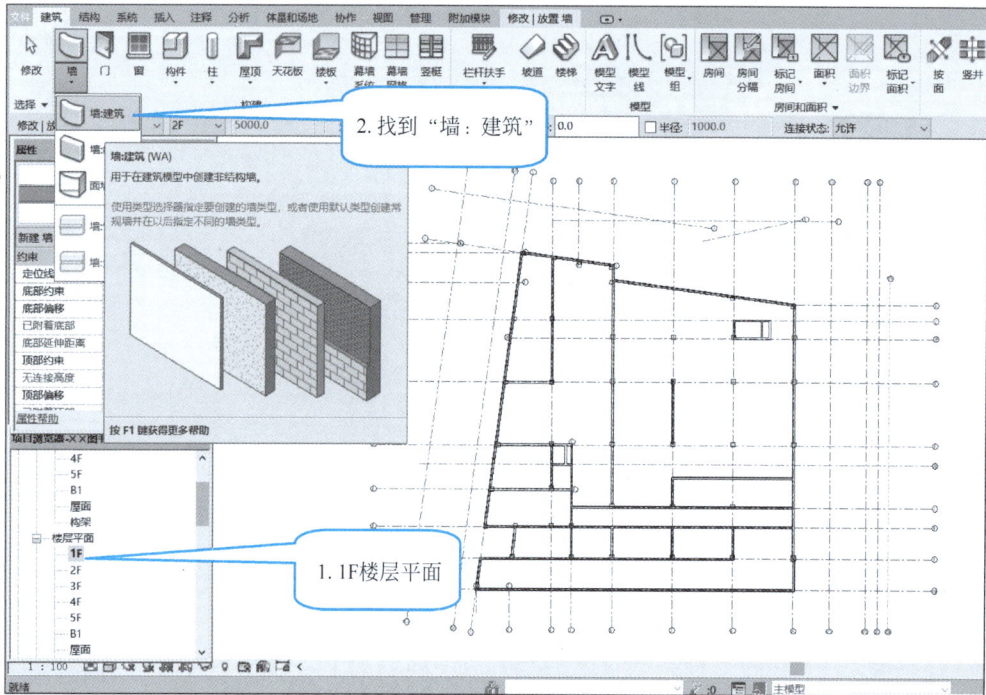

图 4.1.32　创建基本墙

（2）单击"属性"面板，选择"类型"为"基本墙　建筑外墙 -240mm"，单击"编辑类型"按钮，在"类型属性"对话框中单击"复制"按钮，输入类型名称为"建筑外墙 -370mm"，单击"确定"按钮，再单击"编辑"按钮，如图 4.1.33 所示。

（3）打开"编辑部件"对话框后，修改结构 [1] 层的厚度为 370，其他参数全部不变，单击"确定"按钮退出"编辑部件"对话框，如图 4.1.34 所示，单击"确定"按钮退出"类型属性"对话框。

（4）单击"属性"面板，选择类型为"叠层墙　外部 - 砌块勒脚砖墙"，单击"编辑类型"按钮，在"类型属性"对话框中单击"复制"按钮，输入类型名称为"建筑外墙 - 叠层墙"，单击"确定"按钮，再单击"编辑"按钮，如图 4.1.35 所示。

（5）在"编辑部件"对话框中设置底部的高度为 900 的"建筑外墙 -370mm"，顶部为"可变"高度的"建筑外墙 -240mm"，如图 4.1.36 所示，单击"确定"按钮退出"编辑部件"对话框，再单击"确定"按钮退出"类型属性"对话框。

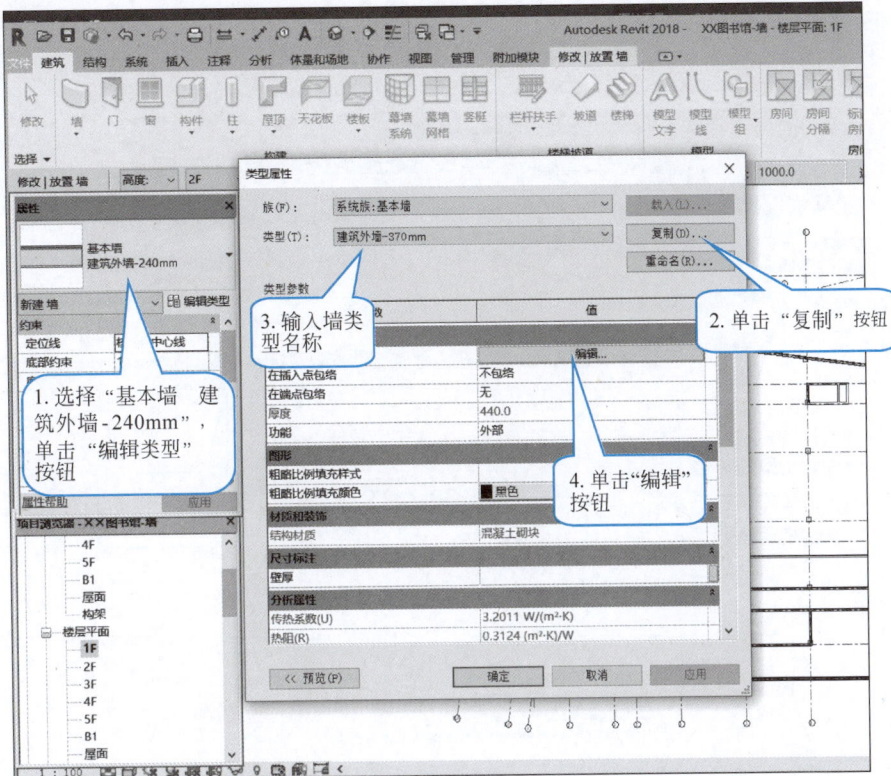

图 4.1.33　复制墙类型

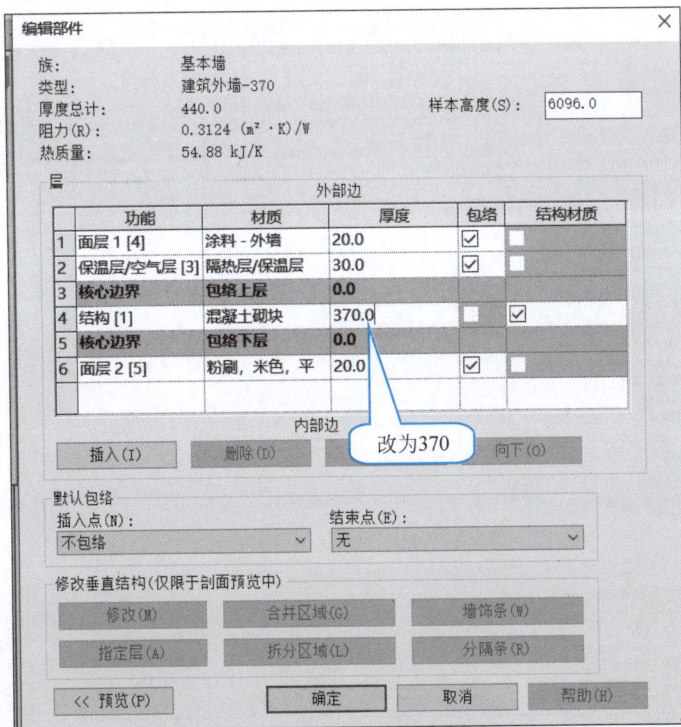

图 4.1.34　修改结构层墙体厚度

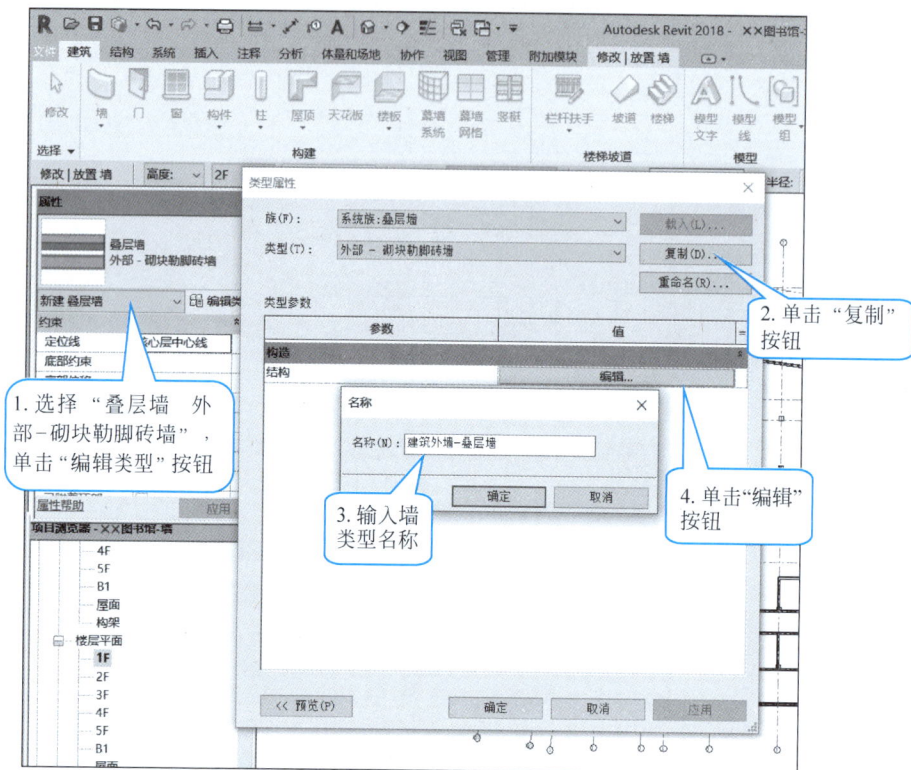

图 4.1.35　复制叠层墙类型

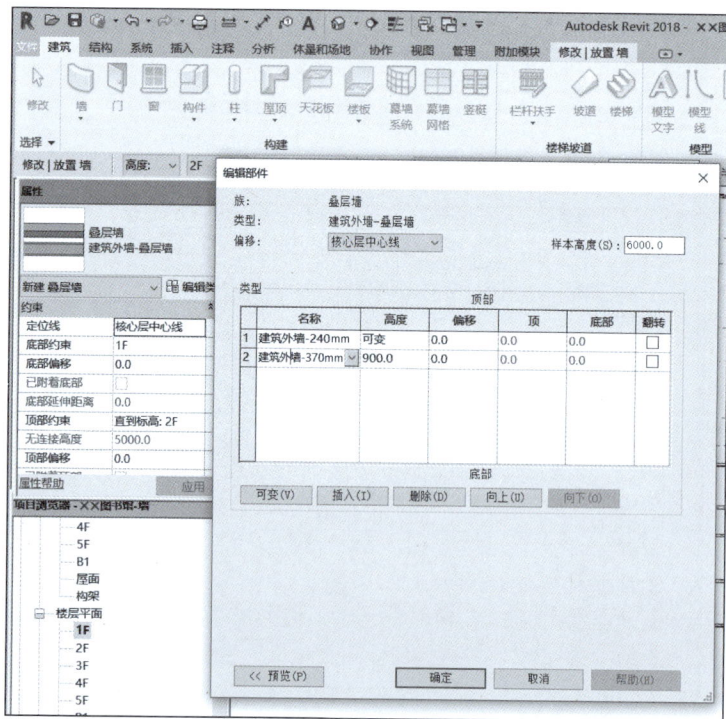

图 4.1.36　编辑叠层墙部件

（6）在"修改|放置 墙"选项栏中选择"高度"、2F，用于设定绘制墙的立面是从
1F 到 2F，设定位线为"核心层中心线"，使用"直线"工具在 1F 楼层平面绘制墙，如
图 4.1.37 所示。

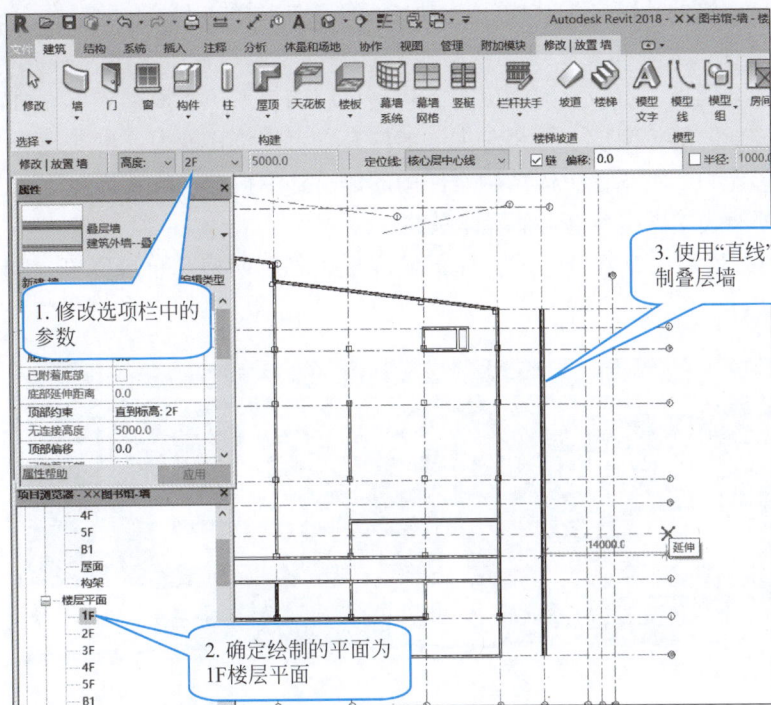

图 4.1.37　绘制叠层墙

（7）选择"项目浏览器"→"三维视图"→"{ 三维 }"选项，将显示三维的叠层
墙效果，如图 4.1.38 所示。

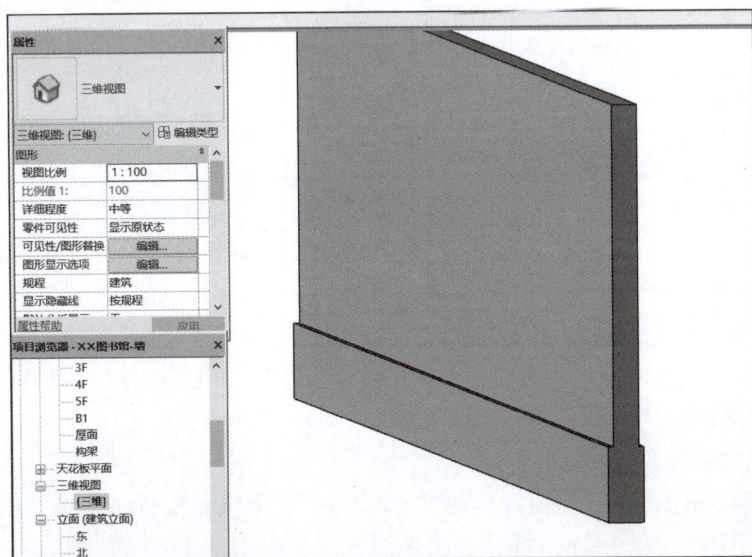

图 4.1.38　叠层墙三维显示

4.2 创建玻璃幕墙

📖 **知识准备**

建筑幕墙是建筑的外墙围护结构，不承重，像幕布一样挂上去，故又称帷幕墙，是现代大型和高层建筑常用的带有装饰效果的轻质墙体。由面板（玻璃、金属板、石板、陶瓷板等）和支撑结构体系（铝横梁立柱、钢结构、玻璃肋等）组成，可相对主体结构有一定的位移能力或自身有一定的变形能力、不承担主体结构所作用的建筑外围护结构或装饰性结构（外墙框架式支撑体系也是幕墙体系的一种）。

教学视频：创建玻璃幕墙

在 Revit 中，幕墙由 3 部分组成，即幕墙嵌板、幕墙网格和幕墙竖梃，如图 4.2.1 所示。

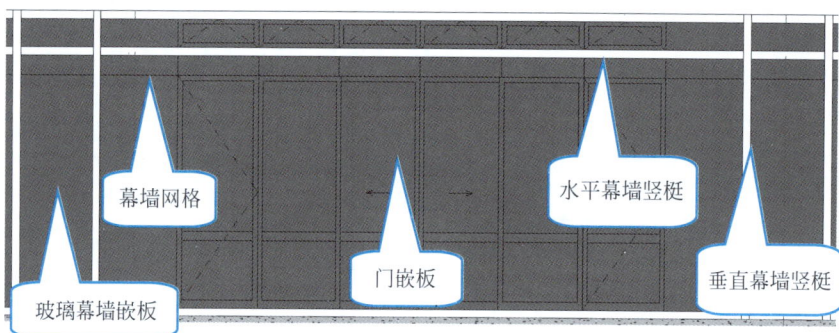

图 4.2.1 幕墙结构

幕墙嵌板：构成幕墙的基本单元，幕墙由一块或多块幕墙嵌板组成。

幕墙网格：控制整个幕墙的划分，竖梃以及幕墙嵌板的大小、数量都基于幕墙网格的建立。

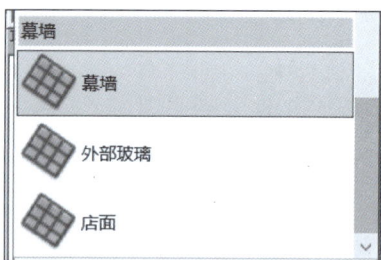

图 4.2.2 3 种幕墙类型

幕墙竖梃：即幕墙龙骨，沿幕墙网格生成的线性构件。

在 Revit 中，有 3 种幕墙类型，如图 4.2.2 所示。

幕墙：建立的幕墙没有网格或竖梃，后续可手动分割幕墙网格，添加竖梃。

外部玻璃：具有预设网格，简单预设了横向与纵向的幕墙网格的划分，如果设置不合适，可以修改网格规划。

店面：具有预设的网格和竖梃，如果设置不合适，可以修改网格和竖梃规划。

✎ **实训操作**

定义和绘制幕墙的步骤如下。

（1）启动 Revit，打开前面操作的"××图书馆"项目文件，双击"项目浏览器"中的"楼层平面"，双击 1F，打开一层平面视图，单击"建筑"选项卡→"构建"面板→"墙"工具→"墙：建筑"按钮，如图 4.2.3 所示。

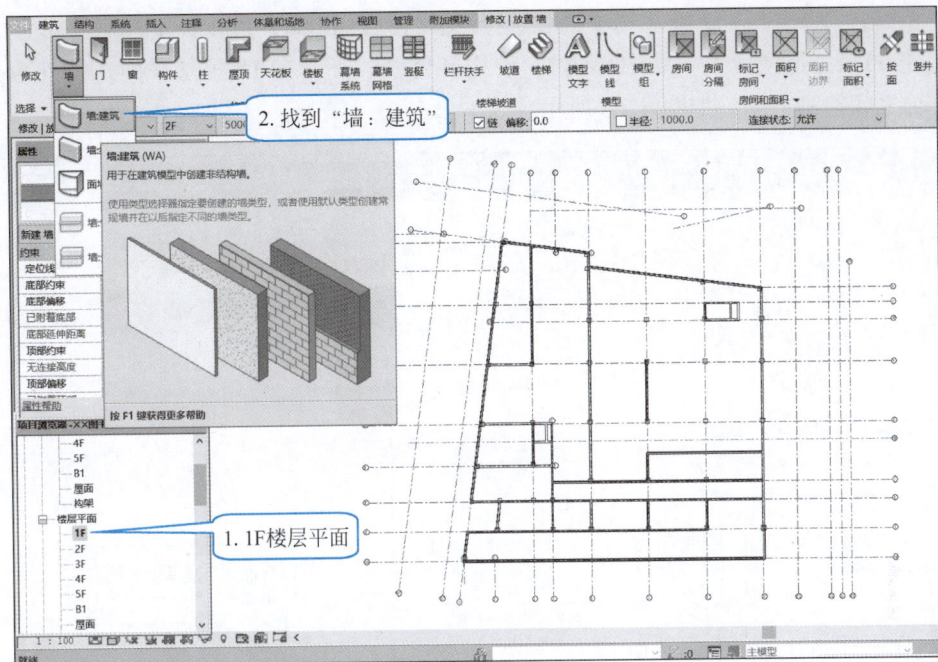

图 4.2.3　创建基本墙

（2）单击"属性"面板，选择类型为"幕墙"，单击"编辑类型"按钮，在"类型属性"对话框中单击"复制"按钮，输入类型名称为"建筑一楼东面幕墙"，单击"确定"按钮，勾选"自动嵌入"复选框，单击"确定"按钮退出"类型属性"对话框，如图 4.2.4 所示。

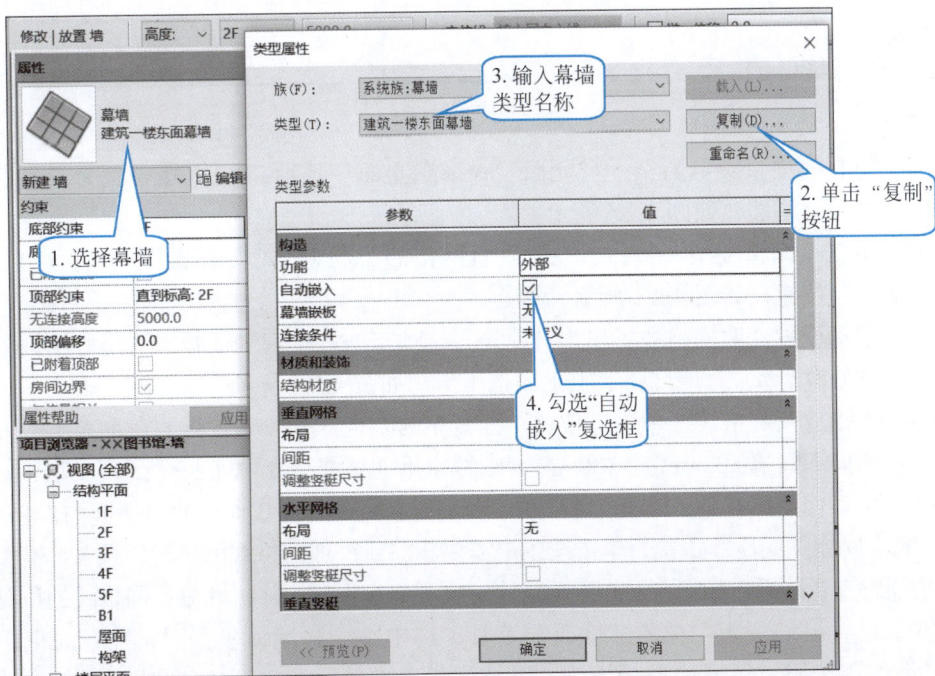

图 4.2.4　复制幕墙类型

（3）在"修改 | 放置 墙"选项栏中选择"未连接"、3800，用于设定幕墙的立面是从
1F 到 3800，设定位线为"墙中心线"，使用"直线"工具在 1F 楼层平面东侧外墙 2/D
到 H 轴之间绘制幕墙，如图 4.2.5 所示。

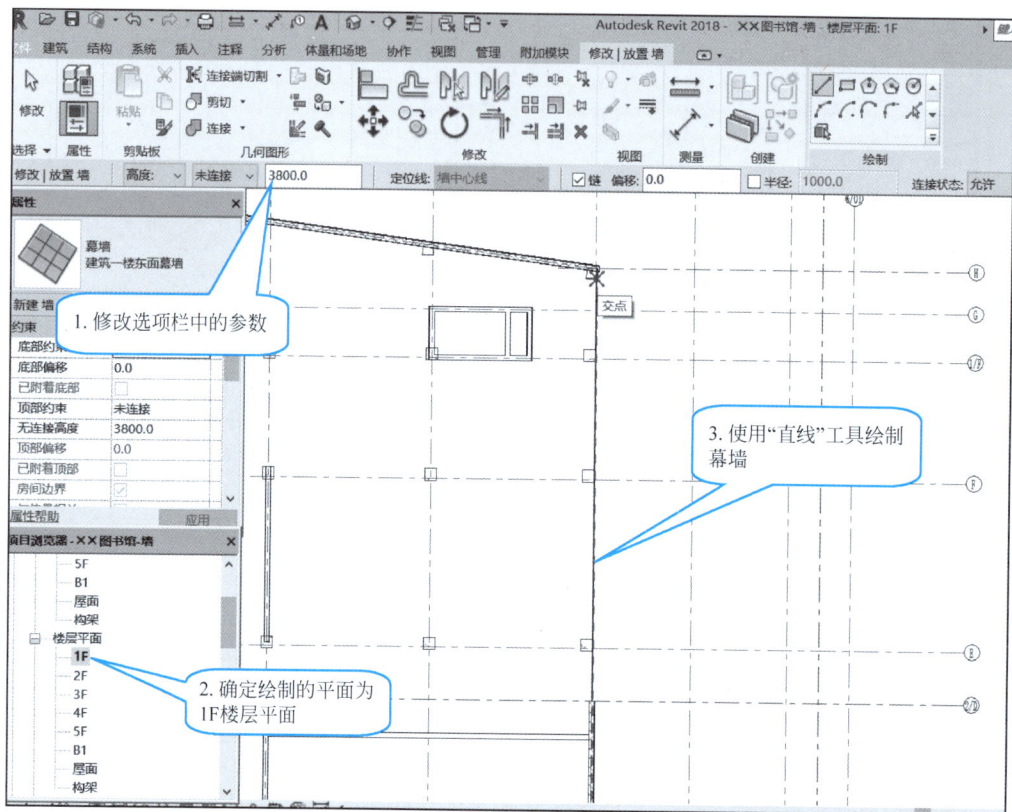

图 4.2.5　绘制幕墙

（4）选择"项目浏览器"→"立面"→"东立面"选项，"视觉样式"为"着色"，
单击幕墙处选中幕墙，如图 4.2.6 所示。

（5）单击"编辑类型"按钮，设置垂直网格的布局为"固定距离"，间距为 1050，
单击"确定"按钮，如图 4.2.7 所示。

（6）手动设置修改网格线：单击"建筑"选项卡→"构建"面板→"幕墙网格"工
具，进入"修改 | 墙　幕墙网格"上下文选项卡，如图 4.2.8 所示。

（7）手动放置网格线：单击"放置"面板中的"全部分段"工具，在幕墙水平方向
距离从顶部向下间隔 500mm 和 300mm 处放置水平网格线，如图 4.2.9 所示。

（8）手动修改网格线：单击"修改"工具，选中 E 轴到 F 轴中的一根竖向网格线，
单击"添加 / 删除线段"工具，单击线条中需要删除或添加网格线的位置，按 Esc 键关闭
删除功能，查看结果，如图 4.2.10 所示，同时也可通过临时标注尺寸修改网格线的位置。

（9）设置幕墙嵌板：单击"修改"工具，选中整个幕墙，单击"属性"面板中的
"编辑类型"按钮，将幕墙嵌板设为"系统嵌板：玻璃"，如图 4.2.11 所示，单击"确
定"按钮。

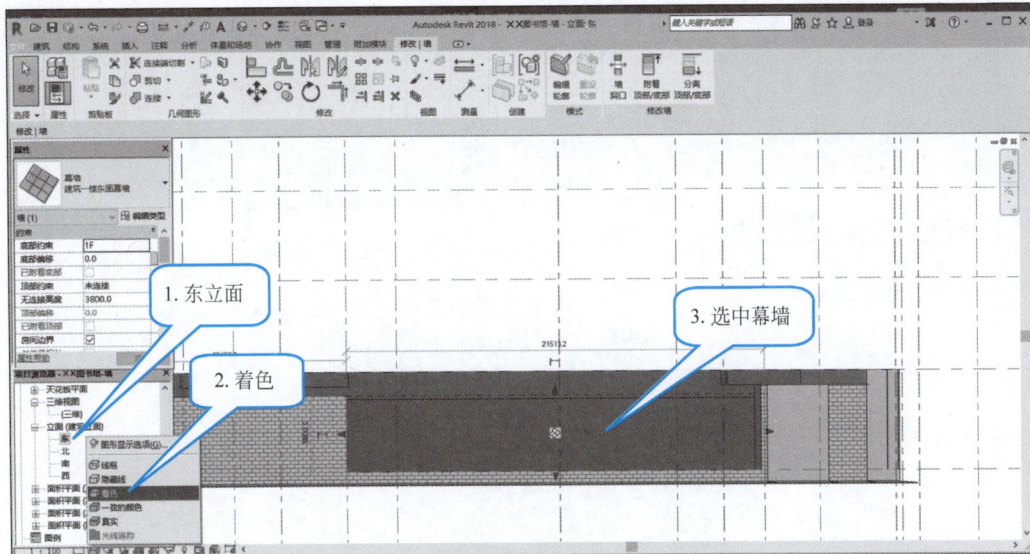

图 4.2.6　幕墙立面

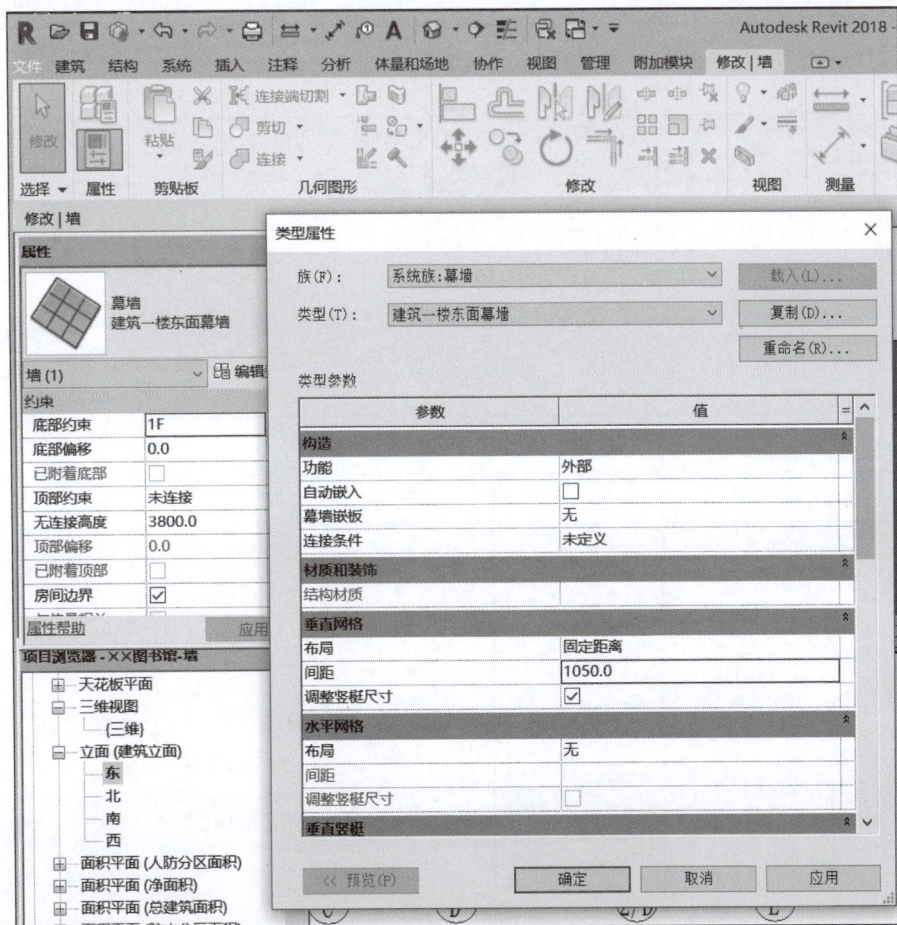

图 4.2.7　通过修改类型属性设置网格

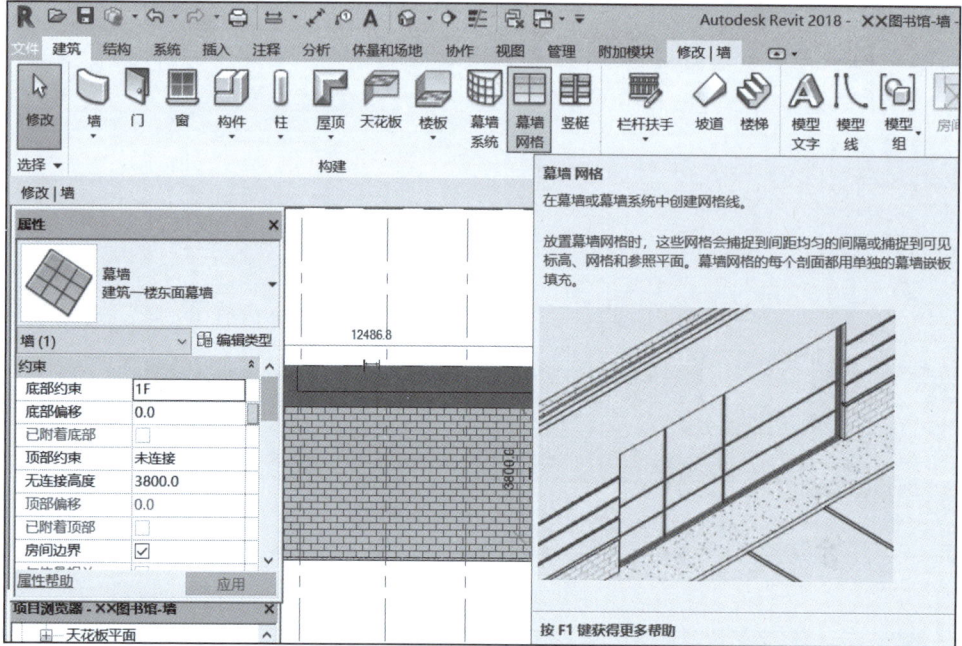

图 4.2.8　幕墙网格工具

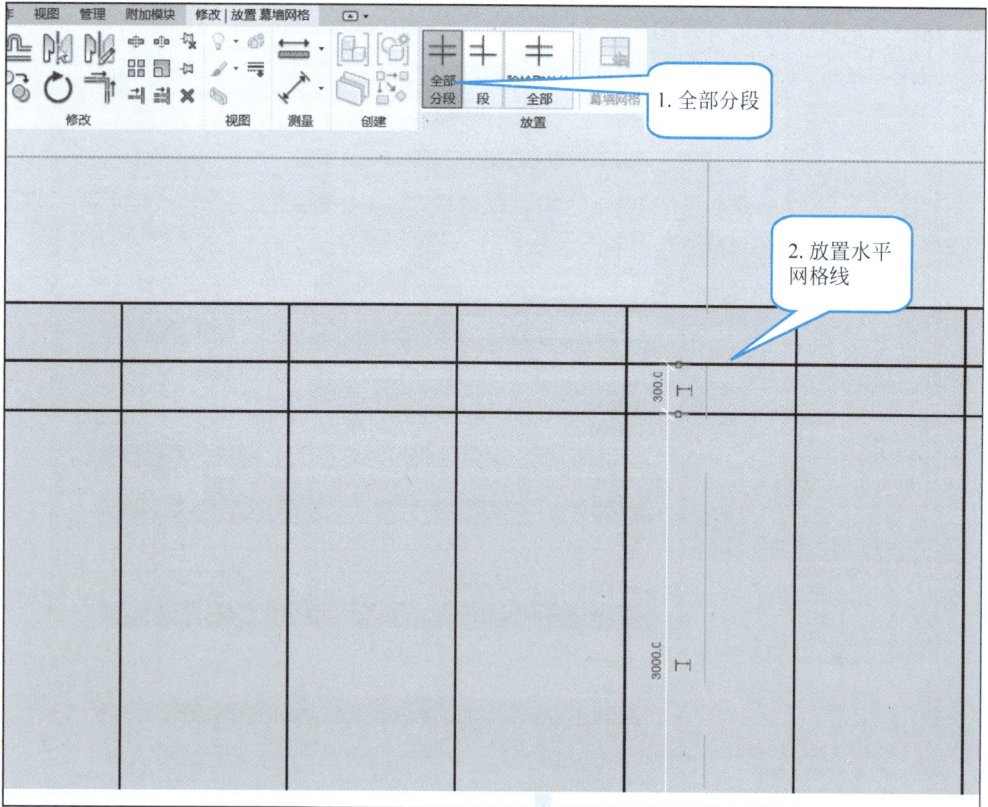

图 4.2.9　手动放置网格线

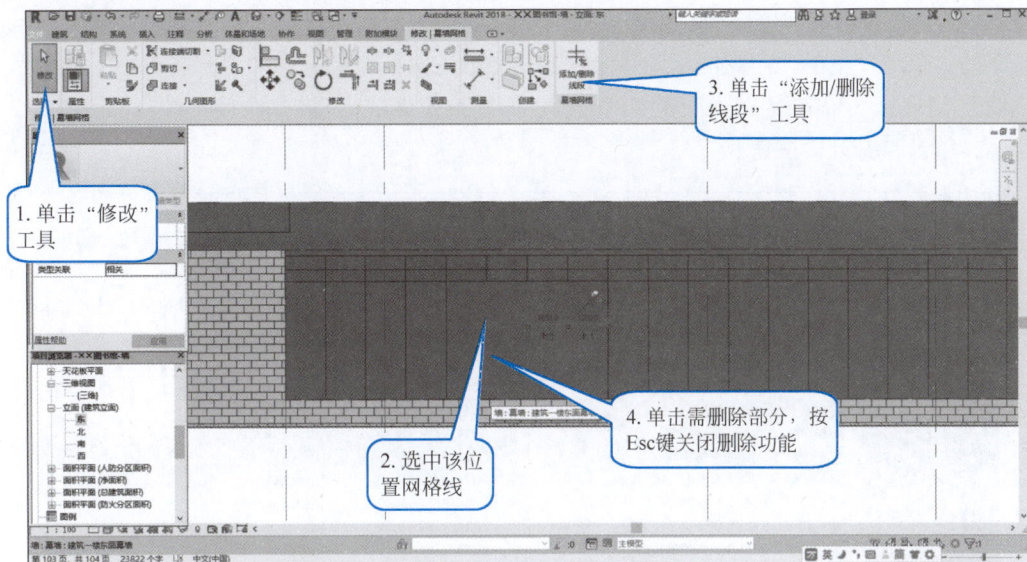

图 4.2.10 手动修改网格线

图 4.2.11 设置幕墙嵌板

（10）载入幕墙门窗嵌板：单击"插入"选项卡→"载入族"工具，进入"建筑"目录下的"幕墙"下的"门窗嵌板"目录，按住 Ctrl + 鼠标左键，选中"窗嵌板_上悬无框铝窗""门嵌板_单嵌板无框铝门""门嵌板_四扇推拉无框铝门"3 个族文件，如图 4.2.12 所示，单击"打开"按钮。

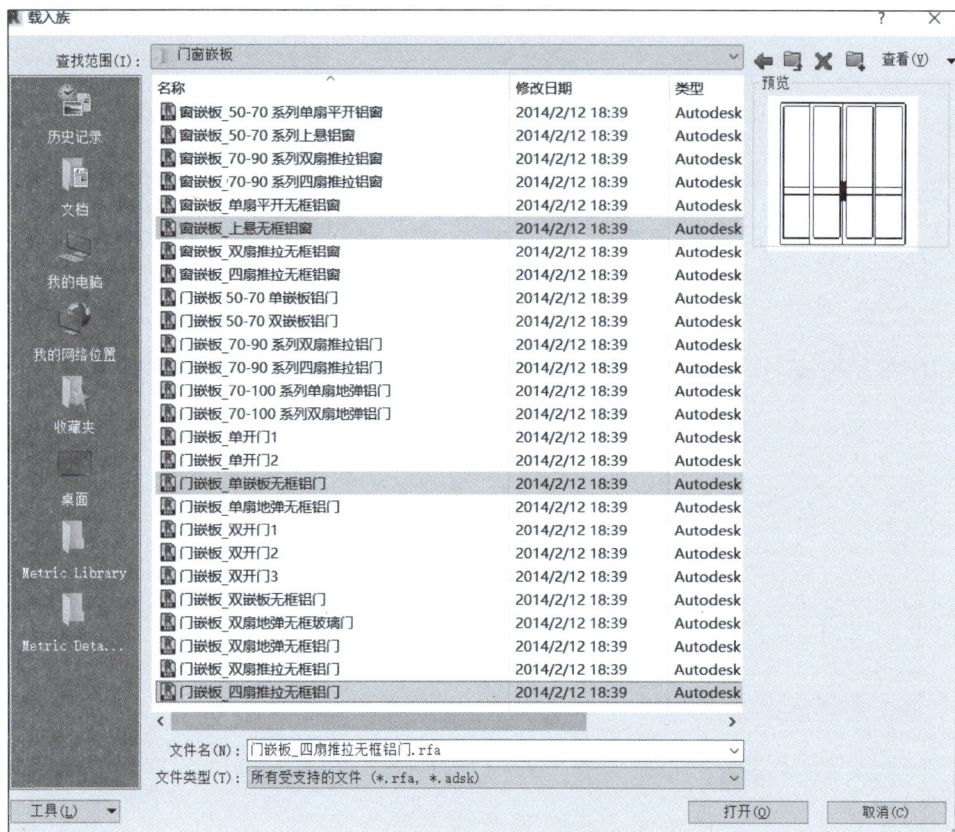

图 4.2.12　载入幕墙门窗嵌板

（11）选中单块玻璃嵌板：在东立面上，将鼠标指针移至中间需放置四扇门的嵌板位置的网格线边缘，使用 Tab 键，观察左下角状态栏的变化，当状态栏出现"幕墙嵌板：系统嵌板：玻璃：R0"时，单击选中中间这块大的嵌板，单击禁止改变图元位置开关，变成允许改变图元位置的状态，如图 4.2.13 所示。

（12）编辑某块玻璃嵌板为门或窗嵌板：接刚才选中的玻璃嵌板，在"属性"面板的"类型"中选择"门嵌板_四扇推拉无框铝门_有横档"，如图 4.2.14 所示。

（13）使用前面相同的方法，在四扇推拉无框铝门的左右两边分别设置两扇"门嵌板_单嵌板无框铝门_有横档"，在门的上部分设置六扇"窗嵌板_上悬无框铝窗"，如图 4.2.15 所示。

（14）单击"建筑"选项卡→"构建"面板→"竖梃"工具，如图 4.2.16 所示。

（15）在"属性"面板中单击"编辑类型"按钮，复制一楼东面幕墙竖梃，修改厚度为 120，宽度为 50，如图 4.2.17 所示。

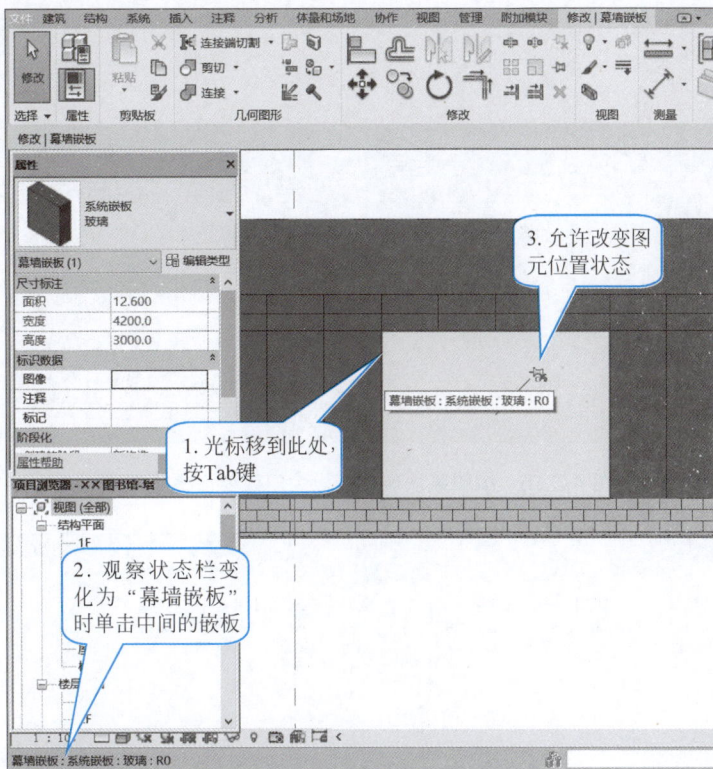

图 4.2.13 选中单块玻璃嵌板

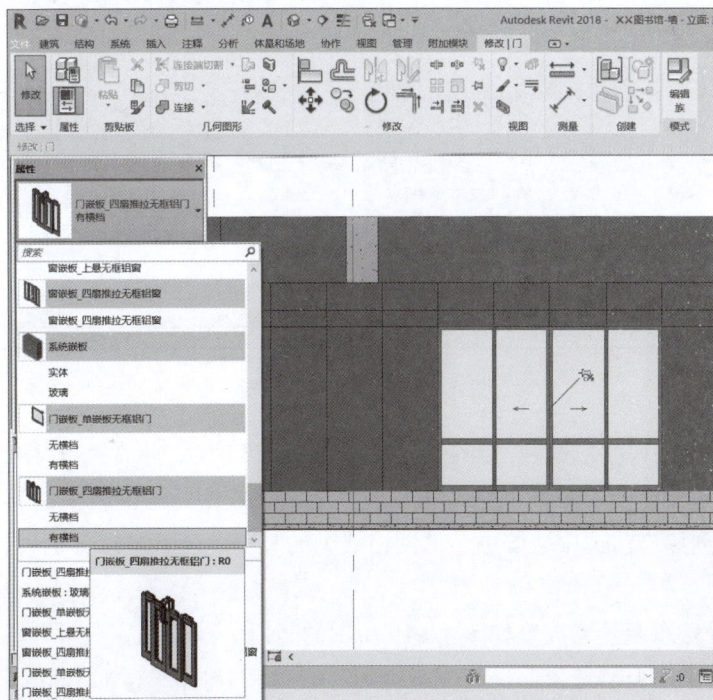

图 4.2.14 编辑某块玻璃嵌板为门或窗嵌板（一）

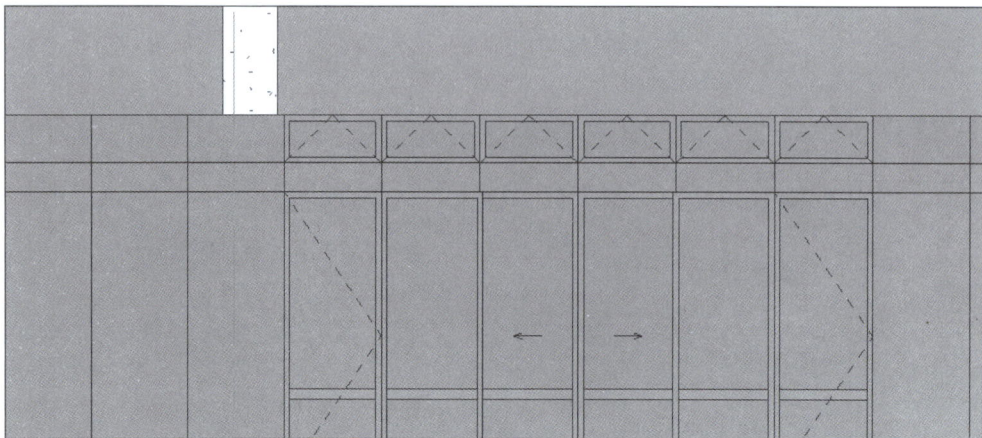

图 4.2.15　编辑某块玻璃嵌板为门或窗嵌板（二）

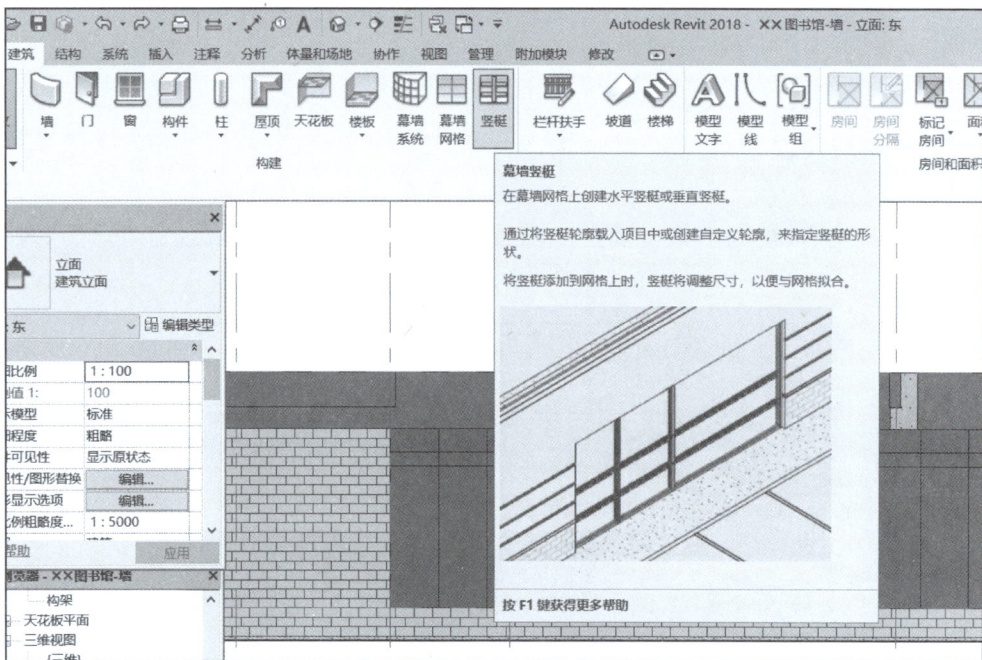

图 4.2.16　添加幕墙竖梃

（16）Revit 中有 3 种放置竖梃的工具，如图 4.2.18 所示。网格线指创建当前选中的网格线从头到尾的竖梃；单段网格线指创建当前网格线中所选网格内的其中一段竖梃；全部网格线指创建当前选中幕墙中全部网格线上的竖梃。读者可以分别尝试使用这 3 种工具看其效果。

（17）为一楼东面幕墙放置如图 4.2.19 所示的竖梃。

（18）双击"项目浏览器"→"三维视图"→"｛三维｝"选项，将显示三维的幕墙效果，如图 4.2.20 所示。

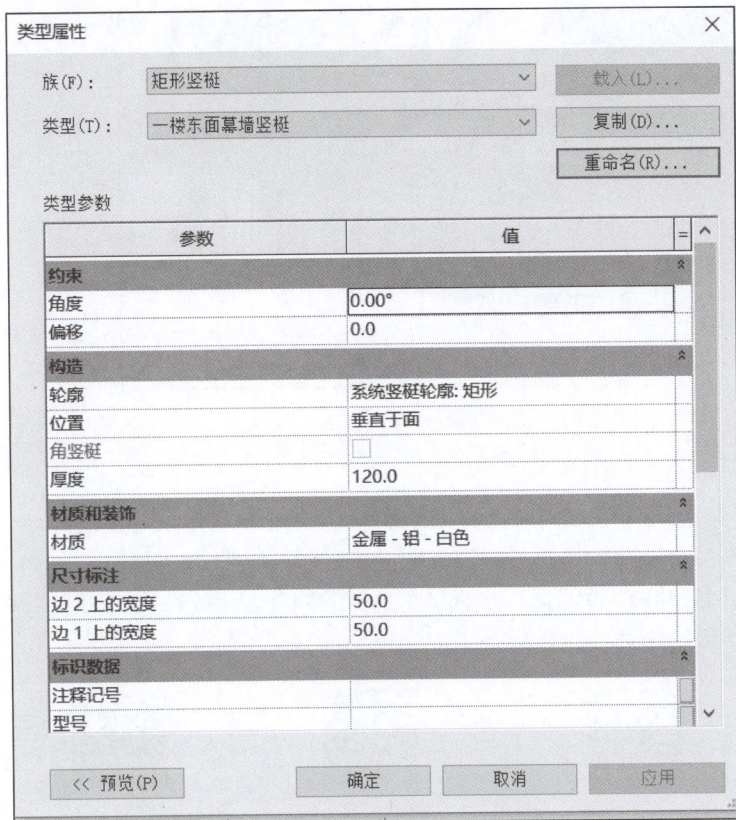

图 4.2.17　复制竖梃类型，编辑尺寸

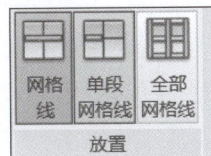

图 4.2.18　放置竖梃工具

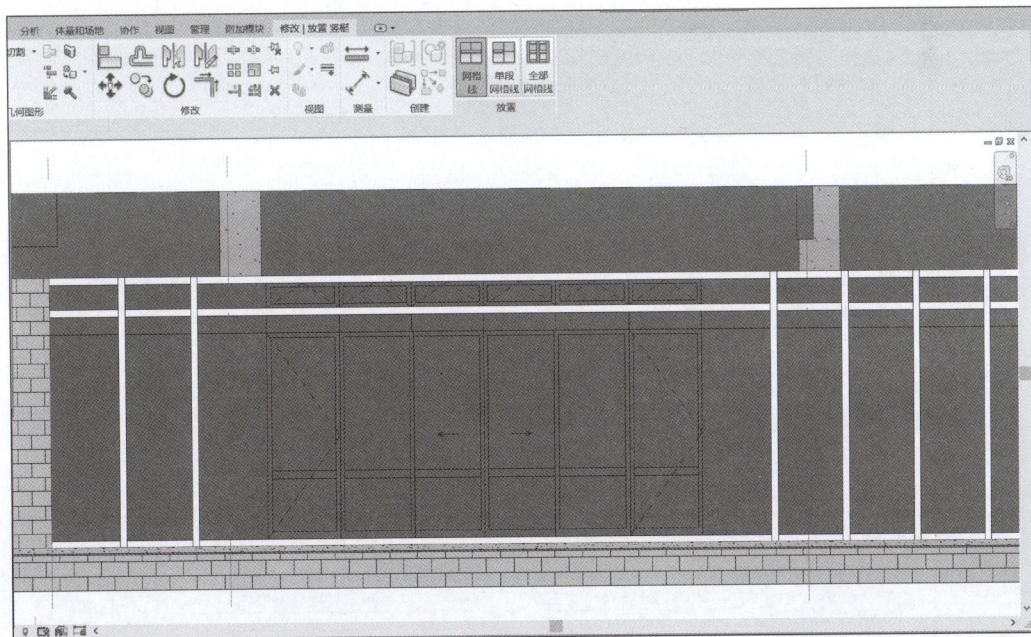

图 4.2.19　放置竖梃

图 4.2.20　三维幕墙效果

实战任务

　　任务描述：××图书馆建筑外墙、内墙、幕墙绘制。请使用本章介绍的建筑外墙、内墙、幕墙创建和编辑方法，并结合 1.3.2 小节编辑图元中的移动、复制、偏移、阵列、删除等工具，绘制××图书馆的建筑墙体，如图 4.2.21 和图 4.2.22 所示。××图书馆楼层平面图以 CAD 格式提供给读者，以方便查看详细尺寸。

教学视频：绘制××
图书馆外墙、内墙（一）

教学视频：绘制××
图书馆外墙、内墙（二）

教学视频：绘制××
图书馆幕墙（一）

教学视频：绘制××
图书馆幕墙（二）

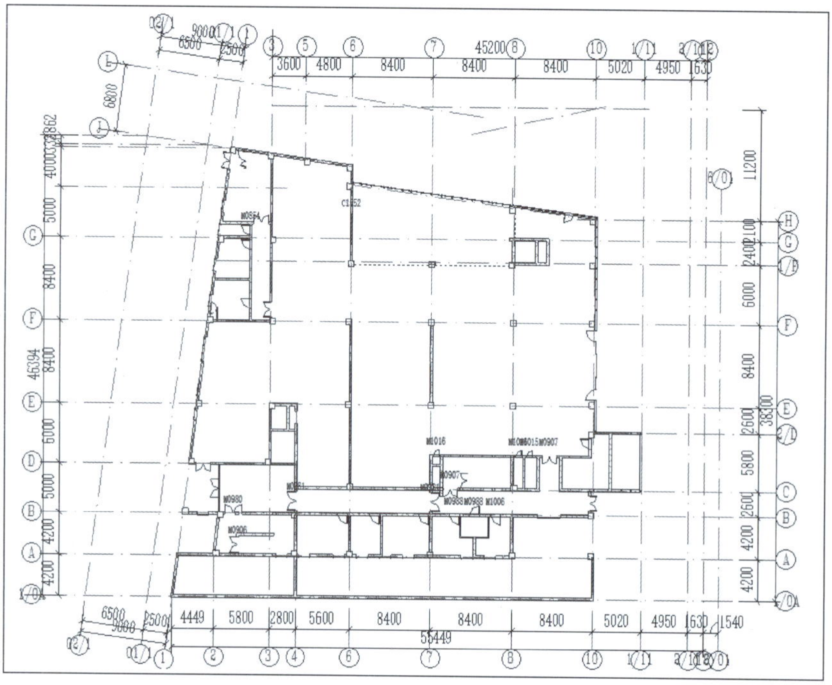

图 4.2.21　××图书馆一层墙体布置平面图

注意

在 Revit 中，绘制墙体时门窗处不用断开，直接绘制整堵墙即可。

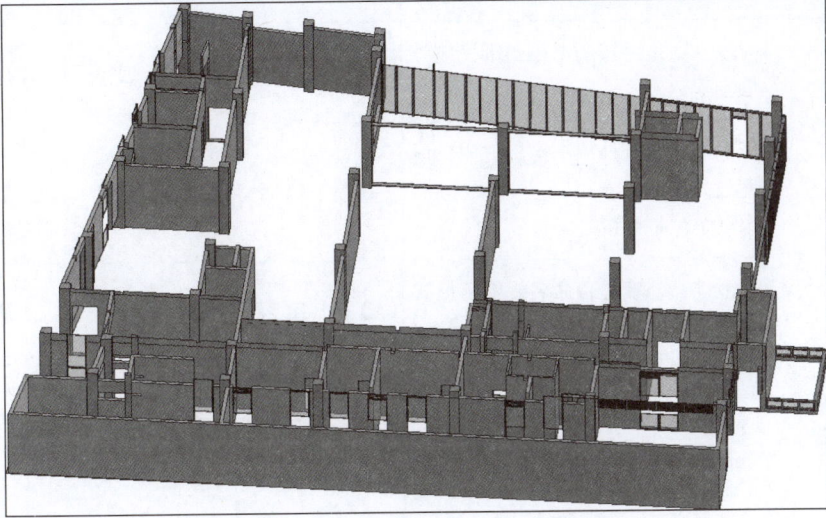

图 4.2.22　××图书馆一层墙体布置三维图

—— 学习笔记 ——

阶段性成果验收

阶段性成果验收单

查验构件	查验指标	自　评	互　评	教师评价
外墙	完整性：是否按图书馆图纸完成外墙创建	❑是　❑否	❑是　❑否	❑是　❑否
	正确性：所有外墙结构、材质、厚度设置是否正确，所有外墙标高、水平定位是否正确	❑是　❑否	❑是　❑否	❑是　❑否
	规范性：外墙是否命名规范，格式是否统一	❑是　❑否	❑是　❑否	❑是　❑否
内墙	完整性：是否按图书馆图纸完成内墙创建	❑是　❑否	❑是　❑否	❑是　❑否
	正确性：所有内墙结构、材质、厚度设置是否正确，所有内墙标高、水平定位是否正确	❑是　❑否	❑是　❑否	❑是　❑否
	规范性：内墙命名是否规范，格式是否统一	❑是　❑否	❑是　❑否	❑是　❑否
幕墙	完整性：是否按图书馆图纸完成幕墙创建	❑是　❑否	❑是　❑否	❑是　❑否
	正确性：所有幕墙标高、材质、定位是否正确，幕墙网格、竖梃、内嵌门窗玻璃等设置是否正确	❑是　❑否	❑是　❑否	❑是　❑否
	规范性：幕墙命名是否规范，格式是否统一	❑是　❑否	❑是　❑否	❑是　❑否
验收结果	❑优　❑良　❑中　❑合格　❑不合格			
验收成员签字				
	年　　月　　日			

📚 习题

一、单选题

1. 在幕墙上放置幕墙竖梃时，只能放在（　　　）。

　　A. 幕墙网格上　　　　　　　　　　B. 幕墙中间

　　C. 洞口边缘　　　　　　　　　　　D. 嵌板上

2. 在墙类型属性中设置墙结构，从上往下依次是面层 1、核心边界、结构、核心边界、涂膜层、面层 2，在可进行厚度设置结构层中均输入 100，该墙总厚度为（　　　）。

　　A. 400　　　　　　　B. 500　　　　　　　C. 600　　　　　　　D. 300

3. 下列哪个视图应被用于编辑墙的立面外形？（　　　）

　　A. 表格　　　　　　　　　　　　　B. 3D 视图和相应的立面视图

　　C. 图纸视图　　　　　　　　　　　D. 楼层平面视图

4. 创建墙时，选项栏设置为 F1，高度设置为未连接，输入 3000，偏移量 500，创建该建筑墙之后属性栏显示（　　　）。

　　A. 底部约束为"F1"，底部偏移为"500"，顶部约束为"F1"，顶部偏移为"3000"

　　B. 底部约束为"F1"，底部偏移为"0"，顶部约束为"未连接"，顶部偏移为"3000"

　　C. 底部约束为"F1"，底部偏移为"3000"，顶部约束为"F1"，顶部偏移为"0"

　　D. 底部约束为"F1"，底部偏移为"0"，顶部约束为"未连接"，顶部偏移为"500"

5. 墙体结构编辑中，哪一层是用于支撑其余墙、楼板或屋顶的层？（　　　）

　　A. 涂膜层　　　　　　　　　　　　B. 结构 [1]

　　C. 保湿层 / 空气层 [3]　　　　　　D. 面层 1[4]

6. Revit 中创建墙的方式是（　　　）。

　　A. 绘制　　　　　　B. 拾取线　　　　　　C. 拾取面　　　　　　D. 以上说法都对

7. 在创建墙饰条时，新建墙饰条中用到的族应选择何种样板文件？（　　　）

　　A. 公制结构柱 .rft　　　　　　　　B. 公制栏杆 .rft

　　C. 公制家具 .rft　　　　　　　　　D. 公制轮廓 .rft

8. 如果无法修改玻璃幕墙网格间距，可能的原因是（　　　）。

　　A. 幕墙尺寸不对　　　　　　　　　B. 竖梃尺寸不对

　　C. 未点开锁工具　　　　　　　　　D. 网格间距有一定限制

9. 在 1F（标高为 0）平面图中，创建一面墙，底部限制条件为 1F，底部偏移为300，顶部约束未连接，无连接高度为 4000，则该墙的顶部标高为（　　　）。

　　A. 4000　　　　　　B. 3700　　　　　　C. 4300　　　　　　D. 无法判断

10. 一块长为 7000mm 的玻璃幕墙，若想使其等分为规格相同的 6 块嵌板，且为竖向分隔，则在幕墙的类型属性设置中正确的设置为（　　　）。

　　　A. 垂直网格布局——固定间距　　　B. 垂直网格布局——固定数量

　　　C. 水平网格布局——固定间距　　　D. 水平网格布局——固定数量

二、多选题

1. 创建墙时，选项栏中的定位线有哪些选择？（ 　　 ）

   A. 墙中心线　　　　 B. 核心层中心线　　　　　 C. 面层面外部　　　　 D. 面层面内部

   E. 核心面外部

2. 墙体结构编辑时，以下哪些为墙体功能选择项？（ 　　 ）

   A. 结构 [1]　　　　 B. 保湿层 / 空气层 [3]　　 C. 面层 1[4]　　　　 D. 结构 [2]

   E. 面层 2[5]

3. 可以在哪个视图中使用"墙饰条"工具？（ 　　 ）

   A. 平面视图　　　　 B. 立面视图　　　　　　　 C. 漫游视图　　　　 D. 三维视图

   E. 天花板视图

第 5 章 创建门、窗

5.1 创建门

📖 知识准备

在 Revit 中，使用"门"工具在建筑模型的墙中放置门。洞口将自动剪切进墙以容纳门，如图 5.1.1 所示。因此，必须先创建墙，创建墙时并不需要在门处断开，当创建门时将会自动剪切，这种依赖于主体图元而存在的构件称为"基础于主体的构件"。

门窗图元都属于可载入族，可以通过新建和载入族的方式将各种门窗载入项目中使用。在 Revit 安装族库中，分别有卷帘门、门构件、普通门、其他、装饰门等供用户载入使用，如图 5.1.2 所示。用户也可以通过新建族，自己定义新的门族使用。

教学视频：创建门、窗

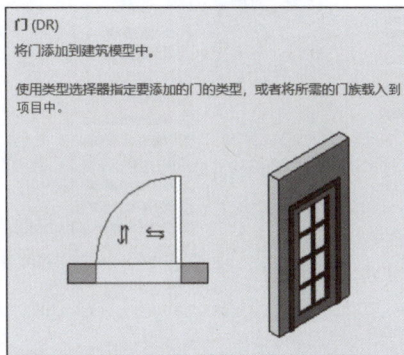

图 5.1.1　墙中放置门

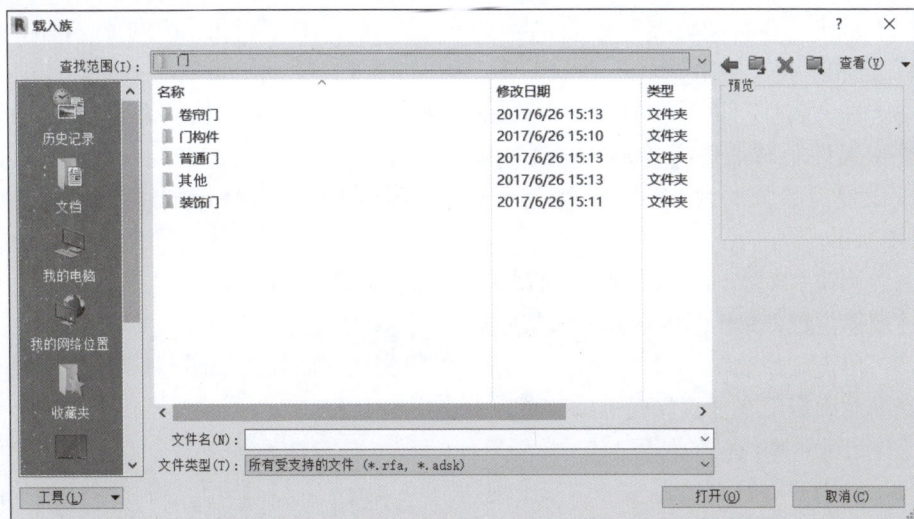

图 5.1.2　Revit 门族

✍ 实训操作

添加门的步骤如下。

（1）载入门族：启动 Revit，打开前面操作的"×× 图书馆"项目文件，单击"插入"选项卡→"载入族"工具，进入"建筑"→"门"→"普通门"→"平开门"→"双扇"目录，按住 Ctrl + 鼠标左键，选中"双面嵌板连窗玻璃门 2"和"双面嵌板镶玻璃门 4"两个族文件（图 5.1.3），单击"打开"按钮。

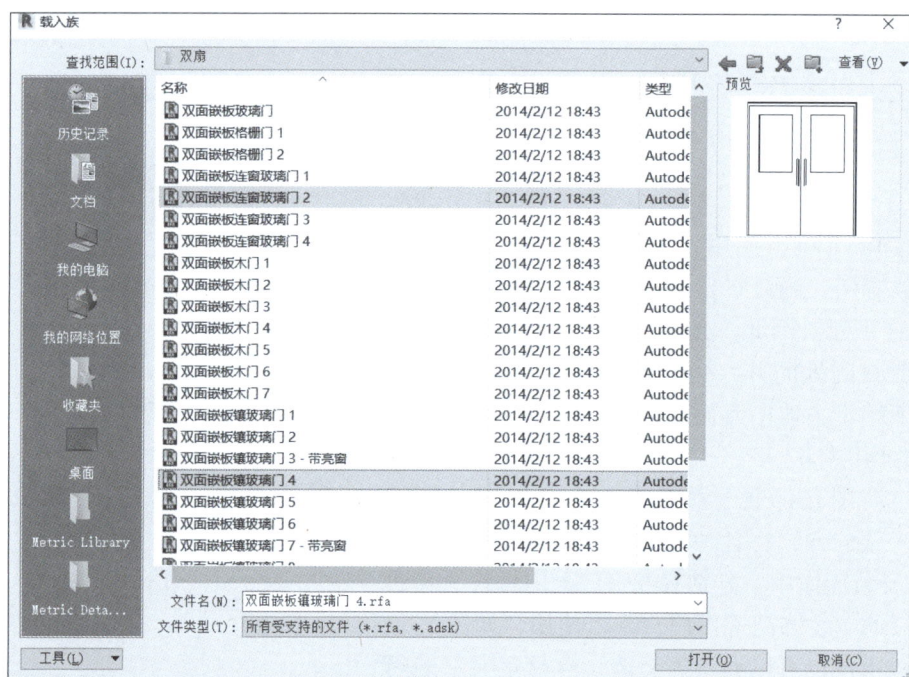

图 5.1.3　载入门族

（2）双击"项目浏览器"中的"楼层平面"，双击 1F，打开一层平面视图，单击"建筑"选项卡→"构建"面板→"门"工具，如图 5.1.4 所示。

（3）在"属性"面板中选择"双面嵌板连窗玻璃门 2"，单击"编辑类型"按钮，在"类型属性"对话框中单击"复制"按钮，输入类型名称为 M3547，单击"确定"按钮，设置门的宽度为 4760，高度为 3500，单击"确定"按钮退出门类型属性，如图 5.1.5 所示。

（4）修改 | 放置 门：在一层平面视图中，将鼠标指针移向轴线第 2 轴上的 B~D 轴之间的墙体位置，单击后完成门的添加，如图 5.1.6 所示。

（5）单击"修改"工具，选中门，可查看门实例的属性，如图 5.1.7 所示。其中标高和底高度确定门在垂直立面上的位置，单击门边上的"⇔"可改变开门的方向，修改临时标注尺寸可修改门的位置。

（6）双击"项目浏览器"→"三维视图"→"{ 三维 }"选项，将显示三维的门效果，如图 5.1.8 所示。

（7）其他门的创建方法与此相同，可以根据图纸和尺寸创建并放置到精确的位置上。

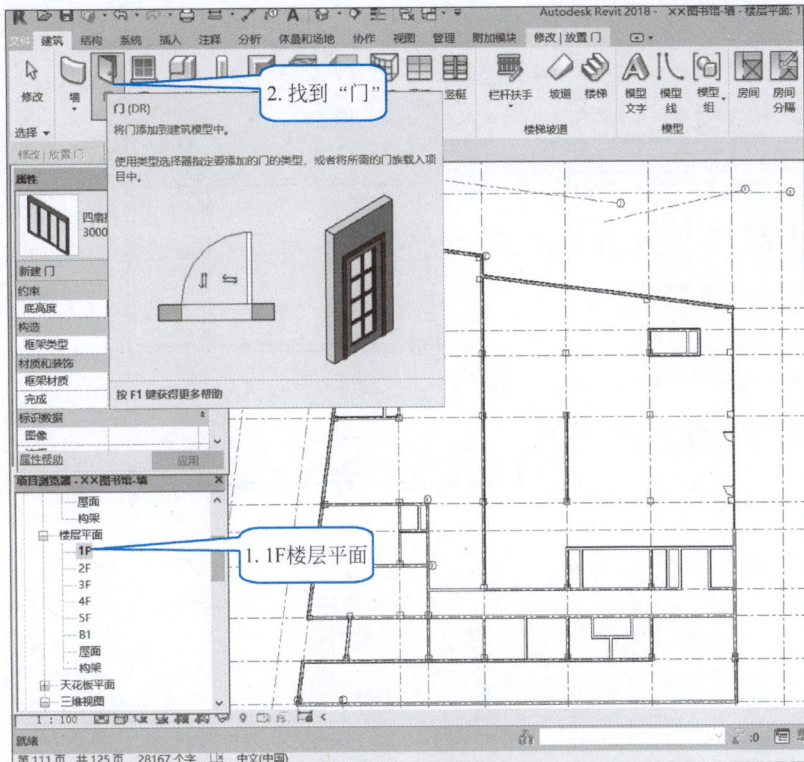

图 5.1.4 创建门

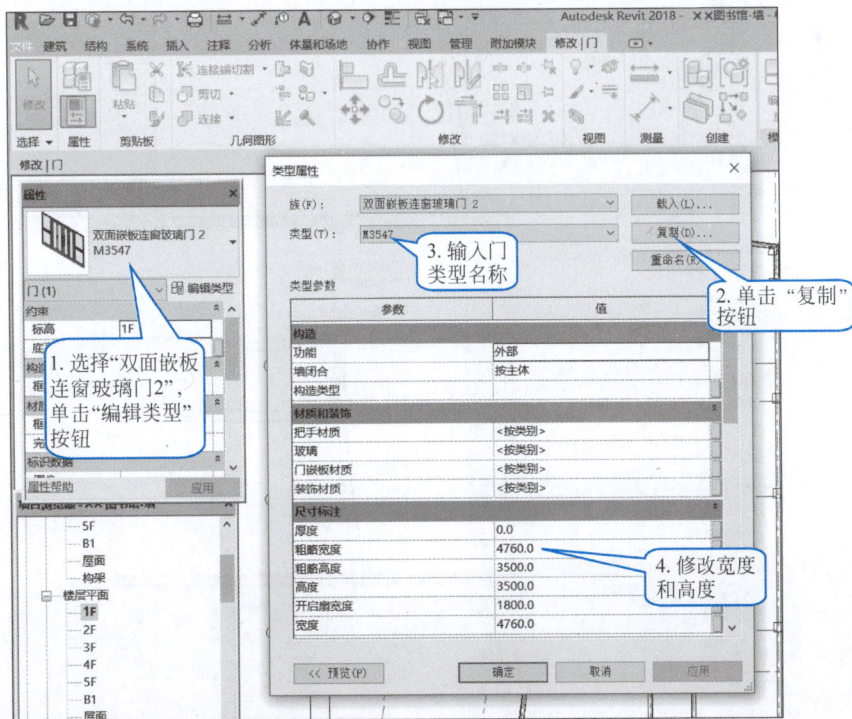

图 5.1.5 复制并设置门类型

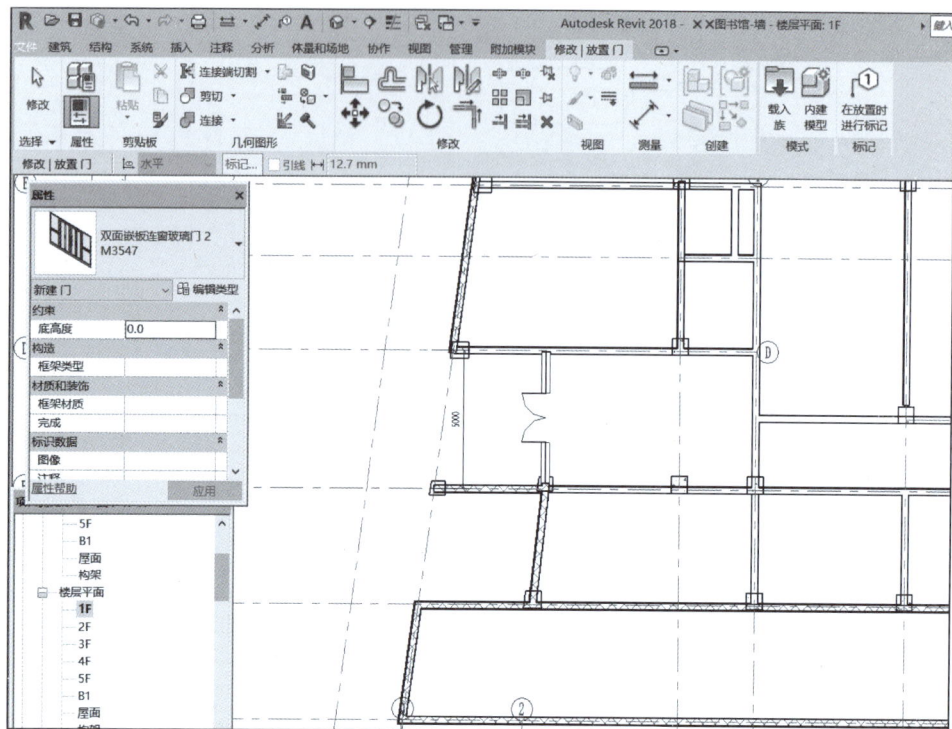

图 5.1.6　放置门

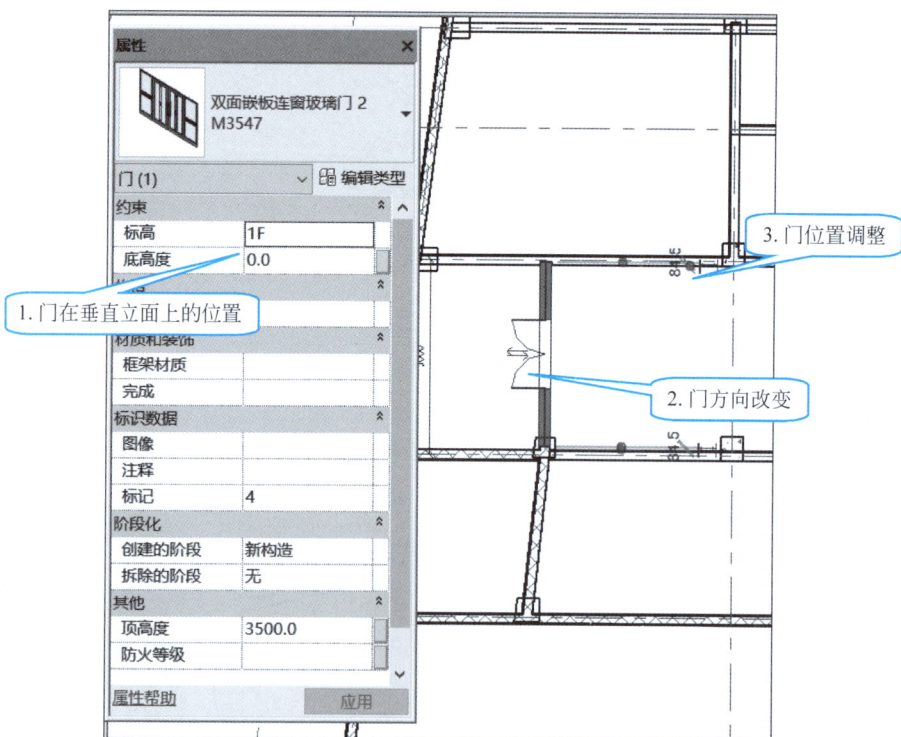

图 5.1.7　门实例的属性

图 5.1.8　三维门效果

5.2　创建窗

📖 知识准备

在 Revit 中，使用"窗"工具在建筑模型的墙中放置窗。洞口将自动剪切进墙以容纳窗，如图 5.2.1 所示。因此，必须先创建墙，创建墙时并不需要在窗处断开，当创建窗时将会自动剪切，这种依赖于主体图元而存在的构件称为基础于主体的构件。

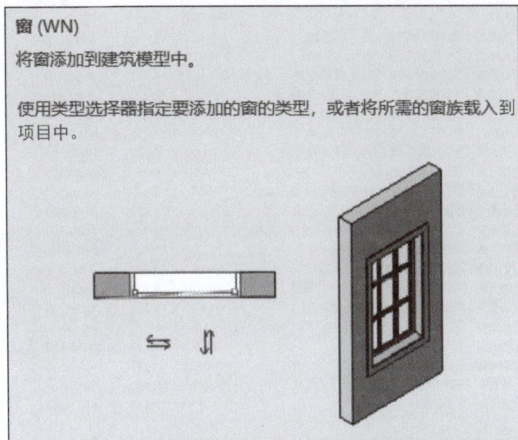

窗 (WN)

将窗添加到建筑模型中。

使用类型选择器指定要添加的窗的类型，或者将所需的窗族载入到项目中。

图 5.2.1　墙中放置窗

门窗图元都属于可载入族，可以通过新建和载入族的方式将各种门窗载入项目中使用。在 Revit 安装族库中，分别有组合窗、悬窗、平开窗、推拉窗等族供用户载入使用，如图 5.2.2 所示。用户也可通过新建族自己定义新的窗族使用。

🖋 实训操作

添加窗的步骤如下。

（1）载入窗族：启动 Revit，打开前面操作的"××图书馆"项目文件，单击"插入"选项卡→"载入族"工具，进入"建筑"→"窗"→"普通窗"→"组合窗"目录，选中"组合窗 - 双层三列（三扇平开）- 上部单扇"，如图 5.2.3 所示，单击"打开"按钮。

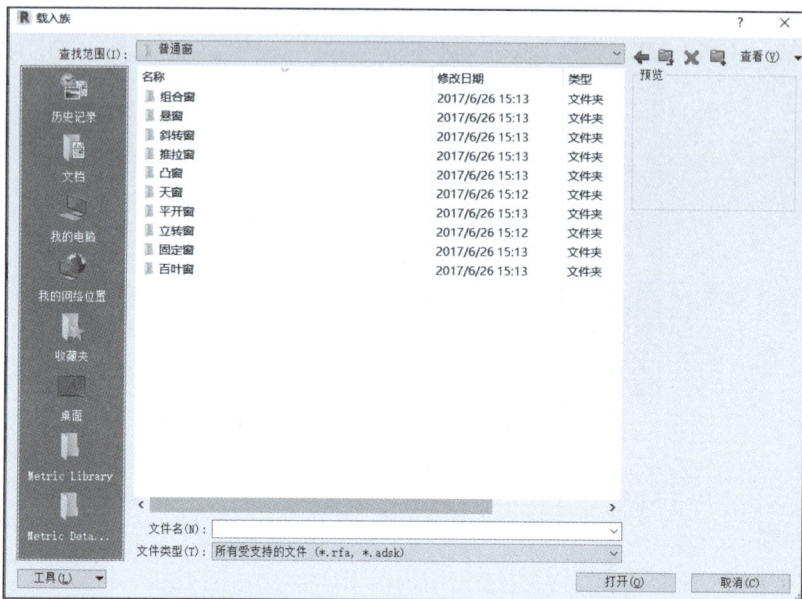

图 5.2.2　Revit 窗族

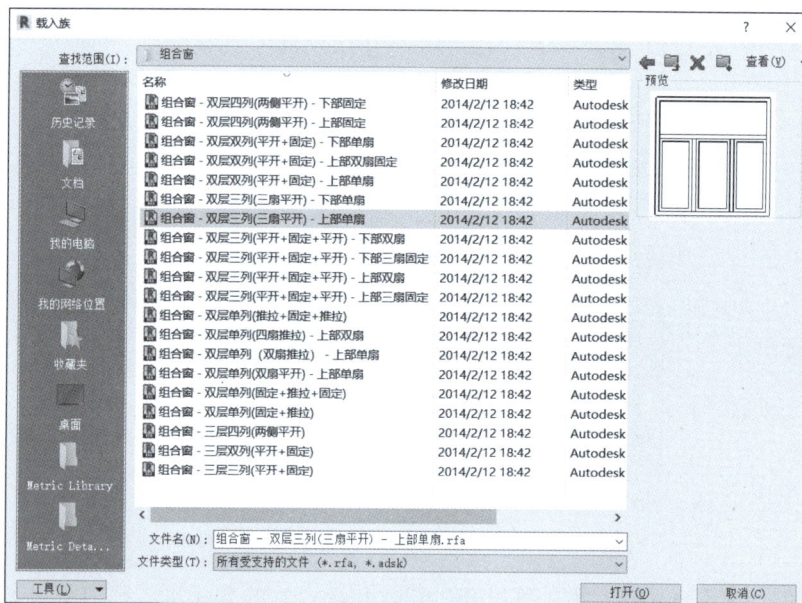

图 5.2.3　载入窗族

（2）双击"项目浏览器"中的"楼层平面"，双击 1F，打开一层平面视图，单击"建筑"选项卡→"构建"面板→"窗"工具，如图 5.2.4 所示。

（3）在"属性"面板的类型中选择"组合窗 - 双层三列（三扇平开）- 上部单扇 $1800 \times 1800 \text{mm}$"，单击"编辑类型"按钮，在"类型属性"对话框中单击"复制"按钮，输入类型名称为 c1-2520×2400，单击"确定"按钮，设置粗略宽度为 2520，粗略高度为 2400，然后单击"确定"按钮退出窗类型属性，如图 5.2.5 所示。

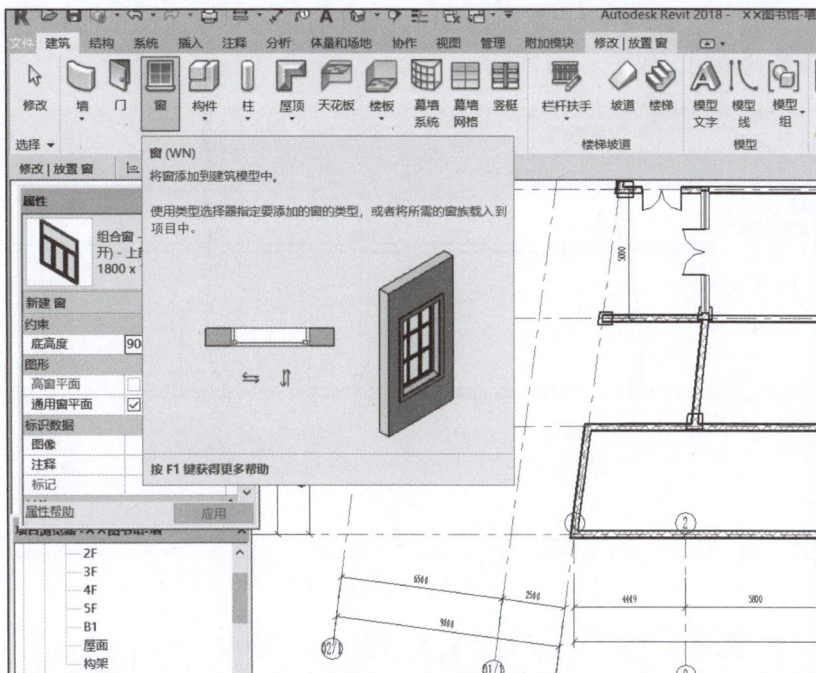

图 5.2.4 创建窗

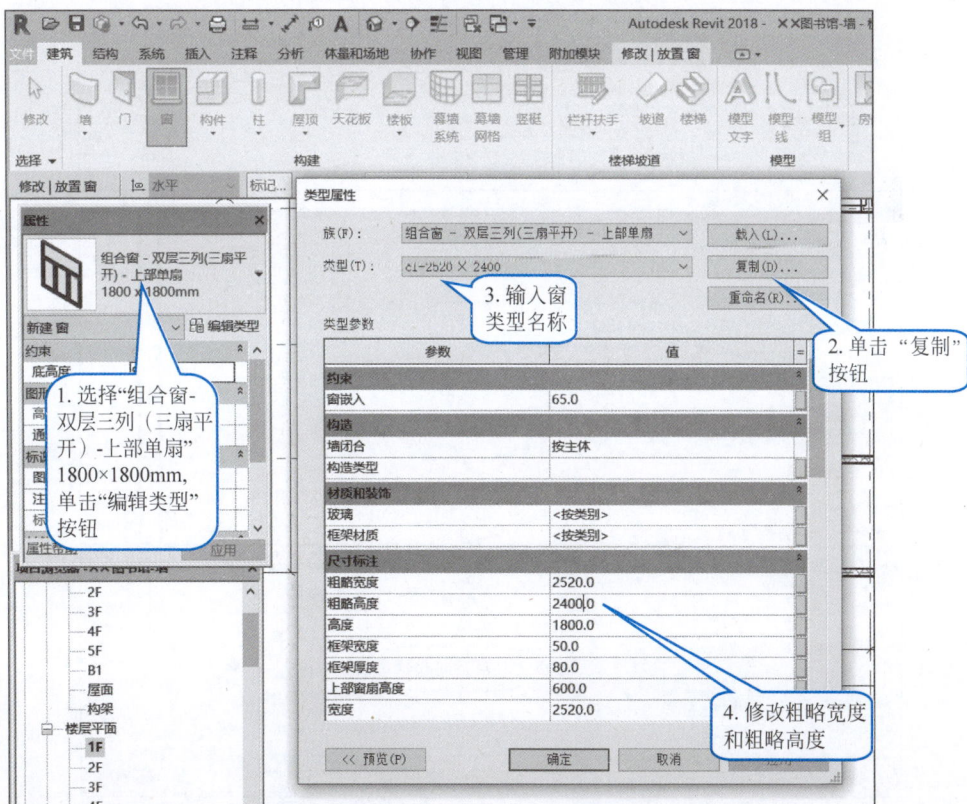

图 5.2.5 复制并设置窗类型

（4）修改|放置 窗：在一层平面视图中，将鼠标指针移到轴线 A 轴上的墙体位置，单击后完成窗的添加，如图 5.2.6 所示。

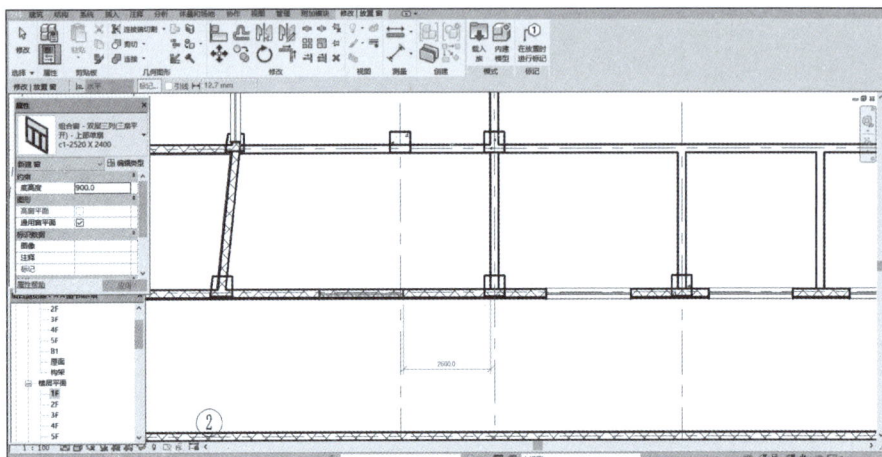

图 5.2.6　放置窗

（5）单击"修改"工具，选中刚才放置的窗，可查看窗实例的属性，如图 5.2.7 所示。其中标高和底高度两个参数用来确定窗在垂直立面上的位置，单击窗边上的"⇆"可改变开窗的方向，修改临时标注尺寸可修改窗在水平面上的位置。

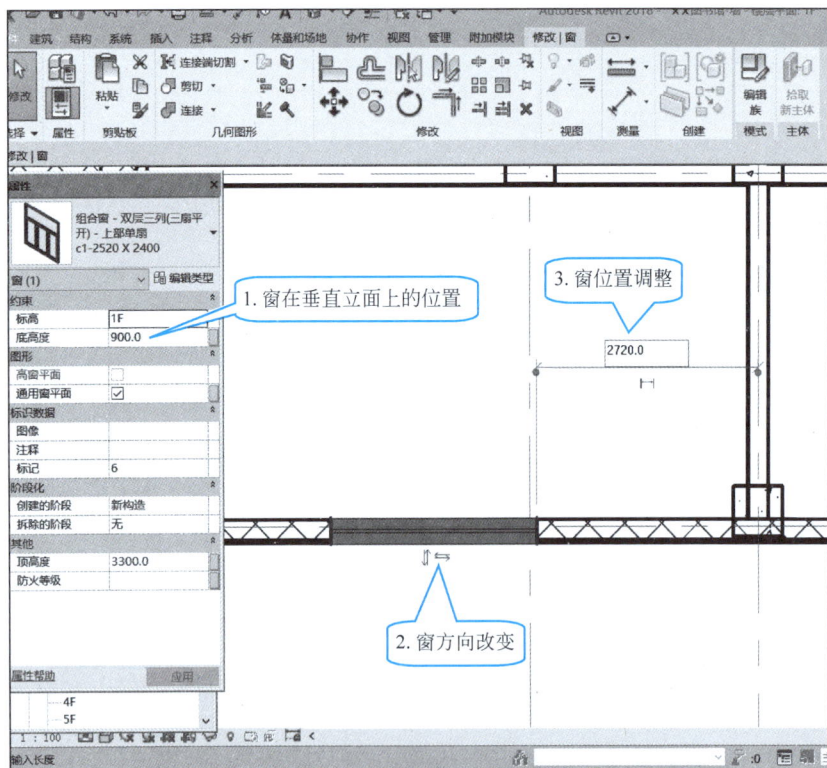

图 5.2.7　窗实例的属性

（6）选择"项目浏览器"→"三维视图"→"{三维}"选项，将显示三维的窗效果，如图 5.2.8 所示。

（7）其他窗的创建方法与此相同，可以根据图纸和尺寸创建并放置到精确的位置上。

图 5.2.8　三维窗效果

📖 实战任务

任务描述：××图书馆门窗绘制。请使用本章介绍的门、窗的创建和编辑方法，并结合 1.3.2 小节编辑图元中的移动、复制、偏移、阵列、删除等工具，绘制××图书馆的门、窗，如图 5.2.9 和图 5.2.10 所示。×× 图书馆楼层平面图以 CAD 格式提供给读者，以方便查看详细尺寸。

教学视频：绘制 ×× 图书馆门窗（一）　　　　教学视频：绘制 ×× 图书馆门窗（二）

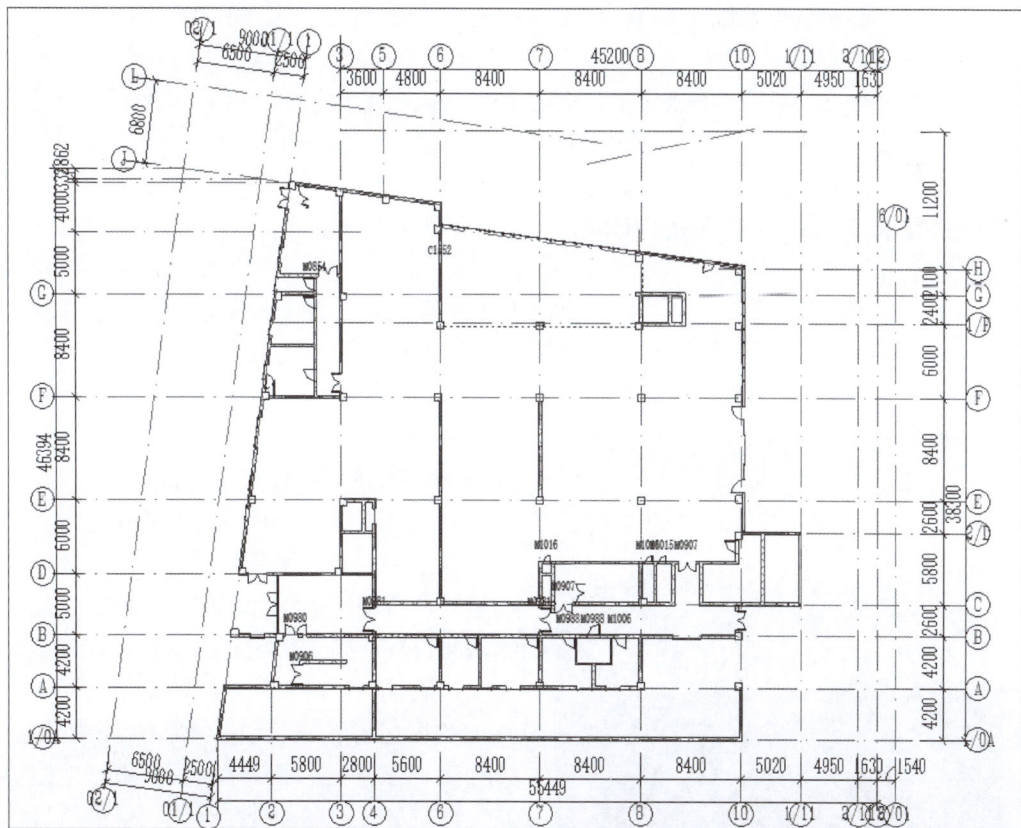

图 5.2.9　×× 图书馆一层门、窗布置平面图

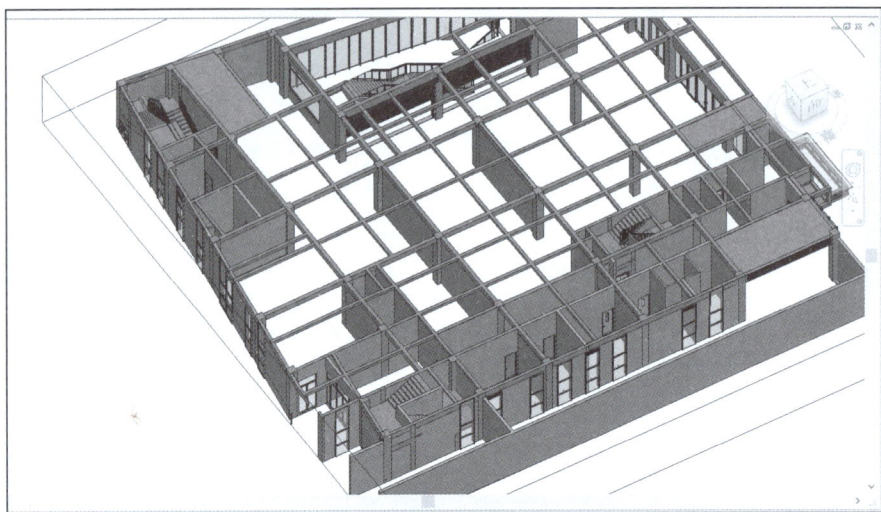

图 5.2.10　××图书馆一层门、窗布置三维图

拓展阅读——BIM 技术在上海中心大厦中的应用

上海中心大厦作为陆家嘴最后一栋超高层建筑，目前以 632m 的高度刷新上海市浦东新区的城市天际线。这是中国第一次建造 600m 以上的建筑，巨大的体量、庞杂的系统分支、严苛的施工条件，给上海中心大厦的建设管理者们带来了全新的挑战，而数字化技术与 BIM 技术在当时的建筑工程界还很陌生，上海中心大厦项目团队在项目初期就决定将数字化技术与 BIM 技术引入项目的建设中，事实证明，这些先进技术在上海中心大厦的设计建造与项目管理中发挥了重要的作用。

1. 项目概况

上海中心大厦（图 5.2.11）位于上海市浦东新区陆家嘴金融中心 Z3-1、Z3-2 地块，紧邻金茂大厦和环球金融中心。项目包括：一个地下 5 层的地库、1 幢 121 层的综合楼（其中包括办公楼和酒店）和 1 幢 5 层的商业裙楼。总建筑面积约 574 058m^2，其中地上建筑面积约 410 139m^2，地下建筑面积约 163 919m^2。裙楼高 32m，塔楼高 580m，塔冠最高点高度为 632m。

2. BIM 对于上海中心大厦的意义

在上海中心大厦的建设过程中，BIM 的运用覆盖施工组织管理的各个环节，包括深化设计、施工组织、进度管理、成本控制、质量监控等。从建筑的全生命周期管理角度出发，施工阶段 BIM 运用的信息创建、管理和共享技术，可以更好地控制工程质量、进度和资金运用，保证项目的成功实施，为业主和运营方提供更好的

图 5.2.11　上海中心大厦

售后服务，实现项目全生命周期内的技术和经济指标最优化。BIM 在项目的策划、设计、施工及运营管理等各阶段的深入化应用，为项目团队提供了一个信息及数据平台，有效地改善了业主、设计、施工等各方的协调沟通。同时帮助施工单位进行施工决策，以三维模拟的方式减少施工过程的错、漏、碰、撞，提高一次安装成功率，减少施工过程中的时间、人力、物力浪费，为方案优化、施工组织提供科学依据，从而为这座被誉为上海新地标的超高层建筑成为绿色施工、低碳建造典范提供有力保障。

3. BIM 在上海中心大厦中的应用

（1）更为直观的图纸会审与设计交底。

项目施工前，对施工图进行初步熟悉与复核，该项目工作的意义在于，通过深入了解设计意图与系统情况，为施工进度与施工方案的编制提供支持。同时，通过对施工设计的了解，查找项目重点、难点部位，制订合理的专项施工方案。此外，就一些施工设计中不明确、不全面的问题与设计院、业主进行沟通与讨论。例如，系统优化、机电完成标高以及施工关键方案的确定等问题。

在本工程中，利用 BIM 模型的设计能力与可视性，为本工程的图纸会审与设计交底工作提供了便利与直观的沟通方式。首先，BIM 团队采用 Autodesk Revit 系统软件，根据本工程的建筑、结构以及机电系统等施工设计图纸进行三维建模。通过建模工作可以查核各专业原设计中不完整、不明确的部分，经整理后提供给设计单位。其次，利用模型进一步确定施工重点、难点部位的设备布局、管线排列以及机电完成标高等。最后，结合 BIM 技术的设计能力，对各主要系统进行详细的复核计算，提出优化方案供业主参考。

（2）三维环境下的管线综合设计。

传统的综合平衡设计都是以二维图纸为基础，在 AutoCAD 软件下进行各系统叠加。设计人员凭借自己的设计与施工经验在平面图中对管线进行排布与调整，并以传统平、立、剖面图形式加以表达，最终形成管线综合设计。这种以二维为基础的图纸表达方式，不能全面解决设计过程中不可见的错、漏、碰、撞问题，影响一次安装的成功率（图 5.2.12）。

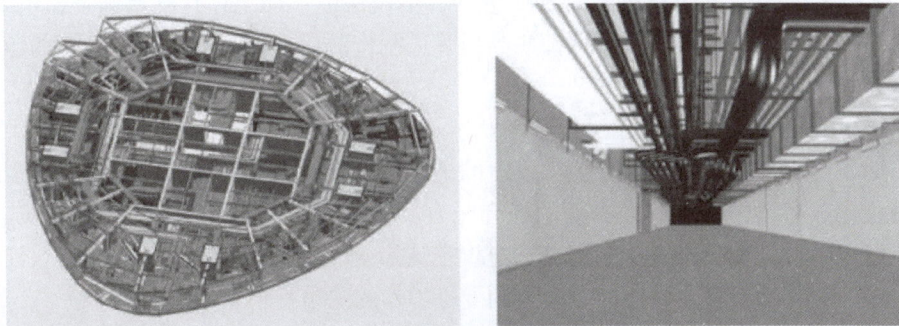

图 5.2.12　上海中心大厦 BIM 管理线综合设计

在本工程中，改变传统的深化设计方式，利用 BIM 的三维可视化设计手段，在三维环境下将建筑、结构以及机电等专业的模型进行叠加，并将其导入 Autodesk Navisworks 软件中做碰撞检测，并根据检测结果加以调整。这样，不仅可以快速解决碰撞问题，而且能够创建更加合理美观的管线排列。此外，通过高效的现场资料管理工作，即时修改快速反应到模型中，可以获得一个与现场情况高度一致的最佳管线布局方案，有效提高一次安装的成功率，减少返工。

（3）利用 BIM 的多维化功能进行施工进度编排。

本机电安装工程将被分为地下室、裙楼、低区、高区四个区段分别施工，安装总工期为 1279 天。

对于以往的一些体量大、工期长的项目，进度计划编制主要采用传统的粗略估计的办法。本工程中，采用模型统计与模拟的方法进行施工进度编排。在工程总量与施工总工期没有重大变化的前提下，首先，在深化设计阶段模型的基础上将工程量统计的相关参数（如各类设备、管材、配件、附件的外形参数、性能参数等数据）添加到 BIM 模型中。其次，将模型内包含的各区段、各系统工程量进行分类统计，从而获得分区段、分系统工程量分析，并从中分别提取出设备、材料、劳动力需求等数据。最后，借用上述数据，综合考虑工作面的交付、设备材料供应、劳动力资源、垂直运输能力、临时设施使用等各类因素的平衡点，对施工进度进行统筹安排。借用 BIM 模型的 4D、5D 功能的统计与模拟能力改变以往粗放的、经验估算的管理模式，转而用更加科学、更加精细、更加均衡的进度编排方法，以解决施工高峰所产生的施工管理混乱、临时设施匮乏、垂直运输不力、劳动力资源紧缺的问题，同时也避免了施工低谷期造成的劳动力及设备、设施等资源的浪费。

（4）BIM 化的预制加工方案。

历来，超高层建筑的垂直运输矛盾就是制约项目顺利推进的最大困扰。工厂化预制是减轻垂直运输压力的一个重要途径。在上海中心大厦项目中，预制加工设计是通过 BIM 实现的。在深化设计阶段，项目部可以制作一个较为合理、完整、又与现场高度一致的 BIM 模型，把它导入 Autodesk Inventor 软件中，通过必要的数据转换、机械设计以及归类标注等工作，可以把 BIM 模型转换为预制加工设计图纸，指导工厂生产加工。通过模型实现加工设计，不仅保证了加工设计的精确度，也减少了现场测绘的成本。同时，在保证高品质管道制作的前提下，减轻垂直运输的压力，提高现场作业的安全性。

（5）利用 BIM 进行施工进度管理。

对于施工管理团队而言，施工进度的把握能力是一项关于施工技术、方案策划、物资供应、劳动力配置等各方面的综合能力。本工程施工体量大、建设时间长，在建造过程中各种变化因素都会对施工进度造成影响。因此，利用 BIM 的 4D、5D 功能，对施工方案、物资供应、劳动力调配等工作的决策提供帮助。

（6）利用模型对施工质量进行管控。

由于在模型的管线综合阶段，已经把所有碰撞点一一查找并解决，且模型是根据现场的修改信息即时调整的。因此，把 BIM 模型作为衡量按图施工的检验标准标尺是最为合适的。

在本工程中，项目部将根据监理部门的需要，把机电各专业施工完成后的影像资料导入 BIM 模型中进行比对。同时，对比较结果进行分析并提交"差异情况分析报告"，尤其对于系统运行、完成标高以及后道工序施工等造成影响的问题，都会以三维图解的方式详细记录到报告中，为监理单位下一步的整改处置意见提供依据，确保施工质量达到深化设计的既定效果。

（7）系统调试工作。

上海中心大厦是一座系统庞大且功能复杂的超高层建筑，系统调试的好坏将直接影响本工程的顺利竣工与日后的运营管理。因此，利用 BIM 模型把各专业系统逐一分离出来，结合系统特点与运营要求，在模型中预演并最终形成调试方案。在调试过程中，项目部把各系统调试结果在模型中进行标记，并将调试数据录入模型数据库中。在帮助完善系统调试的同时，进一步提高了 BIM 模型信息的完整性，为上海中心大厦竣工后日常运营管理提供必要的资料储备。

（引自 Revit 中文网）

学习笔记

阶段性成果验收

阶段性成果验收单

查 验 构 件	查 验 指 标	自　　评	互　　评	教 师 评 价
门	完整性：是否按图书馆图纸完成门创建	☐是　☐否	☐是　☐否	☐是　☐否
	正确性：是否所有门类型选择正确、材质设置是否合理，标高、水平定位是否正确	☐是　☐否	☐是　☐否	☐是　☐否
	规范性：所有门命名是否规范，格式是否统一	☐是　☐否	☐是　☐否	☐是　☐否
窗	完整性：是否按图书馆图纸完成窗创建	☐是　☐否	☐是　☐否	☐是　☐否
	正确性：是否所有窗类型选择正确，材质设置是否合理，标高、水平定位是否正确	☐是　☐否	☐是　☐否	☐是　☐否
	规范性：所有窗命名是否规范，格式是否统一	☐是　☐否	☐是　☐否	☐是　☐否
验收结果	☐优　☐良　☐中　☐合格　☐不合格			
验收成员签字	年　　月　　日			

![习题图标] 习题

一、单选题

1. 门窗、卫浴等设备都是 Revit 的"族"，关于"族"类型，以下分类正确的是（　　）。

    A. 内建族、外部族　　　　　　　　B. 内建族、可载入族

    C. 系统族、内建族、可载入族　　　D. 系统族、外部族

2. 关于在单扇门族类型中有 $b900*h2100$ 类型（b、h 均为实例参数），在项目视图中创建了两个单扇门，现在需要把其中一个改为 $b1200*h2100$，已单击该门，之后的步骤是（　　）。

    A. 在类型属性中，复制一个新类型，再将 b 由 900 改为 1200

    B. 在属性栏中将 b 由 900 改为 1200

    C. 在类型属性中，将 b 由 900 改为 1200

    D. 以上均不正确

3. 关于门的标记，说法错误的是（　　）。

    A. 当整个门可见时，会显示门标记。如果部分门被遮蔽，则门标记还是可见

    B. 当放置相同类型的门时，标记中的门编号不会递增

    C. 复制并粘贴门时，标记中的门编号也不会递增

    D. 以上均是

4. 根据构件命名规则，"LM1821"代表（　　）。

    A. 1800 宽、2100 高的推拉门　　　B. 1800 宽、2100 高的铝合金门

    C. 2100 宽、1800 高的推拉门　　　D. 2100 宽、1800 高的铝合金门

5. 根据构件命名规则，下列选项表述有误的是（　　）。

    A. "DD0203"代表 200 宽、300 高的电洞

    B. "F1- 外墙 - 混凝土 -300-C25"代表使用丁一层建筑外表面的 300 厚混凝土墙，混凝土标号为 C25

    C. "FJI3521"代表 3500、宽 2100 高的卷帘门

    D. "F1- 自喷 - 内外热镀锌钢管 -150- 卡箍"代表使用于一层的自喷管道为内外热镀锌钢管，管径 DN150，卡箍连接方式

6. 在视图中单击选中一个 C1527 窗，在属性栏中将底标高由 600 修改为 900，那么（　　）。

    A. 模型中所有窗底标高变为 900

    B. 该 C1527 窗的底标高变为 900，模型中其他 C1527 窗底标高不变

    C. 模型中所有名称为 C1527 的窗底标高均变为 900

    D. 以上均不对

7. 在视图中选中一个 C1827 窗，在类型属性对话框中将窗户宽度参数由 1800 修改为 1500，那么（　　）。

    A. 模型中所有名称为 C1827 的窗宽均变为 1500

B. 模型中所有窗户的宽度均变为 1500

C. 该 C1827 窗的宽度变为 1500，模型中其他 C1827 窗底标高不变

D. 以上都不对

二、多选题

1. 下列图元不属于系统族的是（　　　）。

A. 结构柱　　　　　　B. 楼梯　　　　　　　C. 地形表面　　　　　D. 墙

E. 门

2. 下列哪些属性属于门的类型属性？（　　　）

A. 类型标记　　　　　B. 高度　　　　　　　C. 底高度　　　　　　D. 粗略宽度

E. 标高

3. 下列哪些窗是 Revit 软件自带可载入族中的普通窗族？（　　　）

A. 悬窗　　　　　　　B. 防火窗　　　　　　C. 组合窗　　　　　　D. 平开窗

E. 推拉窗

三、小讨论

阅读《BIM 技术在上海中心大厦中的应用》，谈一谈目前 BIM 在实际项目应用中可实施的应用点。

_____

_____

_____

_____

第6章 创建楼板、天花板、屋顶

6.1 创建楼板

6.1.1 创建室内楼板

📖 知识准备

楼板作为建筑物中不可缺少的建筑构件，用于分隔建筑各层的空间。

在 Revit 中，有 3 种楼板和 1 个楼板边，如图 6.1.1 所示。

（1）"楼板：建筑"——常用于建筑建模时室内外楼板的创建。

（2）"楼板：结构"——为方便在楼板中布置钢筋、进行受力分析等结构专业应用而设计，提供了钢筋保护层厚度等参数，其他用法与建筑楼板相同。

（3）"面楼板"——用于将概念体量模型的楼层面转换为楼板模型图元，该方式只能用于从体量创建楼板模型时。

（4）"楼板：楼板边"——供用户创建一些沿楼板边缘所放置的构件，如圈梁、楼板台阶等。

✎ 实训操作

定义和绘制室内楼板的步骤如下。

（1）启动 Revit，打开前面操作的"××图书馆"项目文件，双击"项目浏览器"中的"楼层平面"，双击 1F，打开一层平面视图，单击"建筑"选项卡→"构建"面板→"楼板"工具→选择"楼板：建筑"，如图 6.1.2 所示。

（2）单击"属性"面板中的"编辑类型"按钮，在"类型属性"对话框中单击"复制"按钮，输入类型名称为 F1-LB-200，单击"确定"按钮退出对话框，再单击"编辑"按钮进入楼板结构编辑界面，如图 6.1.3 所示。

（3）打开"编辑部件"对话框后，设置一层室内楼板的结构，由于和墙结构的设置方法相同，在此不再详细介绍（如材质库中没有相应材质，可使用新建材质功能创建），单击"确定"按钮退

教学视频：创建楼板

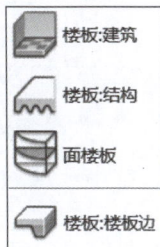

楼板：建筑

楼板：结构

面楼板

楼板：楼板边

图 6.1.1 楼板类型

教学视频：绘制××
图书馆楼板（一）

教学视频：绘制××
图书馆楼板（二）

教学视频：绘制××
图书馆楼板（三）

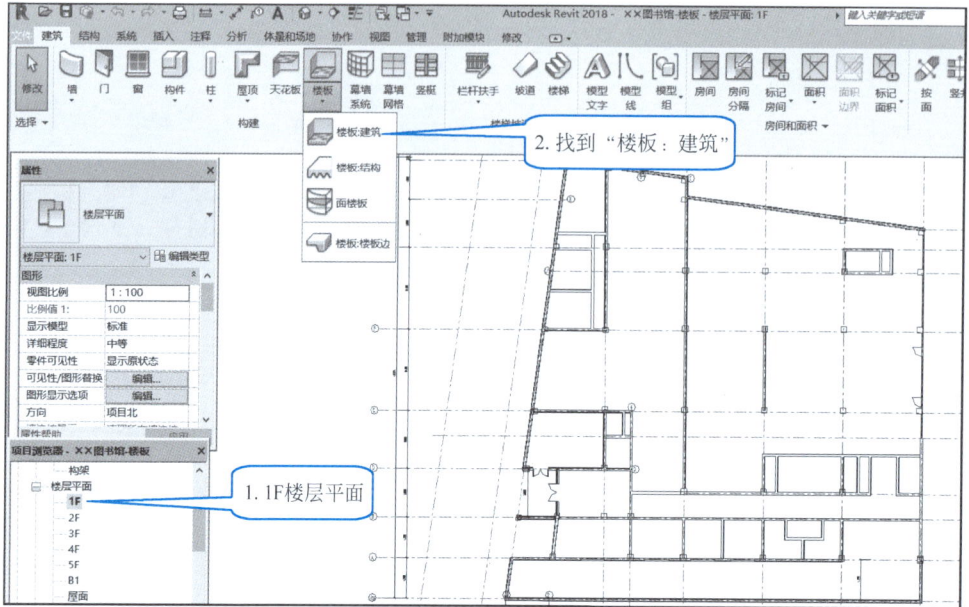

图 6.1.2　创建楼板

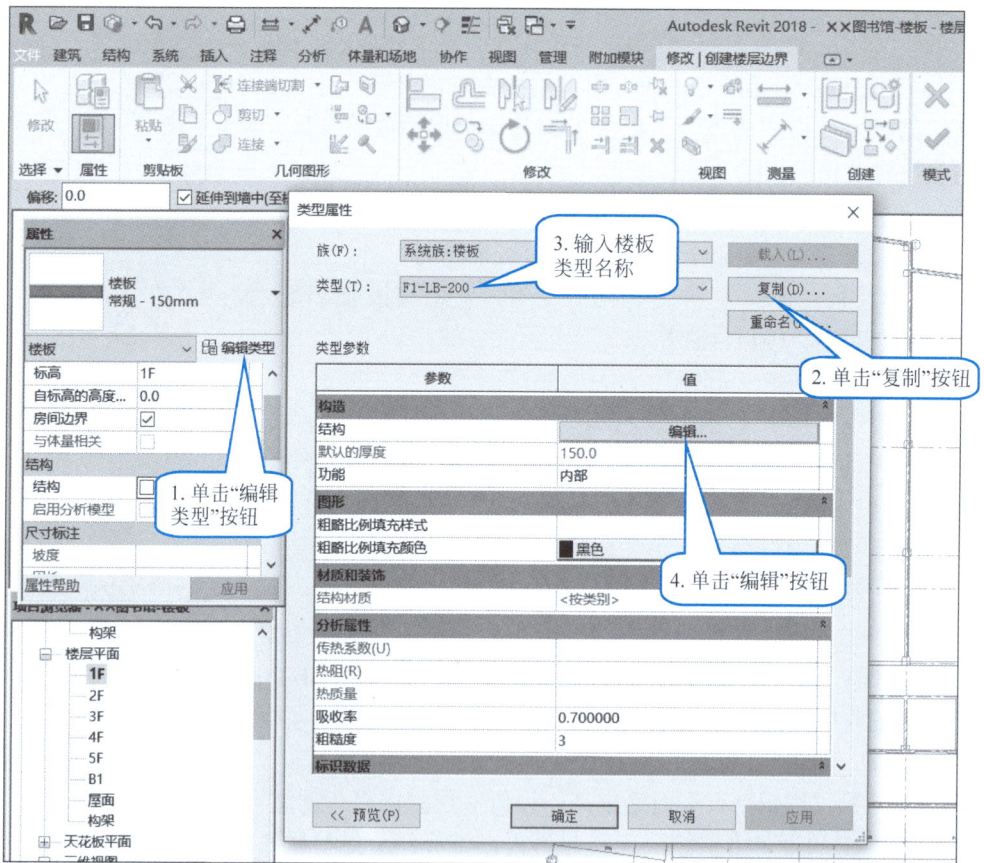

图 6.1.3　复制楼板类型

出"编辑部件"对话框，单击"确定"按钮退出楼板"类型属性"对话框，如图 6.1.4
所示。

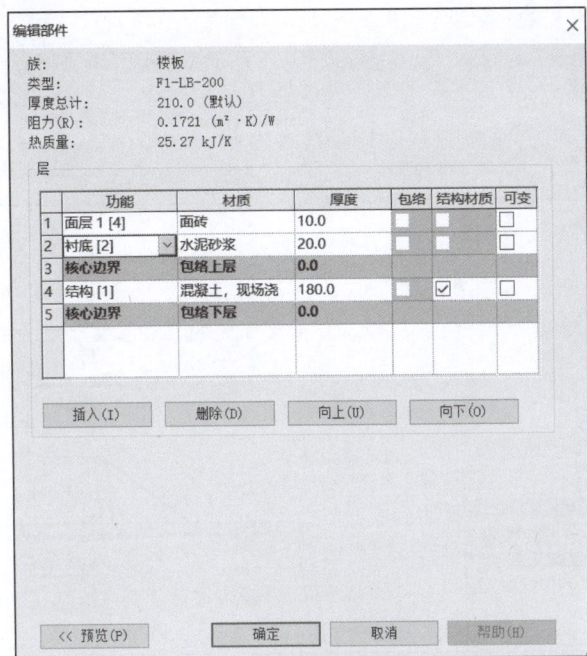

图 6.1.4　编辑楼板结构

（4）在"修改|创建楼层边界"上下文选项卡→"绘制"面板中，除"线"工具可
用于绘制楼板边界外，还可以用"拾取墙"工具绘制。本例中选择使用"拾取墙"工
具，选项栏中的偏移值为 0，勾选"延伸到墙中（至核心层）"复选框，移动鼠标指针至
1F 楼层的外墙边界单击，将会沿建筑外墙核心层表面生成粉红色楼板边界，如图 6.1.5
所示。

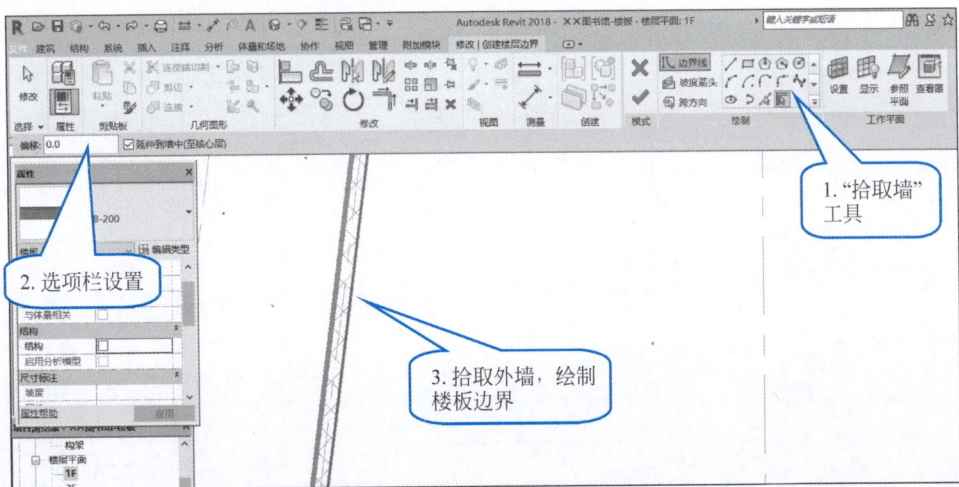

图 6.1.5　拾取外墙，绘制楼板边界

（5）编辑边界：单击"修改 | 创建楼层边界"上下文选项卡→"修改"工具，单击选中一条楼层边界线，拖曳线端点可改变线的长度，也可使用"修改"面板中的工具对边界线进行操作，如图 6.1.6 所示。

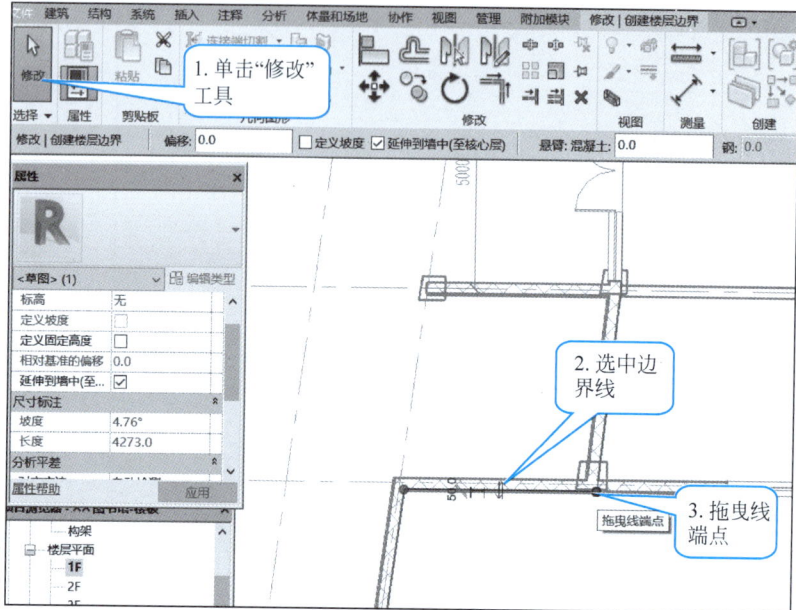

图 6.1.6　编辑边界

（6）绘制的边界线形成一个完整的闭合区间，单击"模式"面板中的"完成编辑模式"按钮，如图 6.1.7 所示。

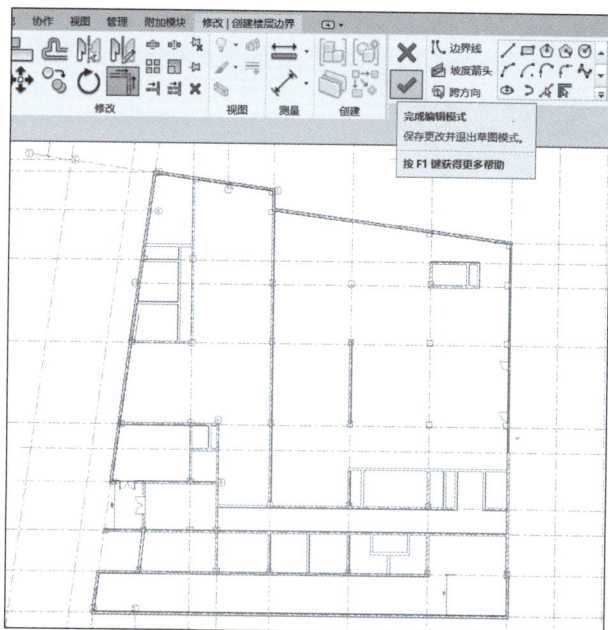

图 6.1.7　完成编辑模式

（7）当绘制的边界线不闭合时，程序会提示错误信息，高亮显示的线有一端是开放的，如图 6.1.8 所示，如出现该问题，单击"继续"按钮，回到第（4）、第（5）步，重新绘制和编辑边界线，使边界线闭合。

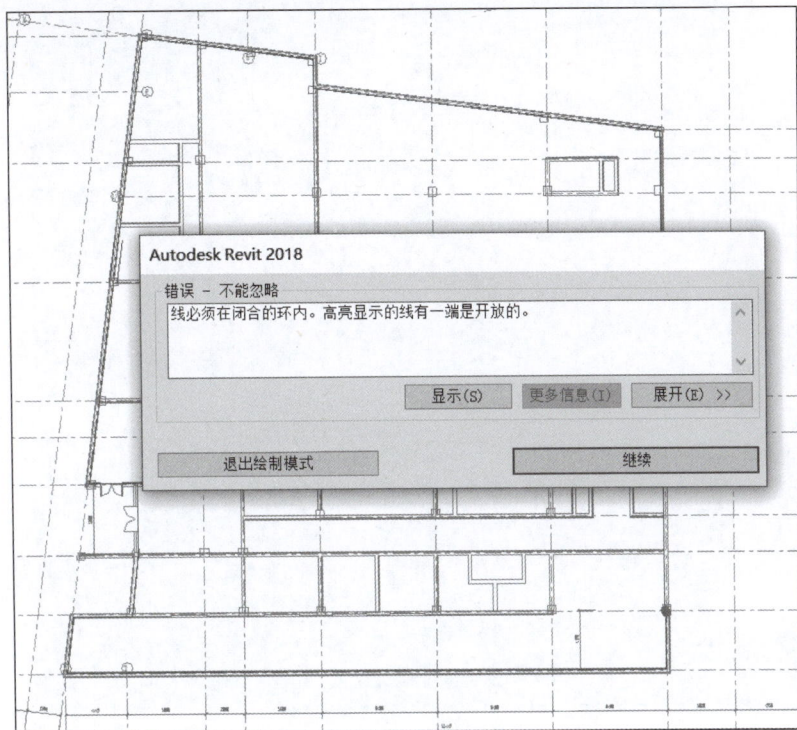

图 6.1.8　边界线不闭合时的错误提示

（8）单击"完成编辑模式"后，弹出对话框提示："楼板 / 屋顶与高亮显示的墙重叠。是否希望连接几何图形并从墙中剪切重叠的体积？"由于绘制的楼板与墙体有部分的重叠，因此单击"是"按钮接受该建议，如图 6.1.9 所示。

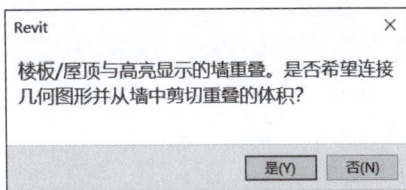

图 6.1.9　完成楼板绘制提示框

（9）完成楼板绘制，平面图中出现已绘制的室内楼板，如图 6.1.10 所示。

（10）选择"项目浏览器"中的"三维视图"→"{ 三维 }"选项，将显示三维的楼板效果，如图 6.1.11 所示。

（11）复制楼板：选中一层楼板，单击"复制"工具，再单击"粘贴"下三角按钮，选择"与选定的标高对齐"，选择 2F，单击"确定"按钮，如图 6.1.12 所示。

6.1.2　创建室外楼板

📖 知识准备

室外楼板与室内楼板的创建方法相同，参数属性也一样，只是会在厚度、材质、标高等方面与室内楼板不同。

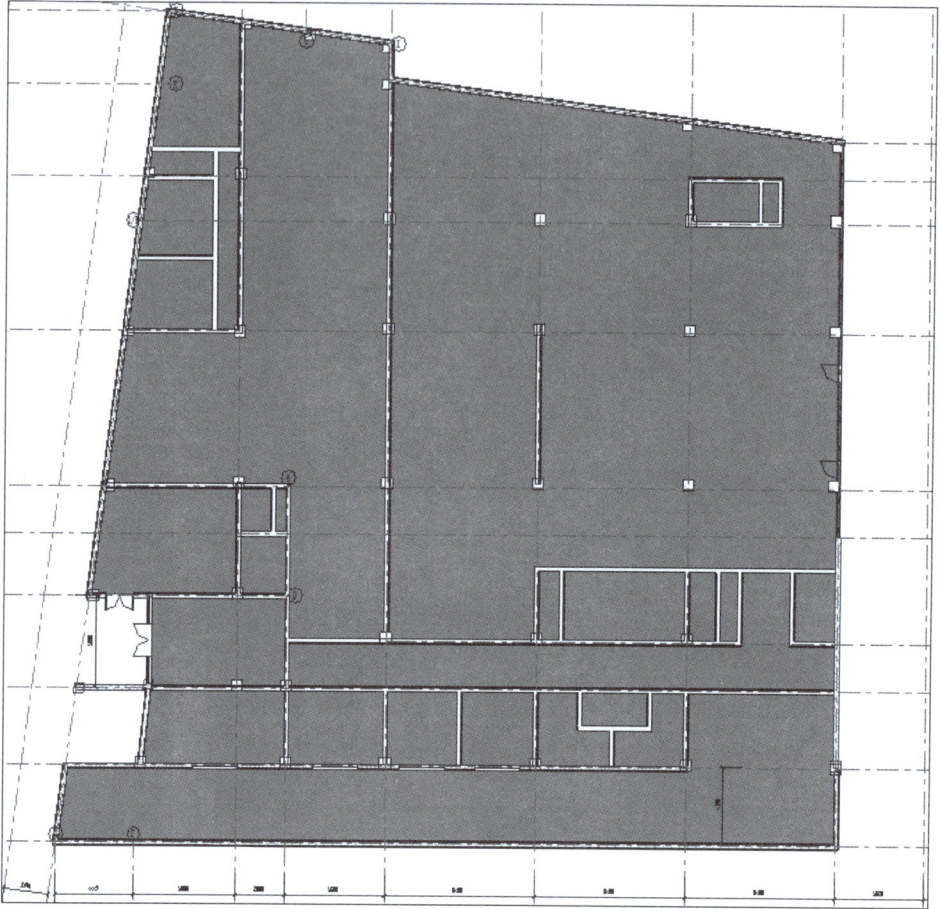

图 6.1.10　楼板平面图

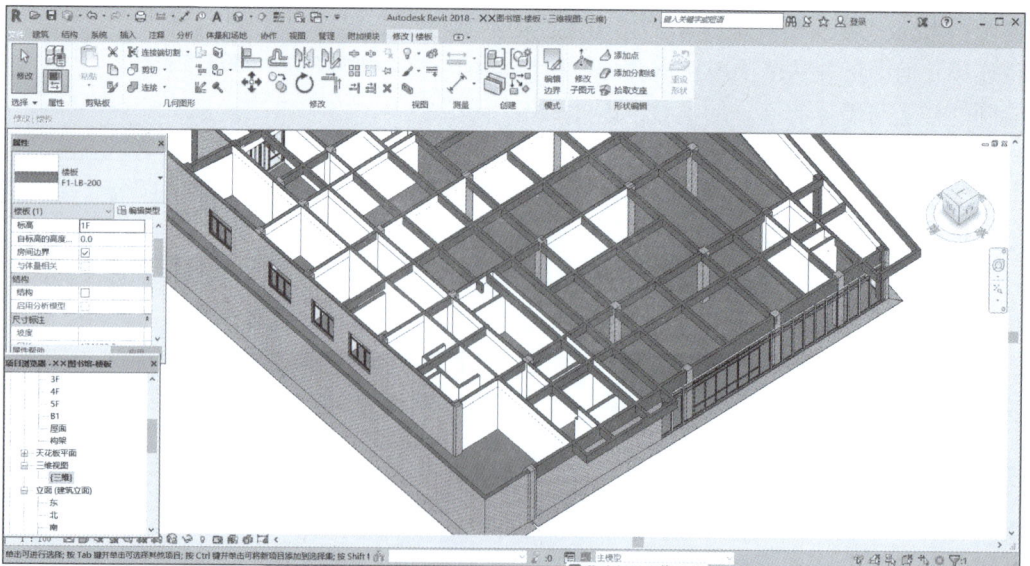

图 6.1.11　三维楼板效果

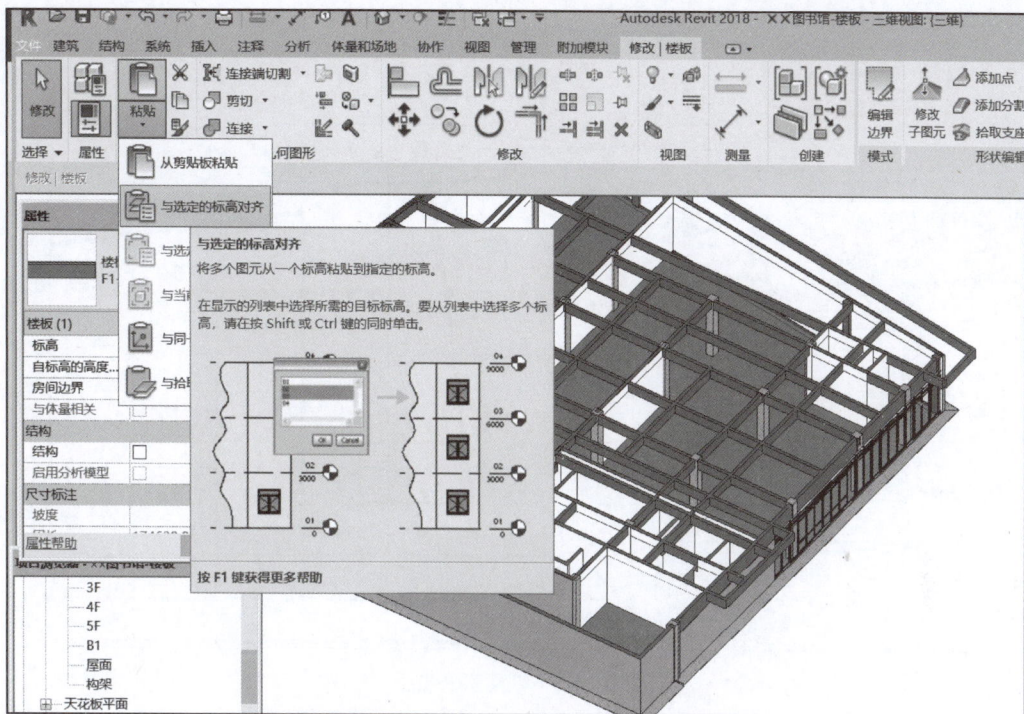

图 6.1.12　复制一层的楼板至二层

🐦 实训操作

定义和绘制室外楼板的步骤如下。

（1）启动 Revit，打开前面操作的"××图书馆"项目文件，双击"项目浏览器"→"楼层平面"，双击 1F，打开一层平面视图，单击"建筑"选项卡→"构建"面板→"楼板"工具→"楼板：建筑"按钮，如图 6.1.13 所示。

（2）单击"属性"面板→"编辑类型"按钮，在"类型属性"对话框中单击"复制"按钮，输入类型名称为 F1-LB-350，单击"确定"按钮退出对话框，再单击"编

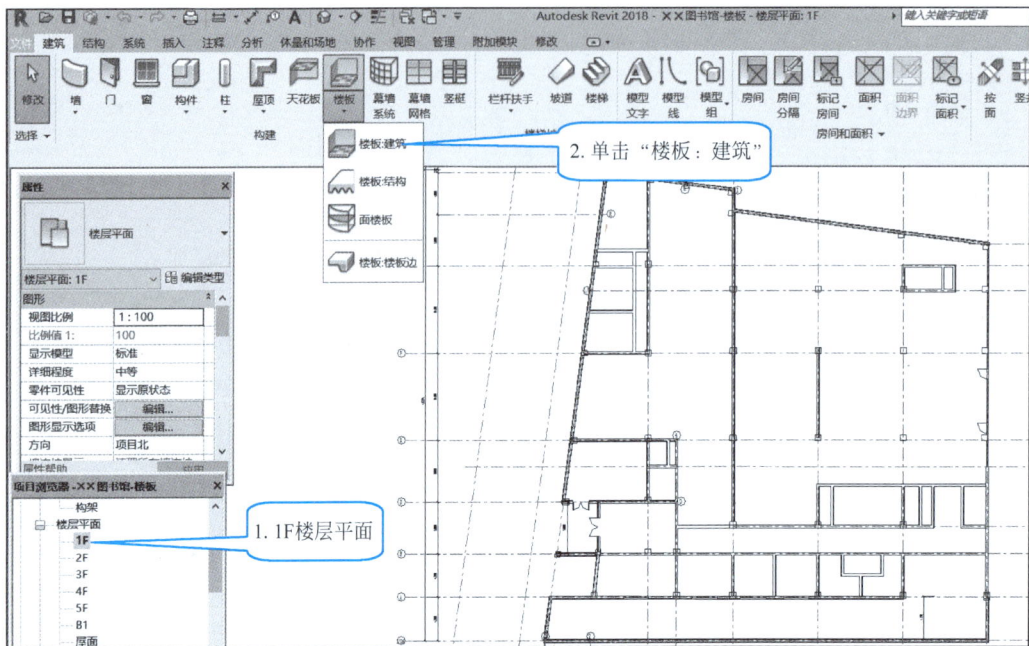

图 6.1.13　创建室外楼板

辑"按钮进入楼板结构编辑界面，打开"编辑部件"对话框，设置一层室外楼板的结构，如图 6.1.14 所示，单击"确定"按钮，退出"编辑部件"对话框，再单击"确定"按钮退出楼板"类型属性"对话框。

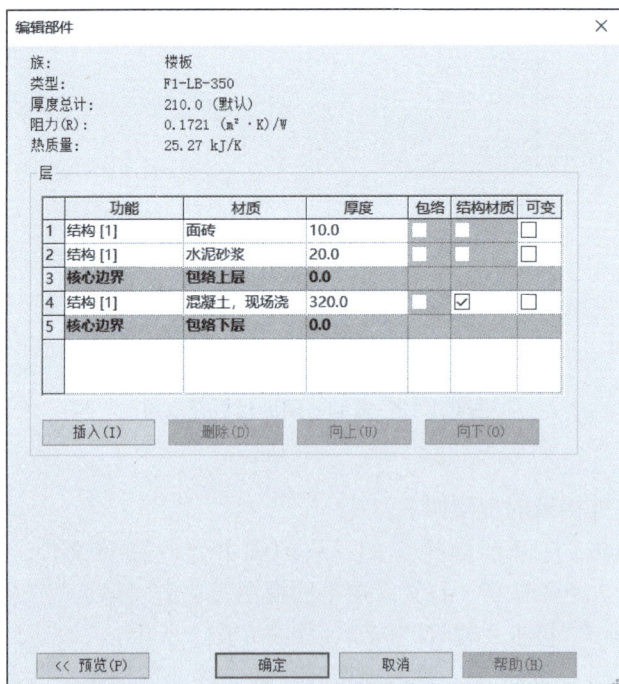

图 6.1.14　编辑室外楼板结构

（3）在"修改|创建楼层边界"上下文选项卡的"绘制"面板中选择"直线"工具，选项栏中的偏移值为0，"属性"面板中"自标高的高度偏移"设置为－350，移动鼠标指针至1F楼层的东侧外墙边界，在10~12轴的A轴~1/F轴交汇处绘制如图6.1.15所示的闭合矩形。

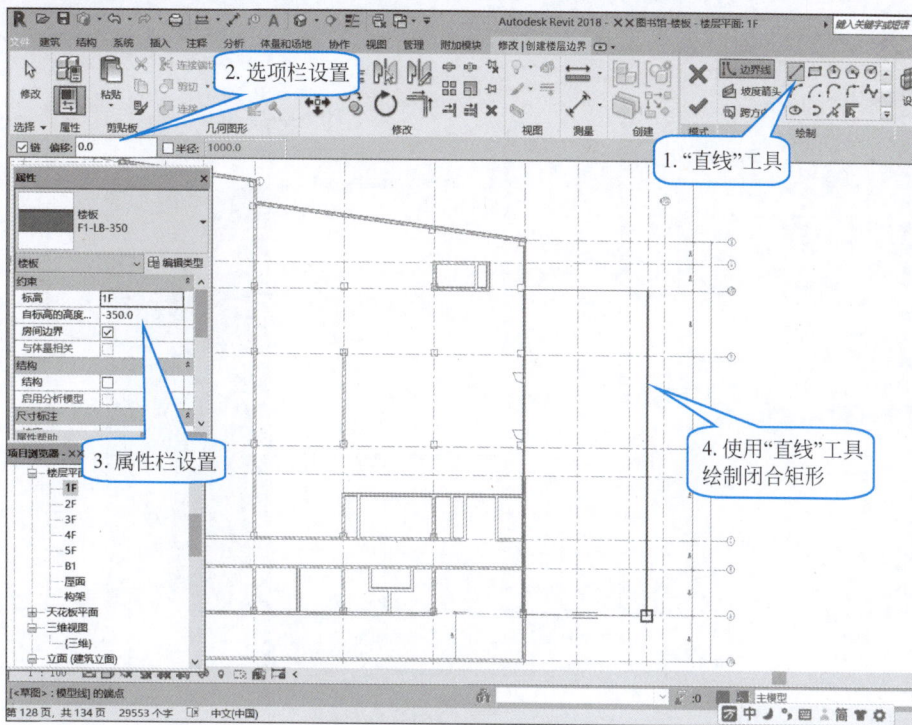

图 6.1.15　绘制室外楼板边界

（4）单击"模式"面板→"完成编辑模式"按钮，如图6.1.16所示。

（5）双击"项目浏览器"→"三维视图"→"{三维}"选项，将显示三维的室外楼板效果，如图6.1.17所示。

（6）使用相同的方法在建筑1F的西侧大门处增加室外楼板，"自标高的高度偏移"为0.0，如图6.1.18所示。

6.1.3　创建楼板边缘

📖 知识准备

楼板边缘：用于创建一些基于楼板边界的构件。例如，结构边梁以及室外台阶等。用户还可以通过建立不同的轮廓样式来创建不同形式的构件。

✑ 实训操作

定义和绘制室外台阶的步骤如下。

（1）新建台阶轮廓族：启动 Revit，打开前面操作的"××图书馆"项目文件，单击"文件"→"新建"，选择"族"→"公制轮廓"族样板文件，单击"打开"按钮，如图6.1.19所示。

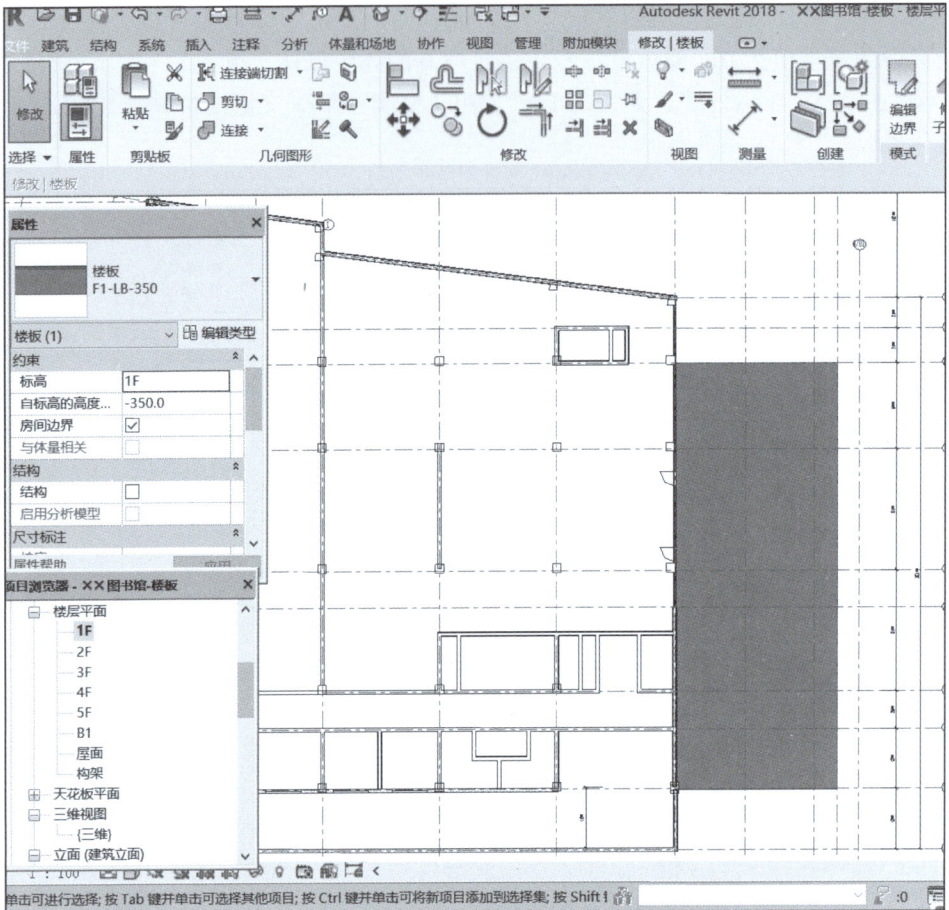

图 6.1.16 完成编辑模式

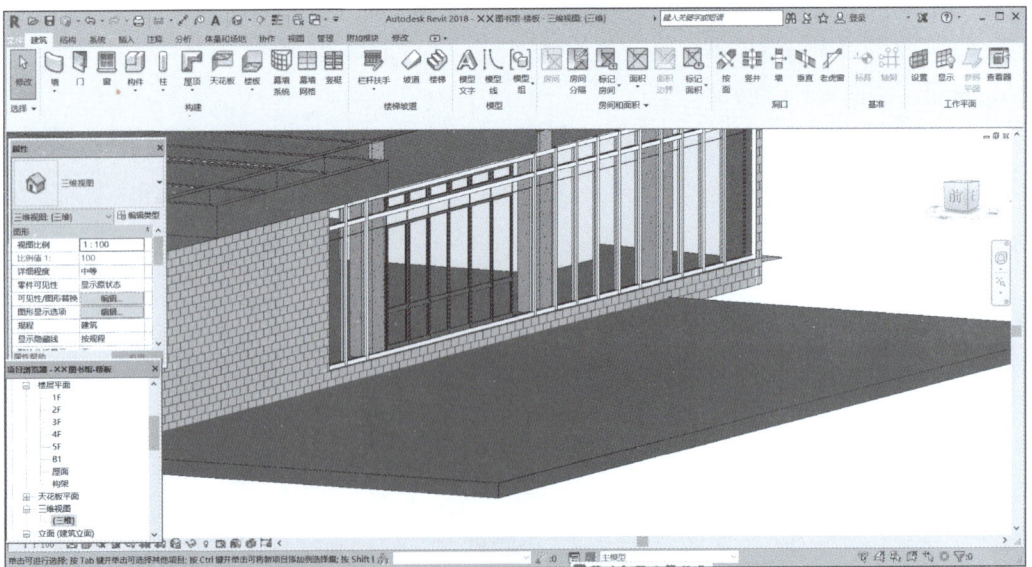

图 6.1.17 三维室外楼板效果

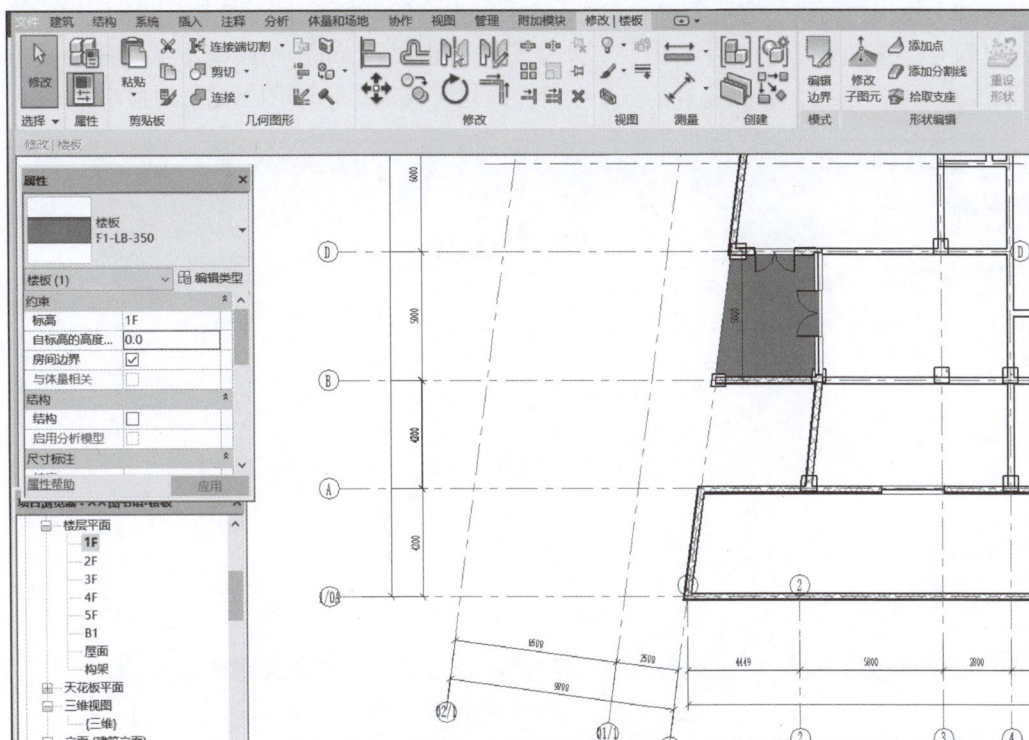

图 6.1.18　西侧室外楼板

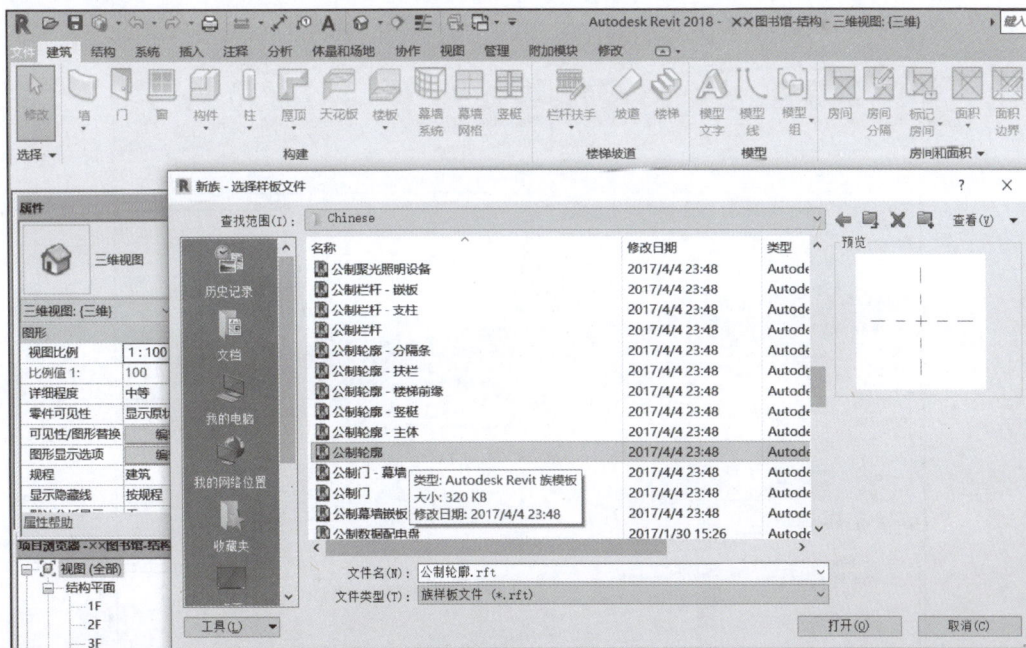

图 6.1.19　新建"公制轮廓"族样板文件

（2）使用"创建"选项卡中的"线"工具绘制台阶截面轮廓，如图 6.1.20 所示，单击"保存"按钮，命名文件名为"室外台阶截面轮廓"，单击"族编辑器"面板中的"载入到项目"工具，将创建好的室外台阶截面轮廓载入"××图书馆"项目中。

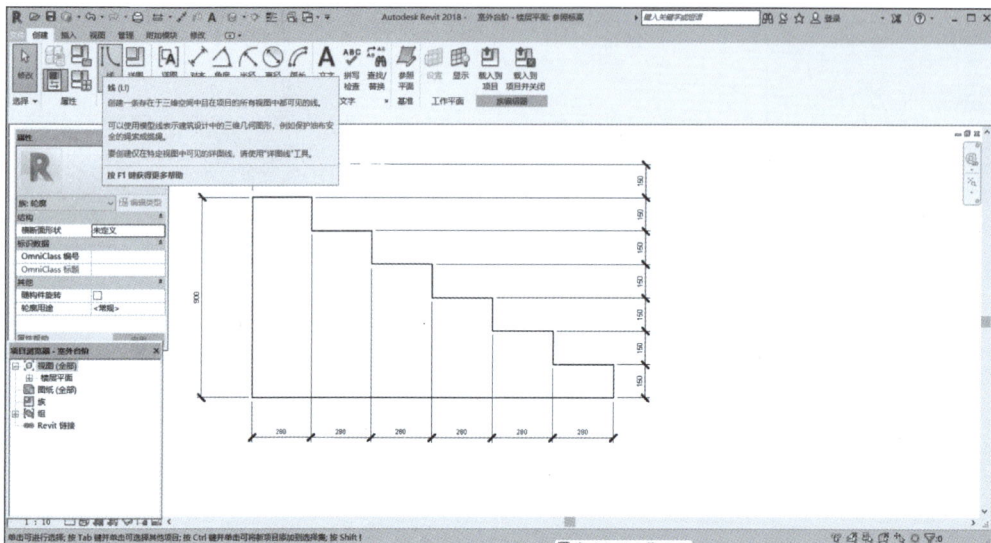

图 6.1.20　绘制室外台阶截面轮廓

（3）双击"项目浏览器"→"三维视图"→"{三维}"，打开三维视图，单击"建筑"选项卡→"构建"面板→"楼板"工具→"楼板：楼板边"按钮，如图 6.1.21 所示。

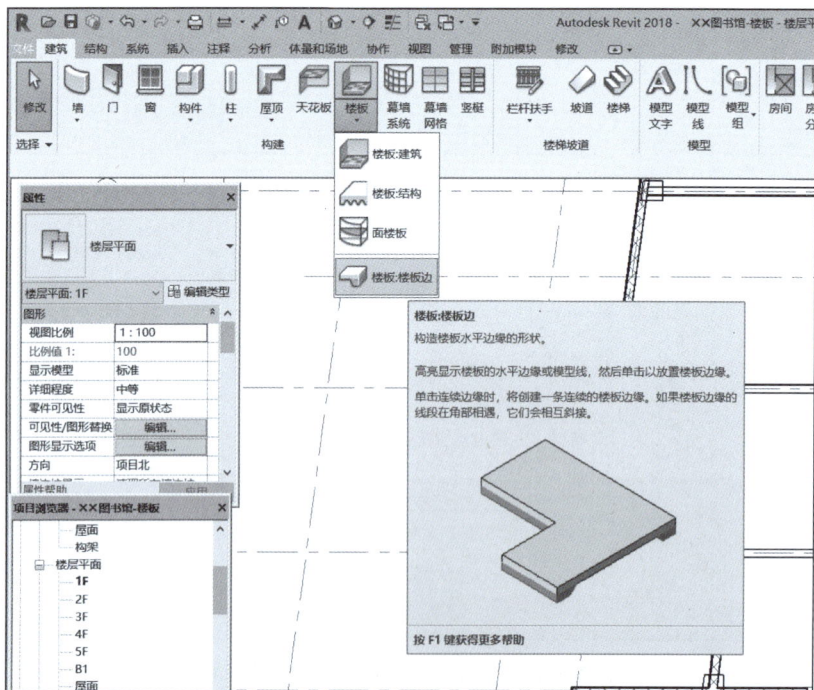

图 6.1.21　创建楼板边

（4）单击"属性"面板中的"编辑类型"按钮，在"类型属性"对话框中单击"复制"按钮，输入类型名称为"西侧室外台阶"，修改类型参数，轮廓选择刚才新建的"室外台阶：室外台阶截面轮廓"，材质设置为"混凝土，现场浇注 -C30"，单击"确定"按钮退出"类型属性"对话框，设置垂直轮廓偏移和水平轮廓偏移值为 0，如图 6.1.22 所示。

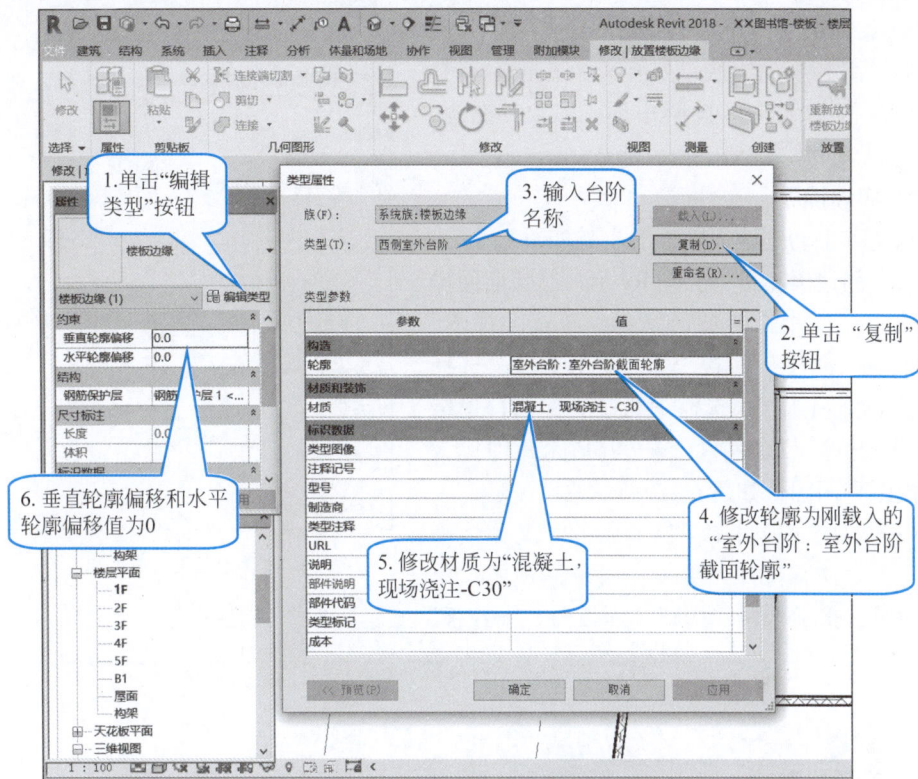

图 6.1.22　楼板边缘类型属性

（5）在三维视图中，旋转到一层西侧 6.1.2 小节中新建的室外楼板处，单击拾取该室外楼板前侧上边缘，软件将沿楼板边缘生成室外台阶，如图 6.1.23 所示。

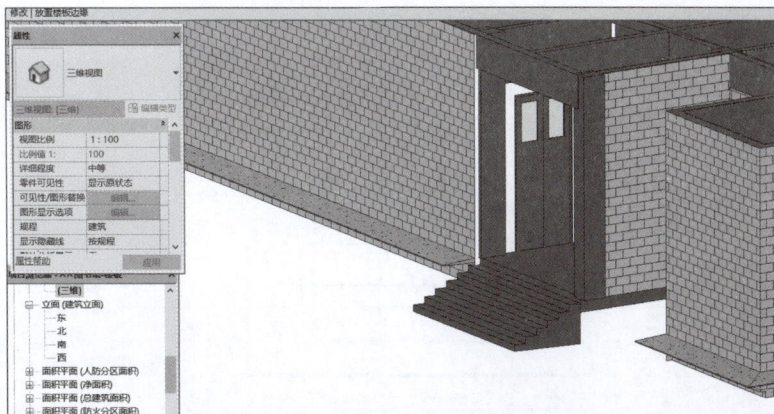

图 6.1.23　西侧入口室外台阶

6.2 创建天花板

📖 知识准备

天花板作为建筑室内装饰不可或缺的部分，起着非常重要的装饰作用。

Revit 提供了 2 种天花板的创建方法，分别是自动绘制和手动绘制，要查看天花板，需打开对应标高的天花板投影平面（RCP）视图，如图 6.2.1 所示。

🖎 实训操作

自动和手动创建天花板的步骤如下。

（1）创建天花板：启动 Revit，打开前面操作的"××图书馆"项目文件，单击"视图"选项卡→"创建"面板→"平面视图"，选择"天花板投影平面"，选择 1F 到 5F 标高，单击"确定"按钮。为该项目 1F 至 5F 标高创建天花板投影平面图，如图 6.2.2 所示。

（2）双击"项目浏览器"中的"天花板平面"，双击 1F，打开一层天花板平面视图，单击"建筑"选项卡→"构建"面板→"天花板"工具，如图 6.2.3 所示。

教学视频：创建天花板

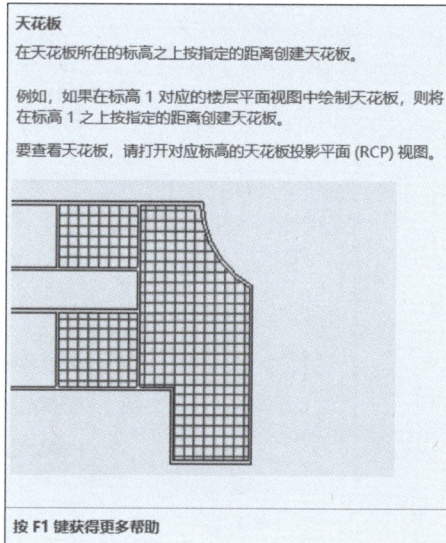

图 6.2.1 天花板

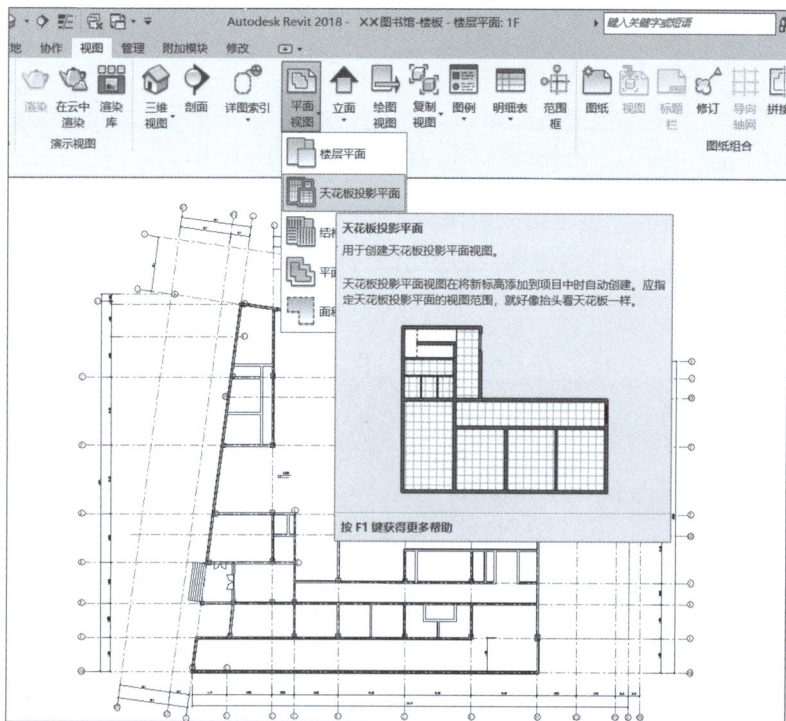

图 6.2.2 创建天花板投影平面

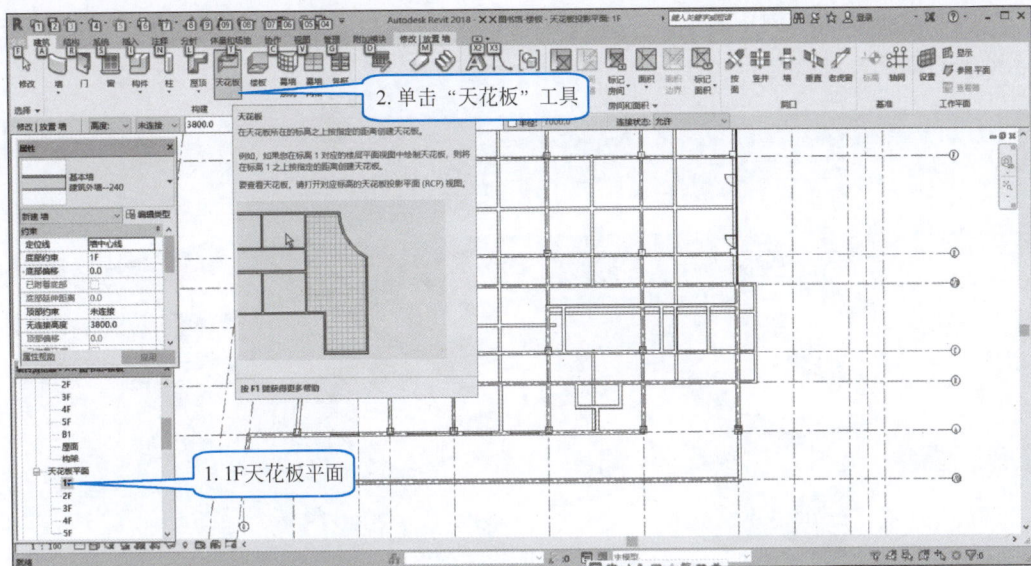

图 6.2.3　创建天花板

（3）在"修改 | 放置 天花板"上下文选项的"天花板"面板中选择使用"自动创建天花板"工具，"属性"面板中"自标高的高度偏移"设置为 4000，移动鼠标指针至 1F 的 5~7 轴与 A~B 轴相交处的房间上空，程序自动在该房间的上空出现一个红色的方框，单击，在该房间上空自动创建天花板，如图 6.2.4 所示。

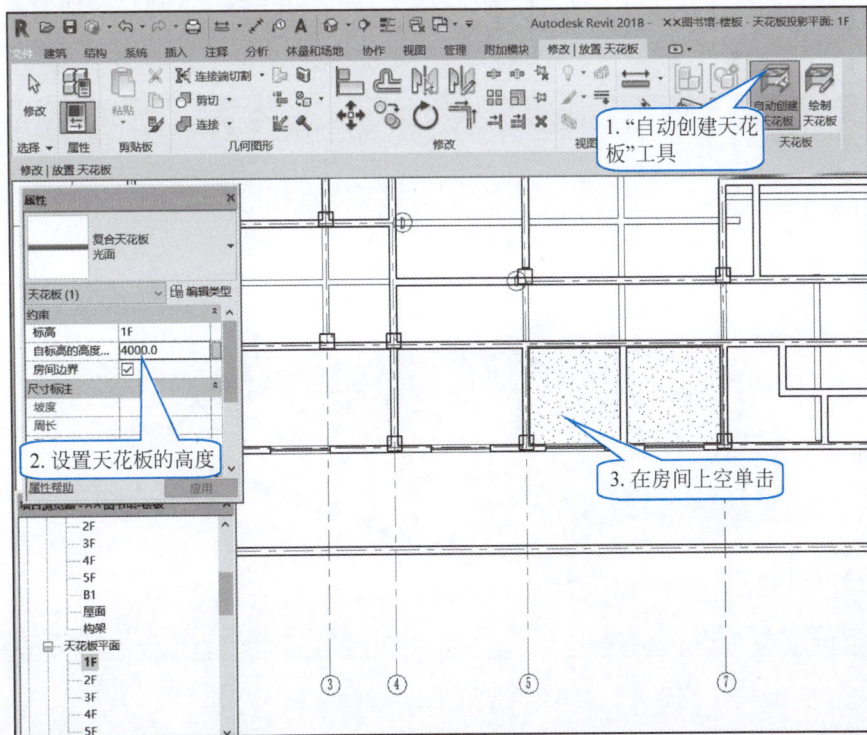

图 6.2.4　自动创建天花板

（4）选择"项目浏览器"→"三维视图"→"{三维}"选项，将显示三维的天花板效果，如图 6.2.5 所示。

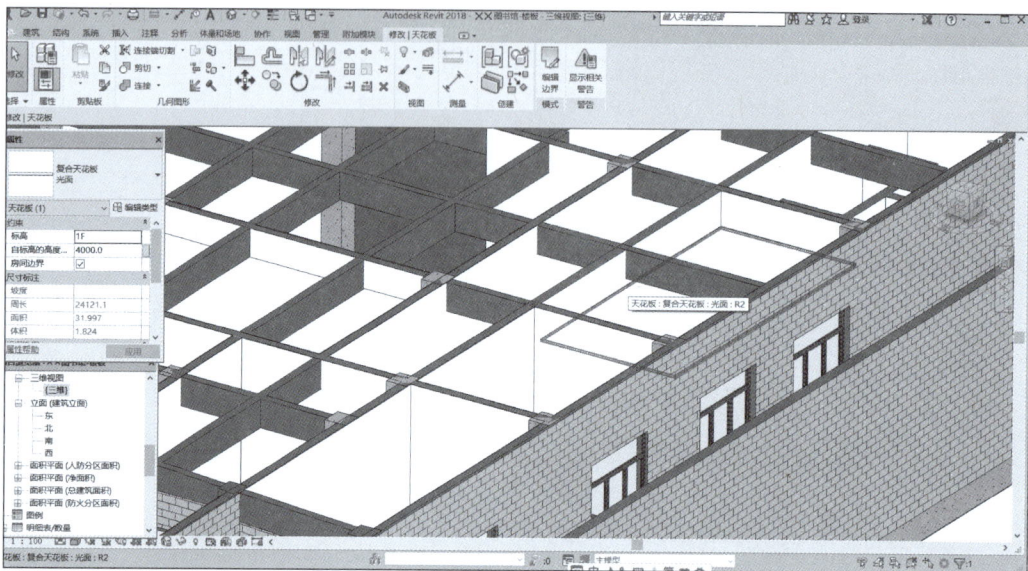

图 6.2.5　天花板三维效果

（5）勾选三维视图"属性"面板中的"剖面框"，三维视图外部将出现一个控制框，按住三角形控制按钮移动可实现三维剖面效果，如图 6.2.6 所示，可清楚地看到结构内容和天花板的位置。

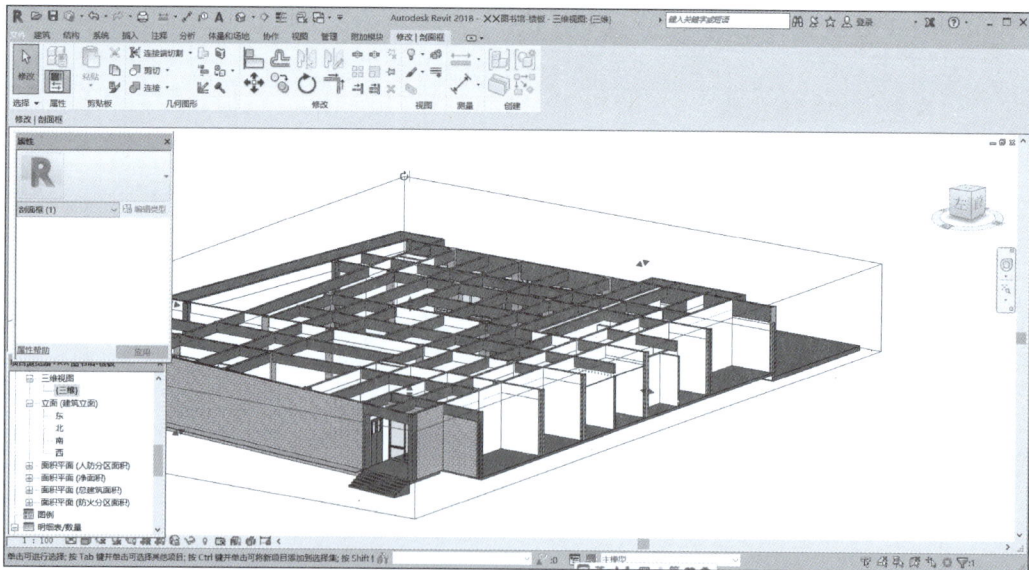

图 6.2.6　天花板三维剖面效果

6.3　创建屋顶

6.3.1　创建平屋顶

📖 知识准备

屋顶作为建筑物中不可缺少的建筑构件，有平顶和坡顶之分，主要用于防水。干旱地区房屋多用平顶，湿润地区房屋多用坡顶。

Revit 提供了 3 种屋顶创建工具，分别是迹线屋顶、拉伸屋顶和面屋顶，如图 6.3.1 所示。其中最常用的是"迹线屋顶"，只有创建弧形或其他形状屋顶时会采用"拉伸屋顶"。

迹线屋顶：可创建常见的平屋顶和坡屋顶。

拉伸屋顶：可用于创建弧形或其他形状屋顶。

面屋顶：用于将概念体量模型转换为屋顶模型图元，该工具只能用于从体量创建屋顶模型时。

教学视频：创建屋顶

图 6.3.1　屋顶 3 种创建工具

教学视频：创建 ××
图书馆屋顶

✍ 实训操作

定义和绘制平屋顶的步骤如下。

（1）复制 1F 的图元至 2F~5F：启动 Revit，打开前面操作的"××图书馆"项目文件，双击"项目浏览器"中的"楼层平面"，双击 1F，打开一层平面视图，右击框选所有图元，单击"过滤器"按钮，如图 6.3.2 所示，勾选想要复制到其他楼层的图元类别，如图 6.3.3 所示。

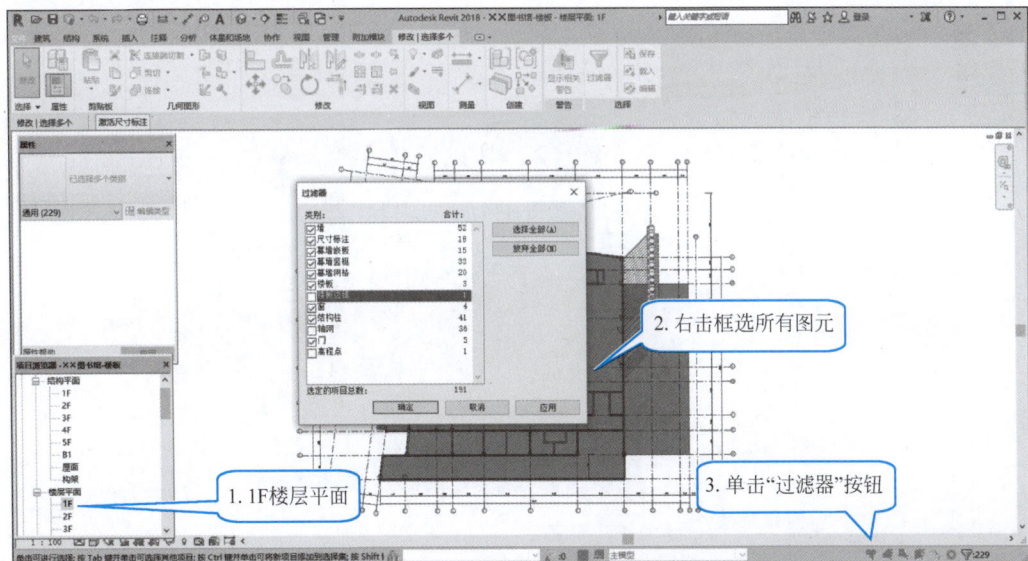

1.1F楼层平面

2.右击框选所有图元

3.单击"过滤器"按钮

图 6.3.2　过滤器

（2）单击"修改|选择多个"上下文选项卡→"复制"工具→"粘贴"下三角按钮，选择"与选定的标高对齐"，如图 6.3.4 所示。

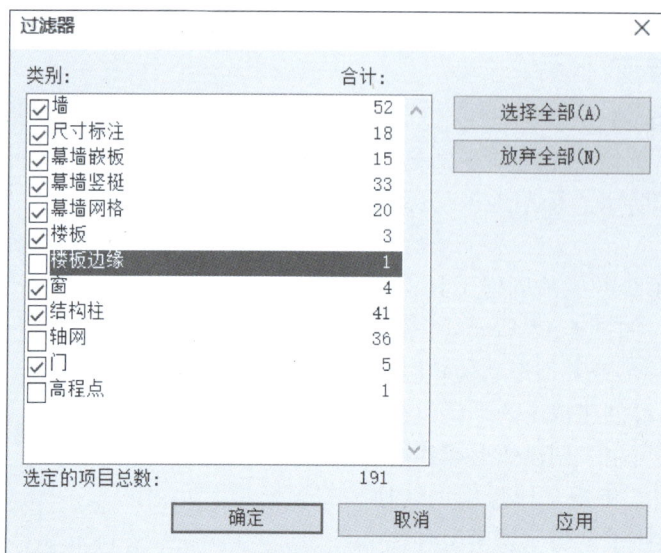

图 6.3.3　过滤器勾选

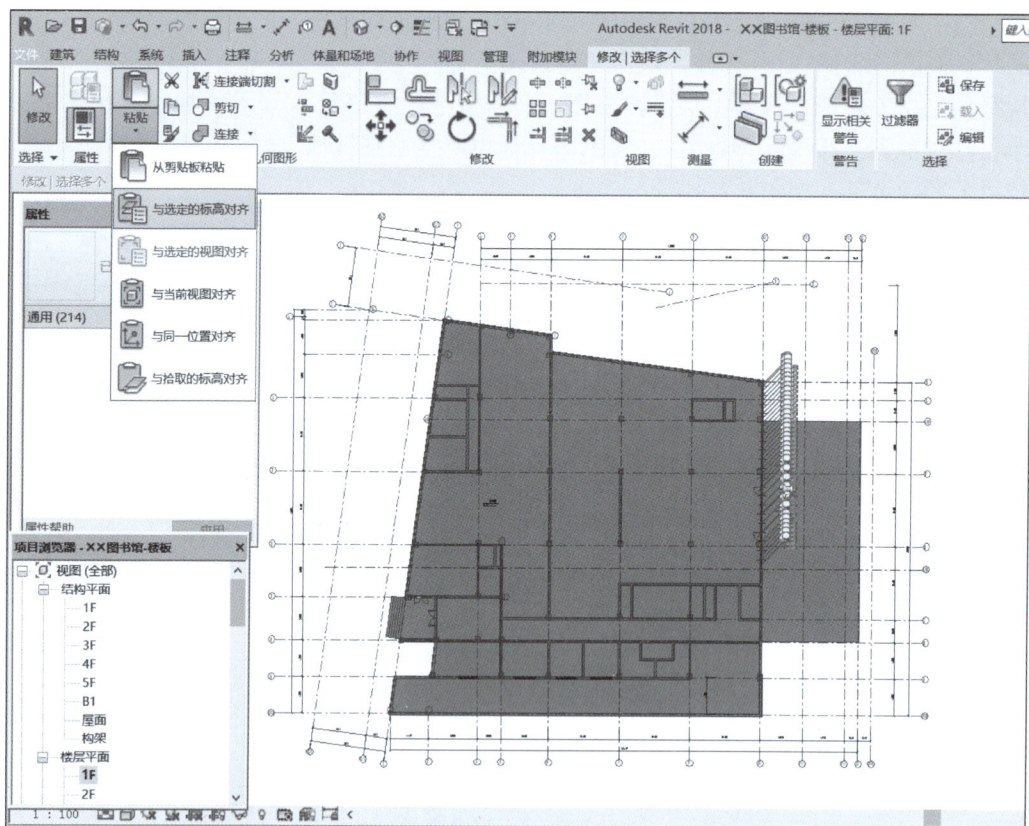

图 6.3.4　复制、粘贴

（3）选择 2F 标高，如图 6.3.5 所示，单击"确定"按钮，系统会把刚才选中的一层中的所有构件复制到 2F。

（4）双击 2F 楼层平面，使用过滤器选中二层的墙（图 6.3.6），单击"属性"面板，调整墙体的底部偏移量为 0（图 6.3.7），同时用户可以根据实际建筑施工图的二层平面图调整 2F 的墙体和门窗等位置。

（5）用户根据实际建筑施工图中情况，将二层的构件复制到三至五层，再根据平面图做相应的调整，以实现墙、楼板、门、窗、柱等在二至五层的放置。选择"项目浏览器"→"三维视图"→"{ 三维 }"选项，将显示三维的五层建筑效果，如图 6.3.8 所示。

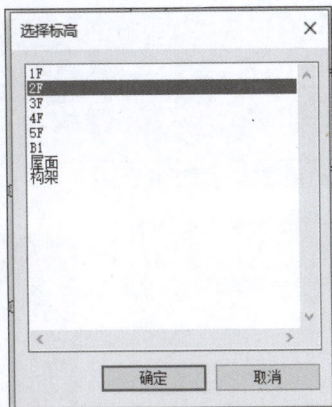

图 6.3.5 选择标高

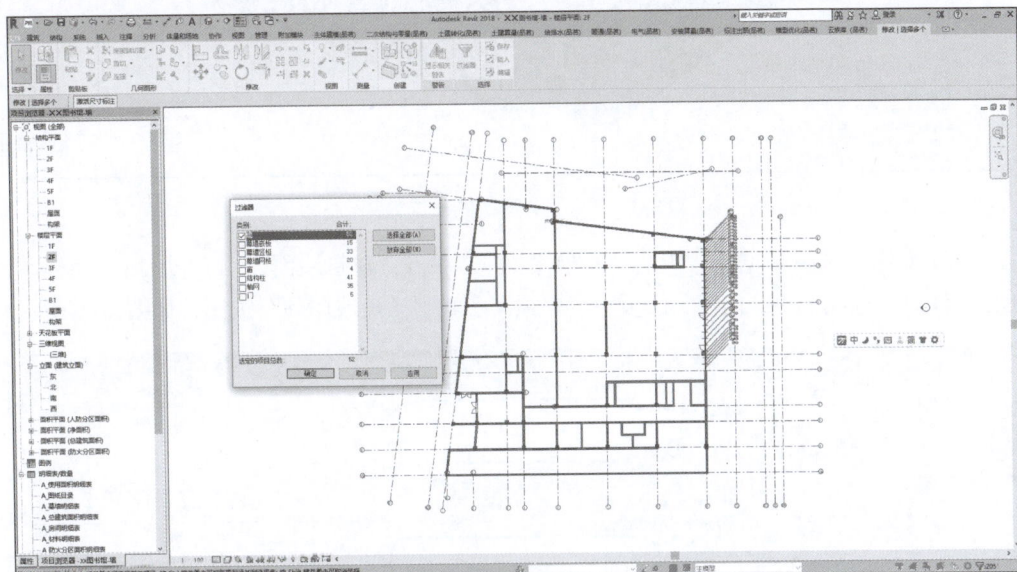

图 6.3.6 选择二层的墙体

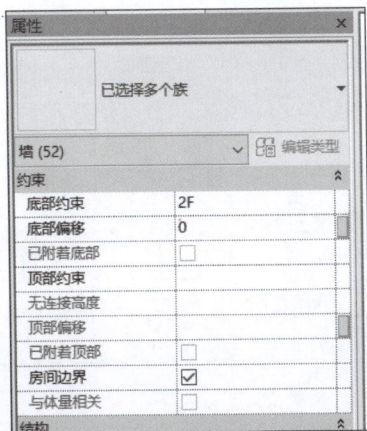

图 6.3.7 设置二层墙体底部偏移为 0

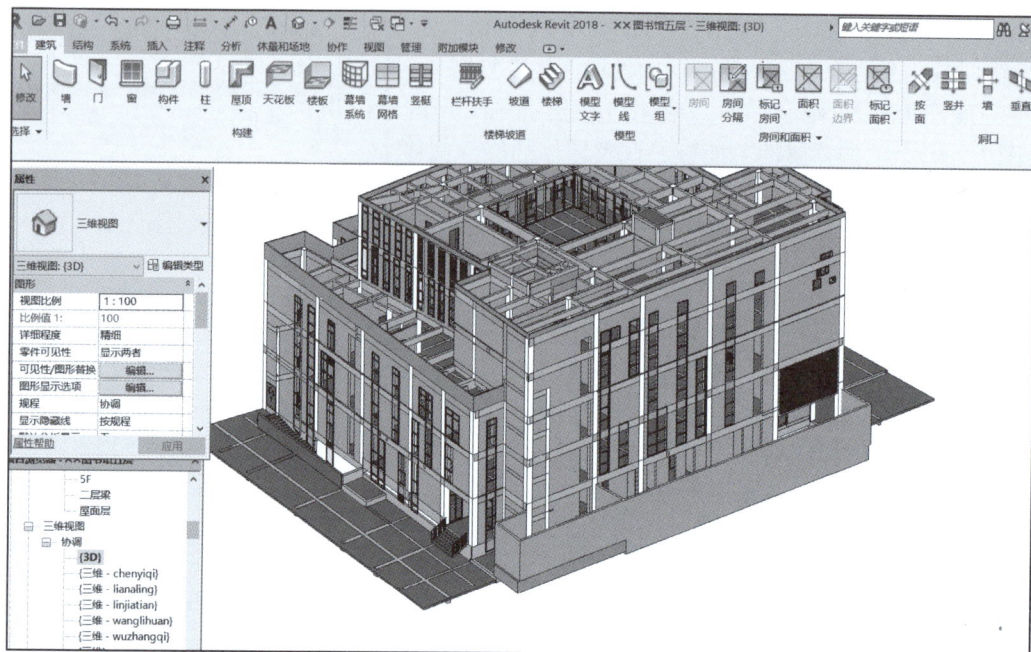

图 6.3.8　五层建筑的三维效果

（6）双击"项目浏览器"中的"楼层平面"，双击"建筑屋面"，打开屋顶平面视图，单击"建筑"选项卡→"构建"面板→"屋顶"工具→"迹线屋顶"按钮，如图 6.3.9 所示。

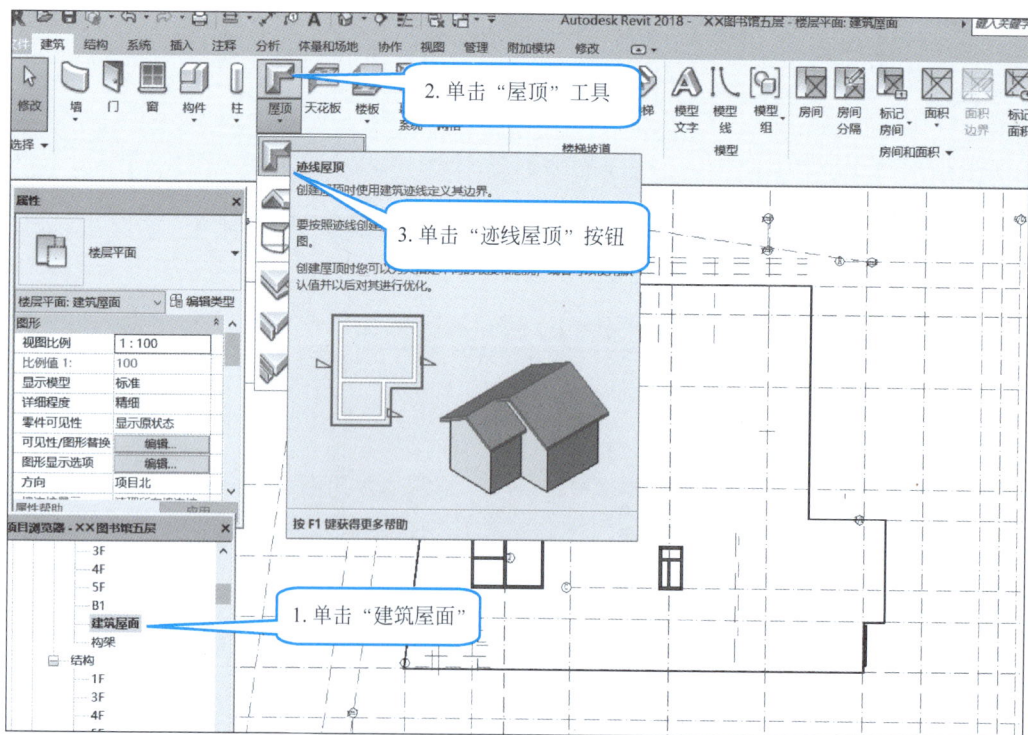

图 6.3.9　创建迹线屋顶

（7）使用"修改|创建屋顶迹线"上下文选项卡的"绘制"面板中的"直线"和"拾取墙"等工具绘制屋顶，与楼板绘制相同，绘制的屋顶迹线需要是闭合的环，确定"屋面"属性中底部标高为"屋面"，自标高的底部偏移为 0，坡度为 0°，单击"模式"面板中的"完成编辑模式"按钮，弹出"是否希望将高亮显示的墙附着到屋顶？"对话框，可根据实际情况选择"是"或"否"，如图 6.3.10 所示。

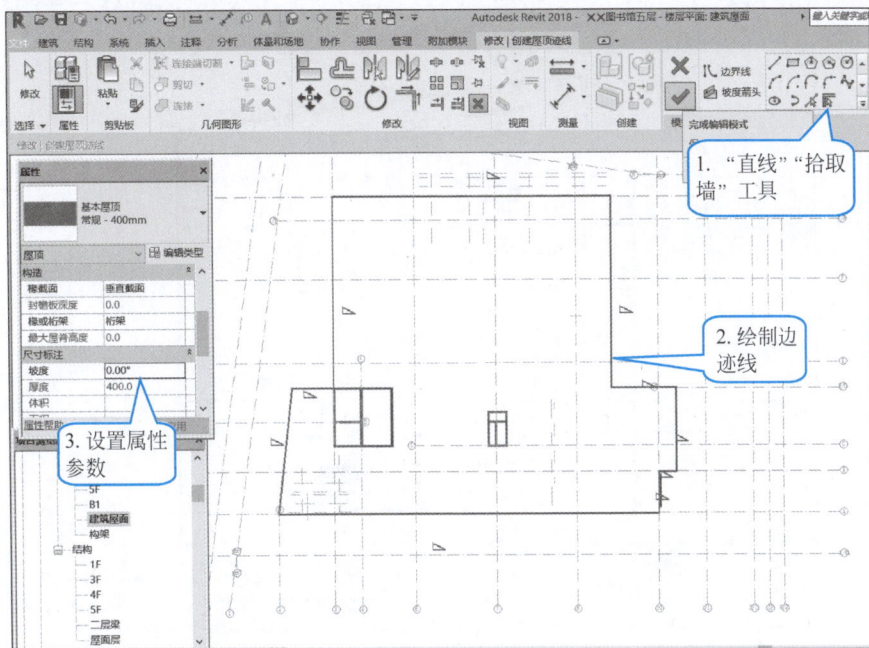

图 6.3.10　完成迹线屋顶编辑

（8）双击"项目浏览器"→"三维视图"→"{三维}"选项，将显示三维的屋顶效果，如图 6.3.11 所示。

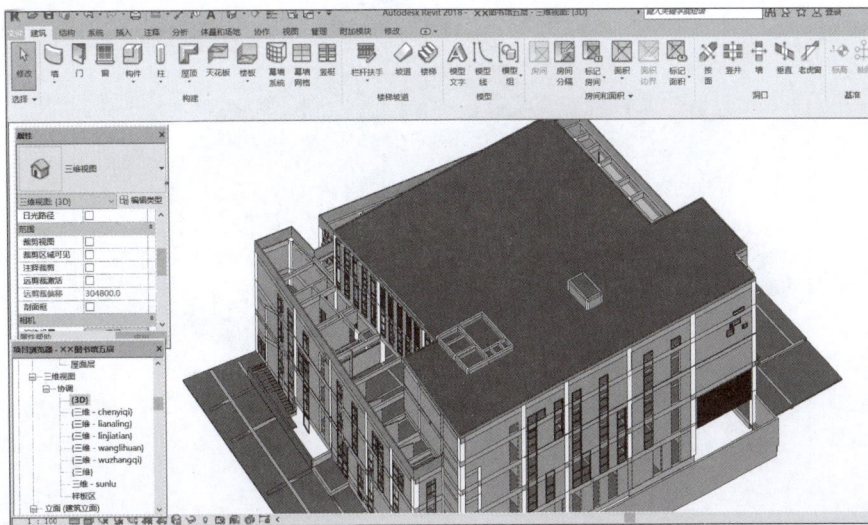

图 6.3.11　三维屋顶效果

（9）双击"项目浏览器"→"楼层平面"→4F，打开四层平面视图，单击"建筑"选项卡→"构建"面板→"迹线屋顶"工具，使用"修改|创建屋顶迹线"上下文选项卡的"绘制"面板中的"直线"和"拾取墙"等工具绘制屋顶，与楼板绘制相同，绘制的屋顶迹线形成闭合的环，确定"屋面"属性中底部标高为"屋面"，自标高的底部偏移为0，坡度为0°，单击"模式"面板中的"完成编辑模式"按钮，弹出"是否希望将高亮显示的墙附着到屋顶?"对话框，可根据实际情况选择"是"或"否"，如图6.3.12所示。

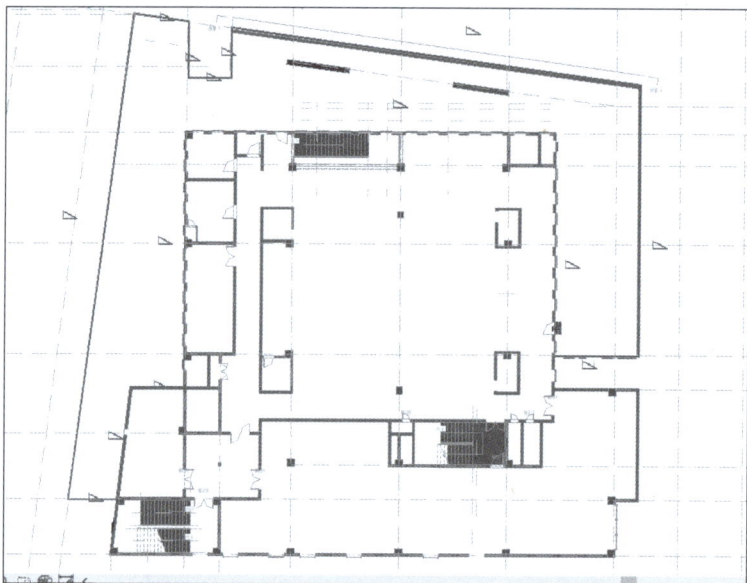

图 6.3.12　绘制四层的屋顶迹线

（10）选择"项目浏览器"→"三维视图"→"{ 三维 }"选项，将显示三维的屋顶效果，如图 6.3.13 所示。

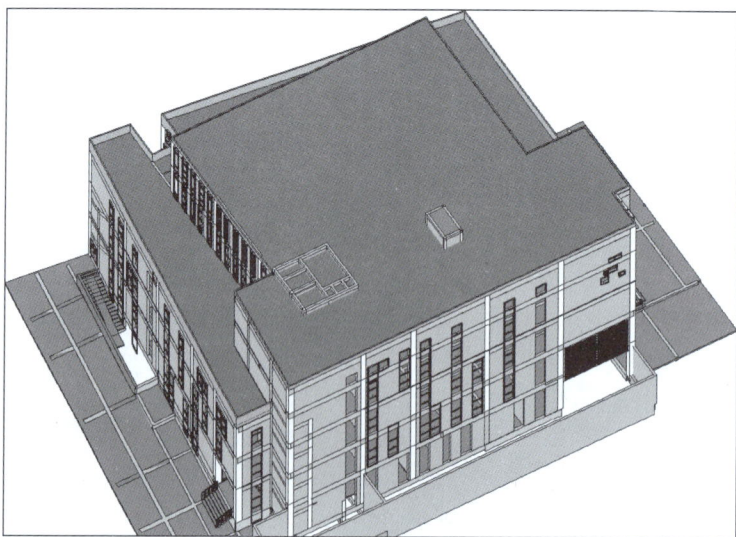

图 6.3.13　建筑屋顶的三维效果

6.3.2　创建坡屋顶

📖 **知识准备**

坡屋顶的创建方法与平屋顶的创建方法基本相同，使用迹线屋顶创建，在坡度设计中设置相应的坡度就可完成，如图 6.3.14 所示。

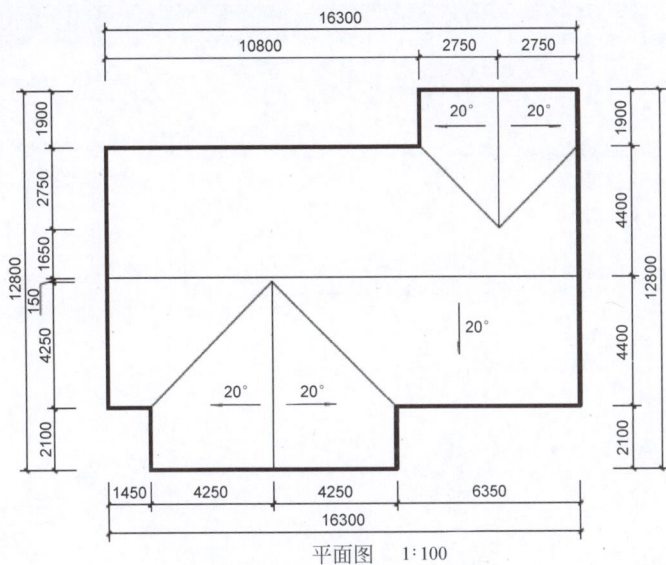

图 6.3.14　坡屋顶平面图

🔖 **实训操作**

定义和绘制坡屋顶的步骤如下。

（1）启动 Revit，新建一个项目文件"坡屋顶"，双击"项目浏览器"→"楼层平面"→"标高 2"，打开二层平面视图，使用 2.3 节讲授的创建轴网和参照平面工具，创建如图 6.3.15 所示的轴网。

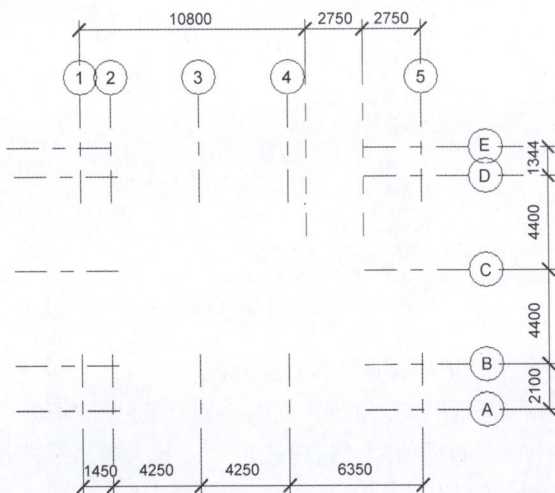

图 6.3.15　坡屋顶的轴网

（2）单击"建筑"选项卡→"构建"面板→"迹线屋顶"工具，使用"修改|创建屋顶迹线"上下文选项卡的"绘制"面板中的"直线"工具绘制屋顶迹线，在"属性"面板中设置坡度为 20°，单击"模式"面板中的"完成编辑模式"按钮，如图 6.3.16 所示。

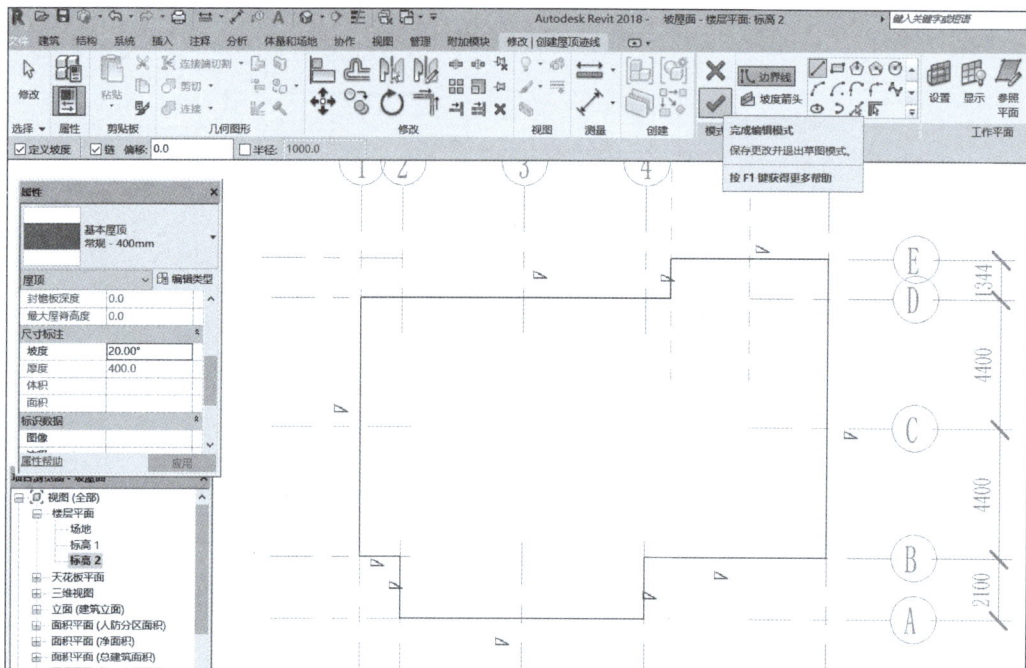

图 6.3.16　绘制屋顶迹线

（3）选择"项目浏览器"→"三维视图"→"{三维}"选项，将显示三维的屋顶效果，如图 6.3.17 所示。

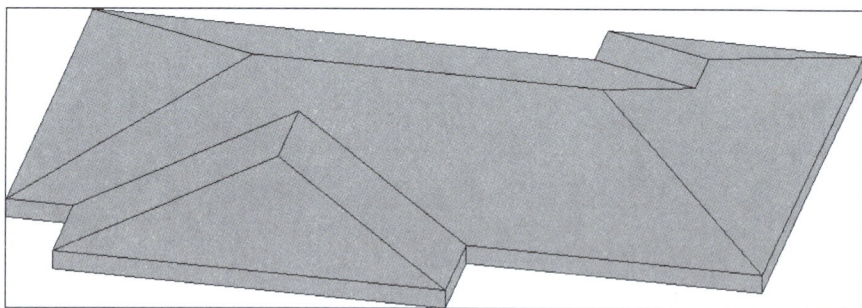

图 6.3.17　坡屋面三维效果

（4）编辑轮廓：当已创建的屋顶轮廓需要修改时，可回到创建屋面的平面图，单击选中的屋顶，单击"编辑迹线"，就可进入迹线编辑状态进行修改，如图 6.3.18 所示。

（5）编辑轮廓：用户有时会使用"拆分图元"工具将整条线段进行分割，以设置不同的坡度，如图 6.3.19 所示。

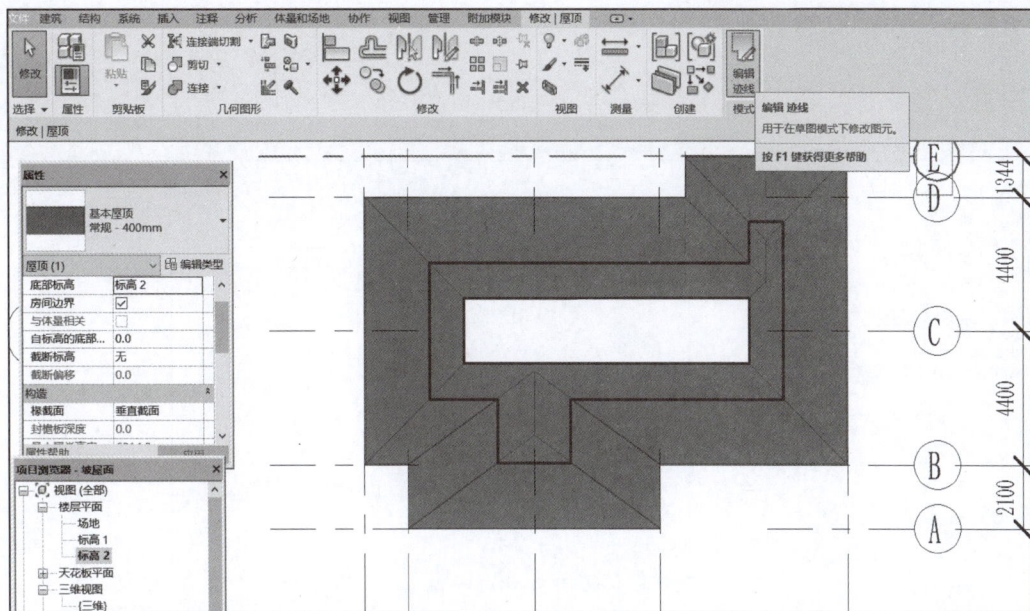

图 6.3.18 编辑迹线

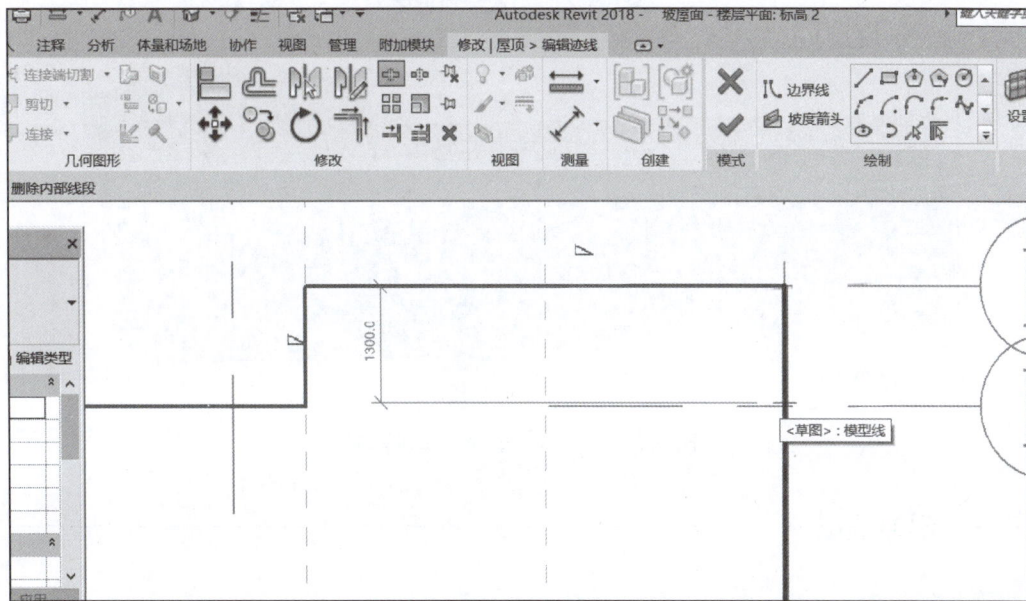

图 6.3.19 分割迹线

（6）删除不需要的线条坡度：选中不需要坡度的迹线，取消勾选"属性"面板中的"定义屋顶坡度"，如图 6.3.20 所示。

（7）选择"项目浏览器"→"三维视图"→"{ 三维 }"选项，将显示三维的屋顶效果，如图 6.3.21 所示。

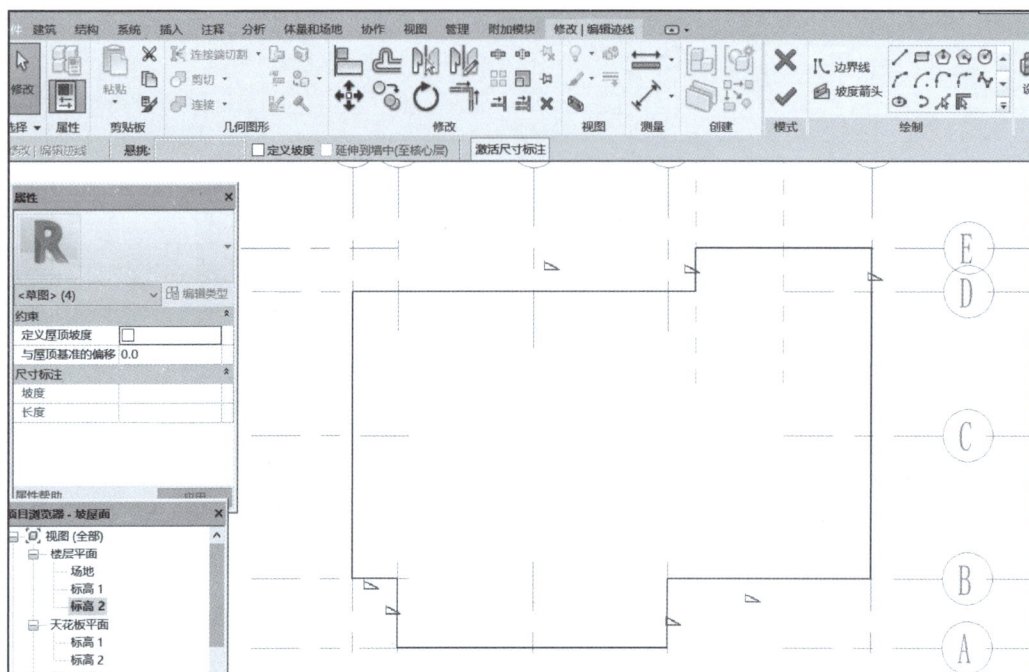

图 6.3.20　修改屋顶坡度

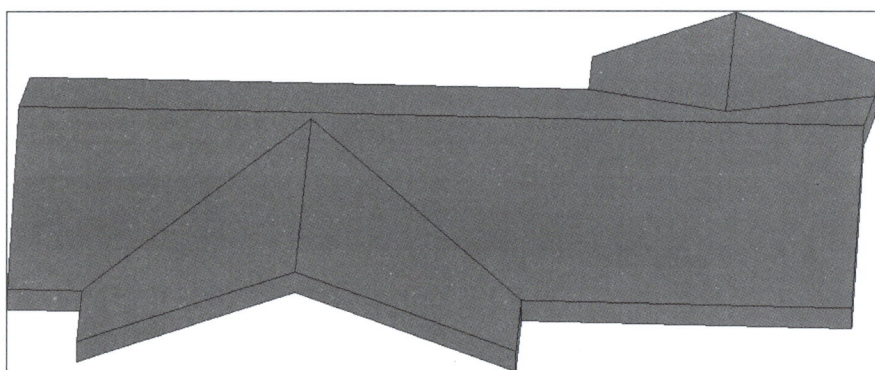

图 6.3.21　修改好的屋顶三维效果

―――― 学习笔记 ――――

阶段性成果验收

阶段性成果验收单

查 验 构 件	查 验 指 标	自 评	互 评	教 师 评 价
楼板	完整性：是否按图书馆图纸完成楼板创建	❑是 ❑否	❑是 ❑否	❑是 ❑否
	正确性：所有楼板结构、材质、厚度设置是否正确，标高、水平定位是否正确	❑是 ❑否	❑是 ❑否	❑是 ❑否
	规范性：所有楼板命名是否规范，格式是否统一	❑是 ❑否	❑是 ❑否	❑是 ❑否
天花板	完整性：是否按图书馆图纸完成天花板创建	❑是 ❑否	❑是 ❑否	❑是 ❑否
	正确性：所有天花板结构、材质、厚度设置是否正确，标高、水平定位是否正确	❑是 ❑否	❑是 ❑否	❑是 ❑否
	规范性：所有天花板命名是否规范，格式是否统一	❑是 ❑否	❑是 ❑否	❑是 ❑否
屋顶	完整性：是否按图书馆图纸完成屋顶创建	❑是 ❑否	❑是 ❑否	❑是 ❑否
	正确性：屋顶结构、材质、厚度设置是否正确，标高、水平定位是否正确	❑是 ❑否	❑是 ❑否	❑是 ❑否
	规范性：屋顶命名是否规范，格式是否统一	❑是 ❑否	❑是 ❑否	❑是 ❑否
验收结果	❑优 ❑良 ❑中 ❑合格 ❑不合格			
验收成员签字				
	年 月 日			

📚 习题

一、单选题

1. 可以在以下哪个视图中绘制楼板轮廓？（　　　）
   A. 立面视图　　　　　B. 楼层平面视图　　　C. 剖面视图　　　　　D. 详图视图

2. 下列说法正确的是（　　　）。
   A. 拾取墙生成楼板轮廓边界时，单击边界线上的反转符号，可以在边界线沿墙核心层外表面或内表面间进行切换
   B. 在草图绘制模式下，也可以进行项目的保存操作
   C. 结构楼板的使用方式和建筑楼板的使用方式完全不同
   D. 楼板轮廓边界可在立面视图绘制

3. 以下哪个是系统族？（　　　）
   A. 家具　　　　　　　B. 墙下条形基础　　　C. RPC　　　　　　　D. 楼板

4. 创建楼板时，在"修改|创建楼层边界"栏中绘制楼板边界不包含命令（　　　）。
   A. 边界线　　　　　　B. 跨方向　　　　　　C. 默认厚度　　　　　D. 坡度箭头

5. 以下哪个是系统族？（　　　）
   A. 天花板　　　　　　B. 家具　　　　　　　C. 墙下条形基础　　　D. RPC

6. 在 Revit 中创建屋顶的方式不包括哪一项？（　　　）
   A. 面屋顶　　　　　　B. 迹线屋顶　　　　　C. 放样屋顶　　　　　D. 拉伸屋顶

二、多选题

1. 楼板的开洞方式有下列哪几种？（　　　）
   A. 绘制楼板草图时，在闭合边界中需要开洞口的位置添加小的闭合草图线条
   B. 使用基于楼板的洞口族　　　　　C. 使用洞口工具下的"按面开洞"
   D. 使用洞口工具下的"竖井洞口"　　E. 使用洞口工具下的"垂直洞口"

2. 下列哪些项属于系统族？（　　　）
   A. 屋顶　　　　　　　B. 独立基础　　　　　C. 楼板　　　　　　　D. 墙
   E. 门窗

3. 绘制楼板边界线的工具有（　　　）。
   A. 直线　　　　　　　B. 矩形　　　　　　　C. 内接多边形　　　　D. 拾取线
   E. 拾取墙

4. 关于创建屋顶所在视图说法正确的是（　　　）。
   A. 迹线屋顶可以在楼层平面视图和天花板投影平面视图中创建
   B. 迹线屋顶可以在立面视图和剖面视图中创建
   C. 拉伸屋顶可以在立面视图和剖面视图中创建
   D. 拉伸屋顶可以在楼层平面视图和天花板投影平面视图中创建
   E. 迹线屋顶和拉伸屋顶都可以在三维视图中创建

5. Revit 中创建迹线屋顶，在"修改|创建屋顶"栏中包括哪个构件？（　　　）
   A. 边界线　　　　　　B. 厚度　　　　　　　C. 坡度箭头　　　　　D. 跨方向
   E. 支座

第7章　创建楼梯、洞口、坡道、栏杆

7.1　创建楼梯、洞口

7.1.1　创建双跑楼梯

📖 **知识准备**

楼梯作为建筑物中不可缺少的建筑构件，用于楼层间的垂直交通，如图 7.1.1 所示。

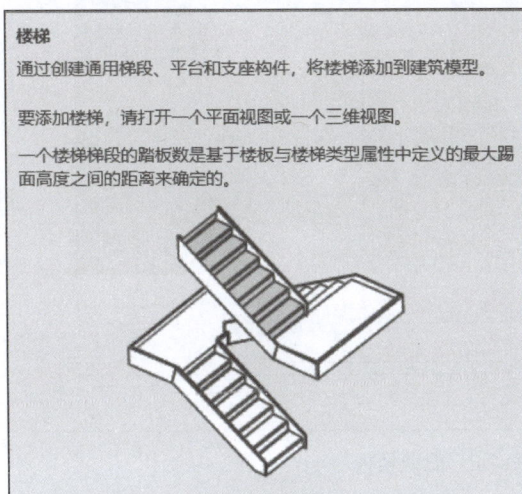

楼梯

通过创建通用梯段、平台和支座构件，将楼梯添加到建筑模型。

要添加楼梯，请打开一个平面视图或一个三维视图。

一个楼梯梯段的踏板数是基于楼板与楼梯类型属性中定义的最大踢面高度之间的距离来确定的。

教学视频：创建楼梯、
洞口、坡道、栏杆

图 7.1.1　楼梯

　　Revit 中提供了两种楼梯创建工具，分别是按构件和按草图，两种方式所创建出来的楼梯样式相同，但绘制的方法不同。

✍ **实训操作**

绘制楼梯的步骤如下。

教学视频：创建 ××
图书馆楼梯（一）

教学视频：创建 ××
图书馆楼梯（二）

教学视频：创建 ××
图书馆楼梯（三）

（1）启动 Revit，打开前面操作的"××图书馆"项目文件，双击"项目浏览器"→"楼层平面"。为使图面清晰，隐藏楼板。双击 1F，打开一层平面视图，使用"过滤器"选中所有楼板，右击弹出快捷菜单，选择"在视图中隐藏"命令，如图 7.1.2 所示。

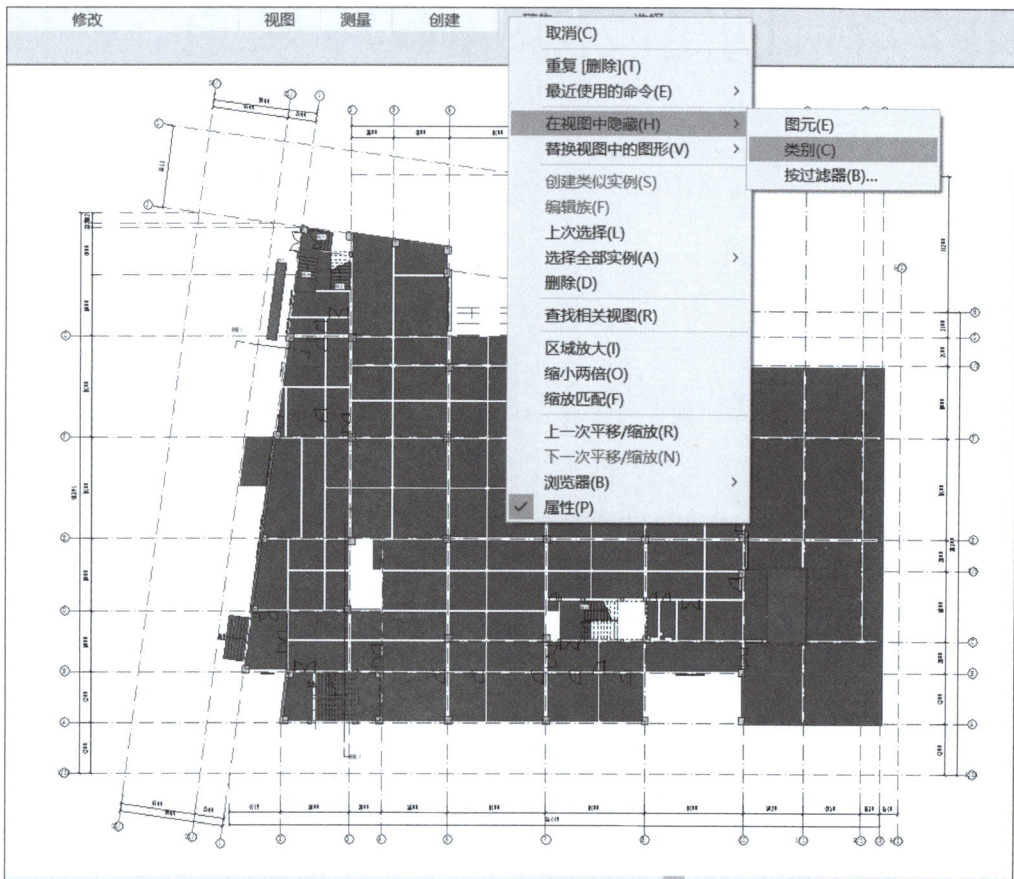

图 7.1.2　隐藏楼板

（2）单击"建筑"选项卡→"工作平面"面板→"参照平面"工具，使用"修改 | 放置参照平面"上下文选项卡中的"绘制"工具在 2~4 轴与 A~B 轴的相交处绘制如图 7.1.3 所示的参照平面。

（3）单击"建筑"选项卡→"楼梯坡道"面板→"楼梯"工具，单击"属性"面板→"编辑类型"按钮，选择"系统族：现场浇注楼梯"，在"类型属性"对话框中单击"复制"按钮，输入类型名称为"楼梯 A"。设最大踢面高度为 180.0，最小踏板深度为 280.0，最小梯段宽度为 1860.0，梯段类型为整体梯段，平台类型为"160mm 厚度"，功能为外部。单击"确定"按钮退出楼梯类型属性，如图 7.1.4 所示。

（4）在"修改 | 创建楼梯"上下文选项卡的"构件"面板中选择"梯段"中的"直梯"工具，"属性"面板参数：底部标高为 1F，底部偏移为 0，顶部标高为 2F，顶部偏移为 0。移动鼠标指针至相应参照平面交点位置单击，确定梯段起点和终点（在绘制过

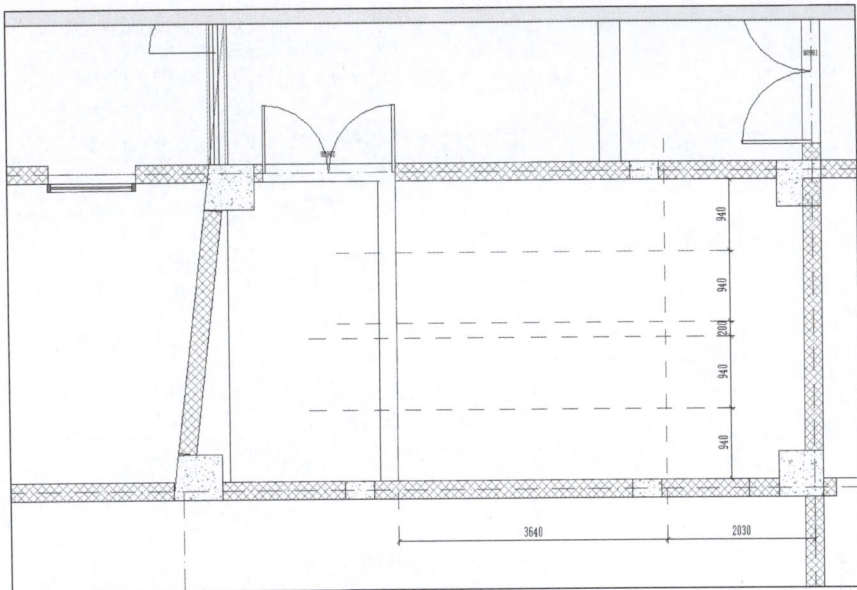

图 7.1.3　绘制参照平面

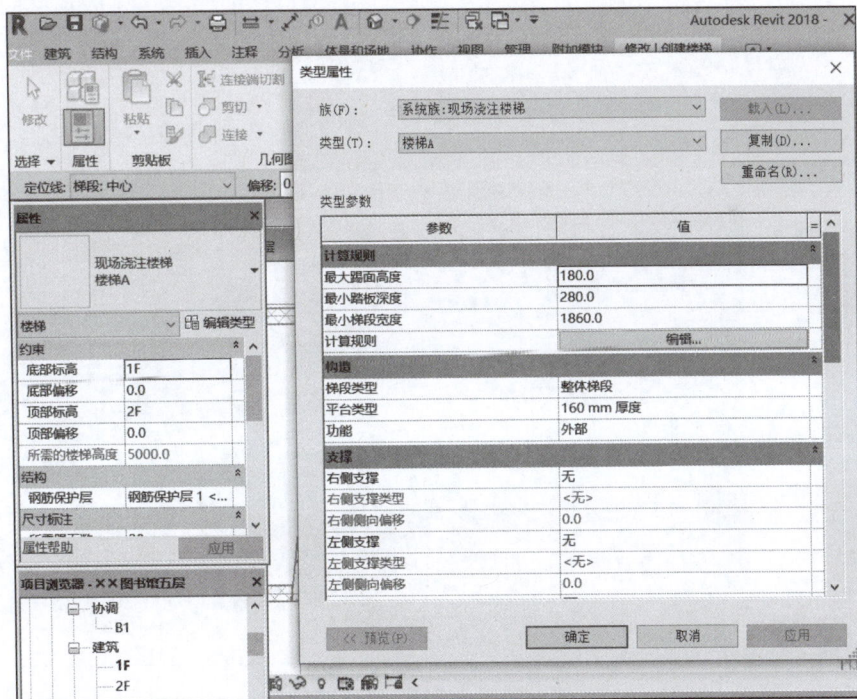

图 7.1.4　复制并定义楼梯类型

程中程序会显示从梯段起点至光标当前位置已创建的踢面数以及剩余的踢面数，当创建的踢面数为总数的一半时，单击完成第一个梯段，然后往相反的方向完成第二个梯段，程序会自动连接两段梯段边界，该位置将作为楼梯的休息平台），单击"模式"面板中的"完成编辑模式"按钮完成楼梯的绘制，如图 7.1.5 所示。

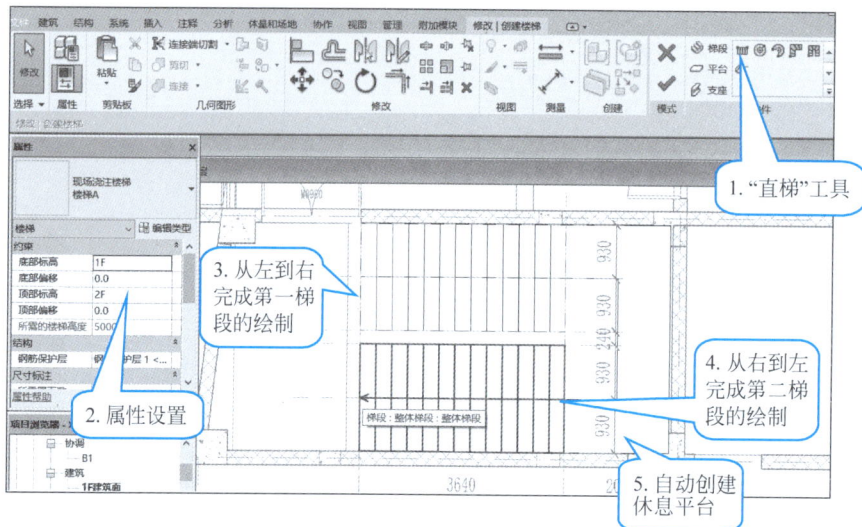

图 7.1.5　绘制楼梯

（5）转到三维视图，勾选三维视图"属性"面板中的"剖面框"，调整方位和三维剖面效果，找到相应位置的楼梯，如图 7.1.6 所示，选择靠墙侧的扶手，按 Delete 键删除。

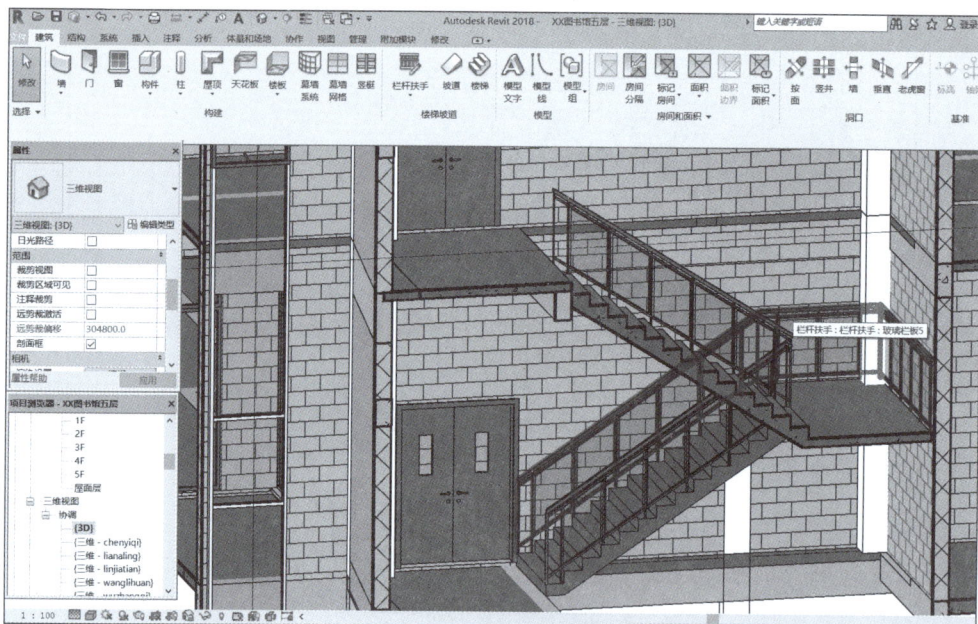

图 7.1.6　楼梯三维效果

（6）单击选中楼梯栏杆，选择"重设栏杆扶手"，在"属性"面板中可选择其他型号的栏杆扶手，如图 7.1.7 所示。

（7）如果楼层高度相同，可选中楼梯，使用"复制"工具，单击"粘贴"下三角按钮，选择"与选定的视图对齐"选项，将楼梯复制到其他的楼层。如楼层高度不同，可分别到不同的楼层进行绘制，如图 7.1.8 所示。

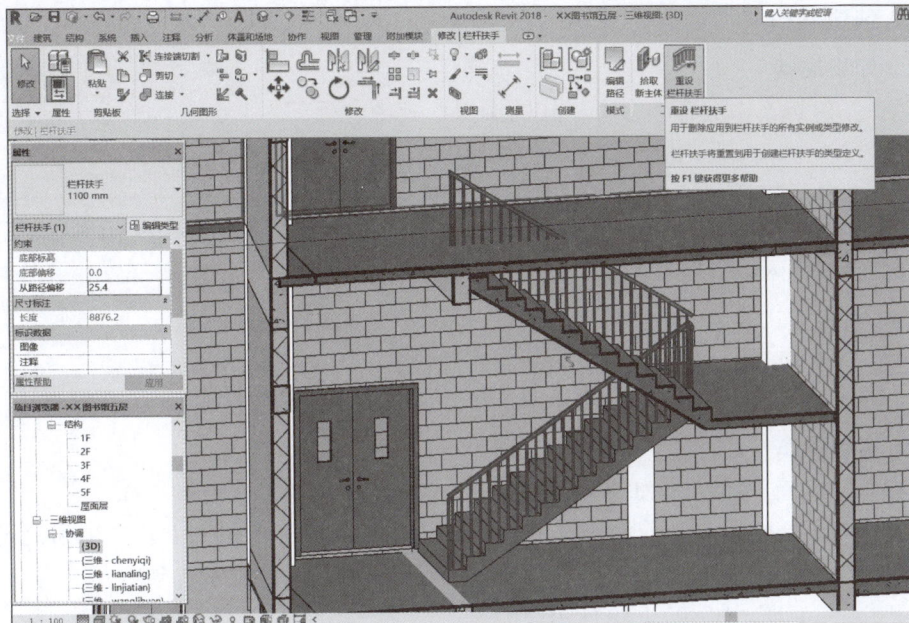

图 7.1.7　重设栏杆扶手

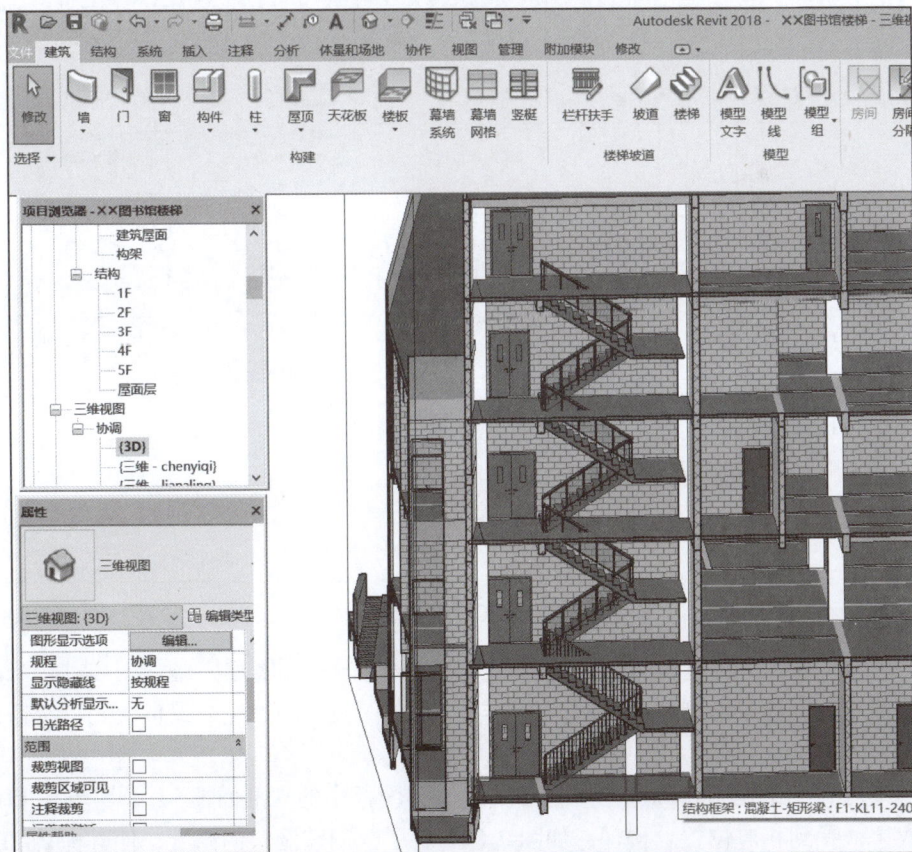

图 7.1.8　绘制多层楼梯

7.1.2　创建洞口

📖 **知识准备**

洞口：建筑当中会存在多种样式的洞口，其中包括门窗洞口、楼板洞口、天花板洞口和结构梁洞口等。

Revit 提供了 5 种洞口工具，如图 7.1.9 所示。

按面：垂直于屋顶、楼板或天花板选定面的洞口。

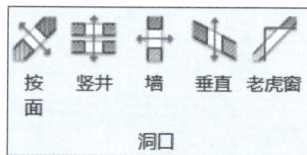

图 7.1.9　5 种洞口工具

竖井：跨多个标高的垂直洞口，将其间的屋顶、楼板和天花板进行剪切。

墙：在直或弯曲墙中剪切一个矩形洞口。

垂直：贯穿屋顶、楼板或天花板的垂直洞口。

老虎窗：剪切屋顶，以便为老虎窗创建洞口。

✎ **实训操作**

绘制楼梯处洞口的步骤如下。

（1）启动 Revit，打开前面操作的"××图书馆"项目文件，双击"项目浏览器"中的"楼层平面"，双击 1F，打开一层平面视图，单击"建筑"选项卡→"洞口"面板→"竖井"工具，如图 7.1.10 所示。

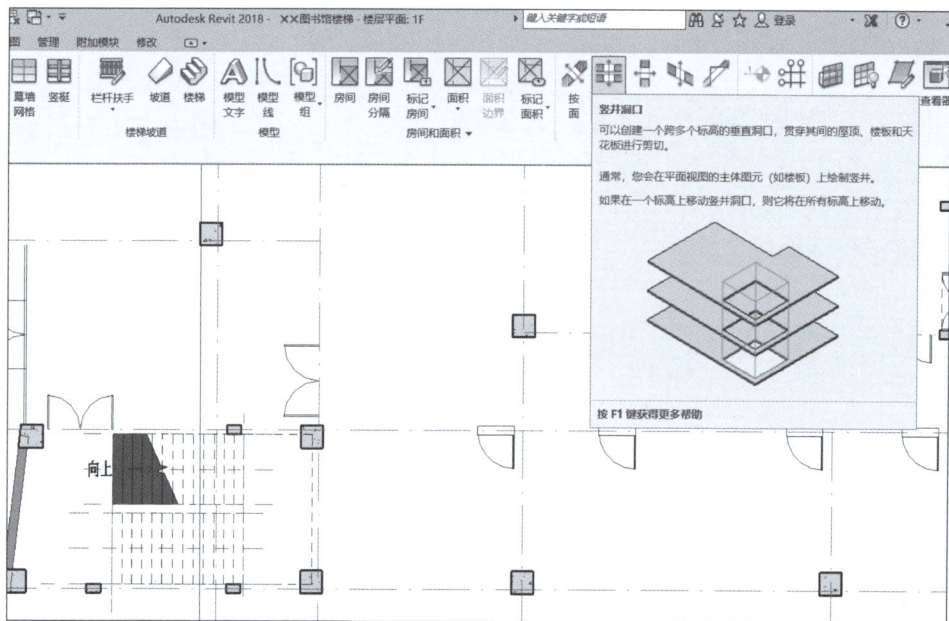

图 7.1.10　绘制竖井

（2）在"修改|创建竖井洞口草图"上下文选项卡的"绘制"面板中选择"直线"工具，在原来电梯处绘制洞口草图，单击"模式"面板中的"完成编辑模式"按钮，如图 7.1.11 所示。

（3）转到三维视图，勾选三维视图"属性"面板中的"剖面框"，调整方位和三维剖面效果，找到相应位置的楼梯，如图 7.1.12 所示，调整洞口的高度，使其剪切 2F~5F 的楼板和天花板。

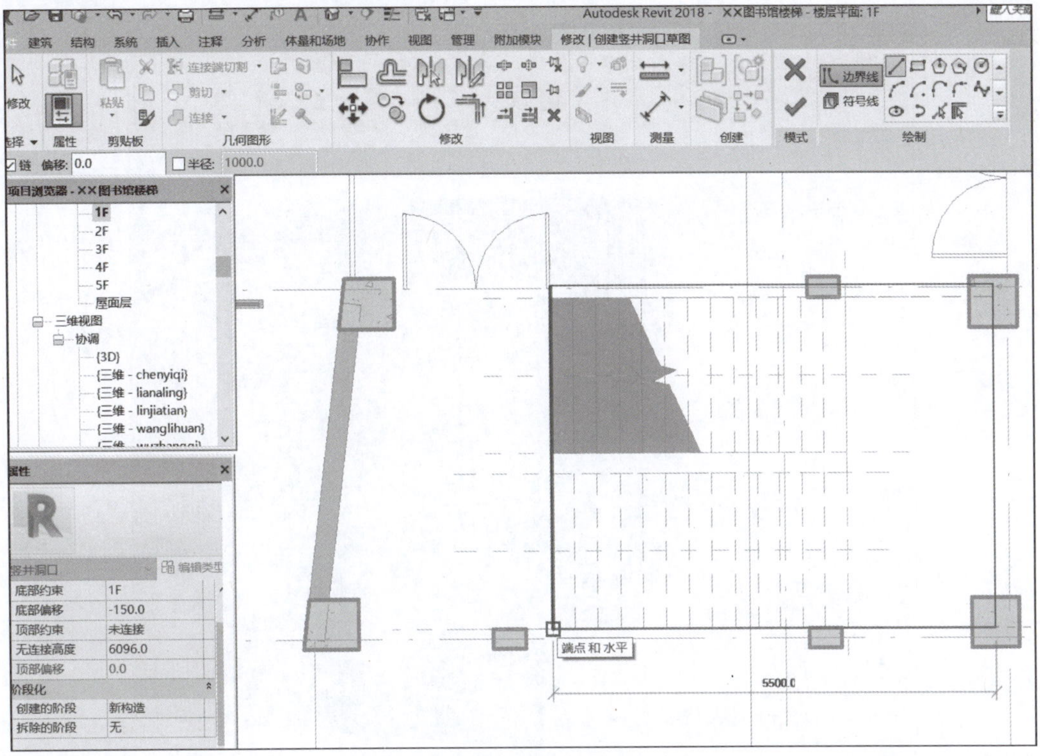

图 7.1.11　绘制洞口草图

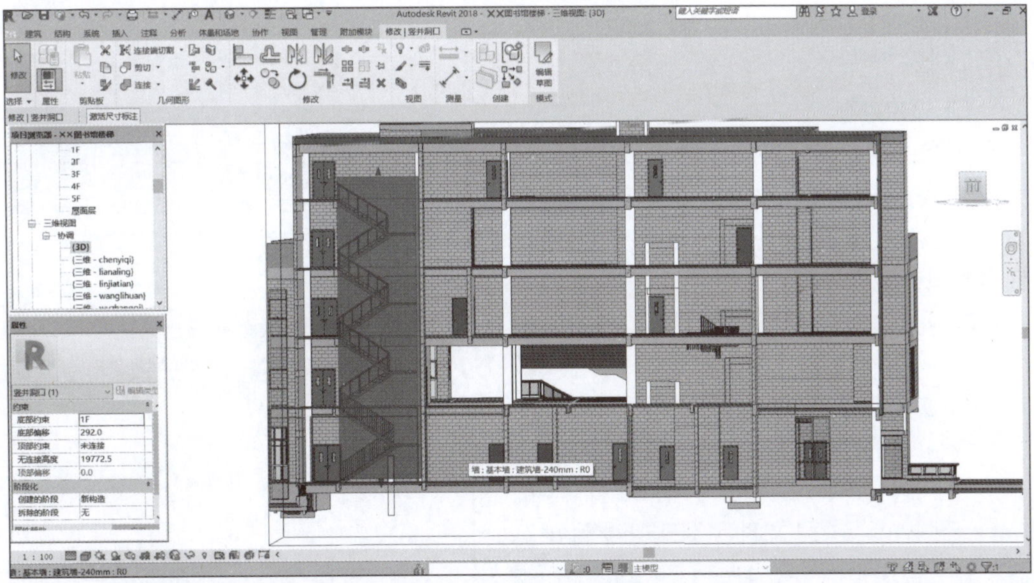

图 7.1.12　调整洞口高度

（4）楼梯洞口剪切完成，如图 7.1.13 所示。

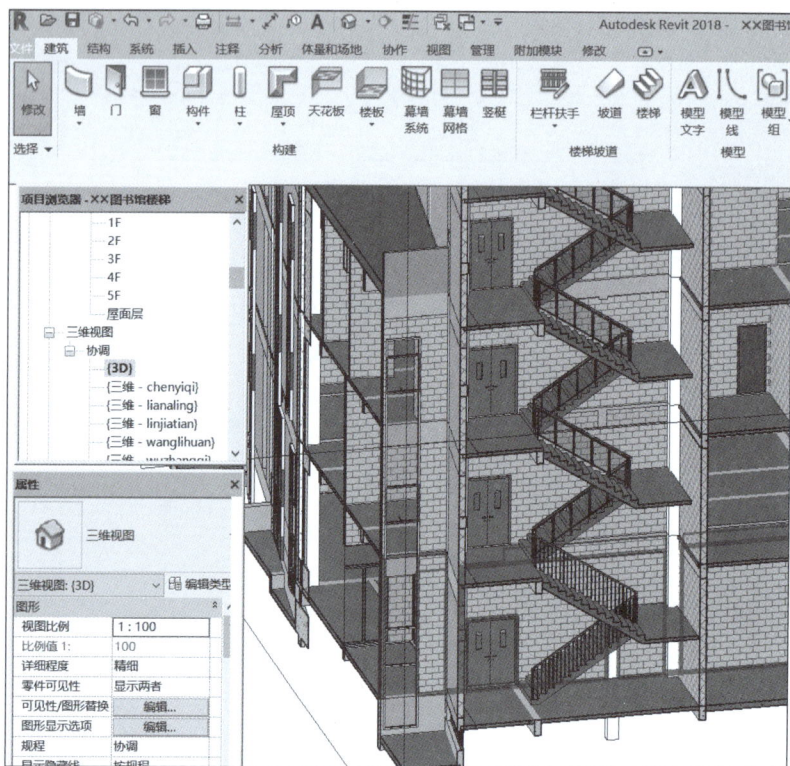

图 7.1.13　楼梯洞口

7.2　创建坡道

📖 **知识准备**

坡道：在商场、医院、酒店和机场等公共场合经常会见到各种坡道，有汽车坡道、自行车坡道等，用于连接具有高差的地面、楼面的斜向交通通道。

Revit 提供了绘制坡道的工具，如图 7.2.1 所示。

✍ **实训操作**

绘制门口室外坡道的步骤如下。

（1）启动 Revit，打开前面操作的"××图书馆"项目文件，双击"项目浏览器"→"楼层平面"→1F，打开一层平面视图，单击"建筑"选项卡→"工作平面"面板→"参照平面"工具，在建筑的西面靠南侧入口处绘制如图 7.2.2 所示的参照平面。

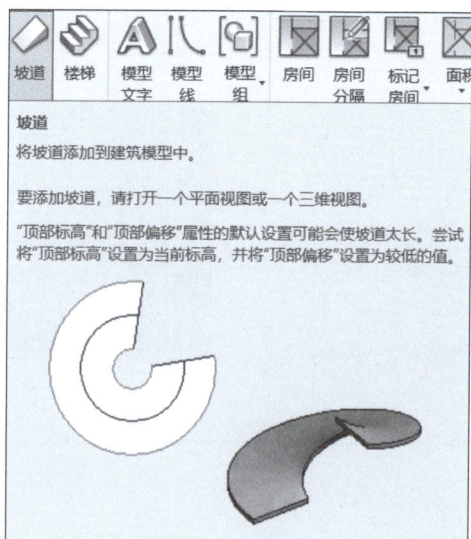

坡道

将坡道添加到建筑模型中。

要添加坡道，请打开一个平面视图或一个三维视图。

"顶部标高"和"顶部偏移"属性的默认设置可能会使坡道太长。尝试将"顶部标高"设置为当前标高，并将"顶部偏移"设置为较低的值。

图 7.2.1　"坡道"工具

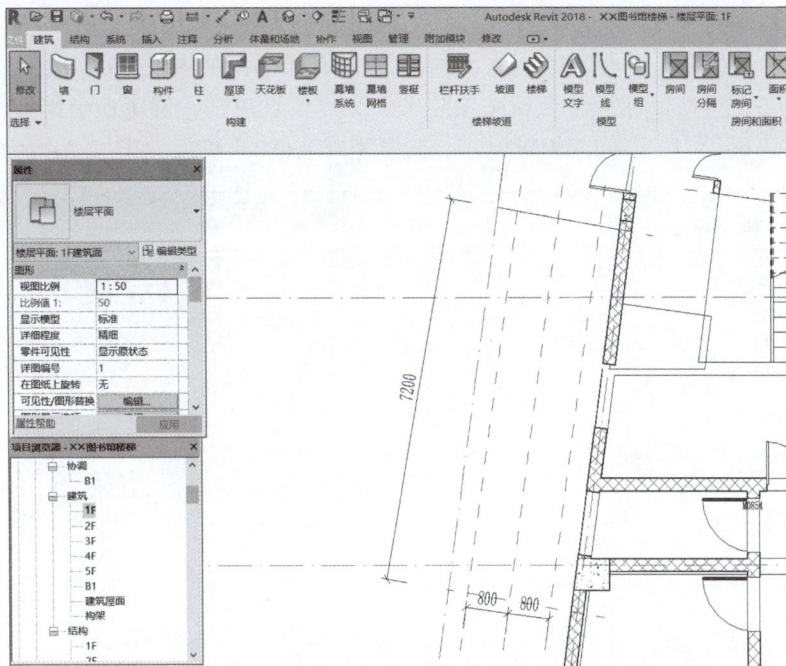

图 7.2.2　绘制参照平面

（2）单击"建筑"选项卡→"楼梯坡道"面板→"坡道"工具，单击"属性"面板→"编辑类型"按钮，选择"系统族：坡道"，在"类型属性"对话框中单击"复制"按钮，输入类型名称为"坡道 A"。设置最大斜坡长度为 12000；坡道最大坡度为 1/12。单击"确定"按钮退出坡道类型属性，如图 7.2.3 所示。

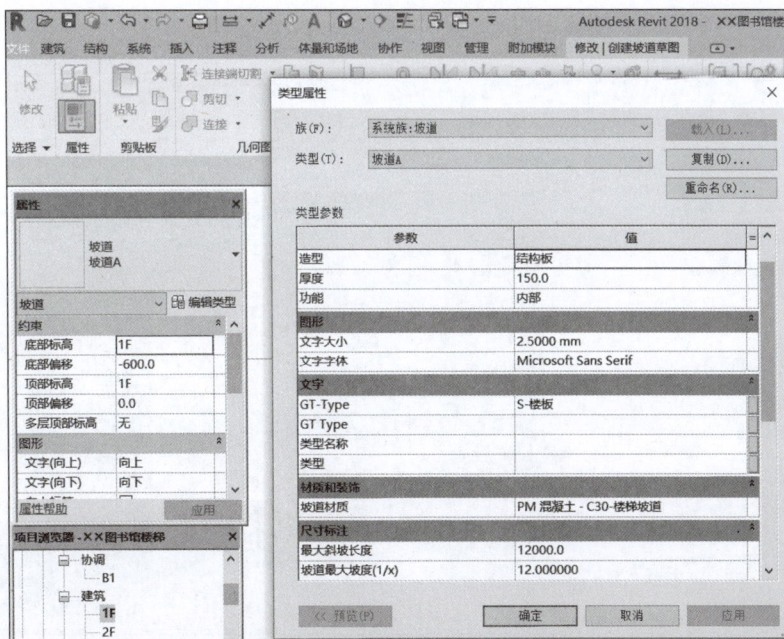

图 7.2.3　复制并定义坡道类型

（3）在"修改|创建坡道草图"上下文选项卡的"绘制"面板中选择"梯段"中的
"直线"工具。"属性"面板参数：底部标高为 1F，底部偏移为－600，顶部标高为 1F，
顶部偏移为 0。移动鼠标指针至相应参照平面交点位置单击，确定坡道的起点和终点，
单击"模式"面板中的"完成编辑模式"按钮完成坡道的绘制，如图 7.2.4 所示。

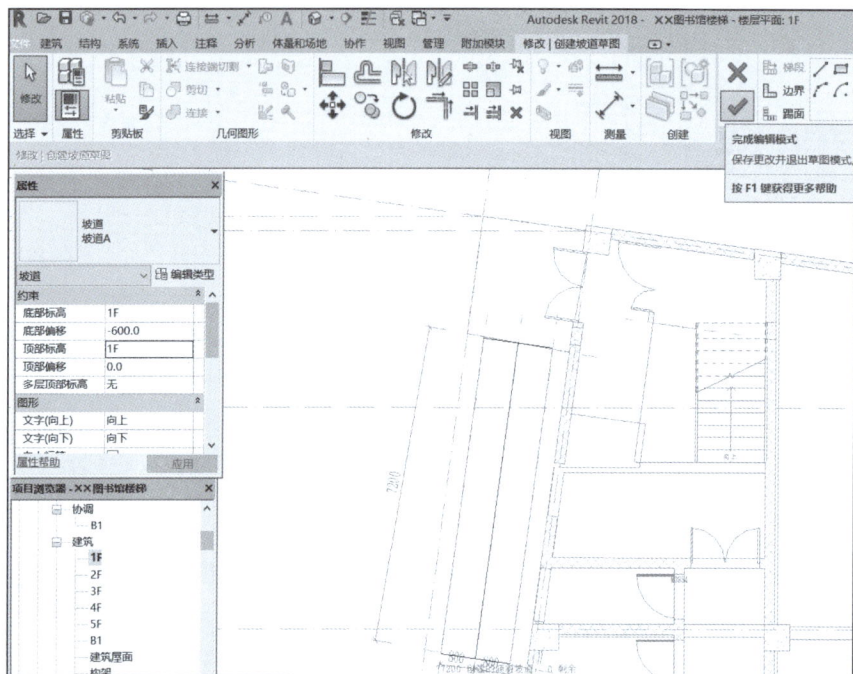

图 7.2.4　坡道草图绘制

（4）转到三维视图，找到相应位置的坡道，如图 7.2.5 所示。

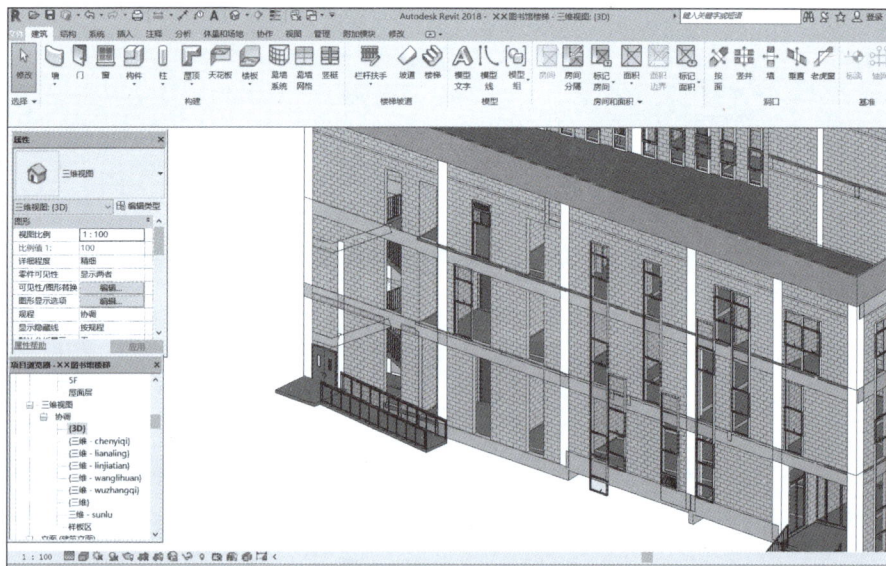

图 7.2.5　坡道三维效果

7.3　创建栏杆

7.3.1　绘制栏杆

📖 知识准备

栏杆在实际建筑物和公共场所是很常见的，其主要的作用是安全防护，还可以起到分隔、导向的作用，也有一定的装饰功能，如图 7.3.1 所示。

Revit 提供了两种创建栏杆扶手的方法，即绘制路径和放置在楼梯 / 坡道上，如图 7.3.2 所示。

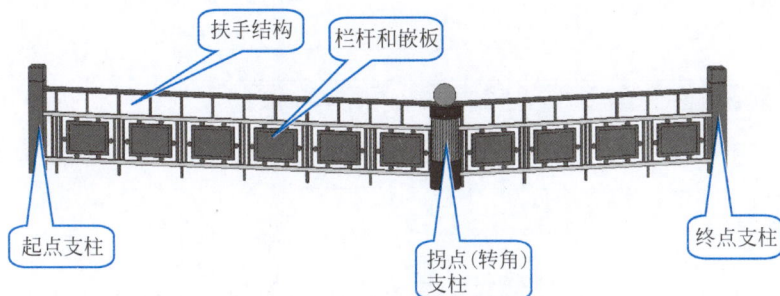

图 7.3.1　栏杆扶手结构

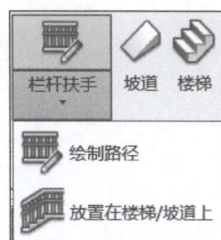

图 7.3.2　栏杆扶手

绘制路径：可以在平面或三维视图中的任意位置创建栏杆。

放置在楼梯 / 坡道上：可以将栏杆放置在楼梯、坡道两种构件上。

✎ 实训操作

绘制门口室外栏杆的步骤如下。

（1）启动 Revit，打开前面操作的"××图书馆"项目文件，单击"插入"选项卡→"载入族"工具，可从程序族库中选择各种形式的栏杆、扶手和嵌板载入项目中，如图 7.3.3 所示。

图 7.3.3　载入族

（2）双击"项目浏览器"中的"楼层平面"，双击 1F，打开一层平面视图，单击"建筑"选项卡→"楼梯坡道"面板→"栏杆扶手"工具，单击绘制路径，单击"属性"面板中的"编辑类型"按钮，选择"系统族：栏杆扶手"，在"类型属性"对话框中单击"复制"按钮，输入类型名称为"室外栏杆"，设置参数，如图 7.3.4 所示。

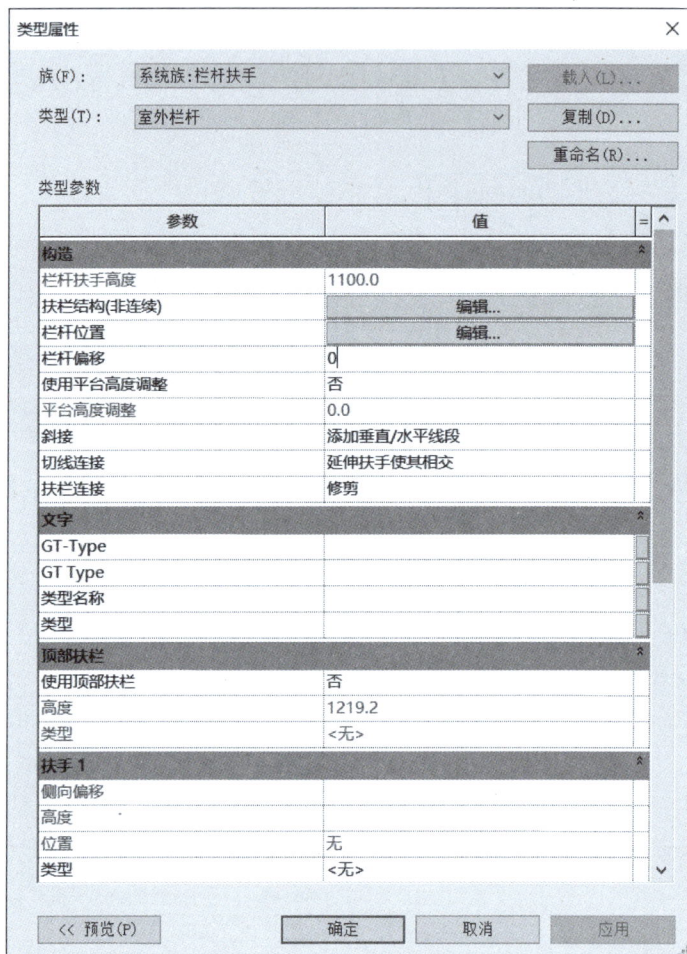

图 7.3.4　复制和定义栏杆扶手

（3）单击"类型属性"对话框中的"扶栏结构（非连续）"后面的"编辑"按钮，进入"编辑扶手（非连续）"对话框，分别在高度 100、1000 和 1100 处创建 3 根扶手，设置参数，如图 7.3.5 所示。

（4）单击"类型属性"对话框中的"栏杆位置"后面的"编辑"按钮，进入"编辑栏杆位置"对话框，分别设置栏杆、玻璃嵌板、起点支柱、拐角支柱、终点支柱的栏杆族和底部顶部等位置信息，如图 7.3.6 所示。

（5）设置"属性"面板中栏杆约束底部标高为 1F，底部偏移为 − 350，使用"修改 | 栏杆扶手 > 绘制路径"上下文选项卡中的"直线"工具沿一楼东面室外楼板边缘绘制如图 7.3.7 所示的栏杆路径，单击"模式"面板中的"完成编辑模式"按钮。

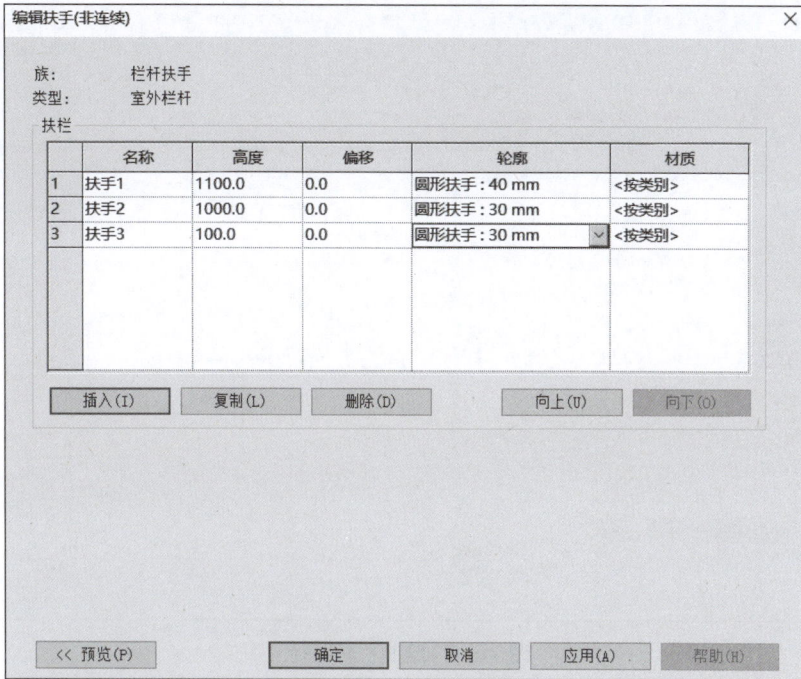

图 7.3.5 编辑扶手结构

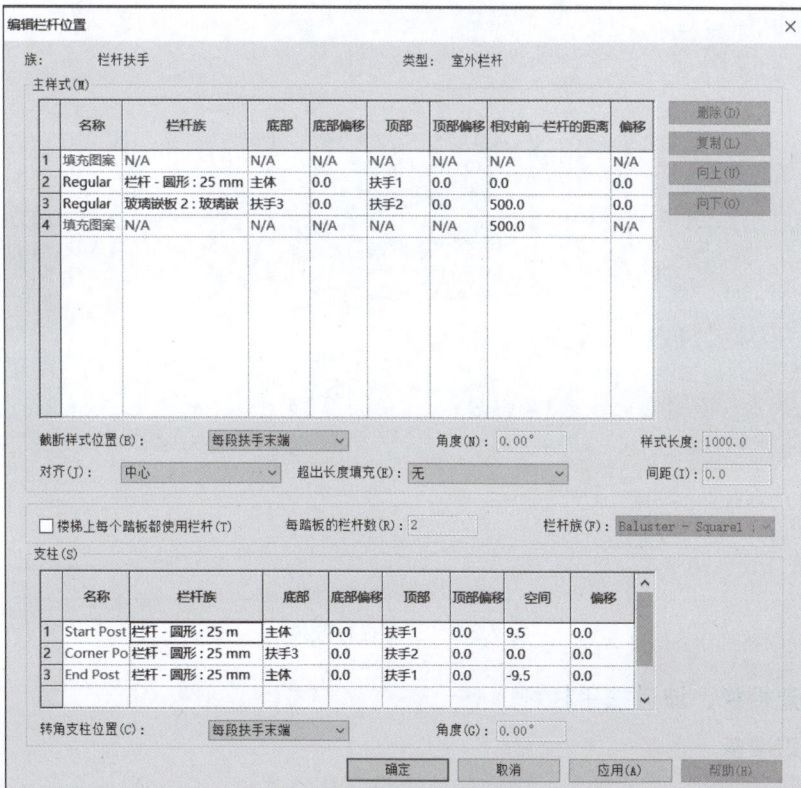

图 7.3.6 编辑栏杆位置

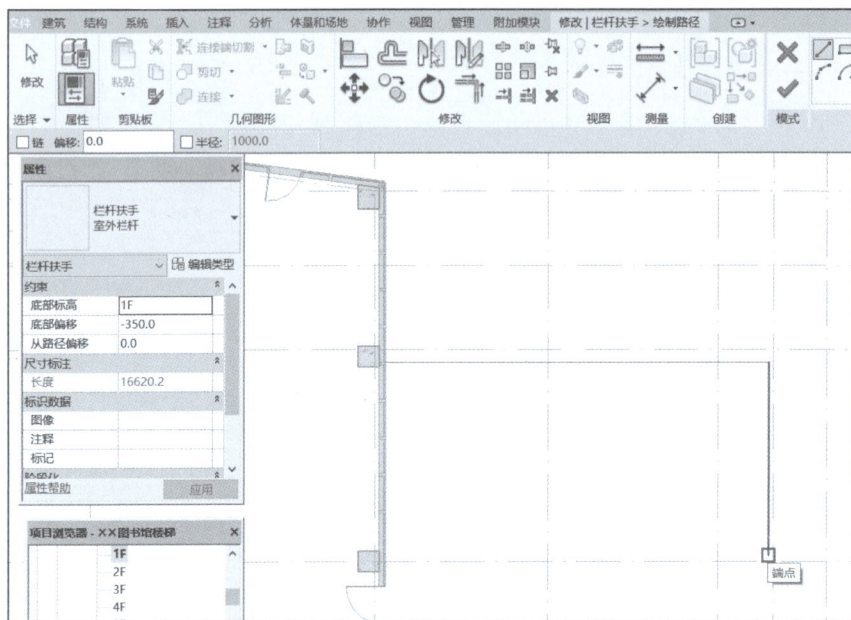

图 7.3.7　绘制栏杆路径

（6）转到三维视图，找到相应位置的扶手栏杆，如图 7.3.8 所示。

图 7.3.8　三维栏杆效果

7.3.2　创建楼梯、坡道扶手栏杆

📖 知识准备

在实际建筑物中一般都会在楼梯和坡道设置扶手栏杆，以起到安全防护和导向的作用。

在 Revit 中，扶手类型的创建和编辑与创建普通扶手栏杆的方法相同，但在绘制时使用"放置在楼梯 / 坡道上"的功能进行创建，如图 7.3.9 所示。

📏 **实训操作**

绘制门口室外栏杆的步骤如下。

（1）启动 Revit，打开前面操作的"××图书馆"项目文件，由于载入栏杆族和复制定义栏杆类型在前面已经讲述过，在此不再重复叙述，读者可参照前面的学习内容和工程实际情况进行复制和定

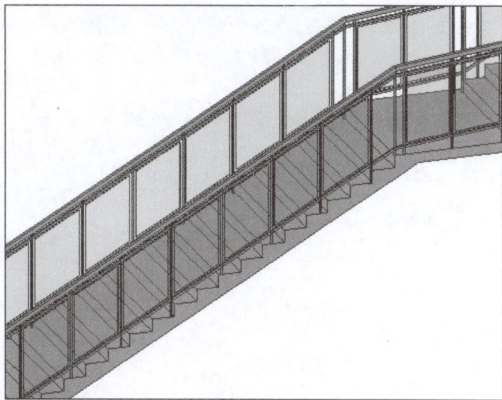

图 7.3.9　创建楼梯、坡道扶手栏杆

义。打开三维视图，使用剖面功能找到前面已经创建的楼梯，删除原有楼梯上的栏杆，如图 7.3.10 所示。

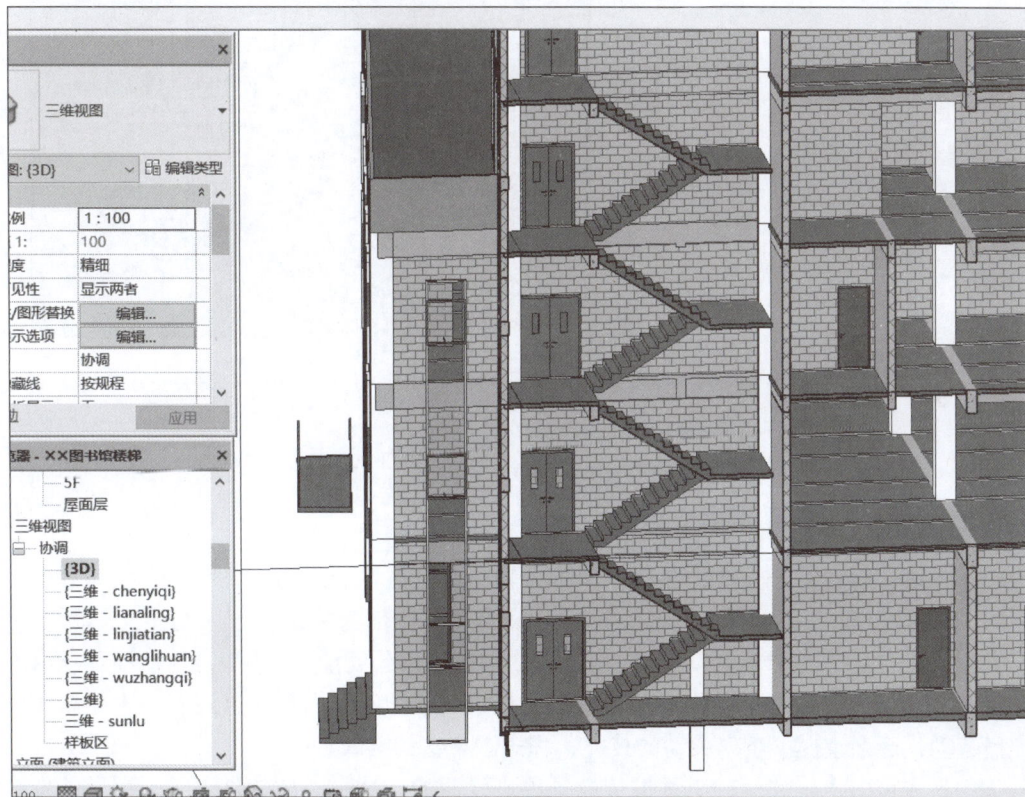

图 7.3.10　删除原有栏杆

（2）单击"建筑"选项卡→"楼梯坡道"面板→"栏杆扶手"工具，选择"放置在楼梯 / 坡道上"，单击"属性"面板中的"复制"和"定义楼梯扶手"，由于内容与前面相同，在此不再重复叙述，本例中直接选中 900mm 圆管，将光标移到相应的楼梯处，单击，栏杆将被放置到相应的楼梯上，删除墙壁侧的栏杆，如图 7.3.11 所示。

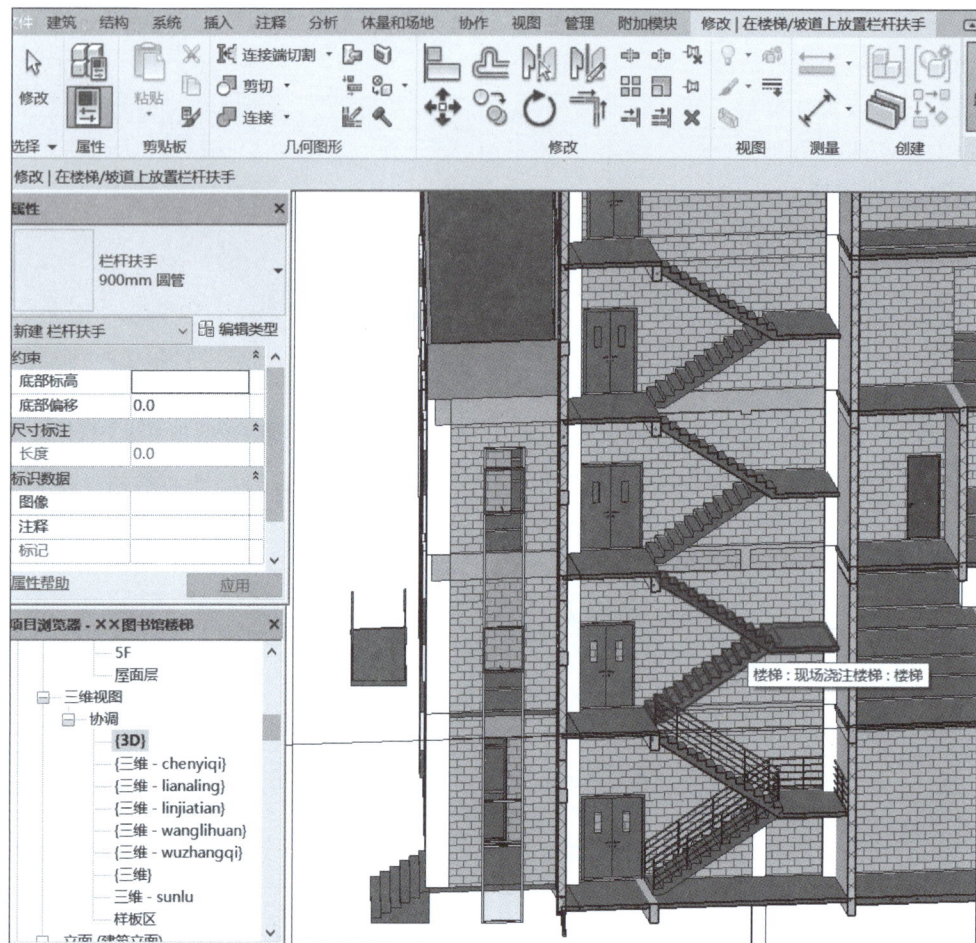

图 7.3.11　放置楼梯栏杆

拓展阅读——建筑鼻祖：鲁班

　　鲁班，姬姓，公输氏，名般，又称公输子、公输盘、班输、鲁般。春秋时期鲁国人。"般"和"班"同音，古时通用，故人们常称他为鲁班。他大约生于周敬王十三年（公元前 507 年），卒于周贞定王二十五年（公元前 444 年），生活在春秋末期到战国初期，出身于世代工匠的家庭，从小就跟随家里人参加过许多土木建筑工程劳动，逐渐掌握了生产劳动的技能，积累了丰富的实践经验。

　　现在很多木工使用的工具据传就是鲁班发明的，其中一件就是锯子。锯子的发明过程颇具血泪色彩。鲁班有一次去深山砍柴时，一不小心踩滑了，被一种草叶割伤，鲁班定睛一看，草叶上面还有新鲜的血珠，而草叶子边缘则是波纹型，鲁班由此受到启发，认为这种带齿状的工具应该会更加实用。于是他在包扎好伤口后，回到家里就反复试验，最后发明了锯子。直到今天，无论是手工锯还是电锯，都采用了这样的结构，用来锯树、木头等都非常好用。

墨线也是鲁班发明的。墨线一端是墨盒，用来存墨，另一端是一个小木钩，拉出小木钩，牵出墨盒里的连接线，固定之后，向地面弹动，就得到一条直线。此工具非常实用，现如今的很多手工木匠师傅依然沿用。

传得比较神奇的应该是木鹊。《墨子·鲁问篇》中记载："公输子削竹木以为鹊，成而飞之，三日不下。"文中的公输子即鲁班。想一想，单纯的竹木结构，在无其他动力设备的情况下，这样的技术直到今天也基本实现不了，更不用说几千年前的春秋时期。当然木鹊是传说，如今再去看以前的文字记载，因为已经没有结构图或者实物作为参考，复原的可能性微乎其微。或许有古人夸张的成分存在，但夸张的前提是有这样的事实根据，古人有这样的文字记载，说明鲁班当时的工艺技术确实非同寻常。

另外，打仗用的云梯、钩强，农业用的磨、碾子，日用品如改进的锁，其他物品如机封等，都由鲁班发明或者经过其手改进后更加实用。

鲁班奖是于 1987 年由原中国建筑业联合会设立的一项优质工程奖。1993 年随联合会的撤销转入中国建筑业协会。1996 年根据建设部关于"两奖合一"的决定，将国家优质工程奖和建筑工程鲁班奖合并，奖名定为"中国建筑工程鲁班奖（国优）工程"。该奖是中国建筑行业工程质量方面的最高荣誉奖，由住房和城乡建设部、中国建筑业协会颁发。

住房和城乡建设部和中国建筑业协会每年召开颁奖大会，向荣获鲁班奖的主要承建单位授予鲁班金像、奖牌和获奖证书，向荣获鲁班奖的主要参建单位颁发奖牌、获奖证书，并对获奖企业通报表彰。主要承建单位可在获奖工程上镶嵌统一荣誉标志。有关地区、部门和获奖企业可根据该地区、本部门和该企业的实际情况，对获奖企业和有关人员给予奖励。中国建筑业协会负责组织编辑出版《中国建筑工程鲁班奖（国家优质工程）获奖工程专辑》，将获奖工程和获奖企业载入中国建筑业发展史册。

学习笔记

阶段性成果验收

阶段性成果验收单

查 验 构 件	查 验 指 标	自　　评	互　　评	教 师 评 价
楼梯	完整性：是否按图书馆图纸完成楼梯创建	❑是　❑否	❑是　❑否	❑是　❑否
	正确性：所有楼板结构、材质、厚度、踏步、踢面数等参数设置是否正确，标高、水平定位是否正确，梯梁梯柱放置是否正确	❑是　❑否	❑是　❑否	❑是　❑否
	规范性：所有楼板命名是否规范，格式是否统一	❑是　❑否	❑是　❑否	❑是　❑否
洞口	完整性：是否按图书馆图纸完成洞口创建	❑是　❑否	❑是　❑否	❑是　❑否
	正确性：所有定位是否正确	❑是　❑否	❑是　❑否	❑是　❑否
坡道	完整性：是否按图书馆图纸完成坡道创建	❑是　❑否	❑是　❑否	❑是　❑否
	正确性：坡道结构、材质、坡度等设置是否正确，标高、水平定位是否正确	❑是　❑否	❑是　❑否	❑是　❑否
	规范性：坡道命名是否规范，格式是否统一	❑是　❑否	❑是　❑否	❑是　❑否
栏杆	完整性：是否按图书馆图纸完成栏杆创建	❑是　❑否	❑是　❑否	❑是　❑否
	正确性：栏杆、扶手、材质、间距等参数设置是否正确，栏杆标高、水平定位是否正确	❑是　❑否	❑是　❑否	❑是　❑否
	规范性：栏杆命名是否规范，格式是否统一	❑是　❑否	❑是　❑否	❑是　❑否
验收结果	❑优　❑良　❑中　❑合格　❑不合格			
验收成员签字				

年　　月　　日

习题

一、单选题

1. 以下关于栏杆扶手创建说法正确的是（   ）。

    A. 可以直接在建筑平面图中创建栏杆扶手

    B. 可以在楼梯主体上创建栏杆扶手

    C. 可以在坡道主体上创建栏杆扶手

    D. 以上均可

2. Revit 中创建楼梯，在"修改|创建楼梯"→"构件"中不包含哪个构件？（   ）

    A. 支座   B. 平台

    C. 梯边梁   D. 梯段

3. 在绘制楼梯时，在类型属性中设置"最大踢面高度"为 150，楼梯到达的高度为 3000，如果设置楼梯图元属性中"所需梯面数"为 18，则（   ）。

    A. 给出警告，并以 18 步绘制楼梯   B. Revit 不允许设置为此值

    C. 给出警告，并以 20 步绘制楼梯   D. 给出警告，并退出楼梯绘制

4. 按构件创建楼梯由哪几个主要部分组成？（   ）

    A. 踢面、踏面和栏杆扶手   B. 梯段、踏面和踢面

    C. 梯段、平台和栏杆扶手   D. 梯段、路径和栏杆扶手

5. 创建楼梯中栏杆扶手的放置位置可以在哪两者之间进行选择？（   ）

    A. 踏板或踢边梁   B. 踏板或不自动创建

    C. 踢边梁或不自动创建   D. 踏板或平台梁

6. 关于绘制栏杆扶手，下列说法错误的是（   ）。

    A. 栏杆扶手线必须是一条单一且连接的草图

    B. 绘制坡道或者楼梯栏杆扶手可以使用"放置在主体上"的方式

    C. 一般不封闭阳台栏杆扶手的高度设置为 900

    D. 删除楼梯图元，则通过放置在主体上生成的栏杆也将消失

7. Revit 专用的创建"洞口"工具有哪些？（   ）

    A. 按面、墙、竖井   B. 按面、垂直、竖井、墙、老虎窗

    C. 按面、垂直、竖井   D. 按面、垂直、老虎窗

8. 删除坡道时，与坡道一起生成的扶手（   ）。

    A. 将被保留   B. 提示是否保留

    C. 提示是否删除   D. 将被同时删除

9. 栏杆扶手对齐方式不包含（   ）。

    A. 起点   B. 等距   C. 终点   D. 中心

二、多选题

1. "建筑"选项栏中的"洞口"命令下具体包含以下哪些功能？（   ）

    A. 垂直洞口   B. 竖井洞口   C. 面洞口   D. 老虎窗洞口

    E. 水平洞口

2. 在"编辑栏杆位置"中，主样式中的"对齐"包含以下哪些选项？（　　　）

　　A. 起点　　　　　　　B. 终点　　　　　　　C. 端点　　　　　　　D. 中心

　　E. 展开样式以匹配

三、小讨论

阅读《建筑鼻祖：鲁班》的相关资料，谈一谈建筑业为什么需要工匠精神。

_____

_____

_____

_____

第8章　室内家具、卫浴布置

8.1　家具布置

8.1.1　放置家具

📖 知识准备

家具布置：在实际建筑的室内设计中，家具布置显得尤为重要。

在 Revit 中，可以通过平面结合三维的方式更直观地观察所做的家具布置。其主要通过"构件"工具进行布置，构件是可载入族的实例，可通过载入各类家具族进行布置，如图 8.1.1 所示。

教学视频：室内家具、卫浴布置

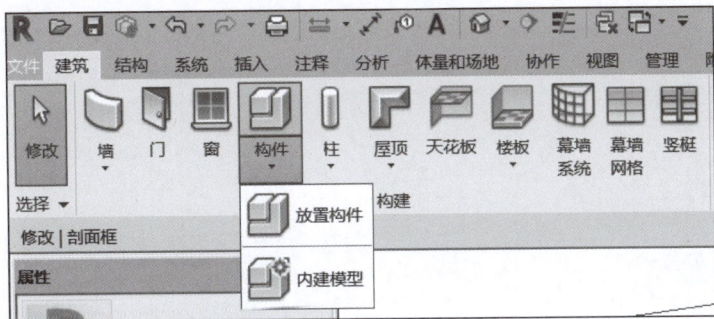

图 8.1.1　"构件"工具

✎ 实训操作

放置室内栏杆的步骤如下。

（1）启动 Revit，打开前面操作的"××图书馆"项目文件，单击"插入"选项卡→"载入族"工具，单击"建筑"→"家具"→3D 文件，从程序族库中选择各式桌椅、装饰、沙发、柜子、床、系统家具载入项目中使用，也可从其他地方导入各式家具族，如图 8.1.2 所示。

（2）双击"项目浏览器"→"楼层平面"→1F，打开一层平面视图，单击"建筑"选项卡→"构建"面板→"构件"工具，在"属性"面板中选择刚刚载入的沙发，将光标移到需要放置沙发的位置，按 Space 键调整沙发的摆设方向，单击放置沙发，如图 8.1.3 所示。按同样的方法可布置其他的家具，在此不再重复叙述

（3）转到三维视图，使用剖面功能查看室内的家具布置，如图 8.1.4 所示。

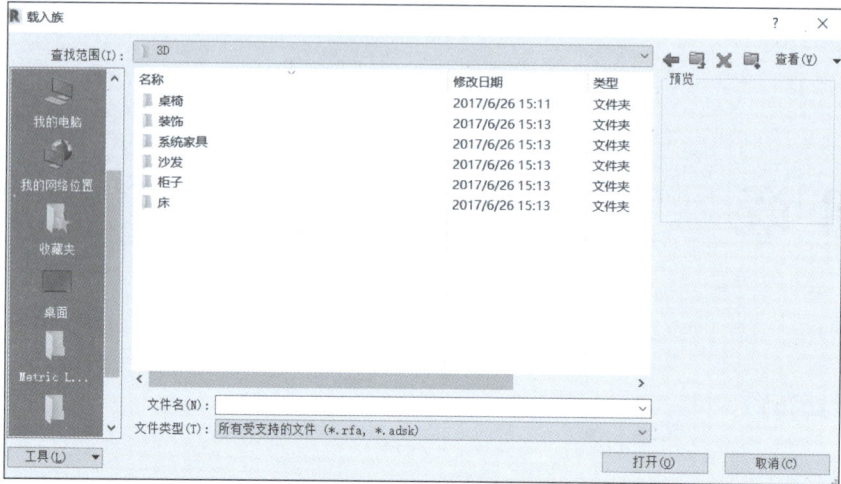

图 8.1.2　载入家具族

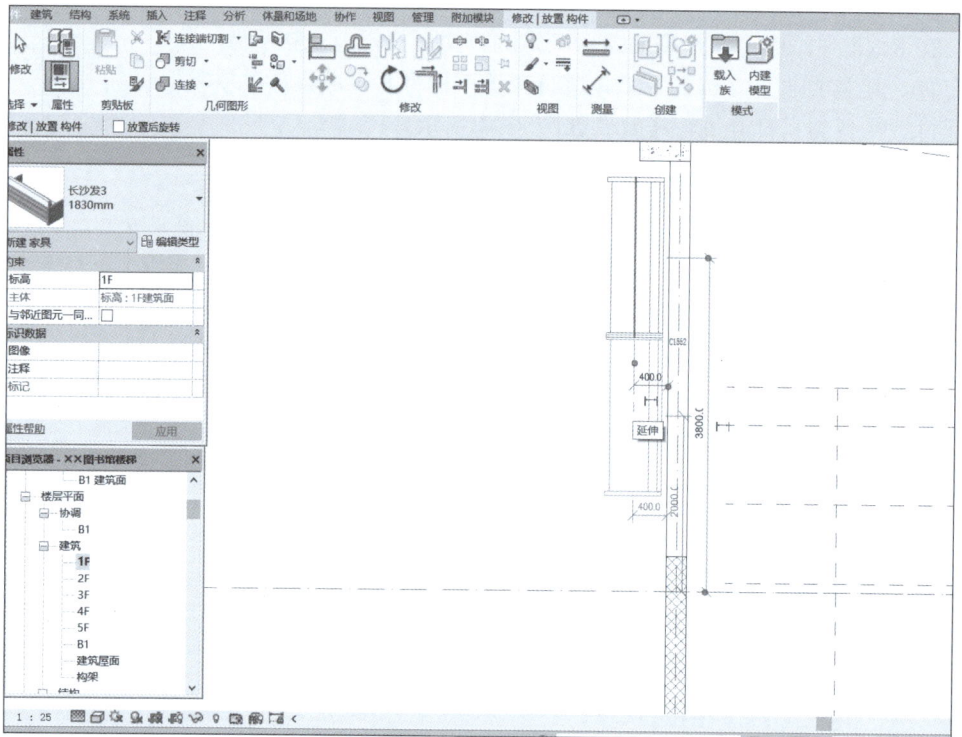

图 8.1.3　布置家具

8.1.2　放置室内灯具

📖 知识准备

灯具：照明设备根据其放置的位置和功能的不同有室内灯具和室外照明，室内灯具又有壁灯、吊灯、射灯、嵌入灯、台灯、落地灯、天花板灯和指示灯等。有些必须安装在天花板上，有些需要安装在墙壁上。

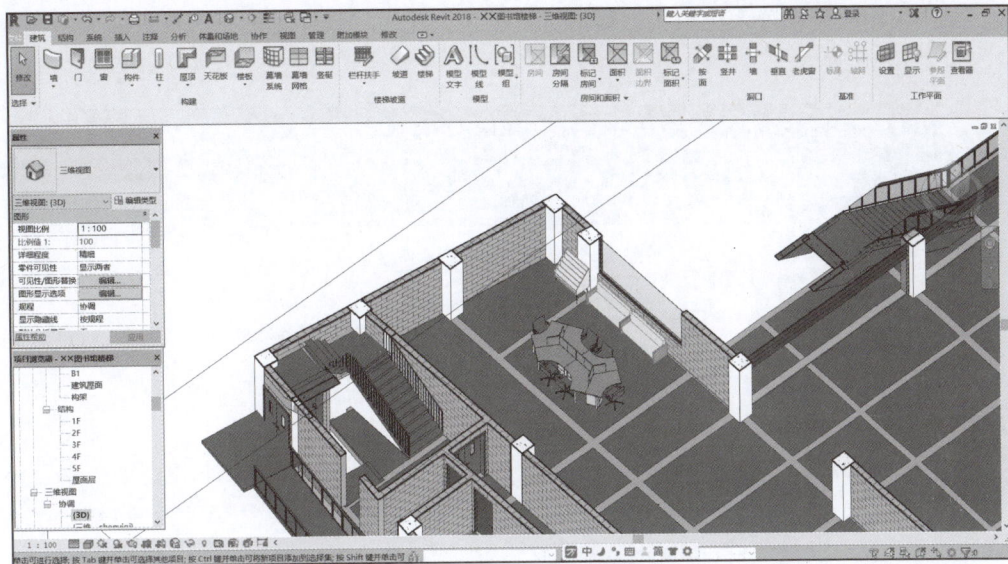

图 8.1.4　三维家具布置图

在 Revit 中，可以通过平面结合三维的方式更直观地观察所布置的灯具。其主要通过"构件"工具进行布置，构件是可载入族的实例，可通过载入各类灯具族用于布置，布置时要注意灯具的位置，如天花板灯只能在创建了天花板的位置后布置，其他位置都会显示禁止标志。

实训操作

放置室内灯具的步骤如下。

（1）启动 Revit，打开前面操作的"××图书馆"项目文件，单击"插入"选项卡→"载入族"工具，单击"建筑"→"照明设备"→"天花板灯"文件，从程序族库中选择某个吸顶灯载入项目中使用，也可从其他地方导入各式灯具，如图 8.1.5 所示。

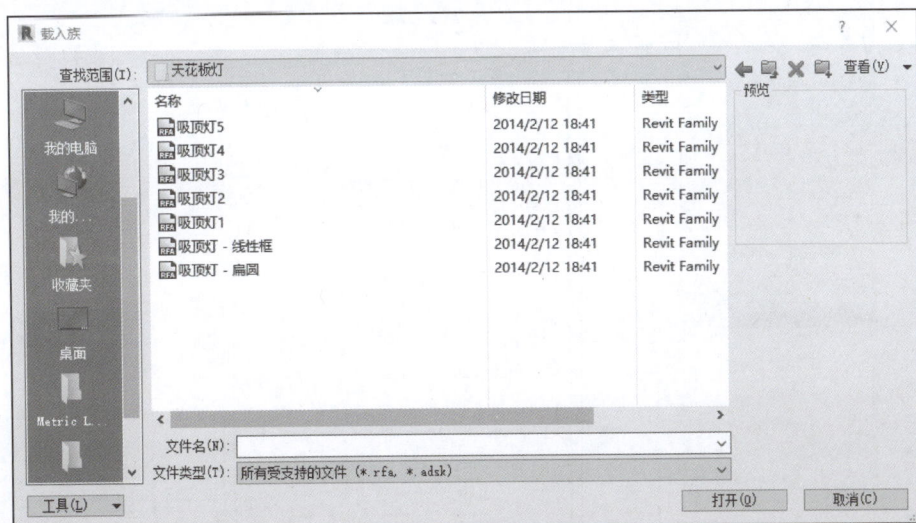

图 8.1.5　载入灯具族

（2）在相应需放置天花板吸顶灯的位置创建天花板，具体创建方法参见前面所述内容，如图 8.1.6 所示。

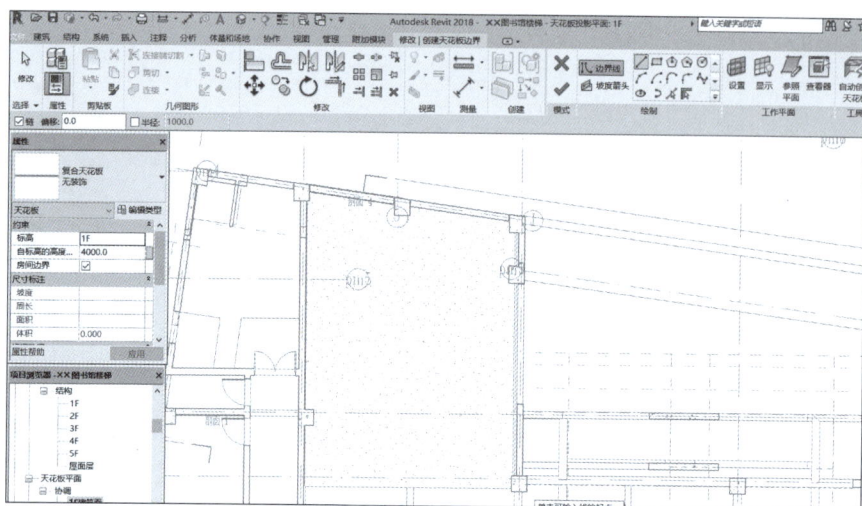

图 8.1.6　创建天花板

（3）双击"项目浏览器"→"天花板平面"→1F，打开一层天花板平面视图，单击"建筑"选项卡→"构建"面板→"构件"工具，在"属性"面板中选择刚刚载入的吸顶灯，将光标移到天花板上需要放置吸顶灯的位置，单击放置吸顶灯，如图 8.1.7 所示。同时，可以观察到在没有天花板的地方无法放置吸顶灯，按同样的方法可布置其他的灯具，在此不再重复叙述。

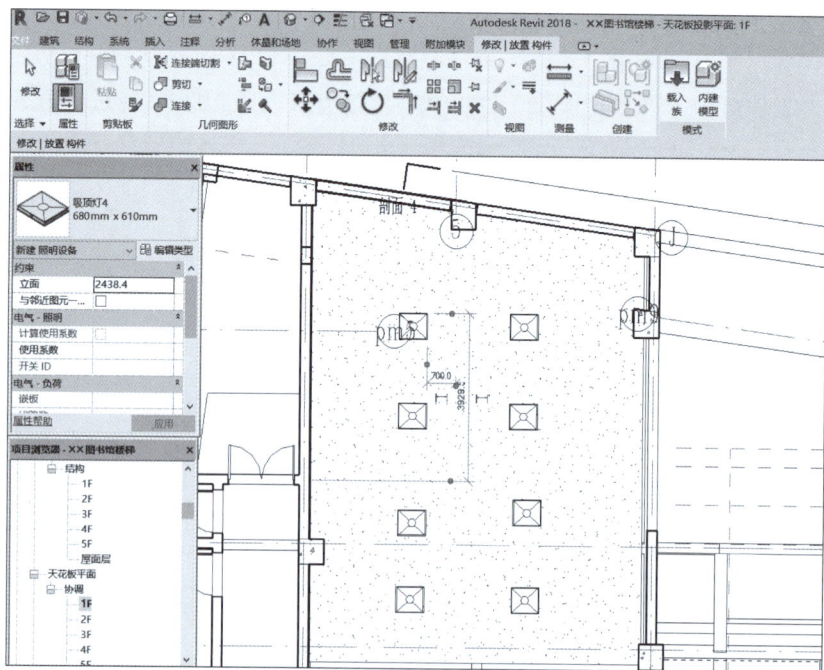

图 8.1.7　放置灯具

（4）转到三维视图，使用剖面功能查看室内的灯具布置，如图 8.1.8 所示。

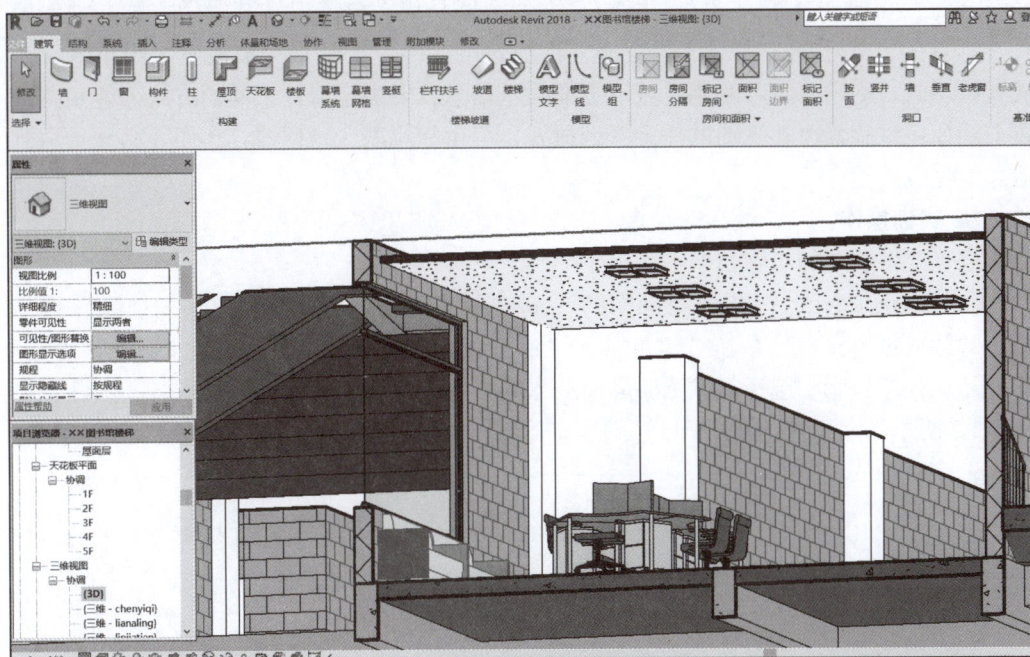

图 8.1.8　三维室内灯具效果

8.2　卫浴装置布置

📖 知识准备

卫浴装置：卫生间是工作生活中必须使用的空间，因此在公共建筑、居住建筑和工业建筑中都离不开卫生间的布置，包括卫生间隔断、坐便器、蹲便器、小便斗、洗脸盆、浴盆等，如图 8.2.1 所示。

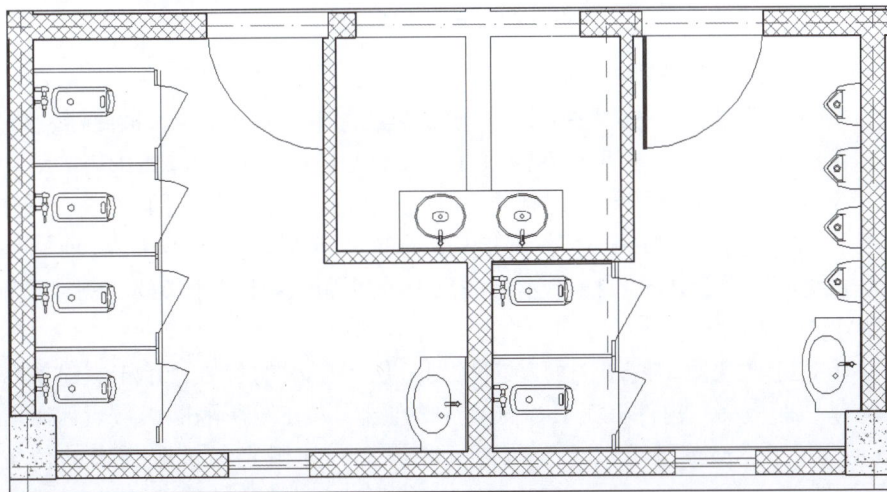

图 8.2.1　卫浴装置

在 Revit 中，提供了二维卫浴器具族和三维卫浴器具族，当需要和给水排水工程紧密结合时，需要选择带连接件功能的三维卫浴器具族。放置卫浴装置的方式与放置家具、灯具的方式相同，先载入相应族，再通过"构件"工具来完成放置，当出现无法放置状态时，一定要观看绘制区域下方的提示信息，要决定以什么样的方式才能正常放置。例如，洗脸盆可在视图的任意区域放置，卫生间隔断、蹲便器、小便斗必须拾取到墙才能完成放置。

✎ **实训操作**

放置卫浴装置的步骤如下。

（1）启动 Revit，打开前面操作的"××图书馆"项目文件，单击"插入"选项卡→"载入族"工具，单击"建筑"→"专用设备"→"卫浴构件"→"盥洗室隔断"文件，从程序族库中选择某款厕所隔断载入项目中，也可从其他地方导入各式隔断，如图 8.2.2 所示。

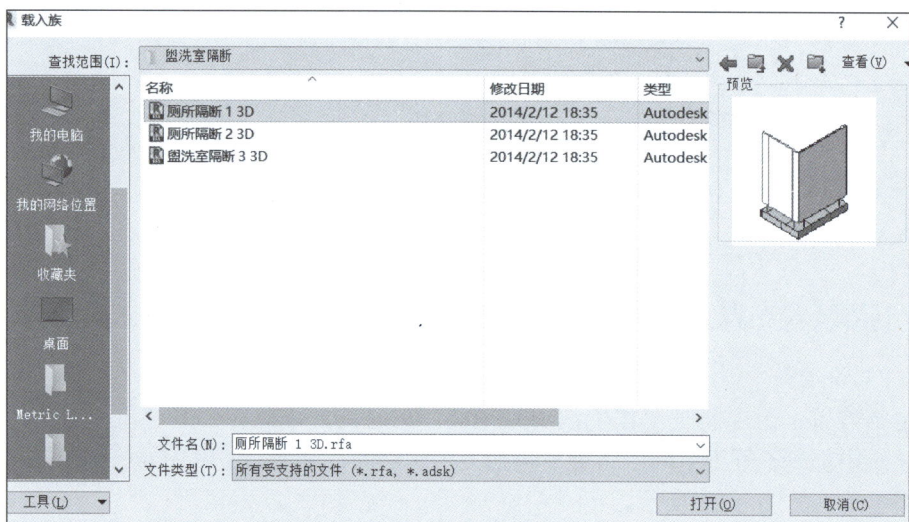

图 8.2.2　载入厕所隔断

（2）单击"插入"选项卡→"载入族"工具，单击"建筑"→"卫浴器具"→3D→"常规卫浴"文件，从程序族库中选择各类洗脸盆、小便斗、坐便器、蹲便器、污水槽等载入项目中使用，也可从其他地方导入各式卫浴装置，如图 8.2.3 所示。

（3）双击"项目浏览器"→"楼层平面"，双击 1F，打开一层平面视图，单击"建筑"选项卡→"构建"面板→"构件"工具，选择"厕所隔断 1"，在 7~8 轴与 A~B 轴的位置放置厕所隔断，如图 8.2.4 所示，注意卫生间隔断属于基于墙的实例，只有光标拾取到墙才能完成放置。

（4）转到三维视图，使用剖面功能找到一层卫生间的位置，单击"建筑"选项卡→"构建"面板→"构件"工具，选择"蹲便器"，在厕所隔断内放置蹲便器，如图 8.2.5 所示，按 Space 键可以改变蹲便器的方向，并用光标拾取到墙的位置完成放置。

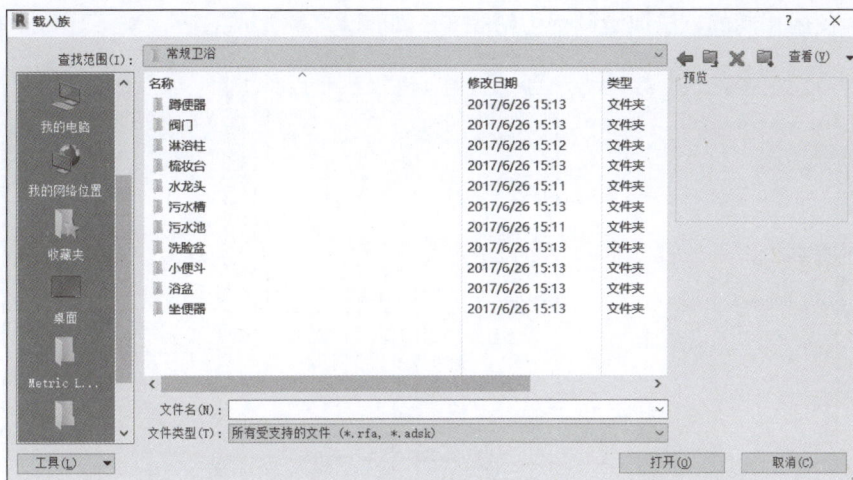

图 8.2.3　载入卫浴装置

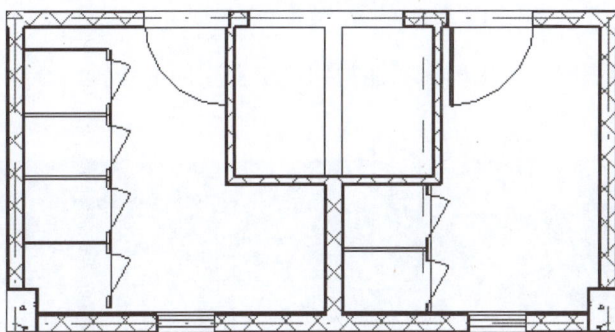

图 8.2.4　放置厕所隔断

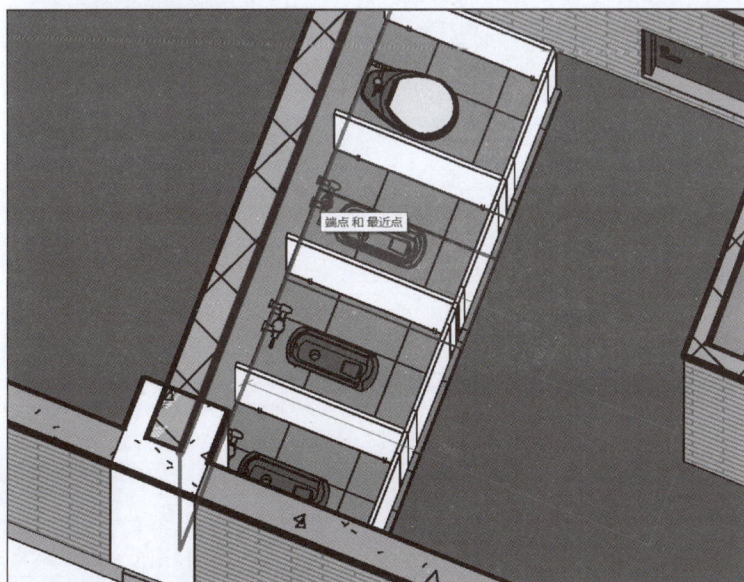

图 8.2.5　放置蹲便器

（5）使用相同的方法放置其他卫浴装置，如图 8.2.6 所示。

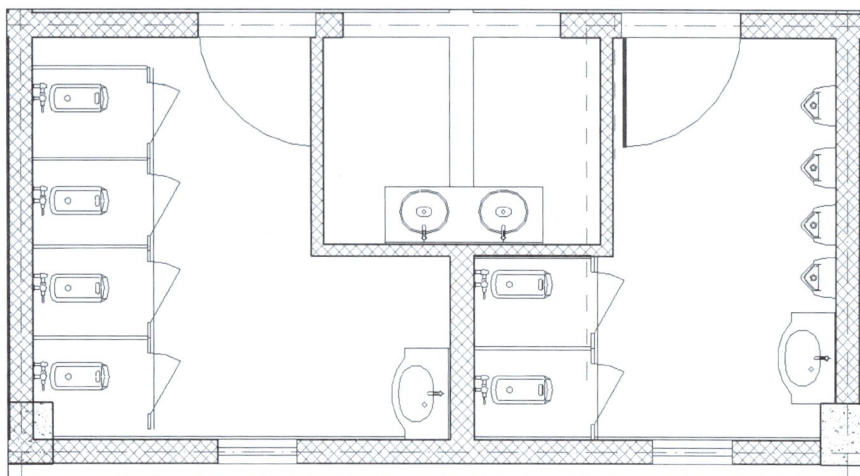

图 8.2.6　放置卫浴器具

（6）转到三维视图，使用剖面功能找到一层卫生间的位置，查看三维卫生间效果，如图 8.2.7 所示。

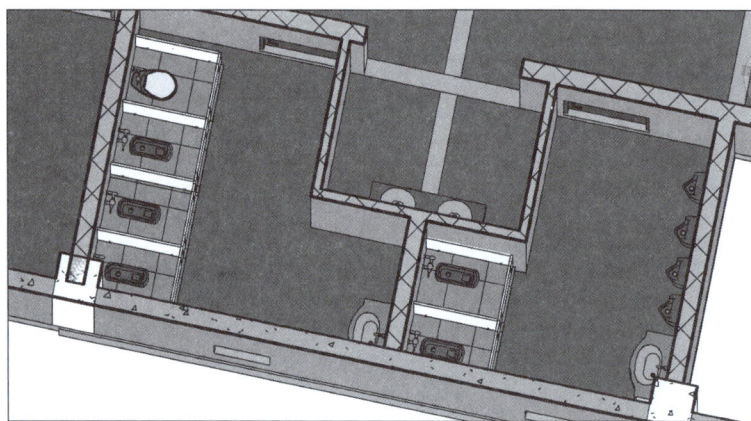

图 8.2.7　三维卫生间效果

学习笔记

阶段性成果验收

阶段性成果验收单

查 验 构 件	查 验 指 标	自　评	互　评	教师评价
家具	合理性：是否合理摆放办公、书架、沙发、桌椅等设备	☐是　☐否	☐是　☐否	☐是　☐否
灯具	合理性：指定区域天花板灯具是否布置合理	☐是　☐否	☐是　☐否	☐是　☐否
卫浴设施	合理性：指定卫生间是否合理布置卫浴设备	☐是　☐否	☐是　☐否	☐是　☐否
验收结果	☐优　☐良　☐中　☐合格　☐不合格			
验收成员签字	年　　月　　日			

习题

一、单选题

1. 载入家具族后，可以通过以下哪种方式布置家具？（　　）

   A. 使用"插入"选项卡中的"载入族"→载入家具

   B. 使用"建筑"选项卡中的"构件"→放置构件

   C. 使用"建筑"选项卡中的"家具"→放置家具

   D. 以上均可

2. 选择要布置的家具后，可以通过什么按键改变家具放置的方向？（　　）

   A. Shift 键   B. Ctrl 键

   C. Space 键   D. Alt 键

3. 在布置蹲便器时，如果想让蹲便器拾取墙进行放置，应在"修改 | 放置 构件"时可选择的放置面中选择（　　）。

   A. 放置在面上   B. 放置在工作平面上

   C. 放置在垂直面上   D. 放置在立面上

二、多选题

1. 以下哪些构件属于常规卫浴构件？（　　）

   A. 坐便器   B. 蹲便器   C. 盥洗室隔断

   D. 洗脸盆   E. 污水槽

2. 室内照明设备根据旋转的位置和功能的不同包括（　　）。

   A. 指示灯   B. 天花板灯和壁灯   C. 信号灯

   D. 台灯和落地灯   E. 射灯和嵌入灯

3. 放置蹲便器时，在"修改 | 放置 构件"时可选择的放置面有（　　）。

   A. 放置在垂直面上   B. 放置在立面上   C. 放置在面上

   D. 放置在工作平面上   E. 放置在平面上

第9章 室外场地布置

9.1 创建场地

9.1.1 添加地形表面

📖 **知识准备**

地形表面是室外场地布置的基础。

在 Revit 中，可以在场地平面或三维视图中定义地形表面。创建地形表面的方式主要有两种：放置高程点和导入测量文件，如图 9.1.1 所示。

放置高程点：用户手动添加地形点并指定高程，Revit 根据设定的高程点生成三维地形表面。

导入测量文件：用户可直接导入 DWG 格式的文件或测量数据文本，Revit 根据导入的文件数据生成场地地形表面。

✎ **实训操作**

教学视频：室外场地布置

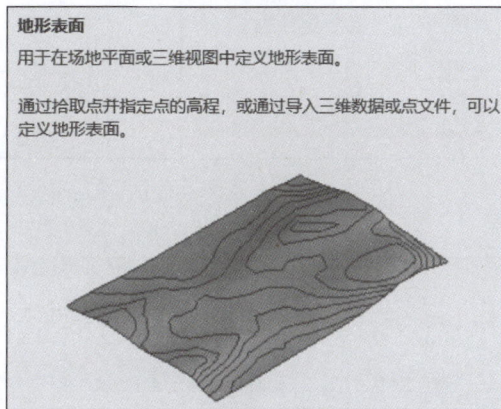

地形表面
用于在场地平面或三维视图中定义地形表面。

通过拾取点并指定点的高程，或通过导入三维数据或点文件，可以定义地形表面。

图 9.1.1 "地形表面"工具

在标高 −600mm 处添加地形表面的步骤如下。

（1）为使在一层平面中能看到 −600mm 处的地形表面，设置视图显示范围：启动 Revit，打开前面操作的"××图书馆"项目文件，双击"项目浏览器"→"楼层平面"→1F，打开一层平面视图，单击"属性"面板中的视图范围栏的"编辑"按钮，将底部设为相关标高（1F）、偏移为 −800，视图深度标高也设为相关标高（1F）、偏移为 −800，如图 9.1.2 所示。

（2）单击"体量与场地"选项卡→"场地建模"面板→"地形表面"工具，在"修改|编辑表面"上下文选项卡的"工具"面板中选择"放置点"工具，在选项栏中设置高程为 −600，按图 9.1.3 所示位置在图书馆四周放置高程点，单击"模式"面板中的"完成编辑模式"按钮。

（3）选中地形表面，单击"属性"面板中的材质，选择地形表面材质为"混凝土 - 现场浇注混凝土"，如图 9.1.4 所示。

（4）转到三维视图，去除剖面框选项，查看整个建筑与场地情况，如图 9.1.5 所示。

图 9.1.2 设置视图范围

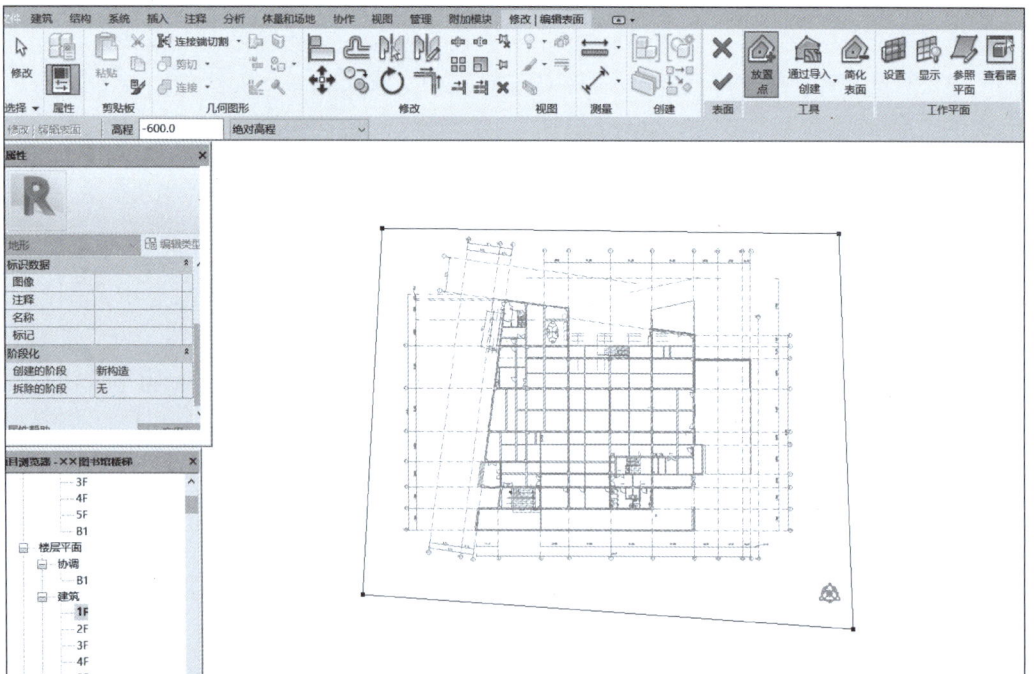

图 9.1.3 放置高程点

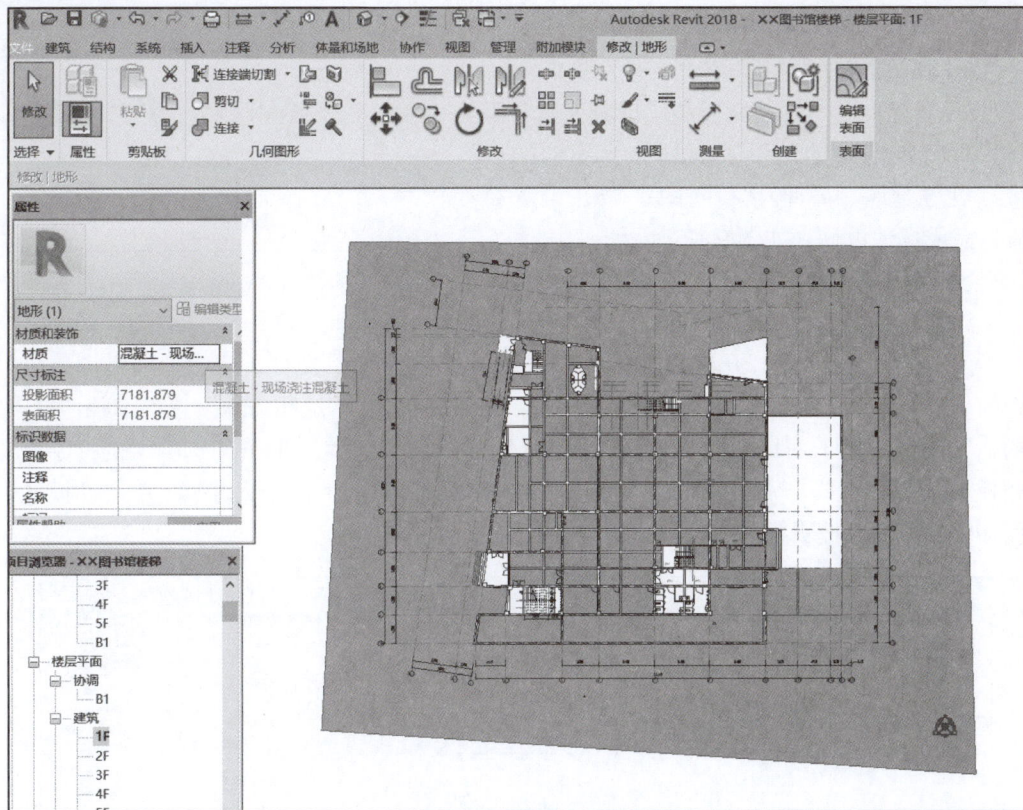

图 9.1.4 定义材质

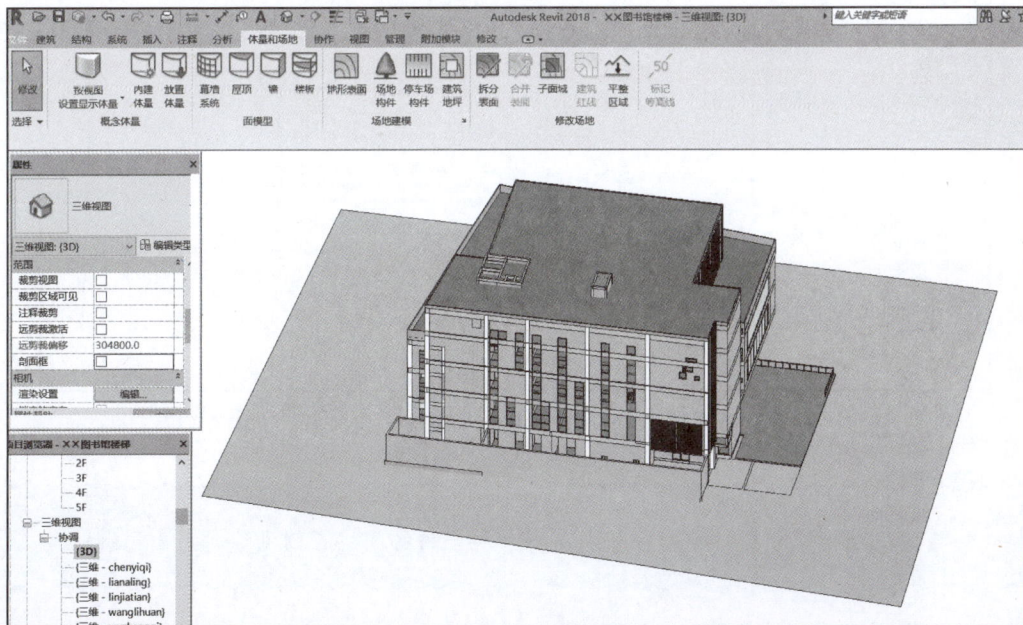

图 9.1.5 三维地形表面效果

9.1.2 创建场地道路和草地

📖 **知识准备**

Revit 提供了"子面域"和"拆分表面"工具，可将创建好的地形表面划分为不同的区域，设置道路、草地等不同的区域并设置材质，完成场地设计，如图 9.1.6 所示。

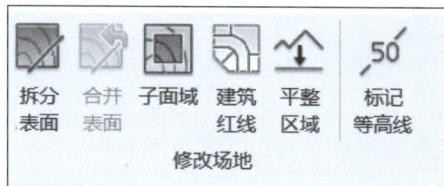

图 9.1.6 "修改场地"面板

✎ **实训操作**

添加各类场地构件的步骤如下。

（1）启动 Revit，打开前面操作的"××图书馆"项目文件，双击"项目浏览器"中的"楼层平面"，双击 1F，打开一层平面视图，单击"体量和场地"选项卡→"修改场地"面板→"子面域"工具，在"修改 | 创建子面域边界"上下文选项卡的"绘制"面板中选择"直线"和"弧线"等工具，绘制如图 9.1.7 所示的子面域，单击"模式"面板中的"完成编辑模式"按钮。

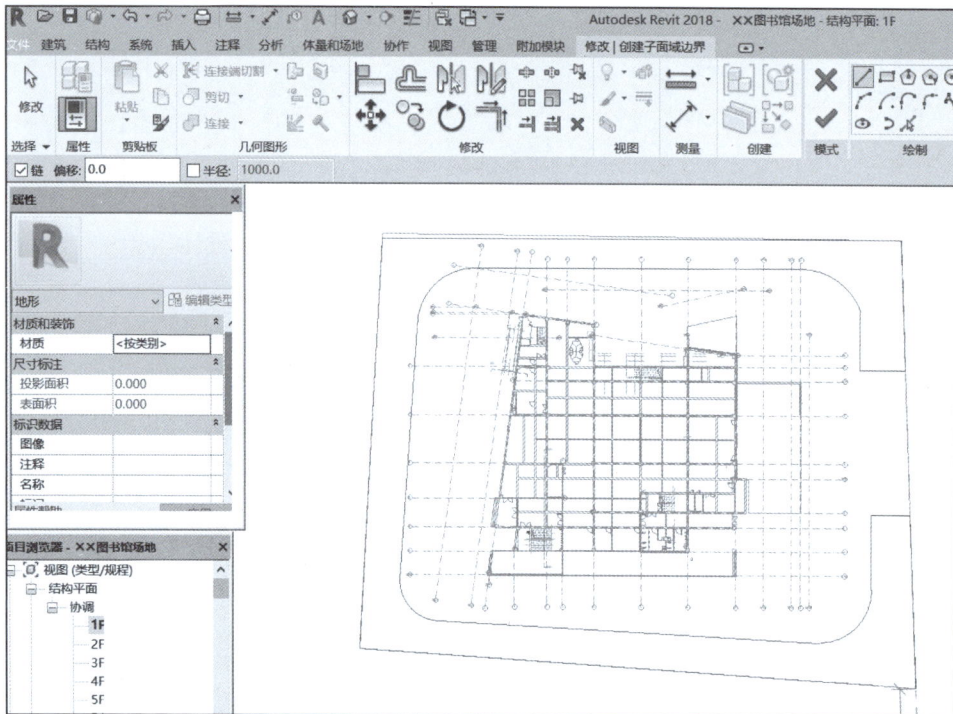

图 9.1.7 绘制子面域

> **注意**
>
> 与楼板等构件相同，子面域必须是一个闭合的区间，否则创建时将出错。

（2）选中子面域，单击"属性"面板中的材质，选择材质为"草地"，如图 9.1.8 所示。

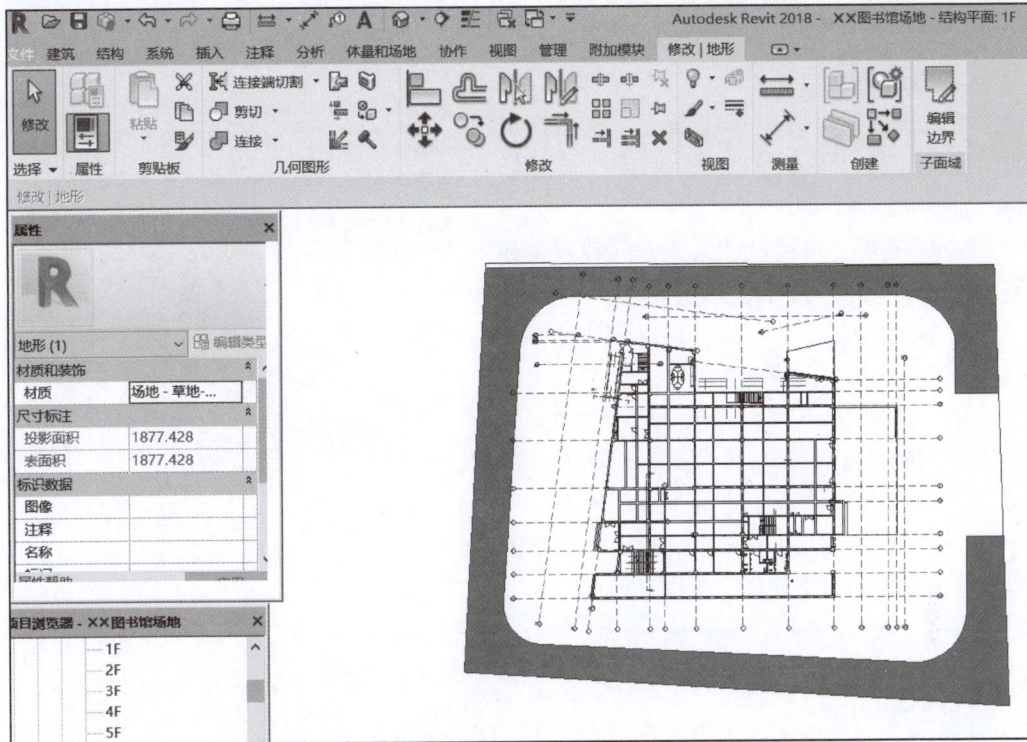

图 9.1.8　定义子面域材质

（3）转到三维视图，查看整个建筑与场地情况，如图 9.1.9 所示。

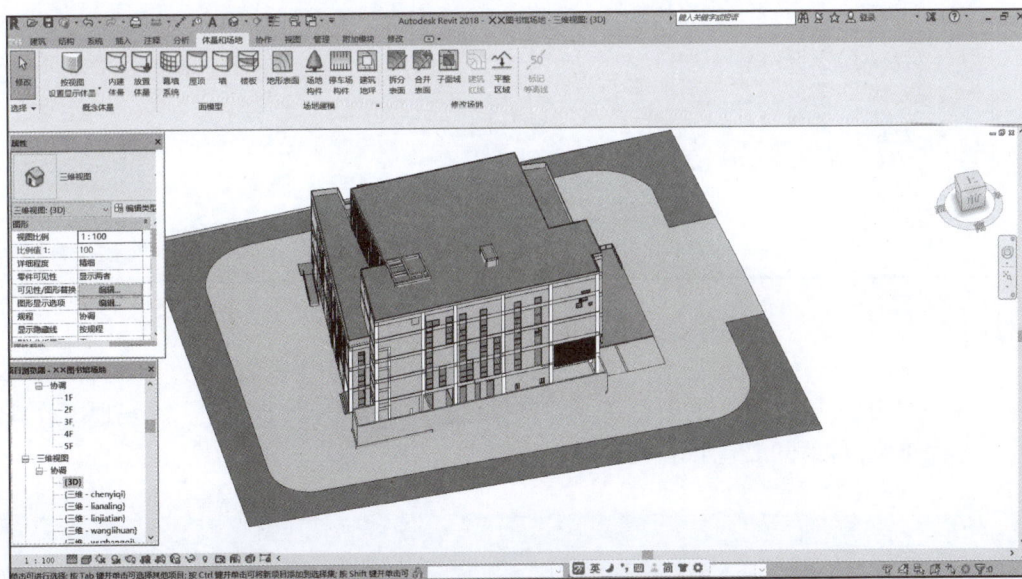

图 9.1.9　三维场地道路和草地效果

9.2 放置场地构件

📖 知识准备

场地构件：可以用于在场地中添加特定的构件，如树、停车场、室外照明、篮球场等，如图 9.2.1 所示。

在 Revit 中，可通过载入族方式载入各种类型的场地构件，供用户使用。

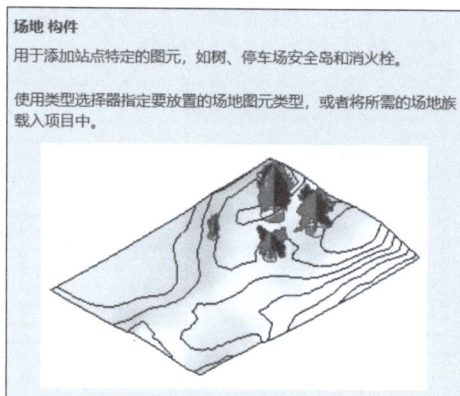

场地 构件

用于添加站点特定的图元，如树、停车场安全岛和消火栓。

使用类型选择器指定要放置的场地图元类型，或者将所需的场地族载入项目中。

图 9.2.1 场地构件

✍ 实训操作

放置场地构件的步骤如下。

（1）启动 Revit，打开前面操作的"××图书馆"项目文件，单击"插入"选项卡→"载入族"工具，单击"建筑"→"场地"→"停车场"文件，从程序族库中选择小汽车停车位等族载入项目中使用，如图 9.2.2 所示。

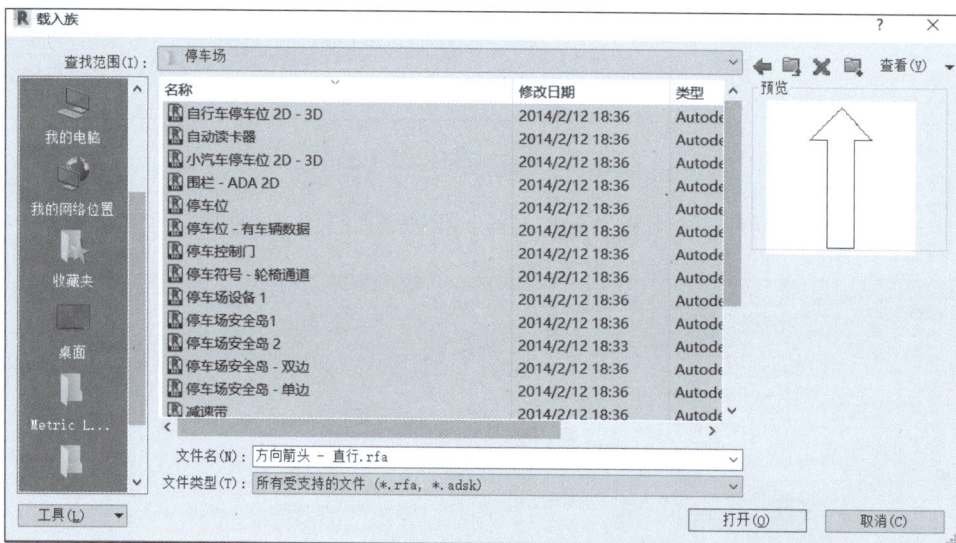

图 9.2.2 载入停车场构件

（2）双击"项目浏览器"→"楼层平面"→1F，打开一层平面视图，单击"建筑"选项卡→"构建"面板→"构件"工具，选择"小汽车停车位 2D-3D"，在场地内放置小汽车停车位，如图 9.2.3 所示。

> **注意**
>
> 放置停车位时，按 Space 键可改变停车位的方向，其他停车场构件放置方式与停车位放置方式相同，在此不重复演示。

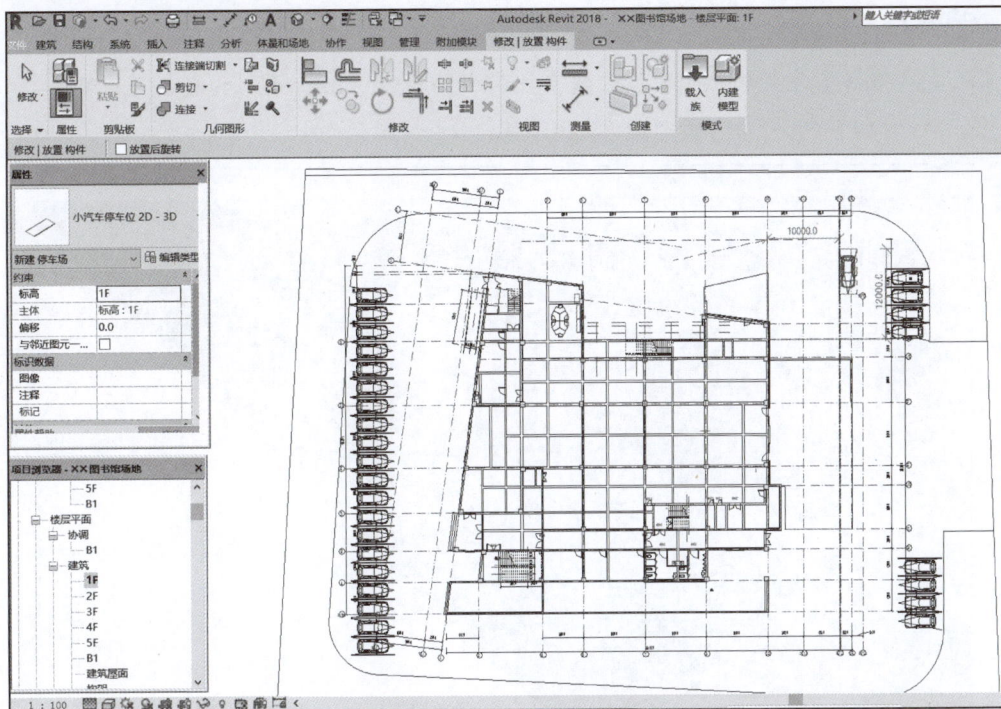

图 9.2.3　放置停车场构件

（3）单击"插入"选项卡→"载入族"工具，单击"建筑"→"配景"文件，从程序族库中选择 RPC 女性、RPC 男性、RPC 甲虫族载入项目中使用，如图 9.2.4 所示。

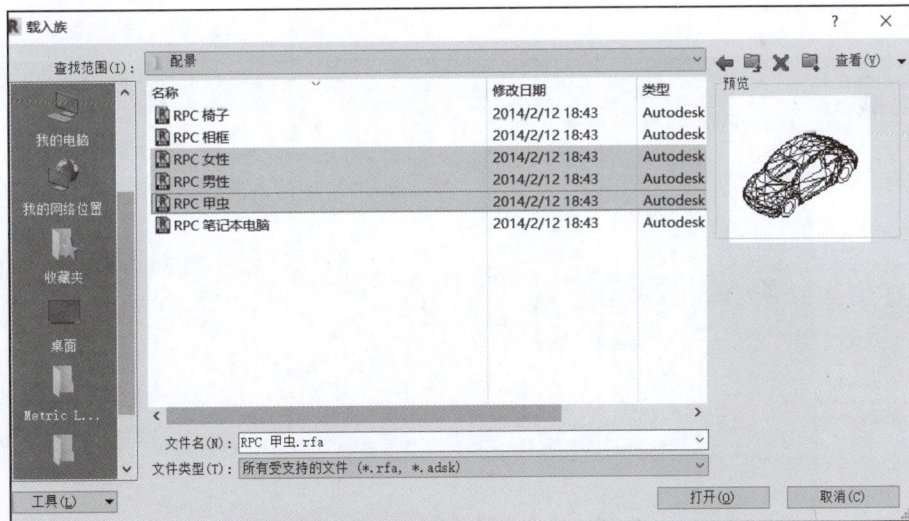

图 9.2.4　插入汽车和人物构件

（4）进入三维视图，单击"建筑"选项卡→"构建"面板→"构件"工具，选择"甲虫"，在停车位的位置放置甲虫小汽车，选择各种男性或女性人物，在图书馆的门口、汽车边上等位置放置人物，如图 9.2.5 所示。

> **注意**
>
> 把人物放在室外楼板上时，要将人物向上偏移 350mm，否则会看不见脚部。

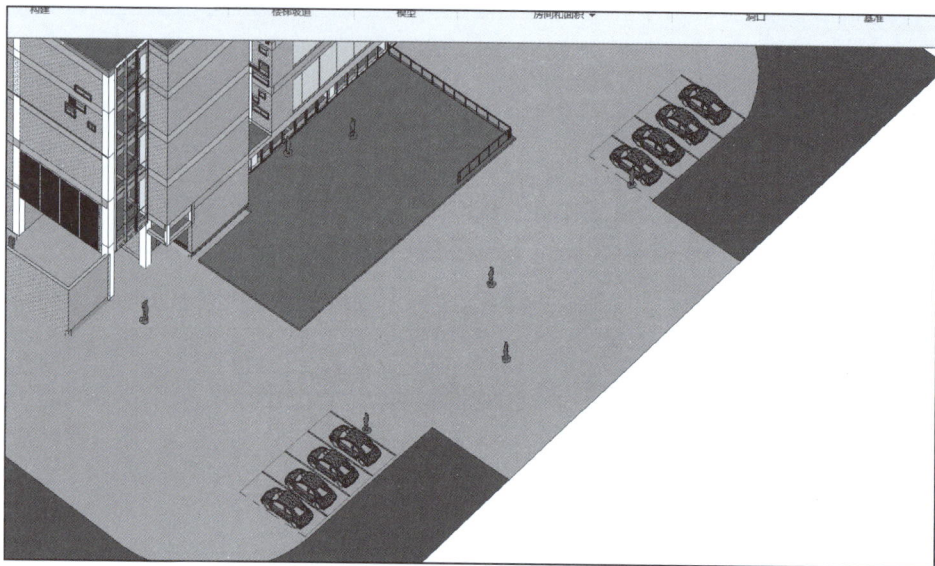

图 9.2.5　放置汽车和人物构件

（5）进入三维视图，设置视图控制栏的视觉效果为"真实"，得到如图 9.2.6 所示的视觉效果。由于真实效果对内存和 CPU 的要求较高，会影响软件操作速度，所以在设置完成后又可回到"着色"效果，以方便后面的操作。

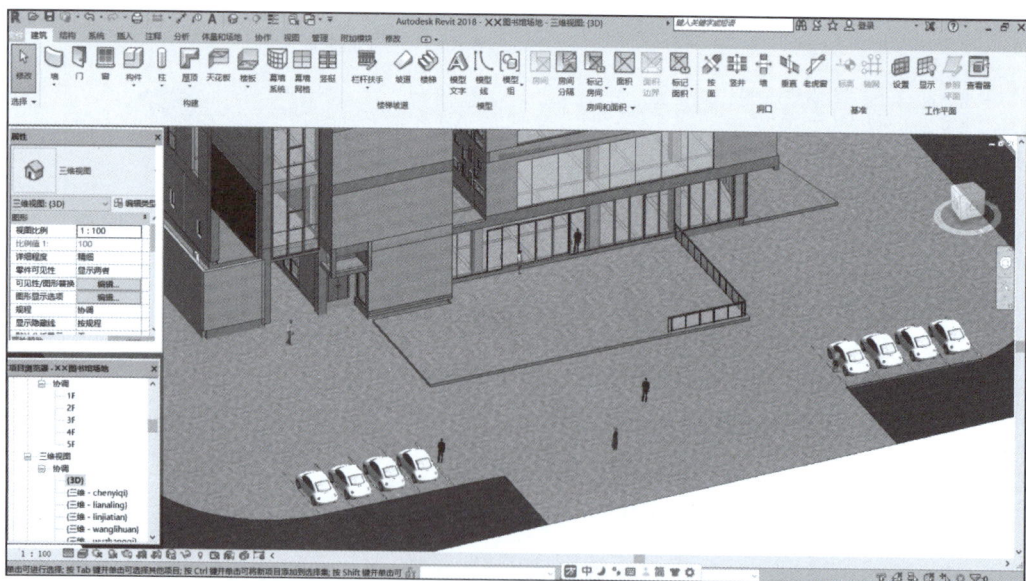

图 9.2.6　三维真实效果

（6）单击"插入"选项卡→"载入族"工具，单击"建筑"→"植物"→"3D"文件，从程序族库中选择各类植物载入项目中，如图9.2.7所示。

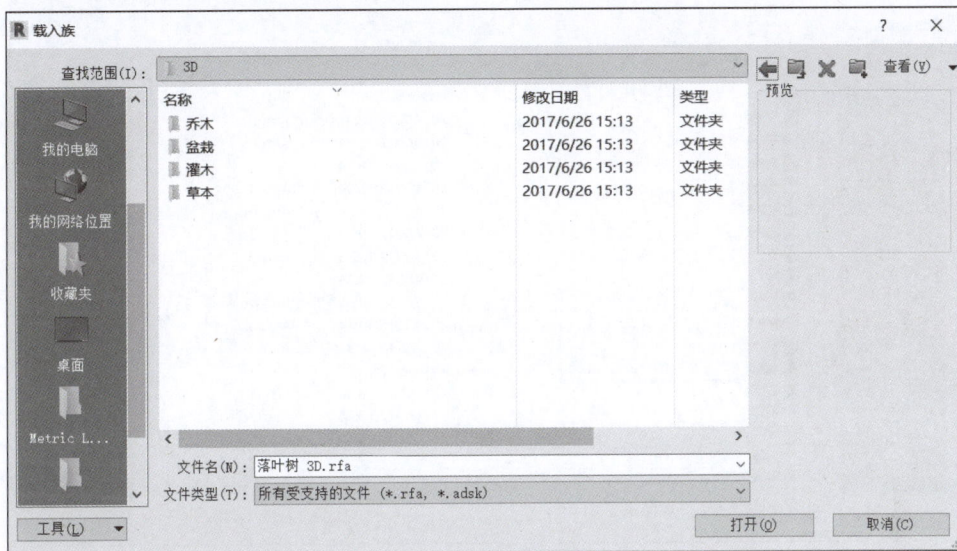

图9.2.7 载入植物构件

（7）双击"项目浏览器"中的"楼层平面"，双击1F，打开一层平面视图，单击"建筑"选项卡→"构建"面板→"构件"工具，选择各类植物，在场地的草地子面域内放置各类植物，如图9.2.8所示。

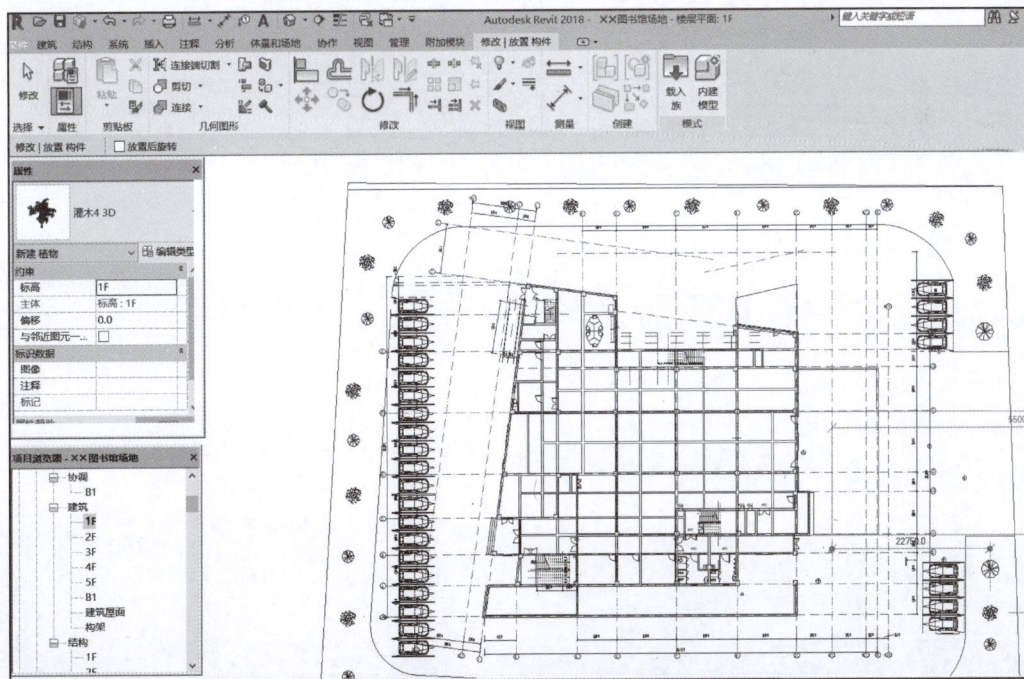

图9.2.8 放置植物构件

（8）单击"插入"选项卡→"载入族"工具，单击"建筑"→"照明设备"→"外部照明"文件，从程序族库中选择某款室外灯载入项目中，如图 9.2.9 所示。

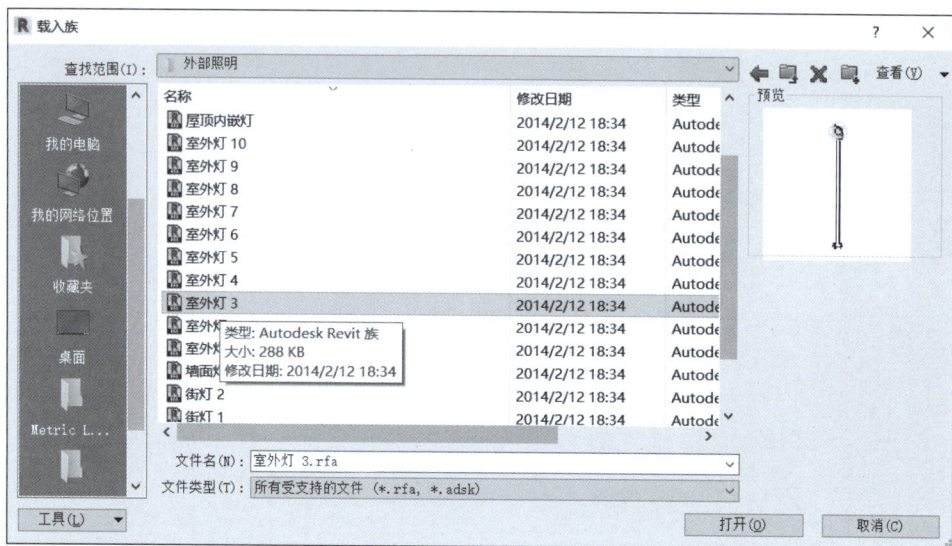

图 9.2.9　载入室外照明设施

（9）双击"项目浏览器"→"楼层平面"→1F，打开一层平面视图，单击"建筑"选项卡→"构建"面板→"构件"工具，选择室外灯，在场地的草地子面域的边缘放置室外灯具，如图 9.2.10 所示。

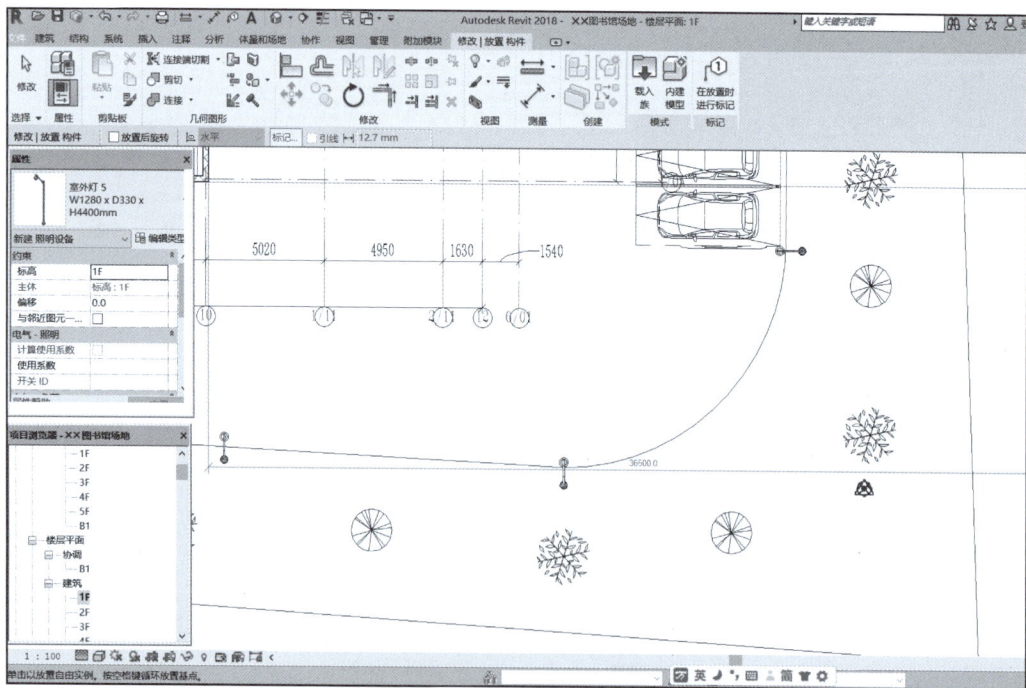

图 9.2.10　放置室外照明设施

（10）转到三维视图，查看总体场地布置效果，如图 9.2.11 所示。

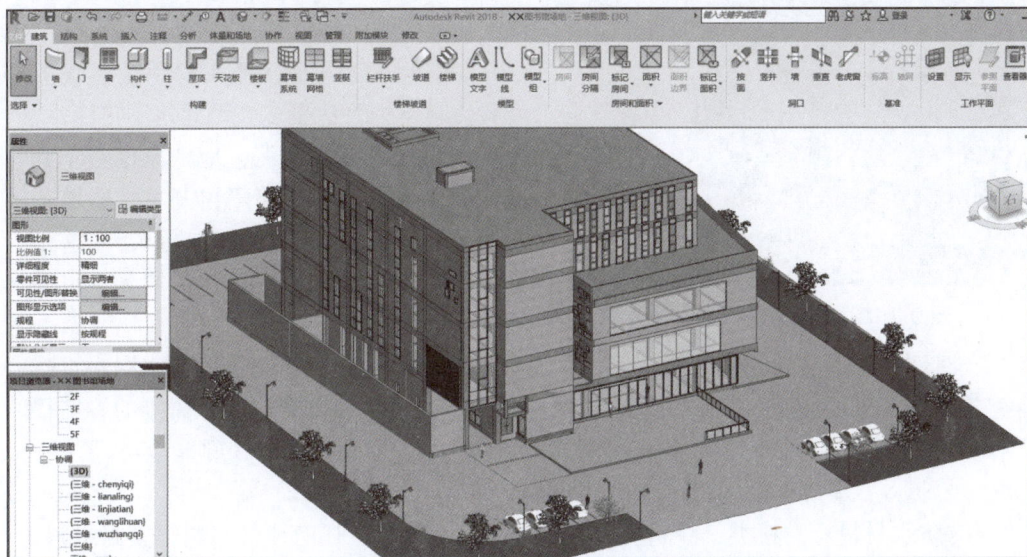

图 9.2.11　总体场地布置效果

拓展阅读——新时代大国工匠

中国自古地大物博，文化艺术源远流长。在灿若星河的中华文明历史长河里，建筑更是具有悠久的历史和光辉的成就。

由鲁班开始，神乎其神的匠人传说就在广大人民群众中流传开来，树立了古代都城建设样板的宇文恺，史书缺乏记载却留下著名的赵州桥的李春，编著了中国古代最全面、最科学建筑手册《营造法式》的李诫，强调建筑特色和环境、雕塑等协调统一的张志纯，大名鼎鼎的宫殿园林设计者样式雷家族等。

当今的建筑业同仁，也秉承"干一行爱一行，钻一行精一行"的精神，以卓越的劳动创造争做新时代的大国工匠。

1. 杜天刚：廿余载不忘初心，专注建筑防渗水

"中国梦·大国工匠篇"大型主题宣传活动由国家互联网信息办公室和中华全国总工会联合开展，中央新闻网站、地方重点新闻网站及主要商业网站共同参与。活动旨在深入学习宣传贯彻党的十九大精神，通过采访报道基层工匠典型，弘扬劳模精神和工匠精神，在全网全社会营造劳动光荣的社会风尚和精益求精的敬业风气。

防渗工程直接影响建筑安全，也与社会民生息息相关。从投身于上千个工程无一返修，到钻研创新工艺、攻克技术难点，从牵头组建全国首个建筑灌浆防渗技术协会，到自掏腰包组织培训、传承技艺……身为国家防水产业技术创新战略联盟专家委员会防水技术专家，杜天刚以精益求精的工匠精神，深耕于防水堵漏领域二十

图 9.2.12　杜天刚进行防渗施工

余年，为推动行业队伍专业化、标准化、精细化而努力（图 9.2.12）。

"我迫切希望能够把我的手艺、我的经验传承下去，让更多大型建筑不再渗水，煤矿不再发生突水突泥，地铁再也看不到路人摔倒或撑伞，道路不再开挖，边坡不再滑坡，老百姓的住宅不再漏水。"这是杜天刚接受记者采访时表达的愿景，也是他多年来始终秉持的初心。

时间是所有建筑物的天然对手，大至桥梁隧道，小至民居街巷，渗水漏水折减建筑寿命，事关民生安全。如何破解这一普遍存在的世界性难题？杜天刚的答案很朴实："材料多种多样，工艺各有不同。做好防水的关键在于用心，熟能生巧。"

2. 恒心：参与上千工程，至今无一返修

"防水材料有卷材类、涂料类，每个门类又有细分，还有刚性材料、密封材料、堵漏材料等。它们在力学性能、温度性能、耐水性能、抗老化性能上各有特点，有不同的适用范围、配制方法、施工技艺、工程维护。"他一边向记者介绍得心应手的专业知识，一边演示着操作技巧，手法熟稔，忙而不乱，自带"高手光环"。

据中国建筑防水协会发布的《2013 年全国建筑渗漏状况调查项目报告》显示，建筑渗漏问题较普遍，不同年限楼房屋面的渗漏率均超过 90%。而这二十多年来，杜天刚参与的上千个防渗工程，至今没有一个因质量问题而返修。

2007 年，嘉悦大桥在汛期来临前，遭遇施工的重大挑战：桥墩的帷幕出现严重渗水，嘉陵江水喷溅而入，施工作业面一片汪洋，工程只能停止。帷幕就是在江水中用混凝土修建的像水桶一样的围挡，拦住江水，"水桶"内才能架设钢筋、浇筑混凝土、修建桥墩，桥墩立起后，再架设桥梁。

当时，国内几家知名的防渗处理公司受邀前来，它们提出的方案将增加上千万元的费用，并把大桥通车时间往后延迟一年。

而杜天刚到场后，穿着救生服，带着测试工具，在帷幕中观测一整天后，拿出自己的解决方案，并带领团队亲自下几十米深处实施作业：在渗水处开挖"喇叭口"缝槽，再往缝槽中灌注防渗材料。

这种当时在业界闻所未闻的处理工艺一举奏效，防渗材料迅速凝结成块，形成了外小内大的"喇叭口"，有效防止了这些硬块被江水冲落，在此基础上进一步灌注防渗材料，帷幕的渗漏处被全部堵住。施工方为此节省了费用，大桥也按期竣工。

3. 尽心："每个重大案例都历历在目"

在杜天刚完成的上千个建筑防渗处理工程中，不乏哈大高铁、兰新铁路、沪杭高铁、京杭高铁、张唐铁路等全国性重大工程。

2001 年，有近百年历史、历经数十次防渗处理的长春西客站，再次出现严重渗水。杜天刚希望"一劳永逸"，不过彻底处理需要清掏此前全部的防渗材料残渣，常规的器具根本无法深入仅有 5 厘米的伸缩缝。他在忠县农村请铁匠打了一个类似于"掏耳勺"的工具,用 3 天时间把残渣全部清理干净。灌入新材料后,该工程再也没有出现渗水问题。

2011 年,他创造性地在混凝土缺陷部分埋藏灌浆导管,堵住了沙坪坝三峡广场地下人防工程的渗水,成本比常规方法节省七成;2012 年,三峡大坝的部分廊道和机房出现渗水,水柱从墙壁喷溅而来,射程长达十多米,施工方根据杜天刚的建议,先安装止浆塞,水压变小后再用高压灌浆机往里注射防渗浆,渗水立即被堵住。

4. 细心:"我靠的就是实干加巧干"

1971 年,杜天刚出生在重庆忠县,成长于一个普通的农村家庭。19 岁参军,22 岁退伍回乡,由于没有实用技术和工作经验,他一时找不到求职方向。此后,杜天刚与几个同乡怀着"闯码头"的雄心来到重庆,成为"山城棒棒军"中的一员,并凭借踏实肯干,得到雇主的好评,经介绍进入防水行业。

"防水堵漏,讲的是品质和信誉。学这门手艺,需要懂材料、懂设备,洞察施工环境,采取合适工艺,要实干加巧干,要体力与智慧的结合。"谈及多年体会,杜天刚这样归纳。在老板的悉心教导下,他很快掌握了防水技术,由一名"临时工"成长为一名有技术的"熟练工",被老板派送到东北分公司。

"在东北有一次施工,那户住的老两口都得了风湿病,饱受房屋漏水返潮之苦。当时老大爷握着我的手说,我看你小伙子干活不错,希望你能帮我把防水做好。"这段经历深深触动了杜天刚。此后,他钻研技术,攻克了一个个难点,逐渐成为业界技术骨干。

1999 年,杜天刚收购了防水专利,2002 年回到重庆,又通过参与一系列大型防水项目,在业内赢得良好的声誉。2016 年,杜天刚荣膺 2016 年度十大"巴渝工匠"荣誉称号,且被授予"重庆五一劳动奖章"。

5. 暖心:"良心行业一定要质保"

多年来,杜天刚坚持从学习理论到探索实践,再从经验中升华提炼出要诀,并积极推动国内外从业者技术交流、取长补短。他牵头组建了全国首个建筑灌浆防渗技术协会,每年举行的全国性行业技术研讨会吸引包括院士在内的诸多专家参会。他还言传身教,编著专业技能教材,开办培训班传授技艺,为多个区县的精准扶贫工作开展就业指导。

怀着责任感和善心做事是杜天刚的人生信条。汶川地震,他将自己账上的数万元存款全部捐出,生意几乎因缺乏流动资金而"断炊";甘肃舟曲泥石流事故,他自费赶往事发现场建言献策。当被问起工匠秘诀,杜天刚说:"只是'用心'二字!良心行业一定要质保。没有实战经验,未经过任何专业培训,何以称作匠人?质量问题往往就出在'手艺人'不用心。一个细节处理草率,整个工程就可能垮掉。"

他呼吁,防水领域有两点亟待补强:一是充实专业化队伍;二是质量与标准相辅相成。"建筑防水是老百姓关注的热点和难点问题,年久失修的小区需要专业防水工,全国的需求至少有数十万人。如果能在更大范围内培训这一专业技能,将对精准扶贫、带动就业起到有力的促进作用。"

他的培训班并不追求"手艺速成"，而是着眼于对事业的专注、对质量的执着、对完美的追求。"在老师的眼里，技艺永远没有终点。我承接项目碰到疑难杂症时，会回来请教他。而有的项目甲方监理已经通过，但如果技术处理未达到他的要求，会被要求重做。"杜天刚的严格要求，令"零基础"学员徐刚印象深刻。他参加了三期培训班后，已经实现学以致用，组建起项目团队。

如今事业有成，杜天刚思考更多的并非财富增值，仍是如何担当起"防水人"的责任和使命："随着时代的进步，'不漏'只是对防水的基本要求，行业应有更远大的目标，使我们的家园更安全、更耐久、更绿色。而我最想做的是传承，让更多专业人才为老百姓解决实际困难。"

（引自新华社）

学习笔记

📖 **阶段性成果验收**

阶段性成果验收单

查 验 构 件	查 验 指 标	自　评	互　评	教师评价
地形表面	合理性：是否合理设置地形表面	❏是　❏否	❏是　❏否	❏是　❏否
道路草地	合理性：道路草地区域规划是否合理	❏是　❏否	❏是　❏否	❏是　❏否
停车场	合理性：停车场布置是否合理	❏是　❏否	❏是　❏否	❏是　❏否
绿植	美观性：花草树木布置是否美观	❏是　❏否	❏是　❏否	❏是　❏否
人文	人文性：人员、汽车等布置是否生动	❏是　❏否	❏是　❏否	❏是　❏否
室外照明	合理性：室外照明布置是否合理	❏是　❏否	❏是　❏否	❏是　❏否
验收结果	❏优　❏良　❏中　❏合格　❏不合格			
验收成员签字				

年　　月　　日

习题

一、单选题

1. 关于场地的几个概念，下列表述中正确的是（　　）。

　　A. 拆分表面草图线一定是开放环　　　　B. 子面域草图线一定是闭合环

　　C. 子面域草图线一定是开放环　　　　　D. 拆分表面草图线一定是闭合环

2. 对场地表面进行拆分的时候，绘制拆分草图形状说法错误的是（　　）。

　　A. 可以绘制一个不与任何表面边界接触的单独的闭合环

　　B. 可以使用"拾取线"命令来拾取地形表面线

　　C. 开放环的两个端点都必须在表面边界上

　　D. 开放环的任何部分都不能相交，或者不能与表面边界重合

3. 可以将等高线数据导入到 Revit 自动生成地形表面的格式是（　　）。

　　A. DWG　　　　　　　B. DGN　　　　　　　C. DFX　　　　　　　D. 以上都是

二、多选题

1. Revit 提供的创建地形表面的方式有（　　）。

　　A. 放置点　　　　　　B. 子面域　　　　　　C. 通过导入创建　　D. 简化表面

2. 创建地形的方式有哪几种？（　　）

　　A. 直接放置高程点，按照高程点连接各个点生成地形表面

　　B. 导入等高线数据来创建地形

　　C. 导入土木工程应用程序中的点文件

　　D. 通过构建集创建生成

三、小讨论

阅读《新时代大国工匠》，谈一谈新时代建工人的匠心传承。

第 10 章　渲染与漫游

10.1　渲染

10.1.1　室外渲染

📖 知识准备

渲染可用于创建建筑模型的照片级真实感图像，并可导出 JPG 格式的图像文件供设计师与业主进行交流使用。

Revit 集成了 Mental Ray 渲染引擎，无须使用其他软件就可生成建筑模型的照片级真实渲染图像。

教学视频：渲染与漫游

✎ 实训操作

进行建筑模型的室外渲染的步骤如下。

（1）在二层高度设置相机：启动 Revit，打开前面操作的"××图书馆"项目文件，双击"项目浏览器"中的"楼层平面"，双击"2F"，打开二层平面视图，单击"视图"选项卡→"创建"面板→"三维视图"工具，选择"相机"，在选项栏中勾选"透视图"选项（不勾选"透视图"选项，视图会变成正交视图，即轴测图，用户可自行尝试）、"偏移"值为 1750（此设置的效果为相机离二层标高 1750mm 处拍摄效果，和人站在二层拍摄效果类似），在建筑物的东侧单击，放置相机视点，向左侧移动鼠标指针至"目标点"位置（图 10.1.1），单击生成三维透视图（图 10.1.2）。

（2）选中三维视图外围的框，可对相机做进一步的调整，也可使用"属性"面板中的参数对相机做进一步设置（图 10.1.3）。

（3）单击"视图"选项卡→"演示视图"面板→"渲染"工具，设置渲染参数，如图 10.1.4 所示。

（4）单击"渲染"按钮，等待渲染（一般需要一些时间），室外渲染效果如图 10.1.5 所示。

（5）单击"导出"按钮，将渲染好的图片导出 JPG 格式文件，如图 10.1.6 所示。

（6）单击"保存到项目中"按钮，将渲染好的图片保存到"项目浏览器"的"渲染"分支中，如图 10.1.7 所示。

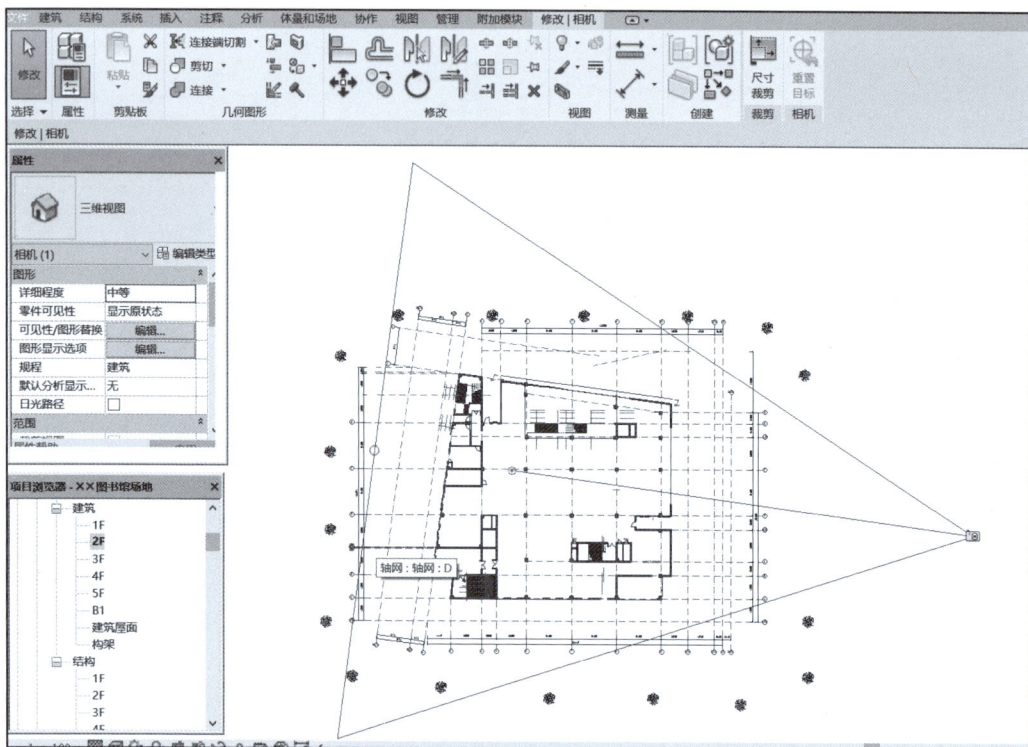

图 10.1.1　放置相机

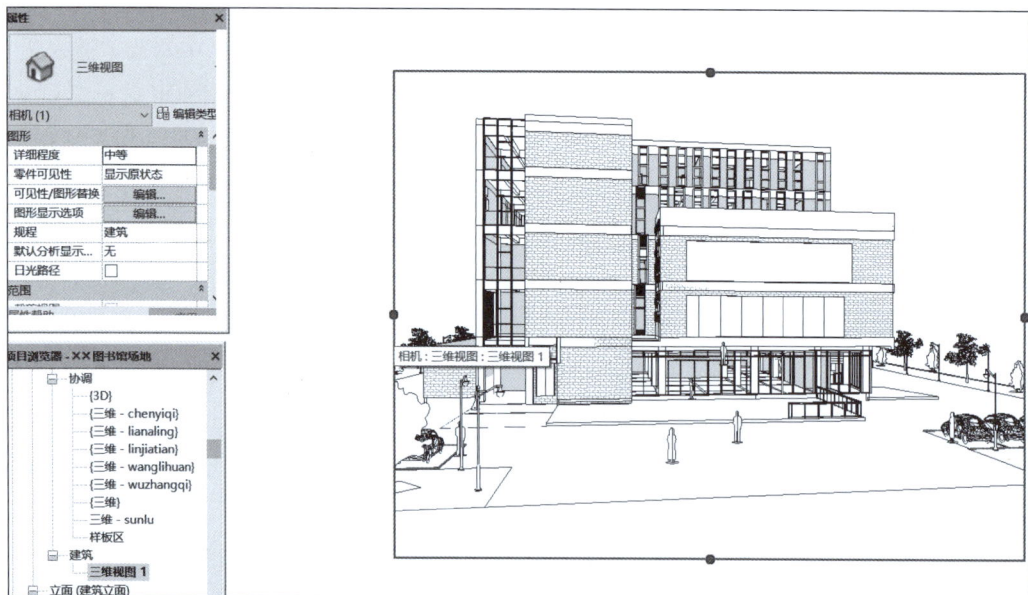

图 10.1.2　生成室外三维透视图

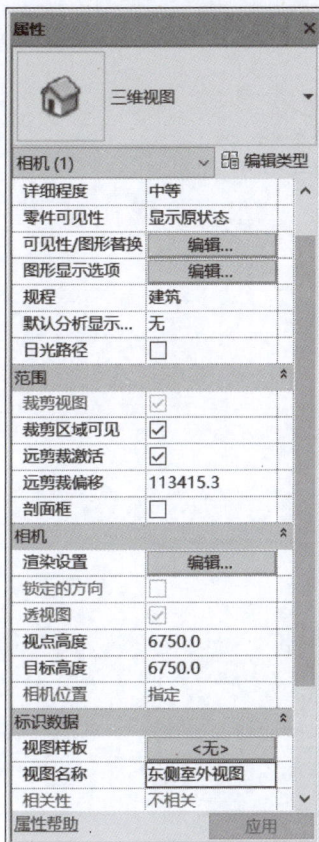

图 10.1.3 相机属性

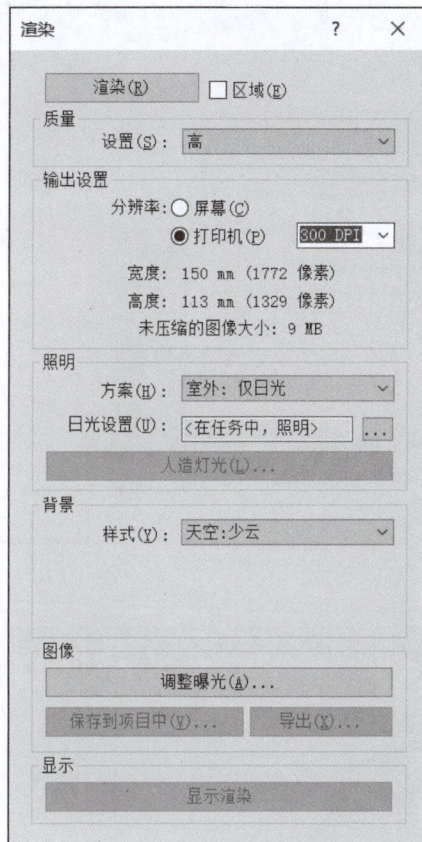

图 10.1.4 "渲染"对话框

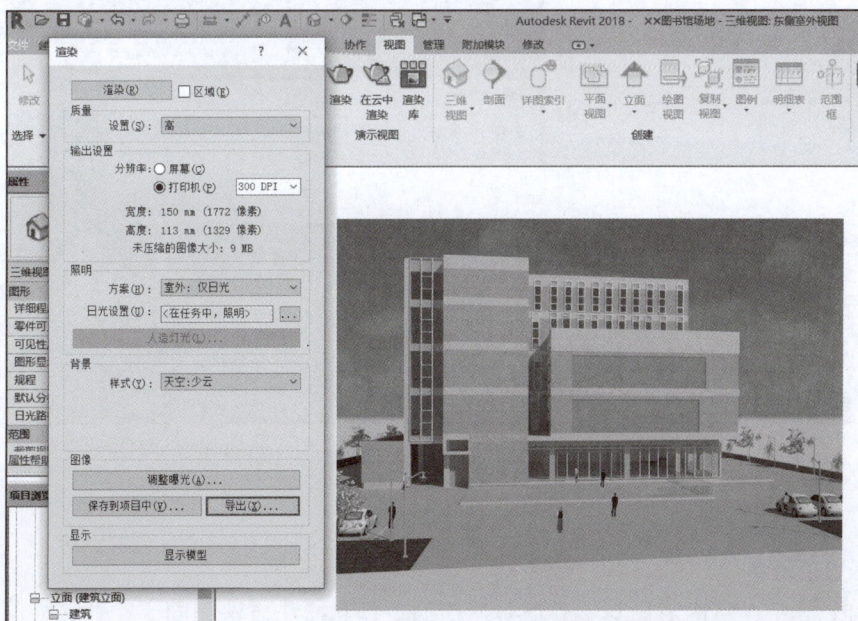

图 10.1.5 室外渲染效果

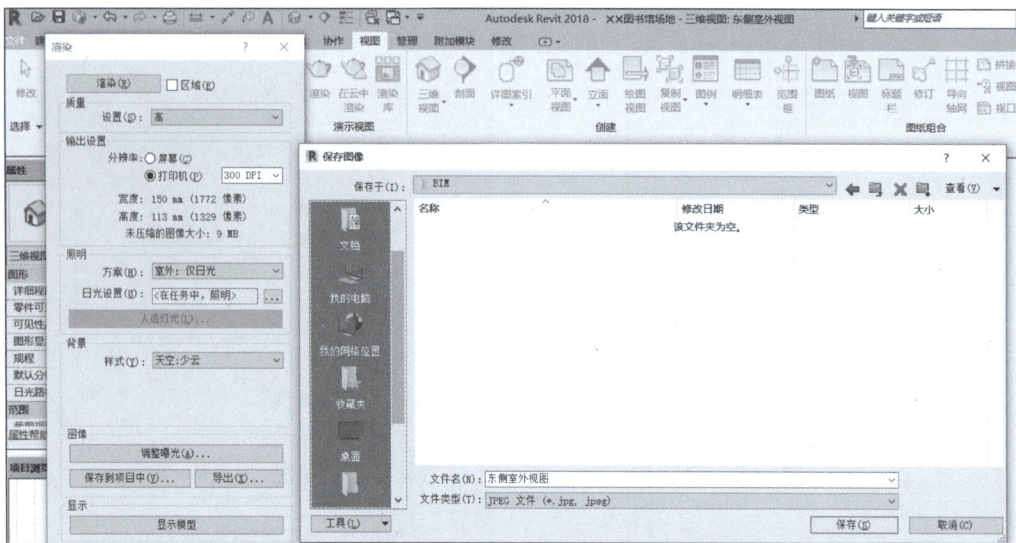

图 10.1.6　导出渲染图片

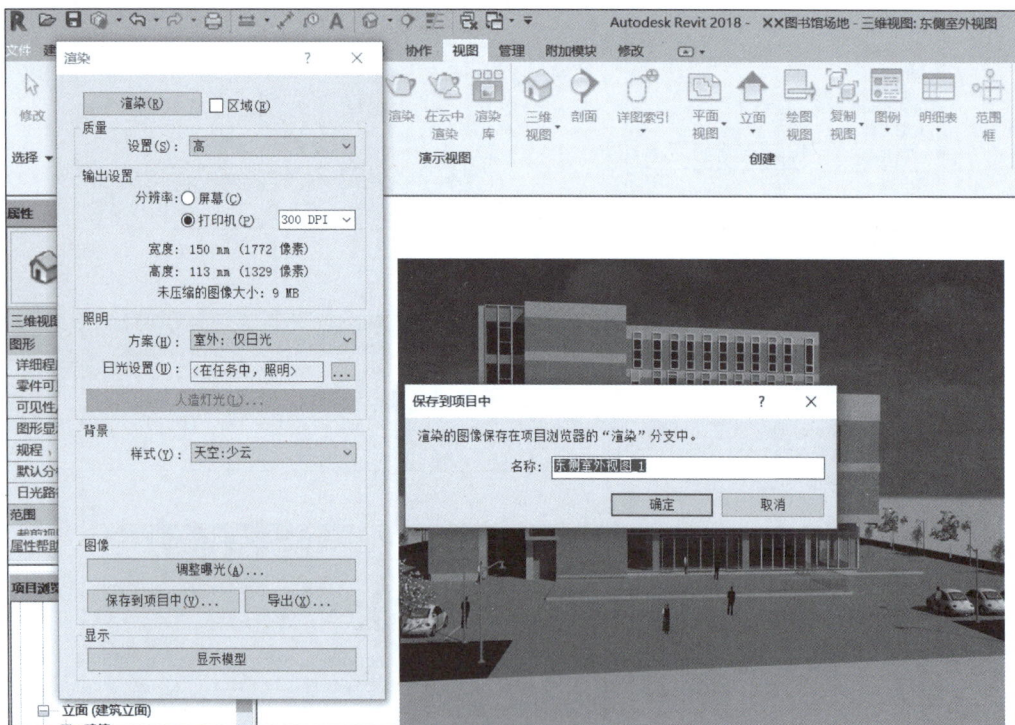

图 10.1.7　保存渲染图片

10.1.2　室内渲染

📖 知识准备

在 Revit 中，室内渲染与室外渲染使用的工具和操作方法相同。在做室内渲染之前一般需要先做灯光的布置，此内容在前面放置室内灯具部分已有介绍。

✍ 实训操作

进行建筑模型的室内渲染的步骤如下。

（1）设置相机：启动 Revit，打开前面操作的"××图书馆"项目文件，双击"项目浏览器"中的"楼层平面"，双击 1F，打开一层平面视图，单击"视图"选项卡→"创建"面板→"三维视图"工具，选择"相机"，放置相机位置，如图 10.1.8 所示。

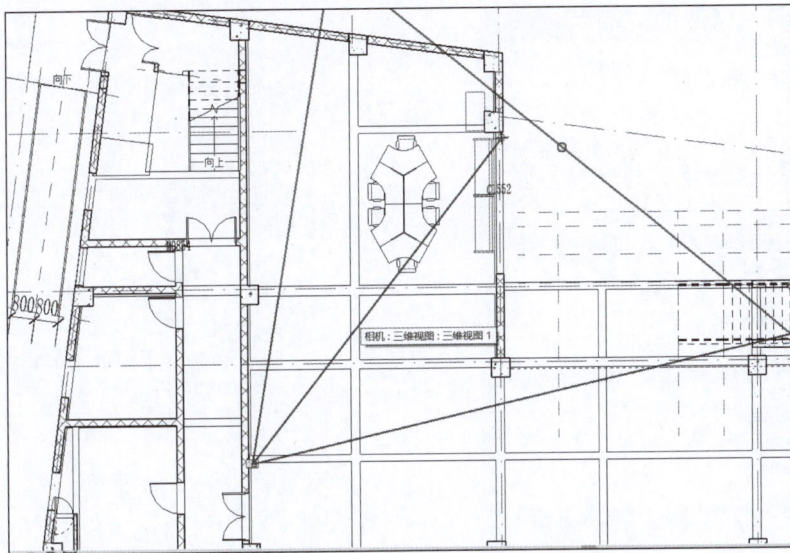

图 10.1.8　放置相机位置

（2）生成三维视图，如图 10.1.9 所示。

图 10.1.9　生成三维视图

（3）选中三维视图外围的框，可对相机做进一步的调整，也可使用"属性"面板中的参数对相机做进一步设置，如图 10.1.10 所示。

（4）单击"视图"选项卡→"演示视图"面板→"渲染"工具，设置渲染参数，如图 10.1.11 所示。选择照明方案为"室内：仅人造光"，可形成晚上仅灯光作用下的室内效果。

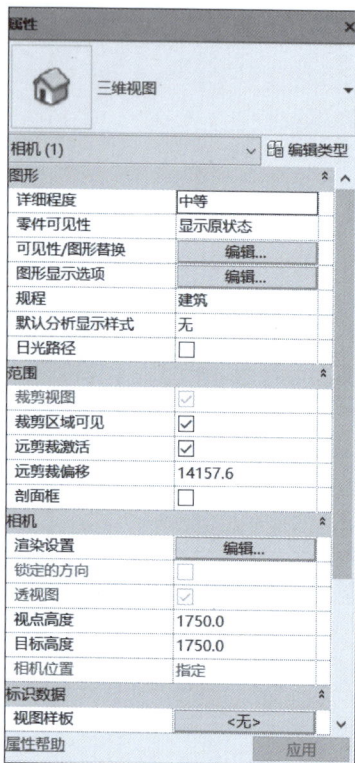

图 10.1.10　调整相机属性

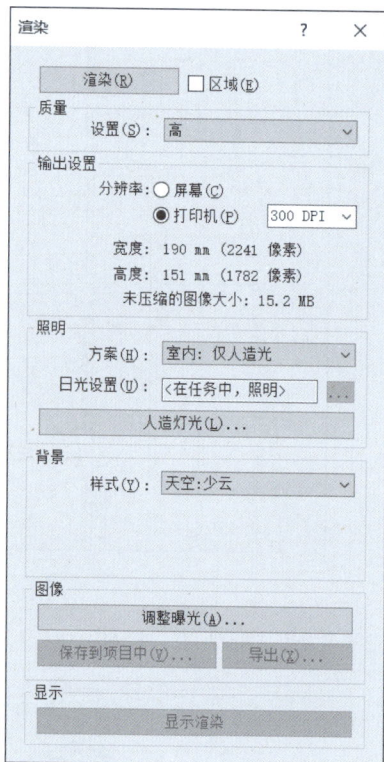

图 10.1.11　"渲染"对话框

（5）单击"导出"按钮，将渲染好的图片导出 JPG 格式文件；单击"保存到项目中"按钮，将渲染好的图片保存到"项目浏览器"的"渲染"分支中，效果图如图 10.1.12 所示。

图 10.1.12　室内渲染效果图

10.2　漫游

10.2.1　室外漫游

📖 知识准备

漫游：如果说相机可实现对建筑模型的拍照功能，那么漫游可实现对建筑模型的摄像功能。可使用"漫游"工具展现整个建筑物外部和内部的情况，制作漫游动画效果，如图 10.2.1 所示。

Revit 可以将漫游导出为 AVI 格式的文件或图像文件。将漫游导出为图像文件时，漫游的每个帧都会保存为单个文件，可以导出所有帧或一定范围的帧。

✎ 实训操作

进行建筑模型的室外渲染的步骤如下。

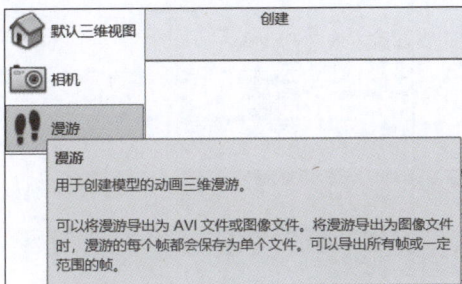

图 10.2.1　"漫游"工具

（1）在二层高度设置相机：启动 Revit，打开前面操作的"××图书馆"项目文件，双击"项目浏览器"→"楼层平面"→3F，打开三层平面视图，单击"视图"选项卡→"创建"面板→"三维视图"工具，选择"漫游"，选项栏中勾选"透视图"，"偏移"值为 1750，单击东侧空白处设置漫游起始点，隔一段距离设置一个相机点，最后形成一个绕建筑物一周的漫游路径，如图 10.2.2 所示。

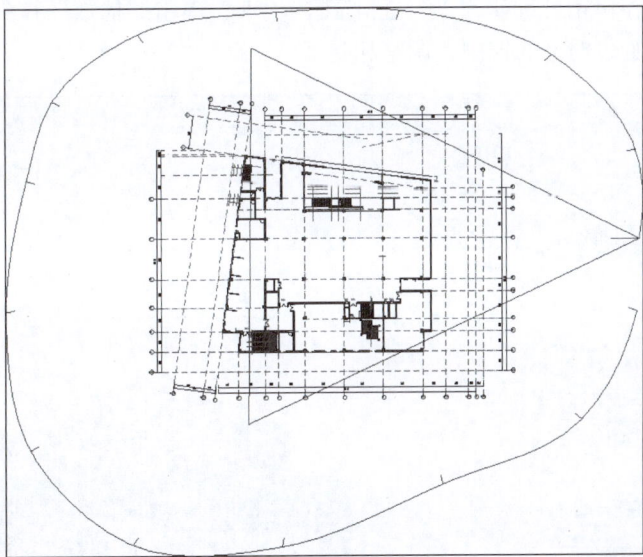

图 10.2.2　绘制漫游路径

（2）选中刚创建的漫游路径，单击"编辑漫游"工具，设置"修改 | 相机"选项栏中"控制"内容为"活动相机"，单击"上一关键帧"和"下一关键帧"按钮可选中不同的相机，调整相机拍摄的方向和视距，如图 10.2.3 所示，使所有相机都朝向建筑物，并能拍摄到建筑物全貌。

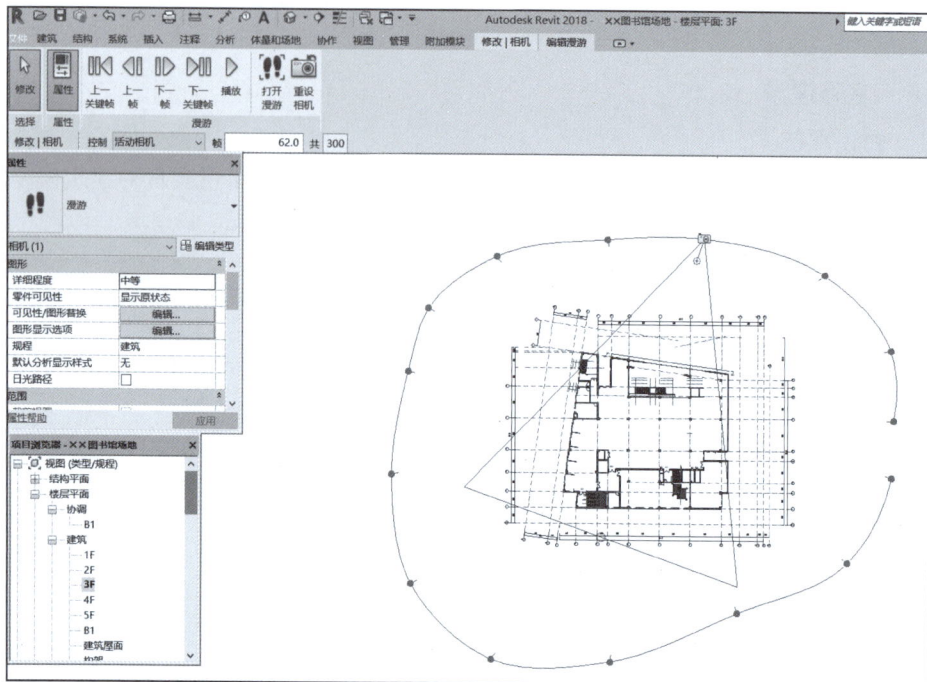

图 10.2.3　调整相机拍摄的方向和视距

（3）查找"项目浏览器"中的"漫游"选项，双击"漫游 1"进入 3D 漫游模式，如图 10.2.4 所示，单击"编辑漫游"上下文选项卡，单击"播放"按钮查看漫游效果，用户也可使用漫游边框上的控制点调整相机。

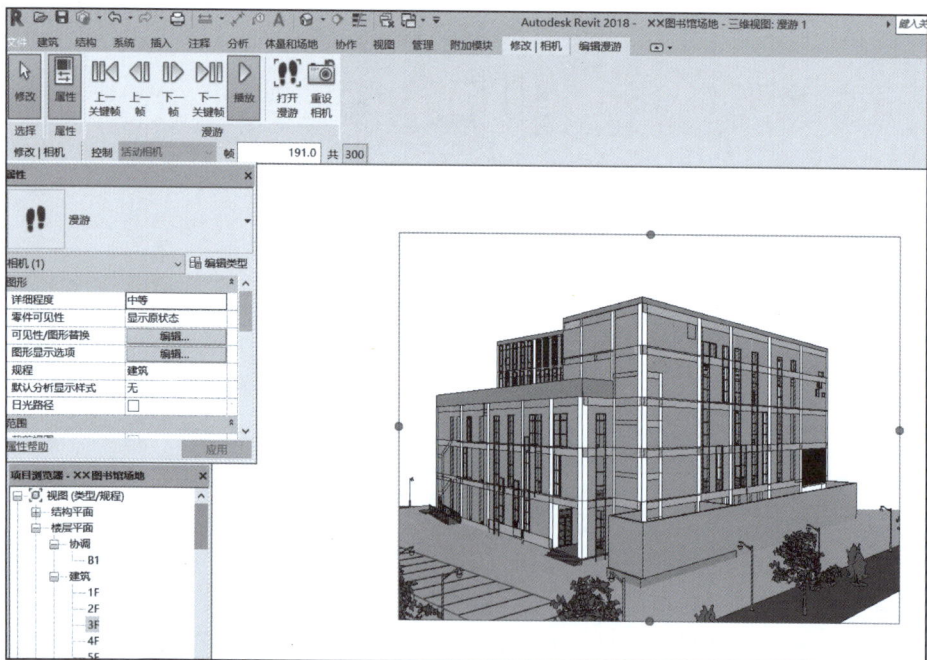

图 10.2.4　3D 漫游

（4）选中"漫游"（即边框显示控制点），回到三层平面视图，设置"修改 | 相机"选项栏中"控制"内容为"路径"，屏幕中的路径上显示蓝色小圆点，拖动小圆点可改变原来的路径，如图 10.2.5 所示。

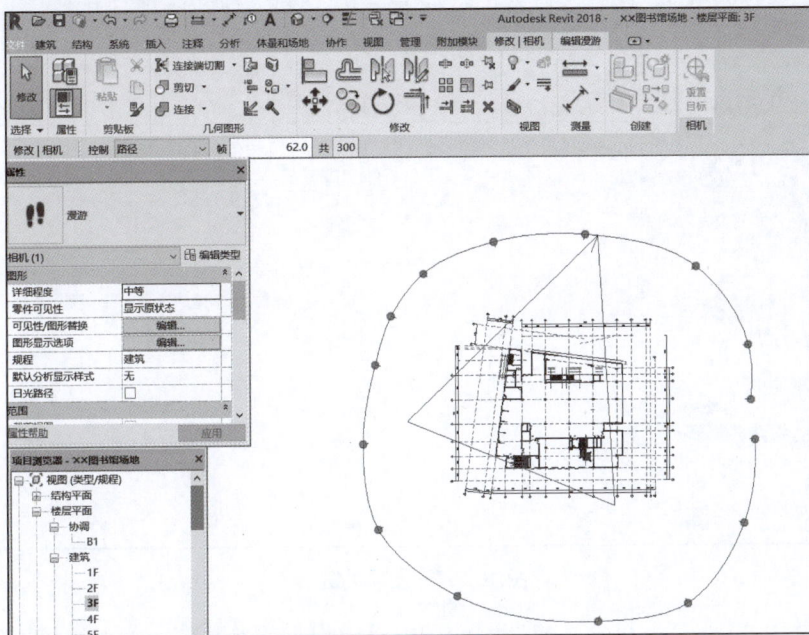

图 10.2.5　修改漫游路径

（5）设置"修改 | 相机"选项栏中"控制"内容为"添加关键帧"，在路径上空白处单击，将添加一个相机，如图 10.2.6 所示。

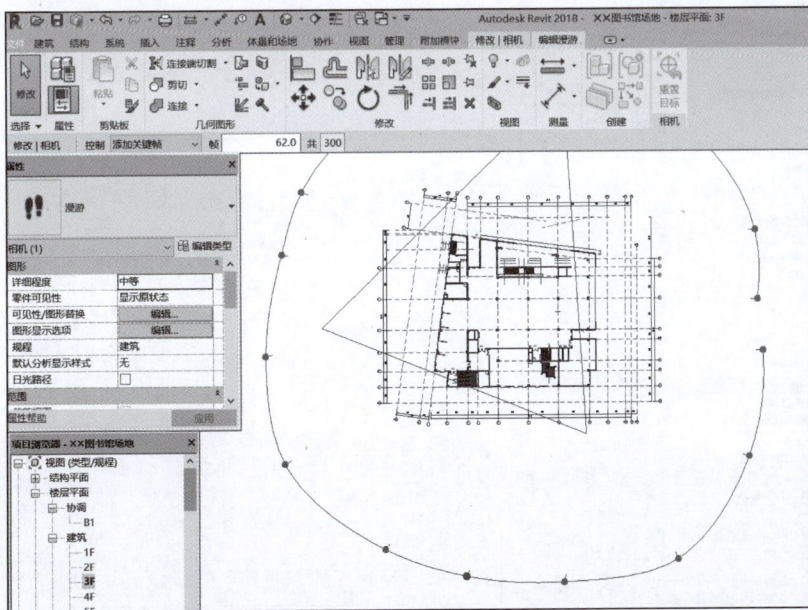

图 10.2.6　添加关键帧

（6）设置"修改 | 相机"选项栏中"控制"内容为"删除关键帧"，在路径上红色小圆点处单击，将删除该处的关键帧，如图 10.2.7 所示。

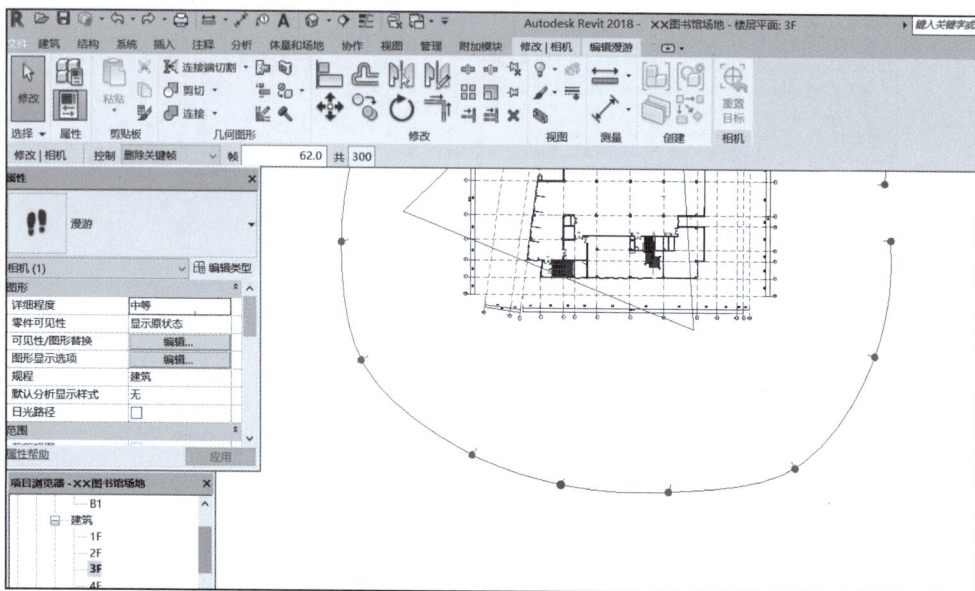

图 10.2.7　删除关键帧

（7）选中"漫游"，可在"属性"面板中设置相应的参数值，如漫游帧可设置漫游的总帧数和每秒播放的帧数，用于控制漫游的精度和速度，如图 10.2.8 所示。

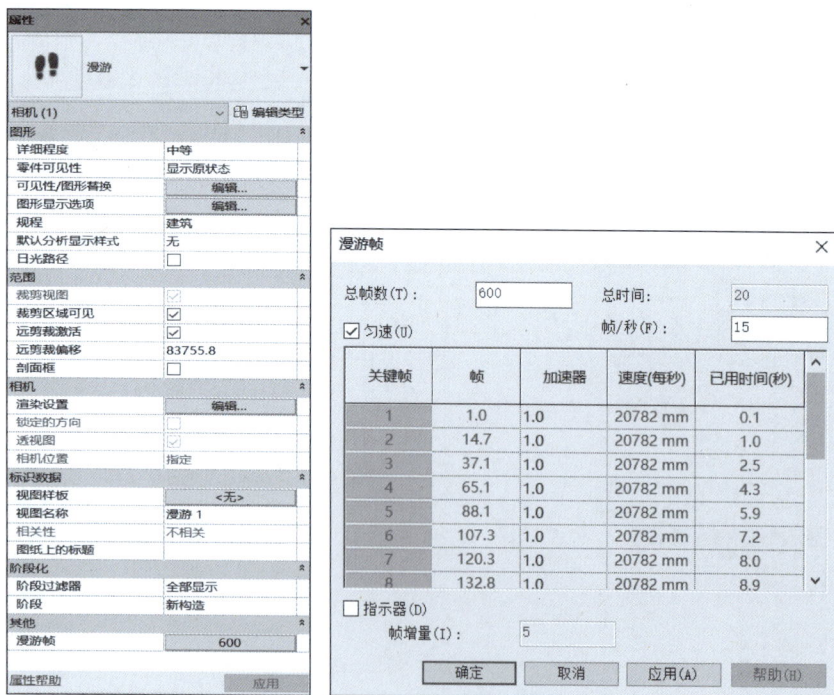

图 10.2.8　漫游属性设置

（8）选中"漫游"（即边框显示所有控制点）→"三维视图"，设置"修改 | 相机"选项栏中"控制"内容为"路径"，屏幕中的路径上显示蓝色小圆点，拖动小圆点不仅可以在水平方向改变路径，还可以在垂直方向改变路径，使漫游建筑时不仅在水平方向移动，还可以在垂直方向移动，如图 10.2.9 所示。

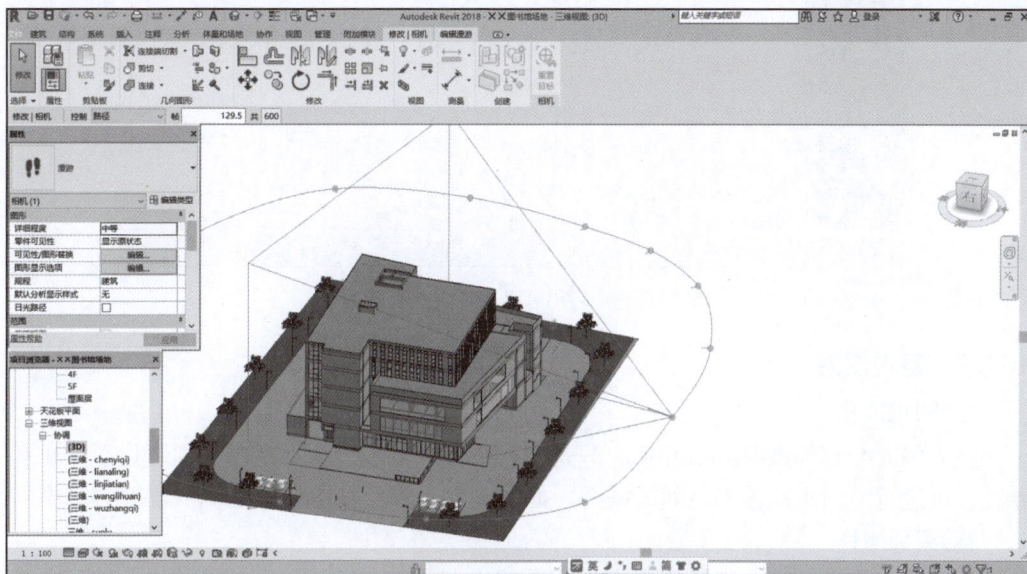

图 10.2.9　室外渲染效果

（9）单击"文件"→"导出"→"图像与动画"→"漫游"选项，设置导出参数，如图 10.2.10 所示。如选择"渲染"，对设备要求较高且需要较长时间，单击"确定"按钮，将导出 AVI 格式的视频文件，如图 10.2.11 所示。

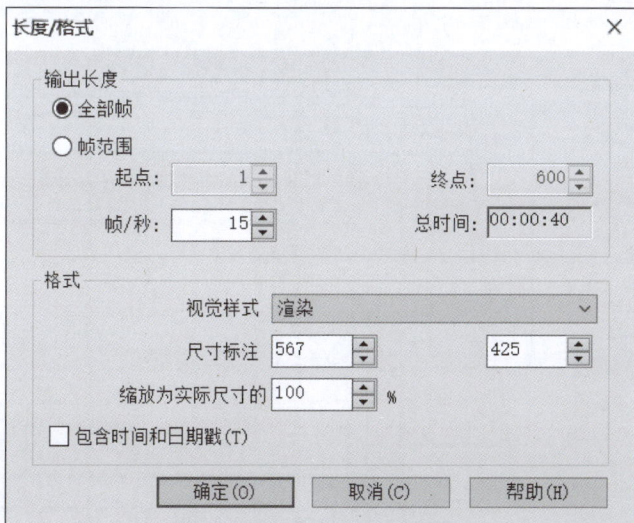

图 10.2.10　导出参数设置

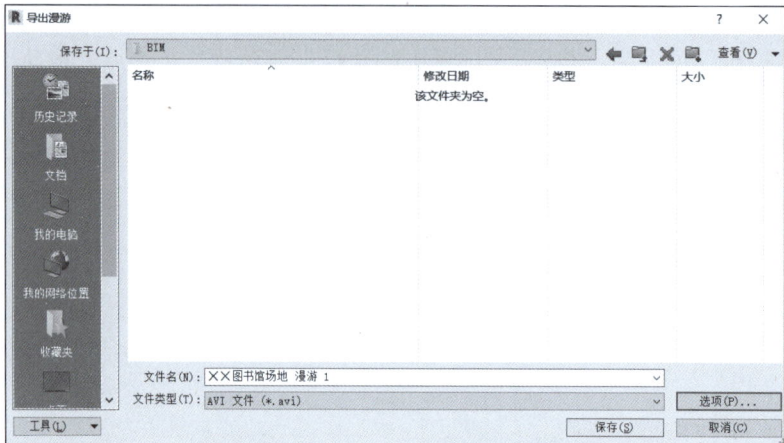

图 10.2.11　导出 AVI 格式的视频文件

10.2.2　室内漫游

📖 **知识准备**

　　室内漫游与室外漫游方法相似，只是把相机根据需要设置在室内，通过设置相机和路径，可进行室内不同楼层之间的漫游，如同一个人置身其中，漫游整个建筑的内部。

✍ **实训操作**

　　进行建筑模型的室内不同楼层之间的漫游的步骤如下。

　　（1）启动 Revit，打开前面操作的"××图书馆"项目文件，双击"项目浏览器"中的"楼层平面"，双击 1F，打开一层平面视图，单击"视图"选项卡→"创建"面板→"三维视图"工具，选择"漫游"，从东侧主门开始，按图 10.2.12 所示设置室内漫游路径。

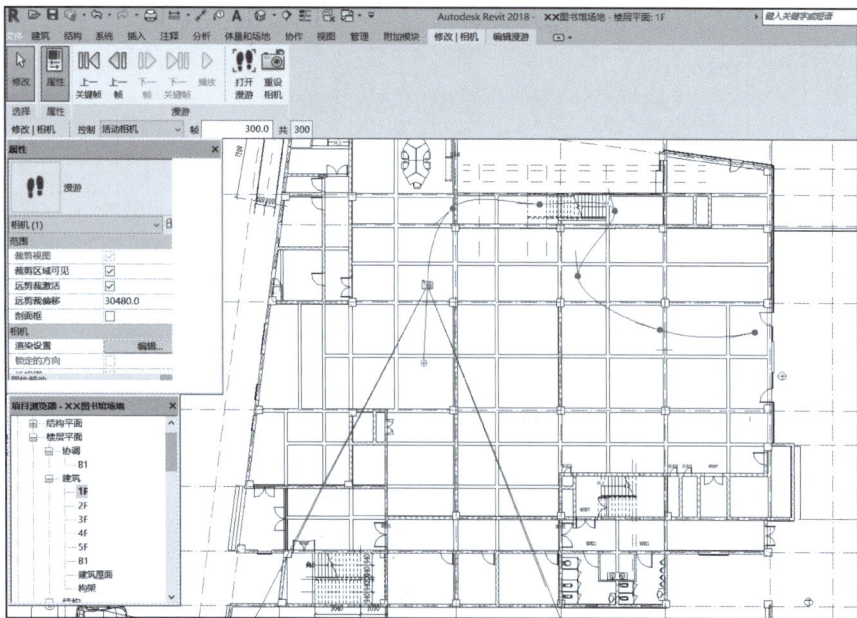

图 10.2.12　设置室内漫游路径

（2）单击"打开漫游"或双击"项目浏览器"中的"漫游 2"打开漫游，如图 10.2.13 所示。

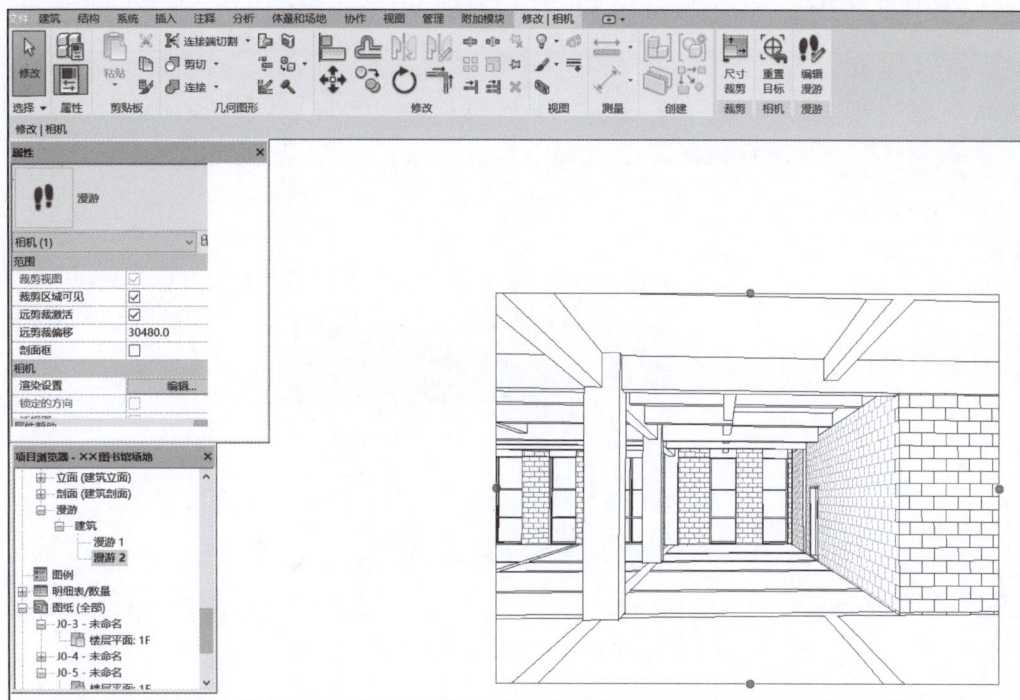

图 10.2.13　打开漫游

（3）打开三维视图，使用"属性"面板中的剖面框功能，使视图显示一层内部，回到漫游 2 视图，选中漫游 2 外框（显示有控制点），到三维视图，设置"修改|相机"选项栏中"控制"内容为"路径"，使用屏幕中的路径上显示的蓝色小圆点，在楼梯处逐步提升路径高度，如图 10.2.14 所示。

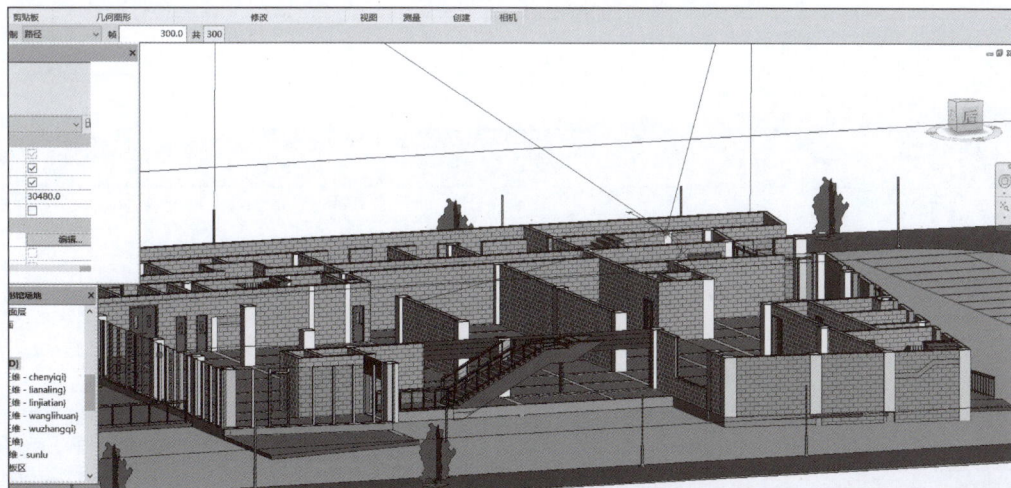

图 10.2.14　修改漫游路径

（4）查找"项目浏览器"中的"漫游"选项，双击"漫游 2"进入 3D 漫游模式，单击"编辑漫游"工具，单击"播放"按钮查看漫游效果，用户可看到从东门开始漫游，至楼梯处上楼至二层的全过程，如图 10.2.15 所示。

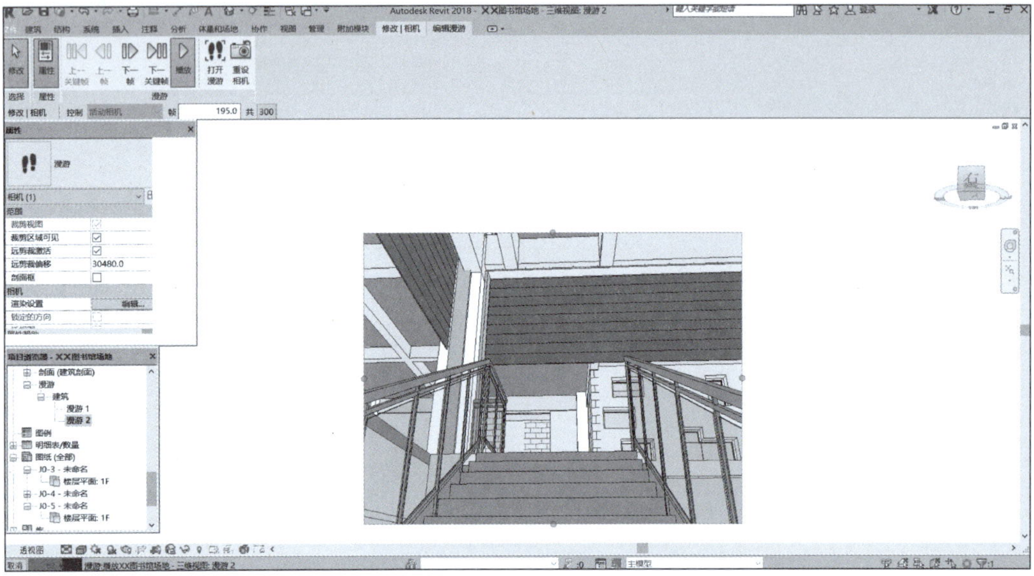

图 10.2.15　漫游上楼梯过程

─── 学习笔记 ───

阶段性成果验收

阶段性成果验收单

查 验 内 容	查 验 指 标	自　评	互　评	教 师 评 价
渲染图片	合理性：渲染图片相机摆放角度是否合理，参数设置是否合理	❏是　❏否	❏是　❏否	❏是　❏否
	美观性：渲染图片是否能展现出建筑的美观	❏是　❏否	❏是　❏否	❏是　❏否
漫游视频	合理性：漫游路径、漫游相机、漫游速度等设置是否合理	❏是　❏否	❏是　❏否	❏是　❏否
	美观性：漫游视频是否能美观展现建筑外部和内部	❏是　❏否	❏是　❏否	❏是　❏否
验收结果	❏优　❏良　❏中　❏合格　❏不合格			
验收成员签字				
	年　　月　　日			

📚 **习题**

单选题

1. 如何创建透视三维视图？（　　　）

　　A. 通过工具栏中默认三维视图命令

　　B. 通过视图设计栏的相机命令

　　C. 通过工具栏中的动态修改视图命令

　　D. 通过视图设计栏的图纸视图命令

2. 默认相机视图高度偏移量为（　　　）。

　　A. 0　　　　　　　B. 1200　　　　　　C. 1750　　　　　　D. 1700

3. 在 Revit 项目浏览器中，右击三维视图名称，然后选择"显示相机"，在绘图区域中相机显示为（　　　）。

　　A. 蓝色空心圆点为目标点，粉色圆点为焦点

　　B. 焦点和目标点均为粉色圆点

　　C. 蓝色空心圆点为焦点，粉色圆点为目标点

　　D. 焦点和目标点均为蓝色空心圆点

4. 通过调整相机的哪个选项，可以获得更深更远的视野？（　　　）

　　A. 相机本身　　　B. 目标位置　　　C. 远裁剪框　　　D. 删掉重新创建

5. 在相机三维视图中可以通过"视图"选项栏进行背景设置，下列哪项不是"图形显示选项"中背景设置中的？（　　　）

　　A. 渐变　　　　　B. 天空　　　　　C. 一致的颜色　　　D. 图片

6. 在渲染时，可设置渲染的分辨率为（　　　）。

　　A. 基于屏幕显示　B. 基于打印精度　C. 以上都是　　　　D. 以上都不是

7. 一项目漫游动画模型共 500 帧，先设置从 200 帧到 500 帧导出，帧 / 秒为 15，这样这段截取的漫游动画总时间为（　　　）。

　　A. 13.3s　　　　　B. 33.3s　　　　　C. 75s　　　　　　D. 20s

8. 在编辑漫游时，漫游总帧数为 600，帧 / 秒为 15，关键帧为 5，将第 5 帧的加速器由 1 修改为 5，其总时间是（　　　）。

　　A. 20s　　　　　　B. 60s　　　　　　C. 40s　　　　　　D. 50s

9. 在 Revit 中不仅能输出相关的平面文档和数据表格，还可对模型进行展示与表现，下列有关创建相机和漫游视图描述有误的是（　　　）。

　　A. 漫游只可在平面图中创建

　　B. 默认三维视图是正交图

　　C. 相机中的"重置目标"只能使用在透视图里

　　D. 在创建漫游的过程中无法修改已经创建的相机

第 11 章 图纸输出

11.1 视图基本设置

11.1.1 设置对象样式

📖 知识准备

设置对象样式：在绘制图纸之前，首先要根据实际施工图纸的规范要求设置各个对象的颜色、线型和线宽等。

教学视频：视图基本设置

✎ 实训操作

设置线型与线宽的对象样式的步骤如下。

（1）启动 Revit，打开前面操作的"××图书馆"项目文件，双击"项目浏览器"中的"楼层平面"，双击 1F，打开一层平面视图，单击"管理"选项卡→"设置"面板→"其他设置"工具，选择"线型图案"，如图 11.1.1 所示。

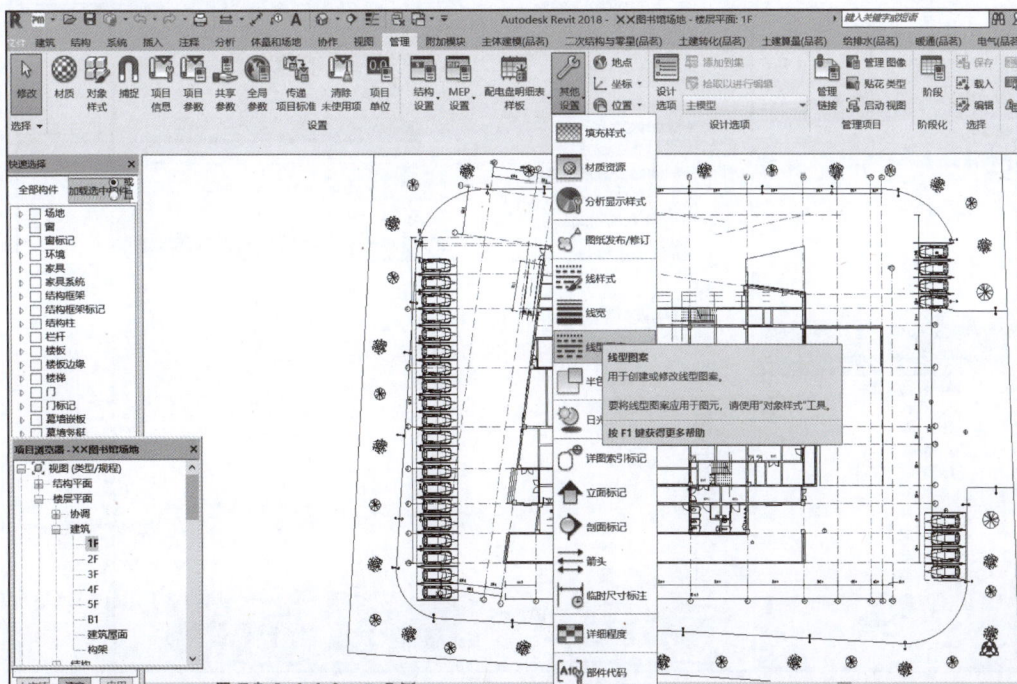

图 11.1.1　设置线型图案

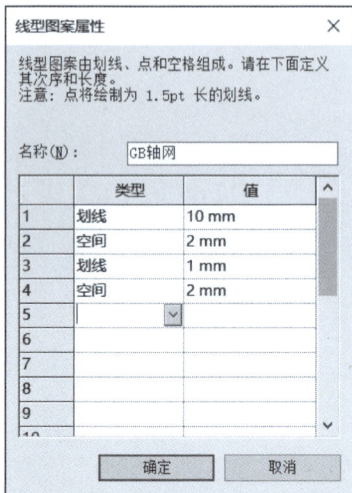

图 11.1.2 "线型图案属性"对话框

（2）单击"新建"按钮，在"线型图案属性"对话框中输入名称"GB轴网"，设置轴网线型，如图 11.1.2 所示。

（3）在一层平面中任意选中一条轴线，单击"属性"面板→"编辑类型"按钮，设置类型属性，如图 11.1.3 所示，单击"确定"按钮，如图 11.1.4 所示，轴网线型已改变为新设线型效果。

（4）线宽设置：单击"管理"选项卡→"设置"面板→"线宽"工具，可对模型线宽、透视视图线宽、注释线宽进行设置，如图 11.1.5 所示。在后面的对象样式设置时，只需设置相应的线宽编号 1~16 即可，Revit 会根据已经设置的线宽值和视图比例进行显示。

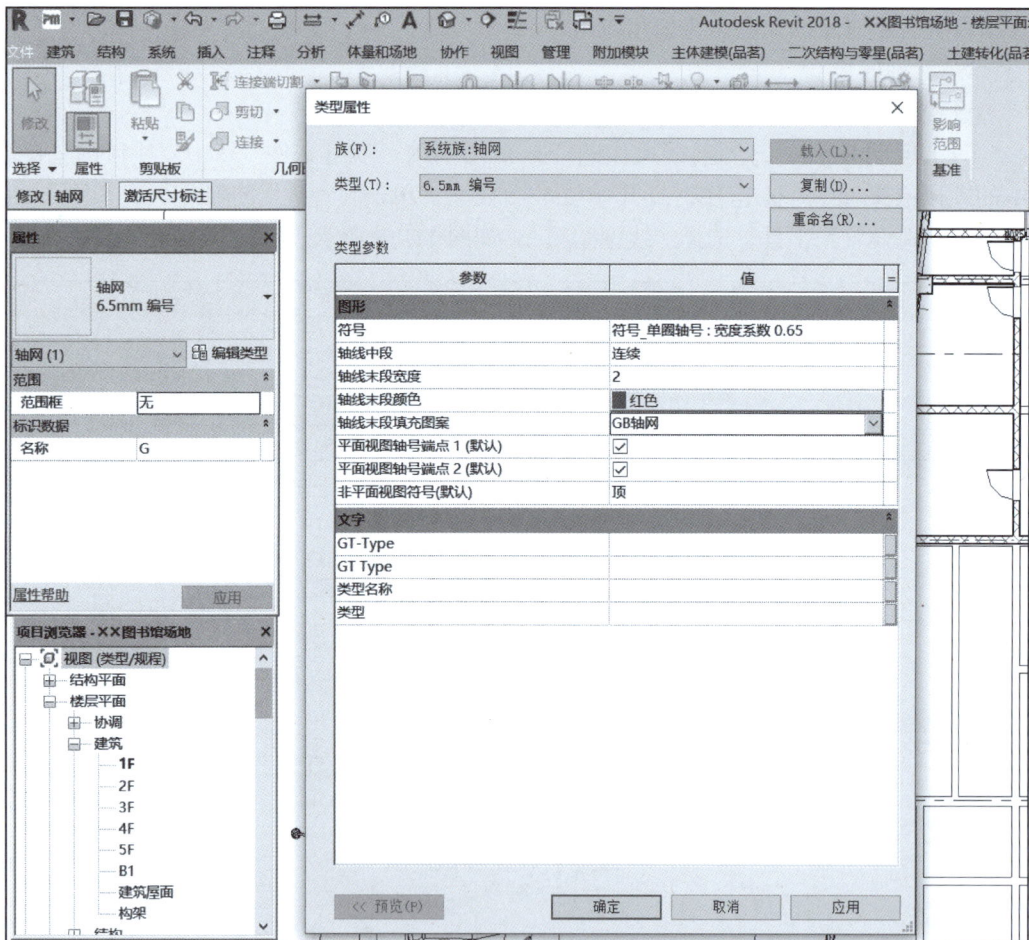

图 11.1.3 修改轴网类型

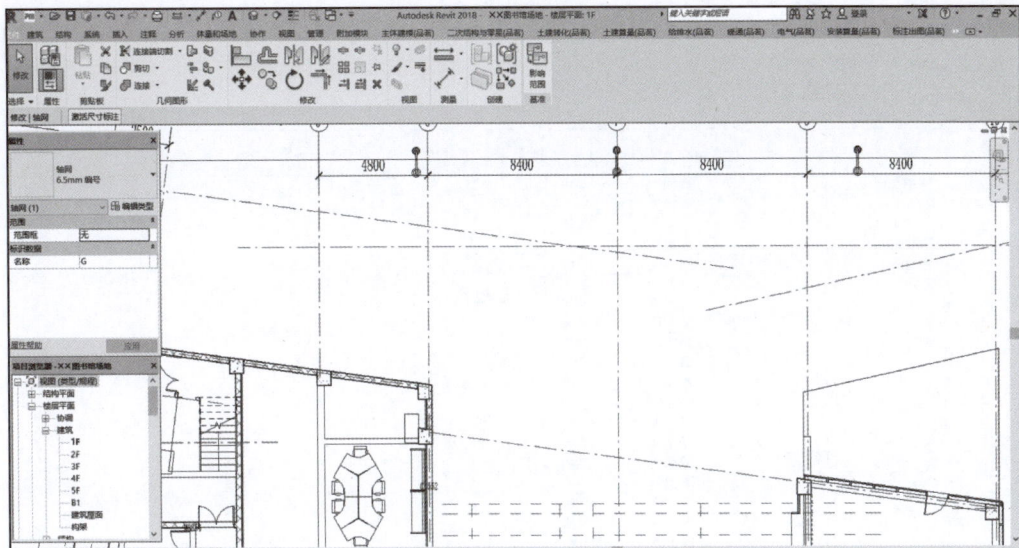

图 11.1.4　轴网线型效果

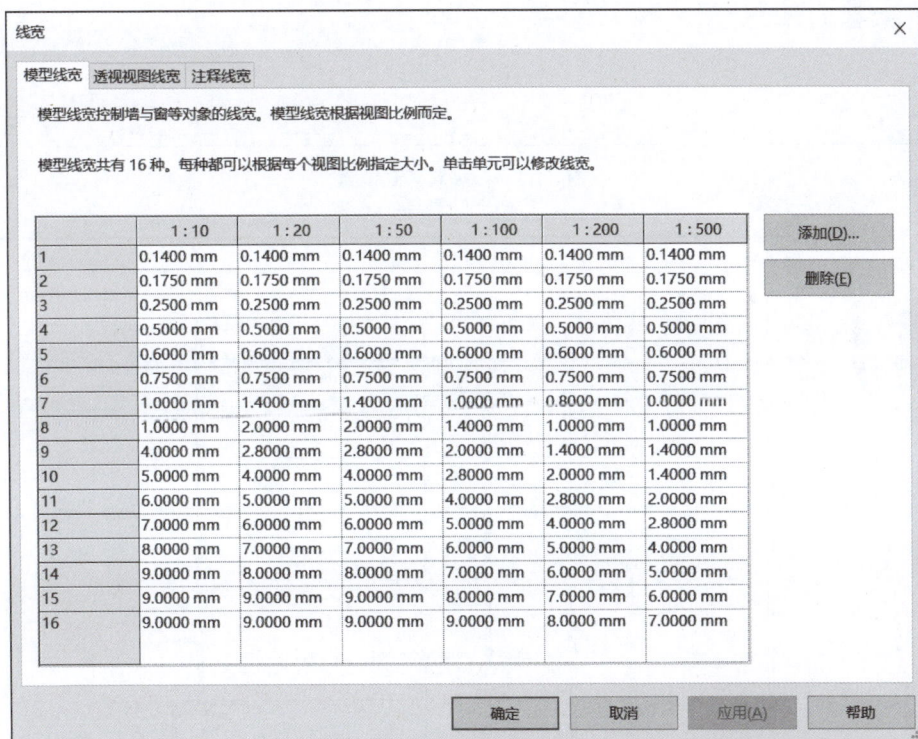

图 11.1.5　线宽设置

（5）对象样式设置：单击"管理"选项卡→"设置"面板→"对象样式"工具，可对模型对象、注释对象、分析模型对象、导入对象进行设置，如图 11.1.6 所示。用户可从表格中选择某一对象，如墙，对其投影线宽、截面线宽、线颜色、线型图案、材质进行设置，图 11.1.7 所示为将墙线颜色设置为蓝色的效果。

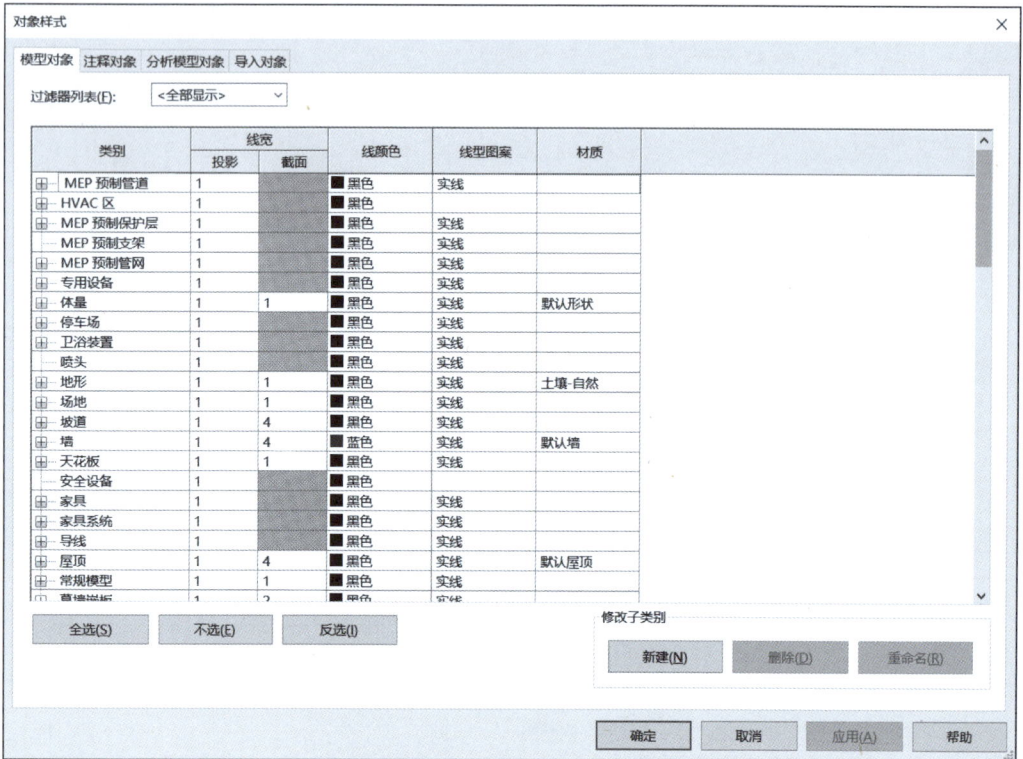

图 11.1.6　对象样式设置

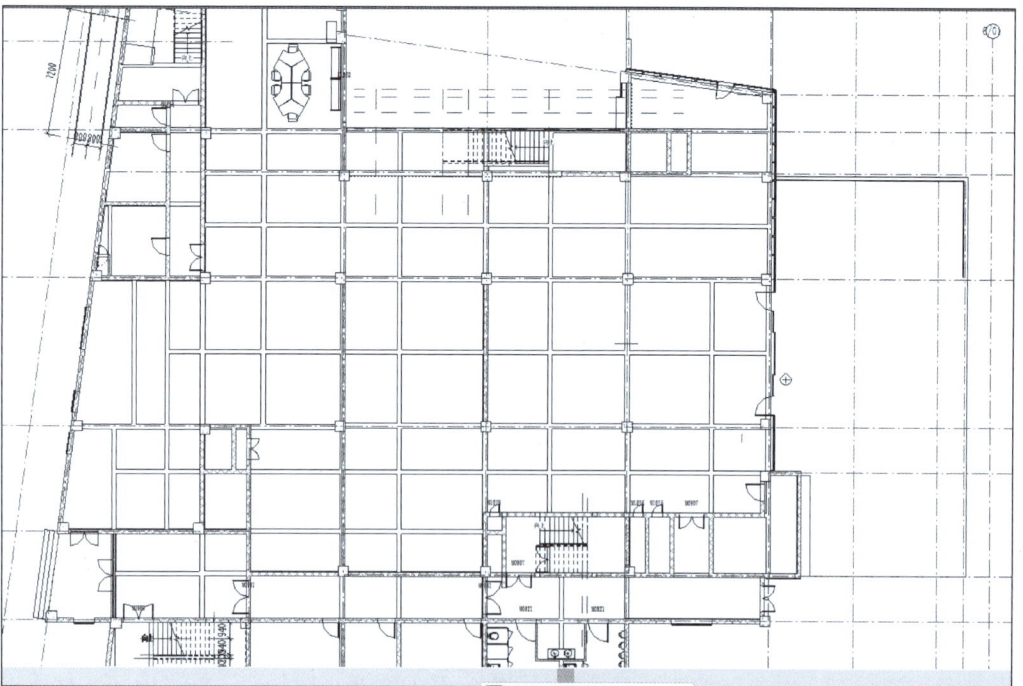

图 11.1.7　对象样式设置效果

11.1.2　视图管理

📖 知识准备

视图管理：Revit 中有结构平面视图、楼层平面视图、天花板平面视图、三维视图、立面视图、剖面视图等，所有的视图通过"项目浏览器"进行管理，如图 11.1.8 所示。用户可对视图进行创建、复制、删除、视图属性、可见性/图表替换、显示范围等设置，以得到所需的显示、输出、打印的图纸。

✍ 实训操作

进行视图管理的步骤如下。

（1）复制视图：启动 Revit，打开前面操作的"××图书馆"项目文件，双击"项目浏览器"中的"楼层平面"，双击 1F，打开一层平面视图，弹出快捷菜单，选择"复制视图"，里面有三个选项："复制""带细节复制"和"复制作为相关"，如图 11.1.9 所示。本例选择"带细节复制"。

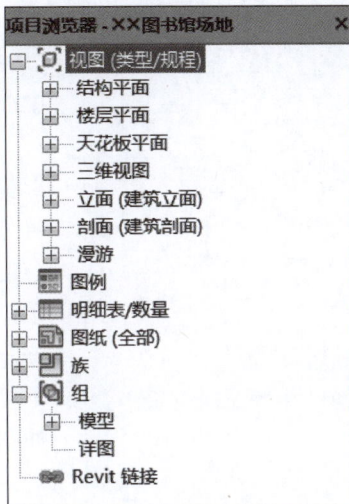

图 11.1.8　视图管理

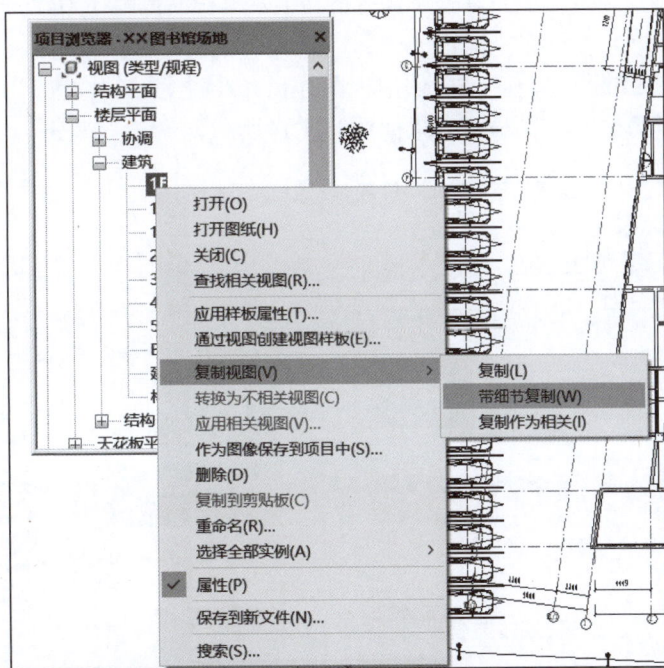

图 11.1.9　复制视图

"复制"：可以生成新的视图副本，并对其单独设置可见性、过滤器、视图范围等属性。

"带细节复制"：与"复制"的区别是不仅复制项目模型图元，还复制注释图元，其他与"复制"功能一样。

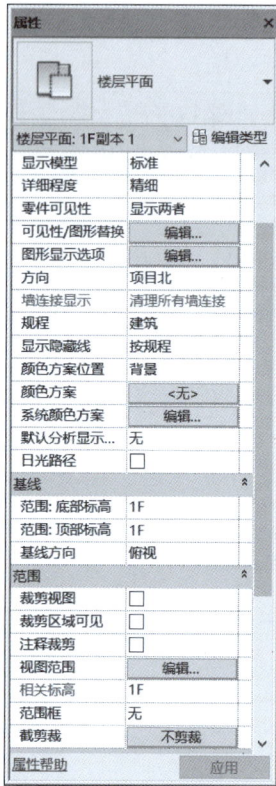

图 11.1.10 视图属性

"复制作为相关"：当主视图中有任何修改，关联视图可实时显示。

（2）双击刚复制好的视图"1F 副本 1"平面视图，在"属性"面板中显示如图 11.1.10 所示的属性参数。可对视图中的显示内容和范围进行设置。

（3）可见性设置：单击"属性"面板中的"可见性 / 图形替换"后的"编辑"按钮，弹出如图 11.1.11 所示的对话框。可分别对模型、注释、分析模型、导入和过滤器中的具体内容的可见性进行设置，勾选某个类别后，该类别可见；未勾选则该类别不可见。本例中，将"1F 副本 1"模型类别中的停车场、地形、场地、植物、照明设备、环境、楼板等设为不可见，将"1F 副本 1"注释类别中的参照平面设为不可见，如图 11.1.12 所示。

（4）显示范围设置：单击"属性"面板中的"视图范围"后的"编辑"按钮，弹出"视图范围"设置对话框，用户可对一层平面中显示的视图范围进行设置，如图 11.1.13 所示，表示在该平面视图将显示从标高范围在 1F 的 $-800 \sim +2300$mm 的所有图元。

（5）创建视图样板：经过上面的设置，"1F 副本 1"的视图显示效果如图 11.1.14 所示，单击"视图"选项卡→"图形"

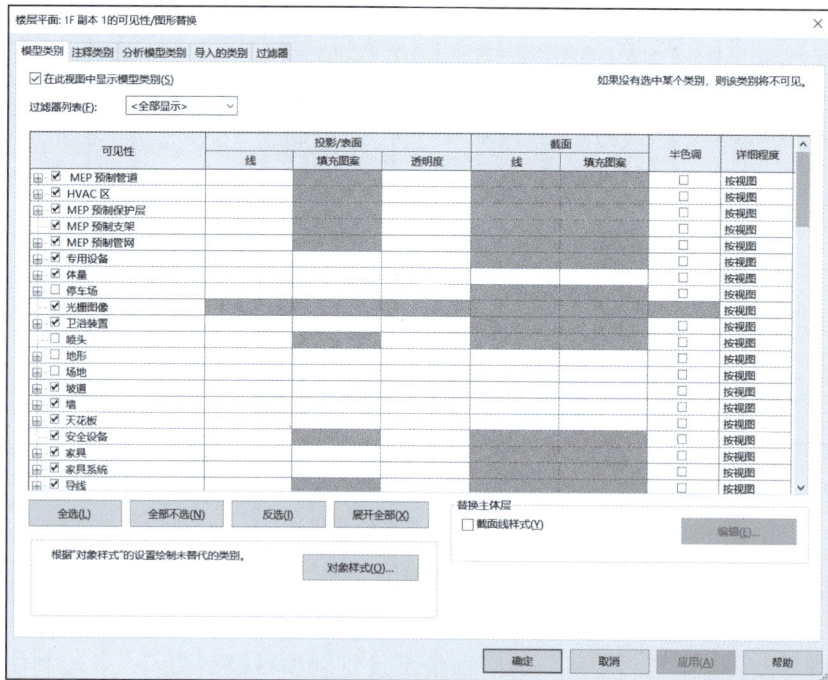

图 11.1.11 视图可见性 / 图形替换

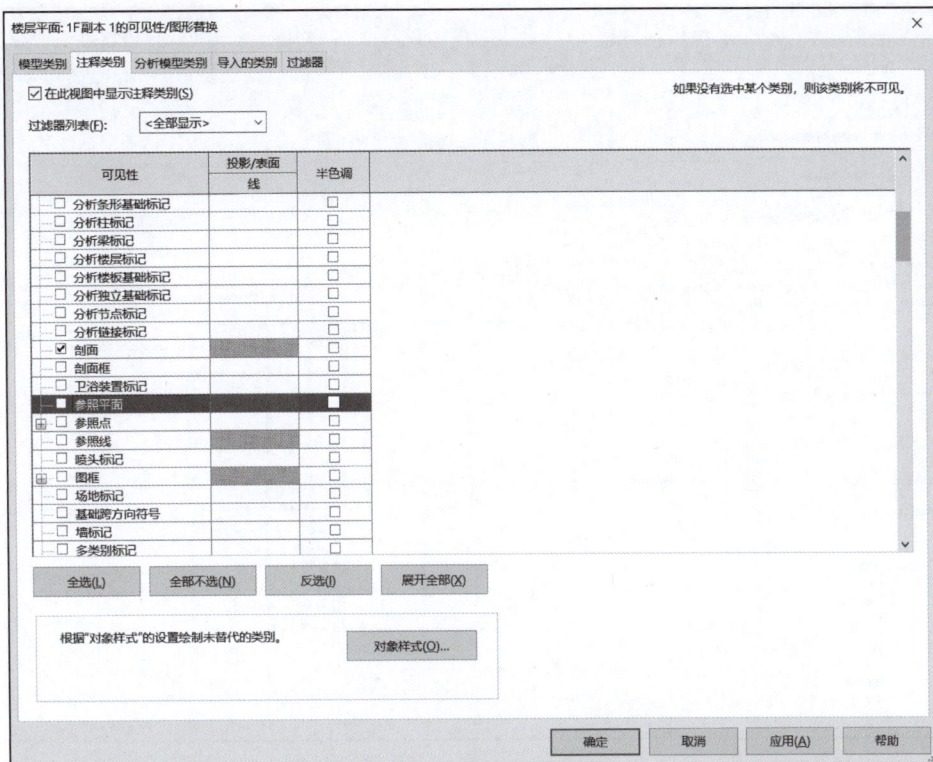

图 11.1.12　注释类别可见性设置

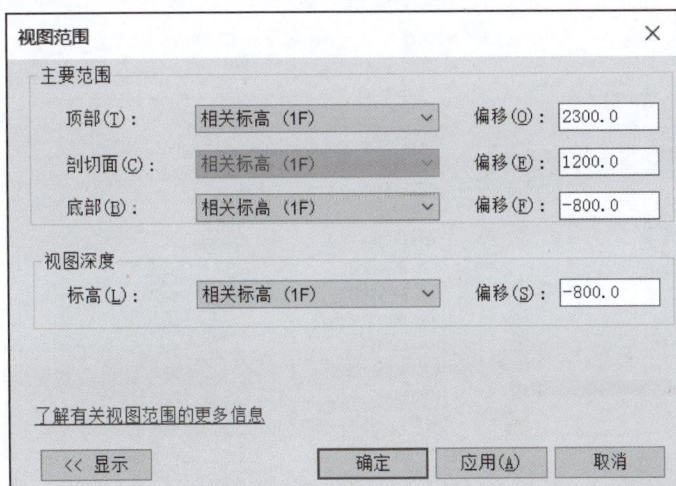

图 11.1.13　视图范围设置

面板→"视图样板"工具→"从当前视图创建样板"按钮，输入样板名为"建筑平面"，单击"确定"按钮，弹出"视图样板"对话框，如图 11.1.15 所示，单击"确定"按钮。

（6）使用前面介绍的"带细节复制"功能复制"2F 副本 1"，双击"2F 副本 1"进入该平面视图，单击"视图"选项卡→"图形"面板→"视图样板"工具→"将样板属性应用于当前视图"按钮，弹出"应用视图样板"对话框，如图 11.1.16 所示，选择刚

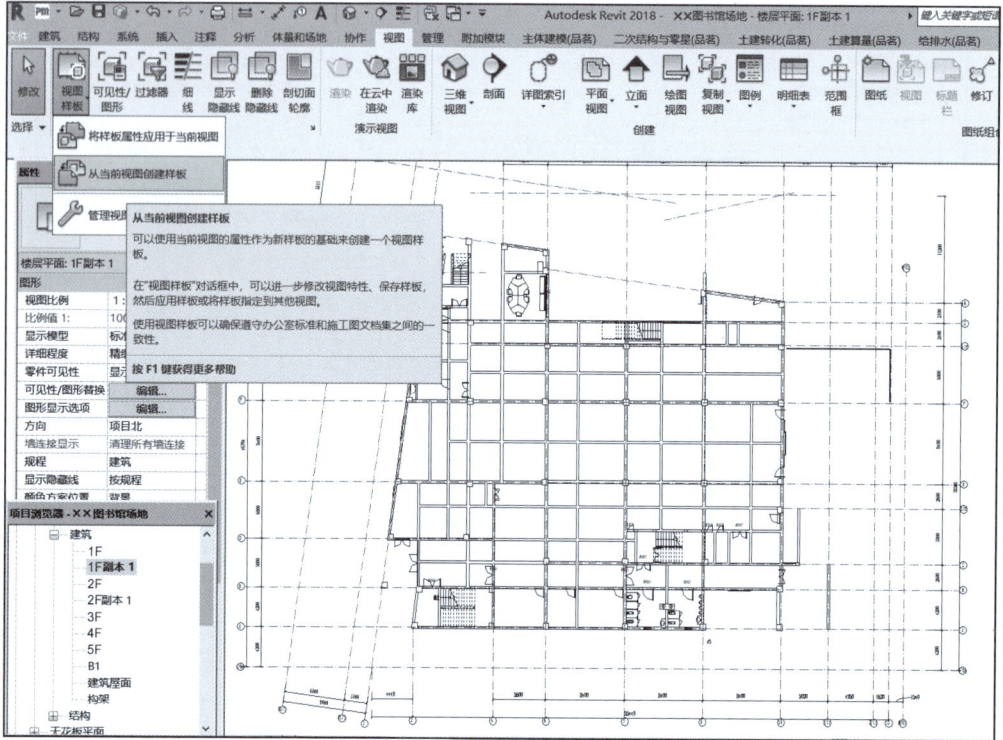

图 11.1.14　创建视图样板

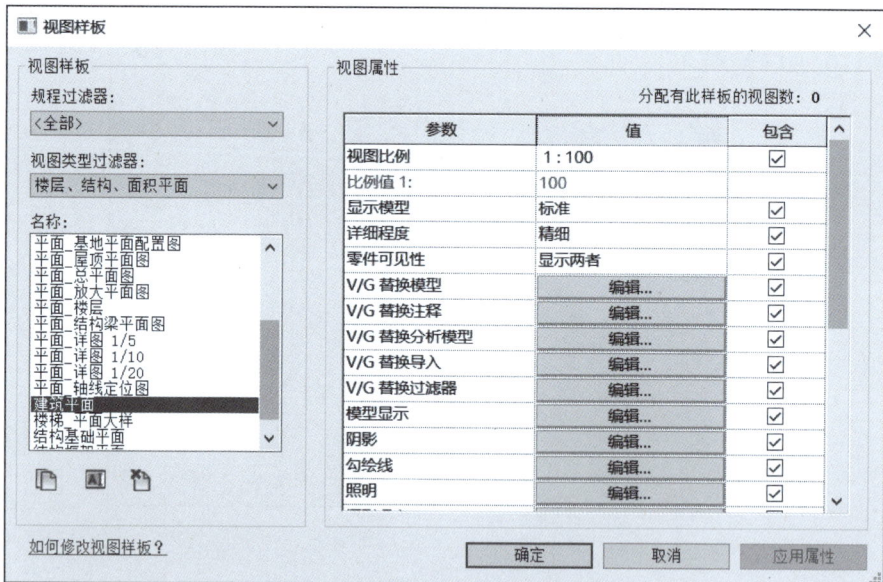

图 11.1.15　"视图样板"对话框

才创建的"建筑平面"样板，单击"确定"按钮，其视图显示效果将与"1F 副本 1"一致，如图 11.1.17 所示。

（7）以上对平面视图的操作同样适用于立面视图、剖面视图，在此不再重复介绍。

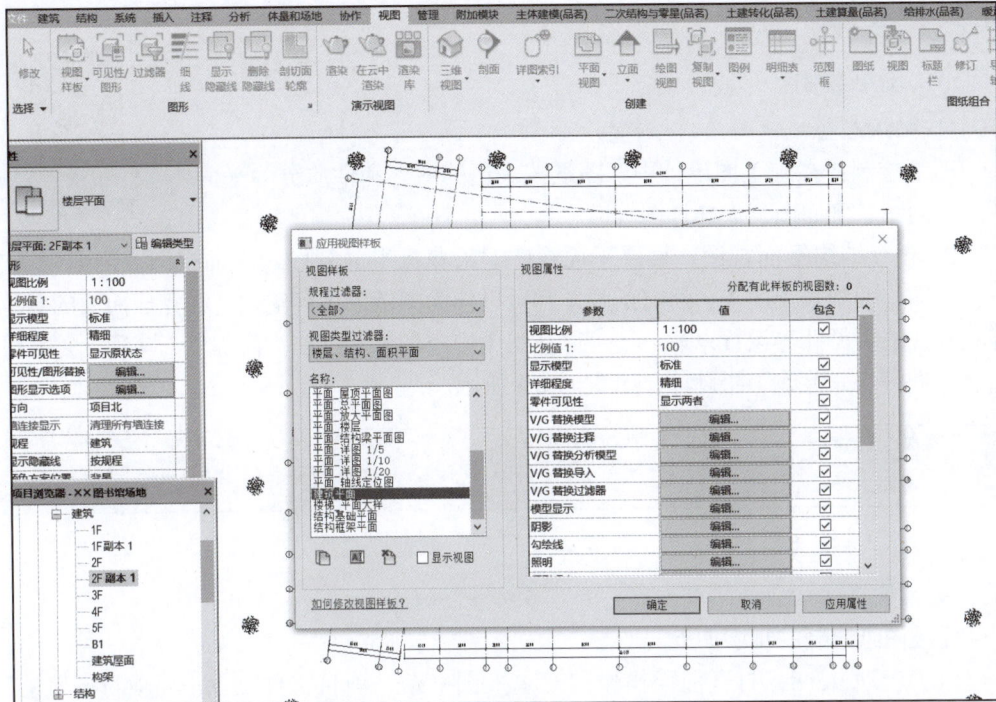

图 11.1.16　将视图样板应用于当前视图

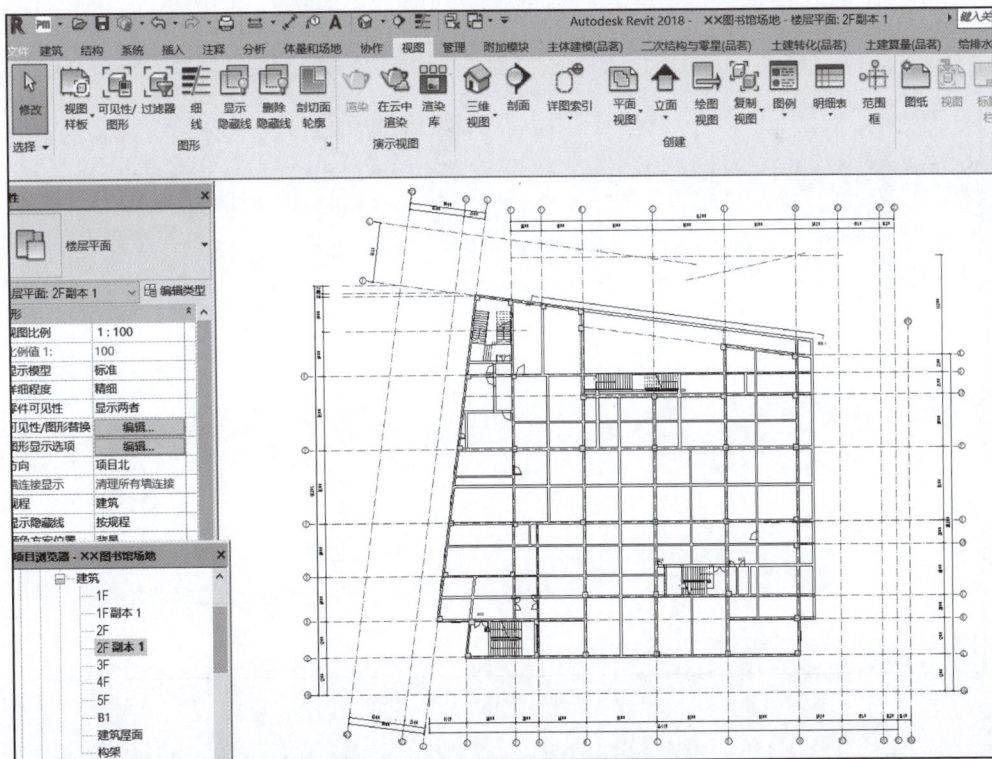

图 11.1.17　2F 副本 1 视图显示效果

11.2　图纸绘制与输出

11.2.1　图纸绘制

📖 **知识准备**

教学视频：图纸
绘制与输出

图纸绘制：在施工图设计中，图纸按表达的内容和性质分为平面
图、立面图、剖面图、大样详图等。

Revit 有结构平面视图、楼层平面视图、天花板平面视图、立面视图、剖面视图、三维视图、明细表视图等，所有的视图都可以作为图纸的内容输出，在完成前面的对象样式和视图可见性等设置以后，还可以在视图中添加尺寸标注、高程点、文字、符号等信息，进一步完善施工图设计，如图 11.2.1 所示。

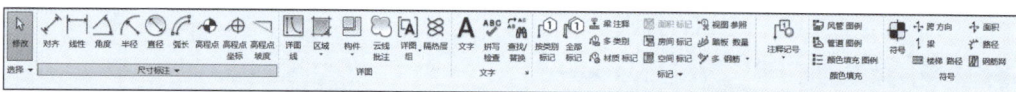

图 11.2.1　"注释"选项卡

✎ **实训操作**

完成图纸绘制的步骤如下。

（1）启动 Revit，打开前面操作的"××图书馆"项目文件，双击"项目浏览器"中的"楼层平面"，双击"1F 副本 1"打开前面设置过的平面视图，单击"注释"选项卡→"尺寸标注"面板→"对齐"工具，进行尺寸标注，如图 11.2.2 所示。

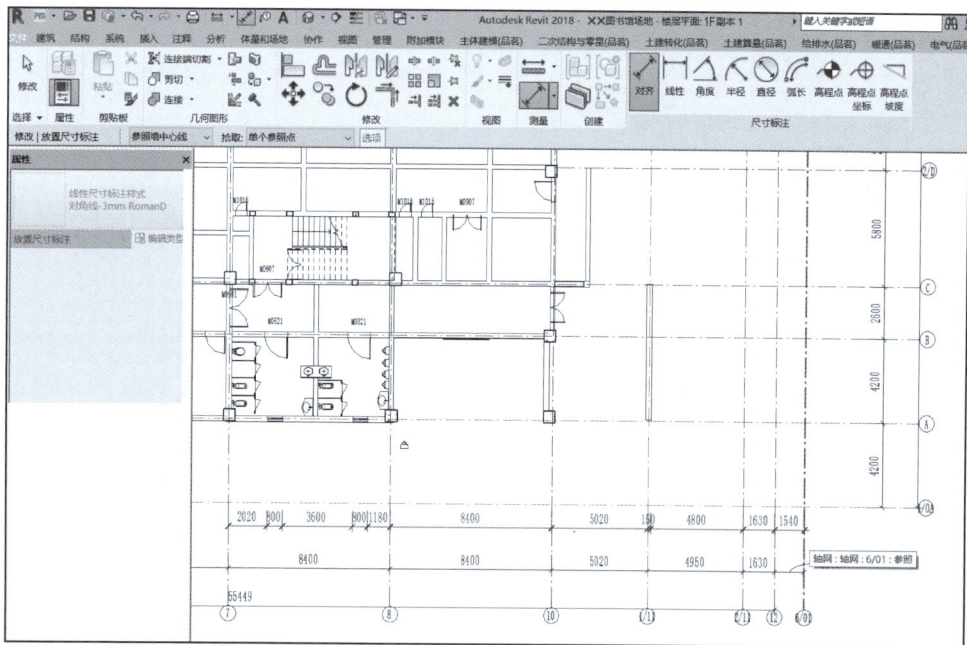

图 11.2.2　完善尺寸标注

（2）双击"南"立面视图，使用视图复制功能复制"南 副本 1"，使用前面介绍的视图可见性控制功能，或使用隐藏功能将绘制图纸时不需要的图元隐藏，如图 11.2.3 所示。

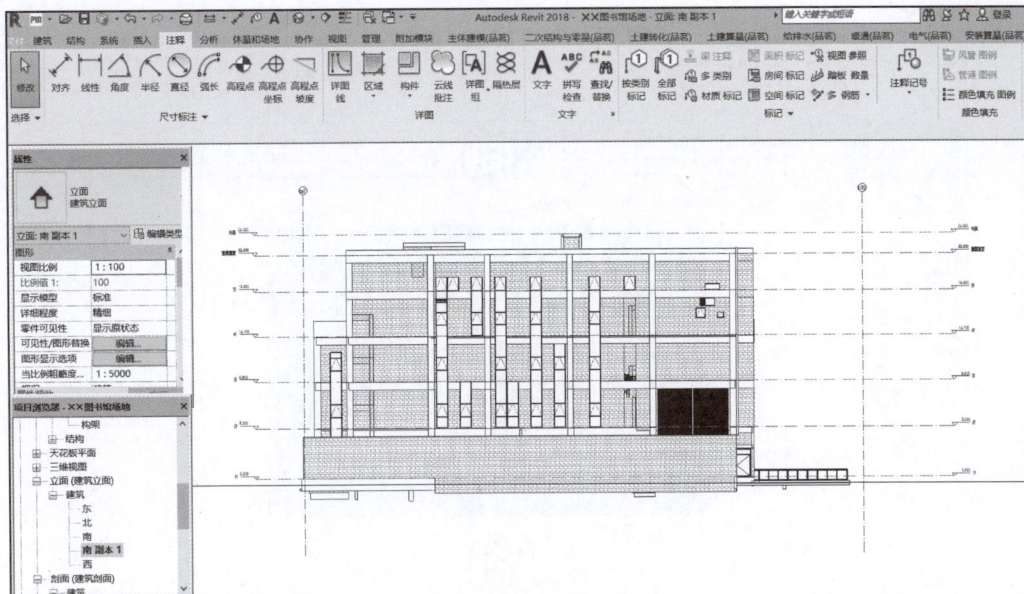

图 11.2.3　视图复制与设置

（3）完成立面图尺寸标注，如图 11.2.4 所示。

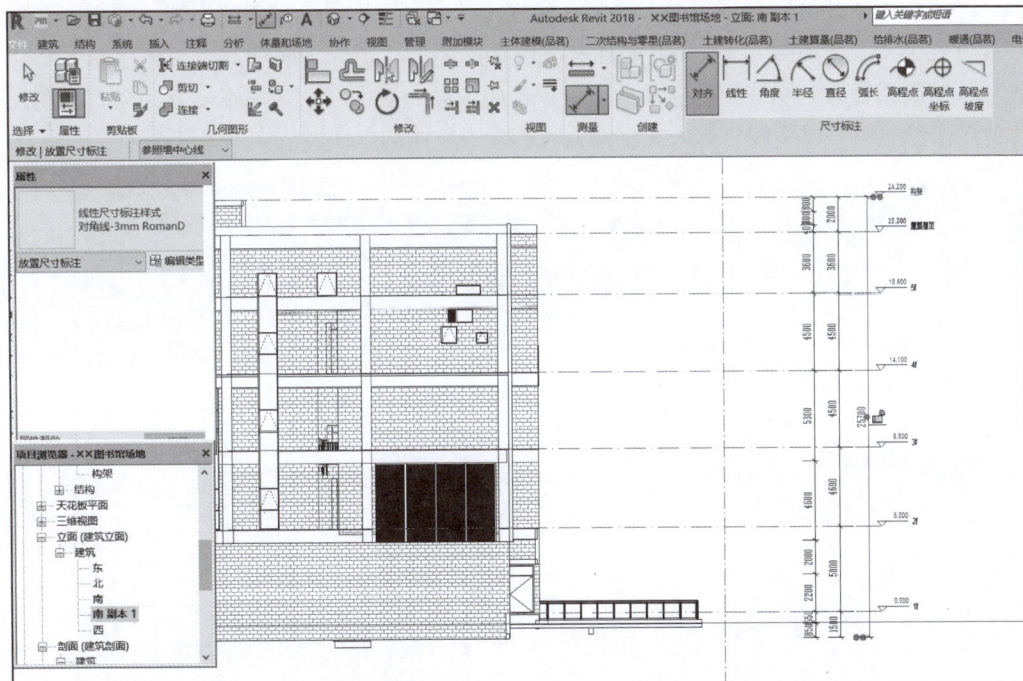

图 11.2.4　立面图尺寸标注

（4）单击"注释"选项卡→"尺寸标注"面板→"高程点"工具，进行门窗洞口的高程标注，如图 11.2.5 所示。

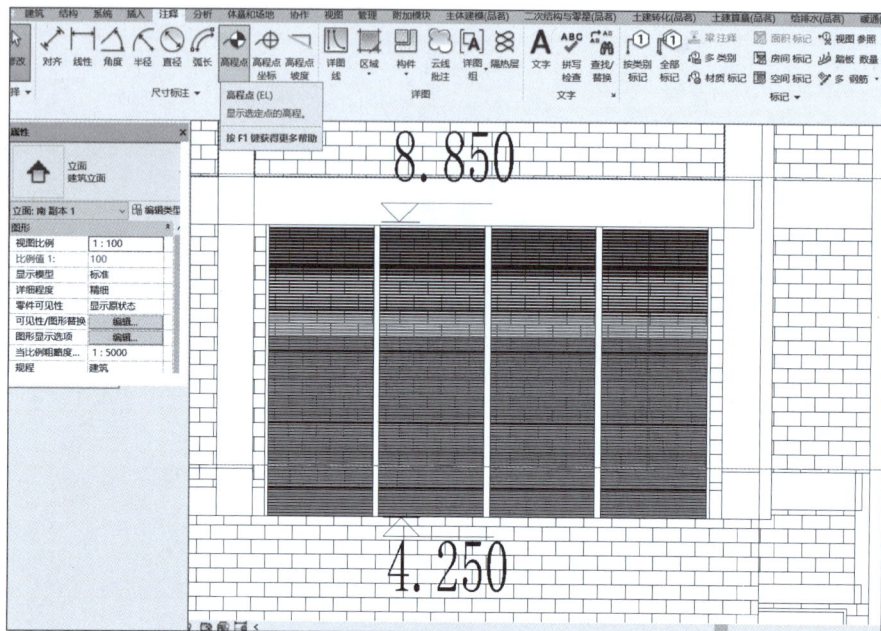

图 11.2.5　高程点标注

（5）单击"注释"选项卡→"文字"面板→"文字"工具，设置"引线"面板中文字引线方式为"二段引线"，在需要添加文字注释的墙面单击作为引线起点，垂直向上移动光标，绘制垂直方向引线，在立面图上方单击生成第一段引线，再沿水平方向向右移动光标并单击绘制第二段引线，进入文字输入状态输入具体的立面做法文字，如图 11.2.6 所示。

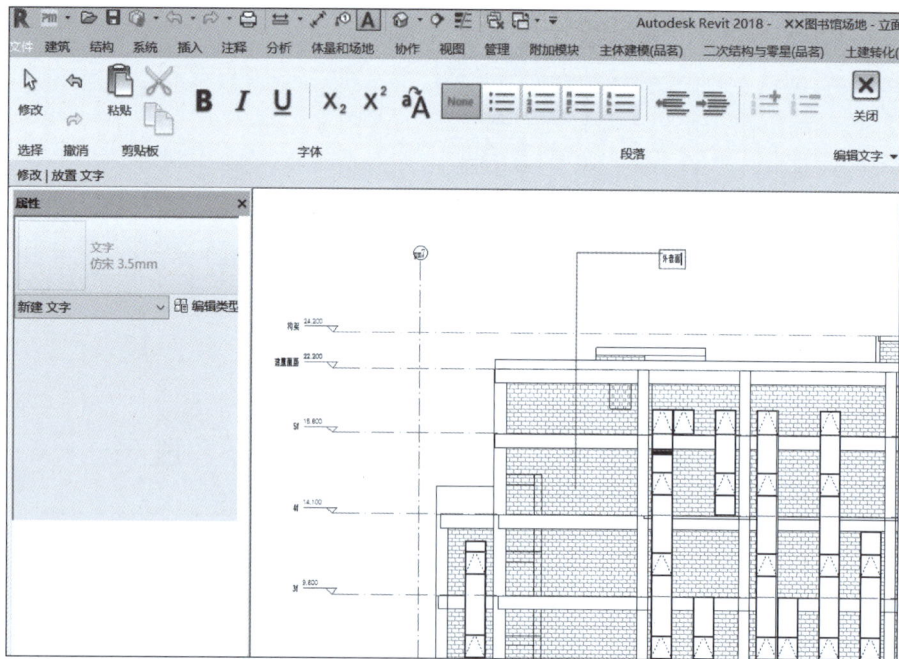

图 11.2.6　注释立面做法文字

（6）剖面视图：双击"1F 副本 1"的平面视图，单击"视图"选项卡→"演示视图"面板→"剖面"工具，如图 11.2.7 所示。

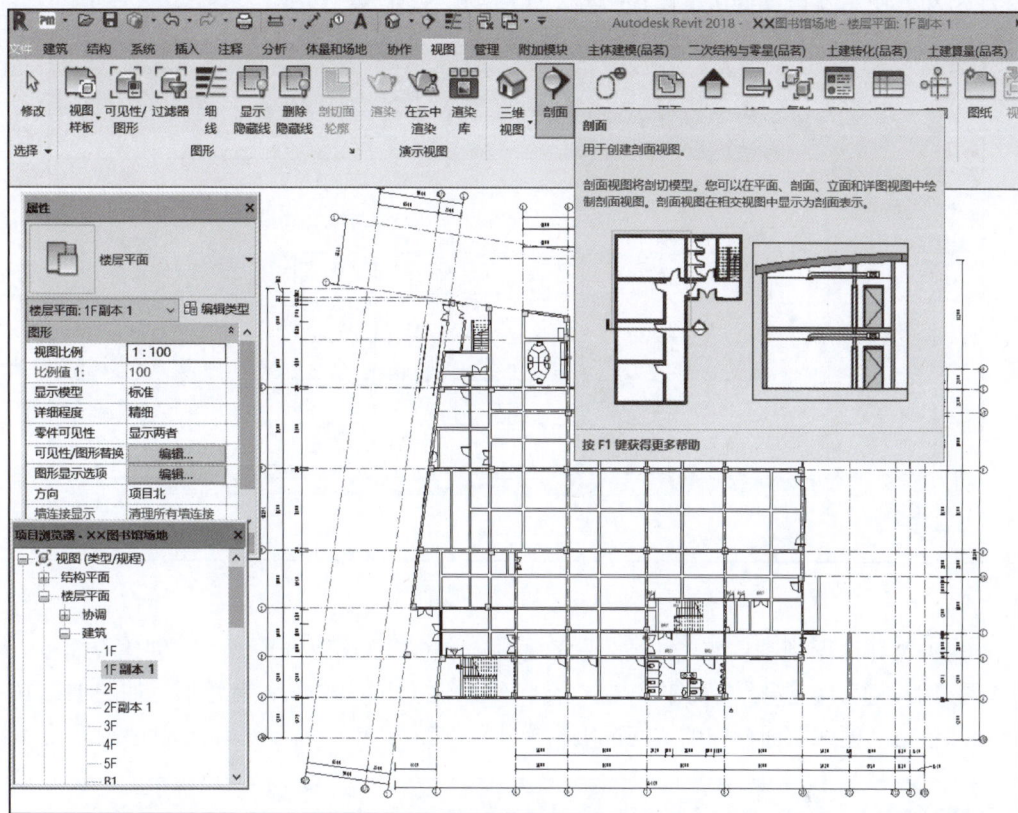

图 11.2.7　剖面工具

（7）绘制剖面：在"1F 副本 1"的平面视图中的 A~B 轴，从西往东绘制"剖面 1"，如图 11.2.8 所示。

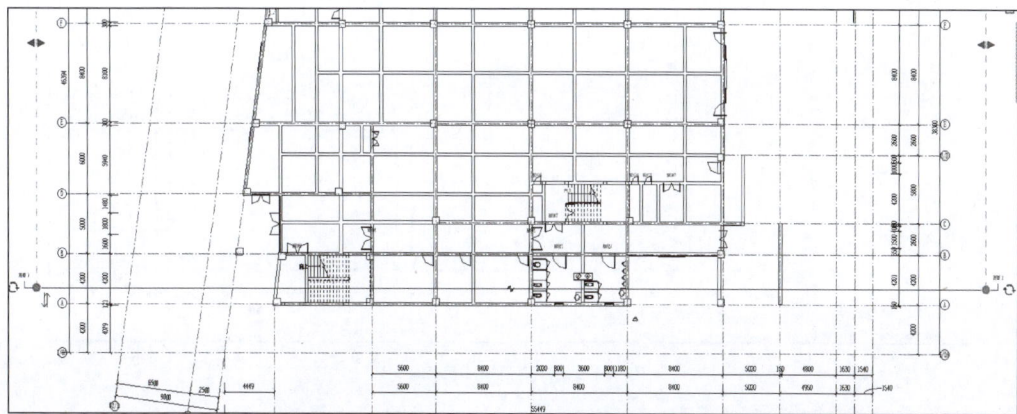

图 11.2.8　绘制剖面

（8）修改剖面视图：双击"项目浏览器"→"剖面"→"建筑"→"剖面 1"，使用前面的视图样式和管理功能，将不需要的图元隐藏或设为不可见，使用尺寸标注功能标注尺寸，使用高程设置功能设置高程，如图 11.2.9 所示。

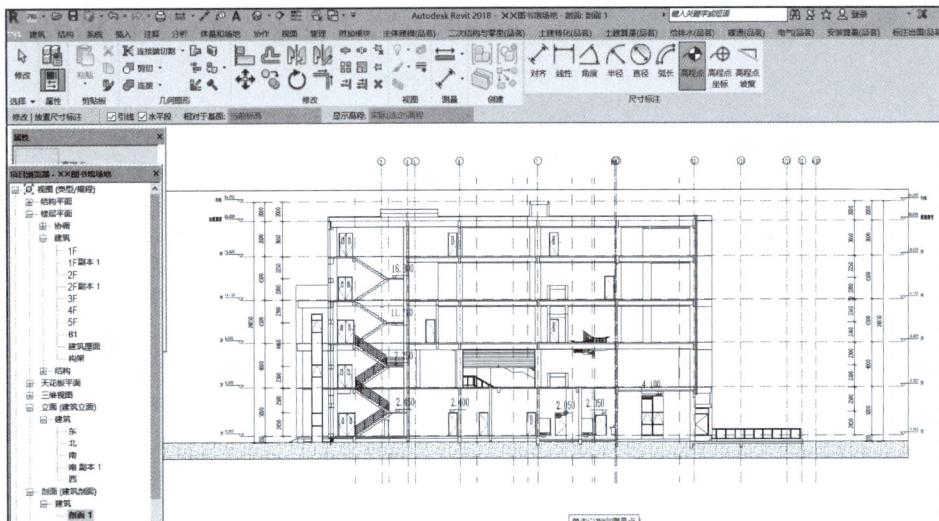

图 11.2.9　修改剖面

（9）创建详图视图：双击 1F 的平面视图，单击"视图"选项卡→"创建"面板→"详图索引"工具，选择"草图"，在一层平面视图的卫生间位置绘制矩形，如图 11.2.10 所示，单击"模式"面板中的"完成编辑模式"按钮。

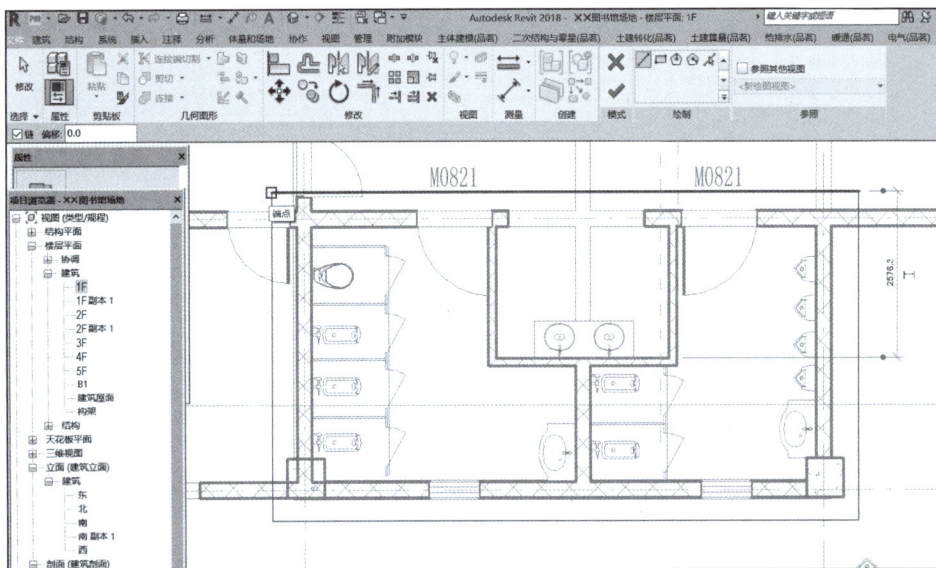

图 11.2.10　创建详图视图

（10）修改详图视图：双击"项目浏览器"→"1F- 详图索引 1"，可对详图进行修改、标注尺寸等，如图 11.2.11 所示。

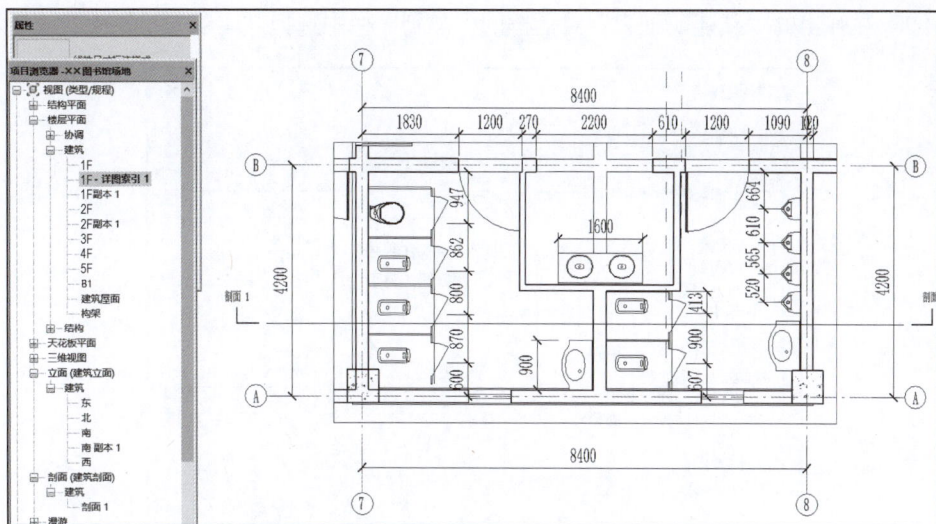

图 11.2.11　修改详图视图

11.2.2　统计明细表

📖 知识准备

明细表 / 数量：Revit 可按对象类别统计并列表显示项目中各类模型图元信息、数量等，可使用此功能对门窗、材料等进行统计。

✍ 实训操作

完成门窗明细表的步骤如下。

（1）启动 Revit，打开前面操作的"××图书馆"项目文件，单击"视图"选项卡→"创建"面板→"明细表"→"明细表 / 数量"工具，如图 11.2.12 所示。

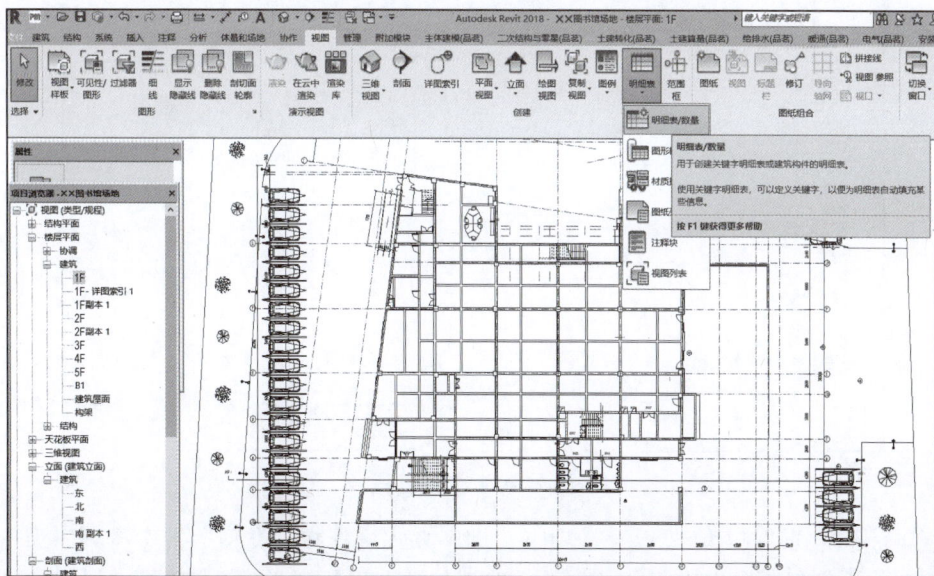

图 11.2.12　创建明细表工具

（2）在弹出的"新建明细表"对话框的"类别"栏中选择"门"，如图 11.2.13 所示。

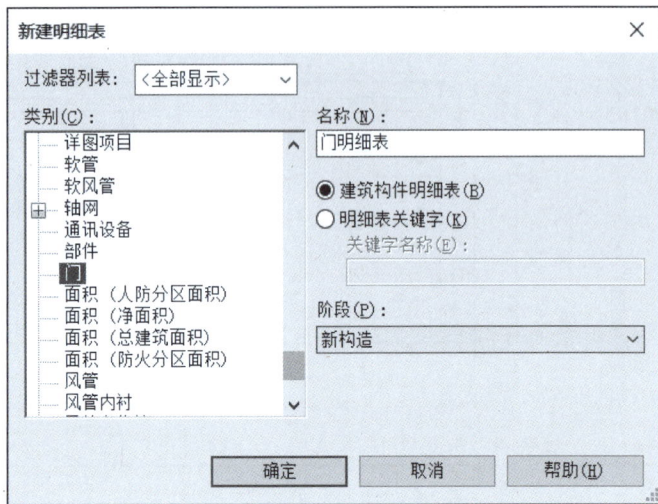

图 11.2.13 "新建明细表"对话框

（3）在弹出的"明细表属性"对话框中选择明细表所需要的字段，如图 11.2.14 所示。

图 11.2.14 选择字段

（4）切换到"排序 / 成组"选项卡，排序方式选择按"类型"升序排列，为了实现能按类型在合计栏中进行分类汇总，取消勾选"逐项列举每个实例"，如图 11.2.15 所示。

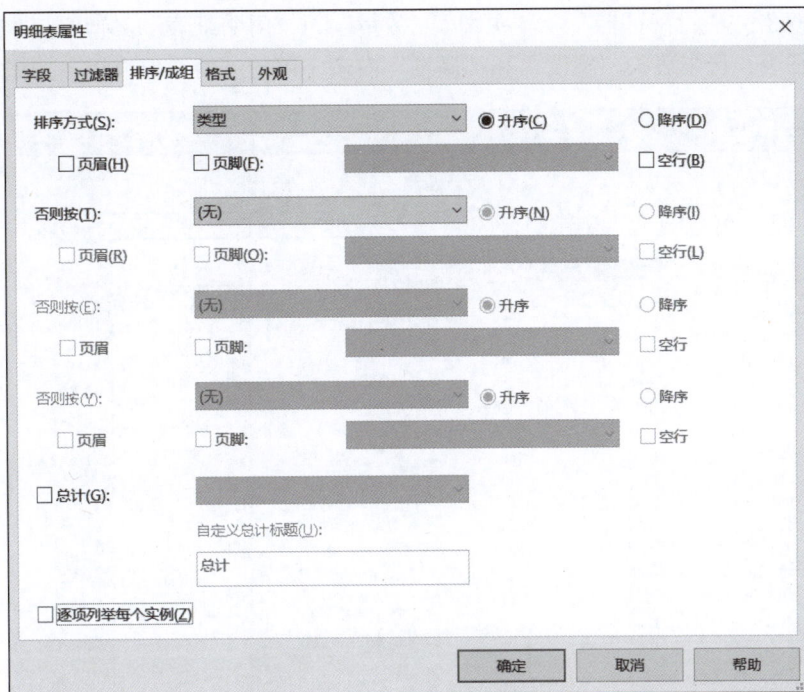

图 11.2.15　排序 / 成组设置

（5）切换到"外观"选项卡，设置明细表的外观，如图 11.2.16 所示，单击"确定"
按钮。

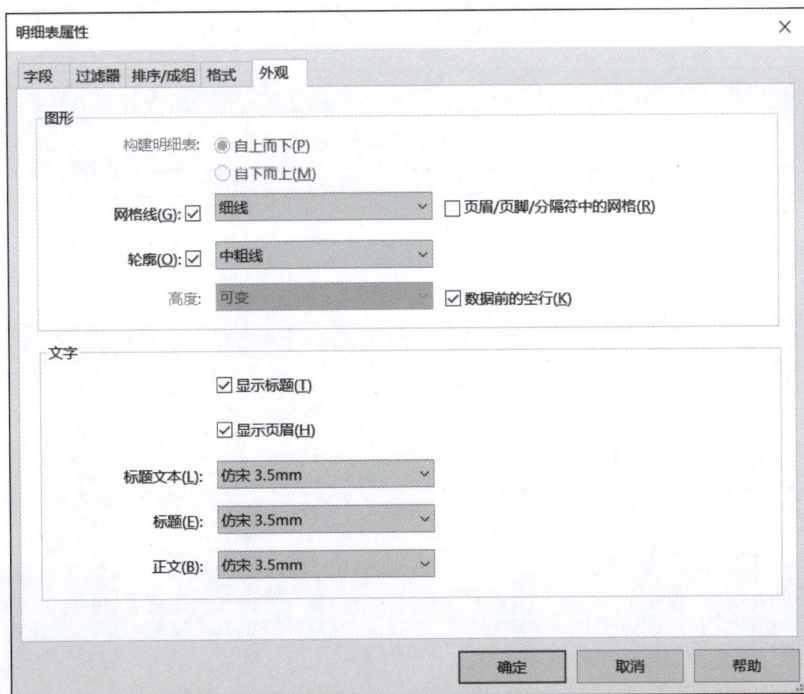

图 11.2.16　设置明细表的外观

（6）双击"项目浏览器"→"明细表/数量"→"门明细表"，弹出如图 11.2.17 所示的门明细表，选中表头"宽度"和"高度"右击，单击"使页眉成组"按钮。

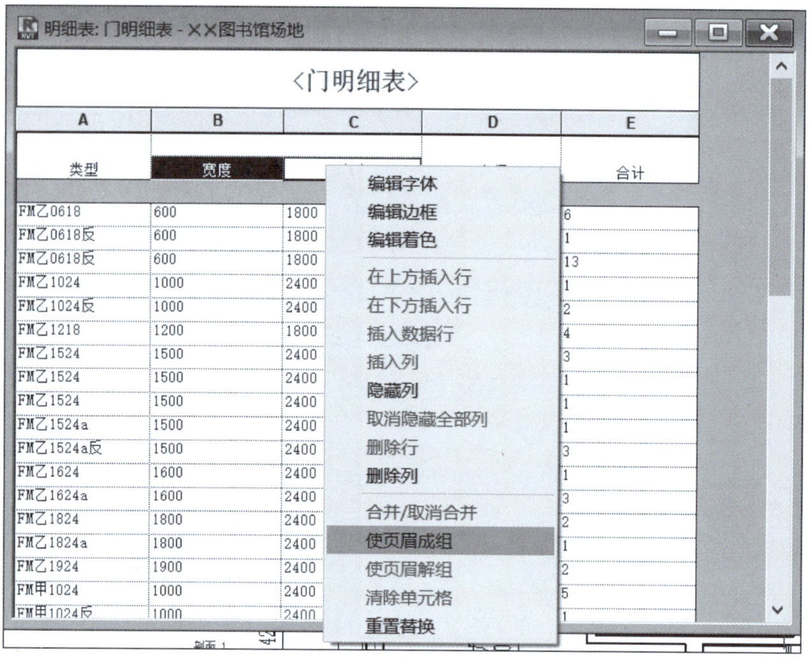

图 11.2.17　页眉成组

（7）在合并的表头中输入"尺寸"，最后得到如图 11.2.18 所示的"门明细表"。

（8）窗、材料等的统计与门明细表相同，在此不再重复介绍。

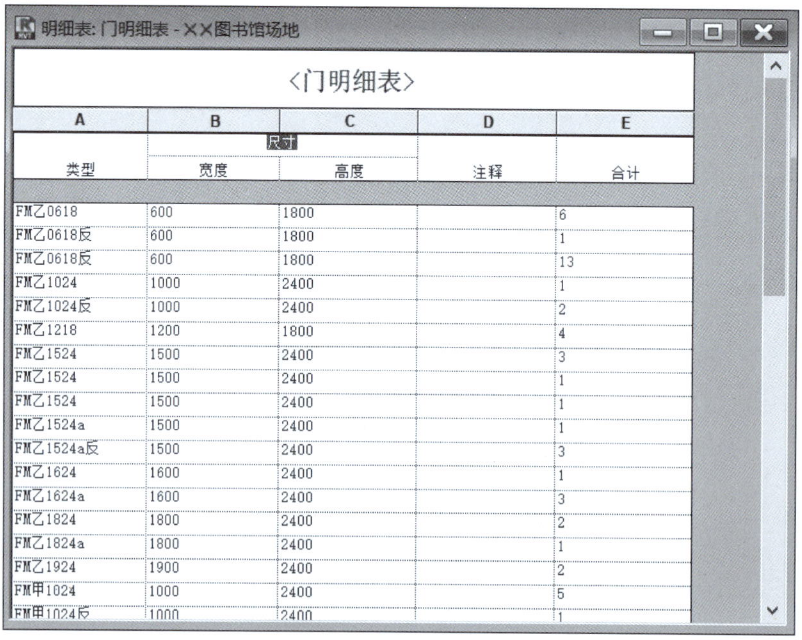

图 11.2.18　门明细表

11.2.3　布置图纸

📖 知识准备

布置图纸：在 Revit 中，可使用"新建图纸"功能创建一张图纸，并将前面的各类视图、明细表布置到视图中，如图 11.2.19 所示。

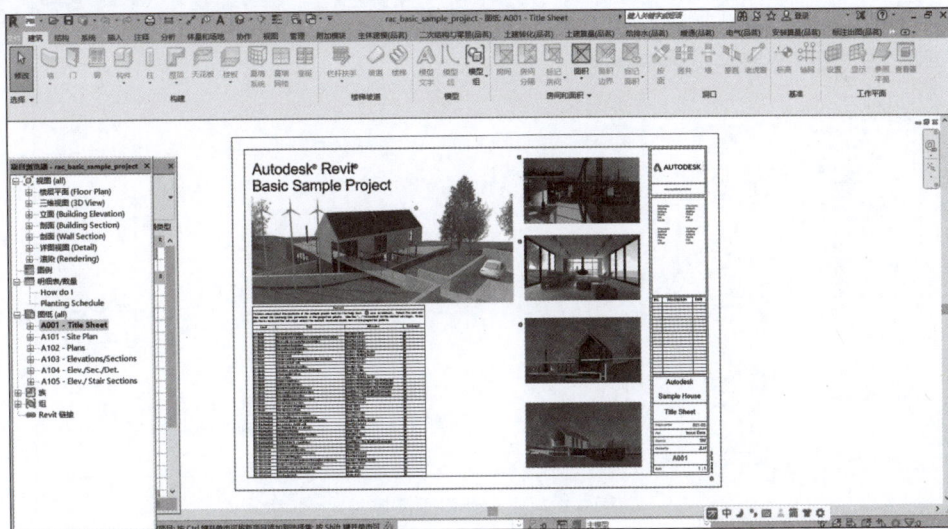

图 11.2.19　图纸布置

🎐 实训操作

完成图纸布置的步骤如下。

（1）启动 Revit，打开前面操作的"××图书馆"项目文件，单击"视图"选项卡→"图纸组合"面板→"图纸"工具，新建图纸，如图 11.2.20 所示，单击"确定"按钮。

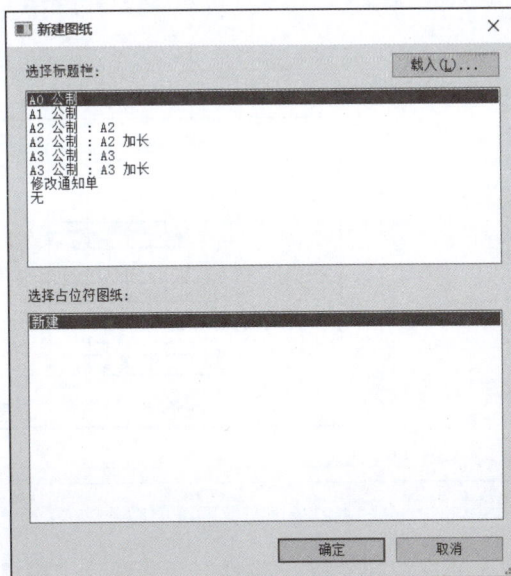

图 11.2.20　新建图纸

（2）在"项目浏览器"中找到"图纸"中新建的图纸，双击打开，在"属性"面板中输入相应的信息，如图 11.2.21 所示。

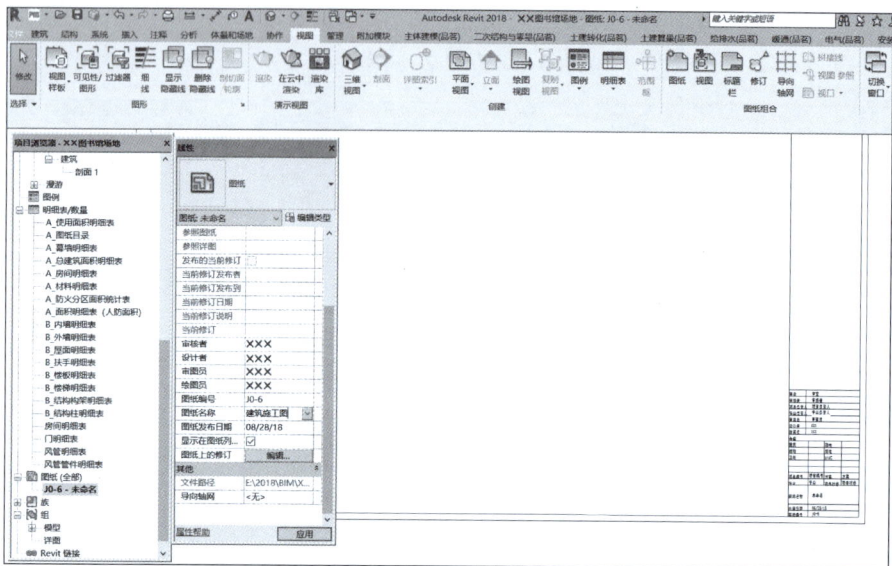

图 11.2.21　设置图纸属性

（3）将"项目浏览器"中的"1F 副本 1"视图选中，按住鼠标左键拖动到图框中，如图 11.2.22 所示。

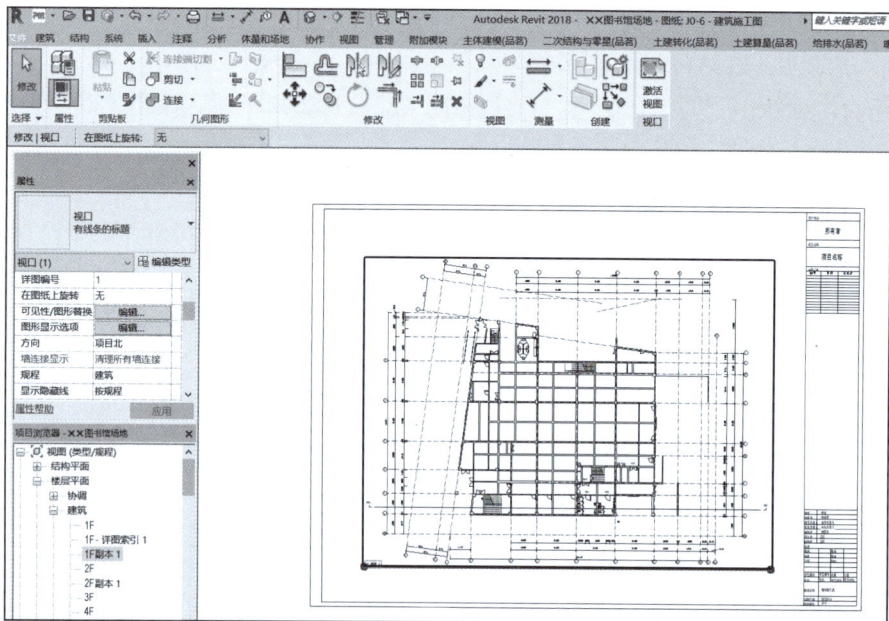

图 11.2.22　布置图纸内容

（4）单击选中刚放入的视图的外框，"属性"面板显示"视口"属性，修改视图名称为"一层平面图"，图纸上的标题为"一层平面图"，如图 11.2.23 所示。

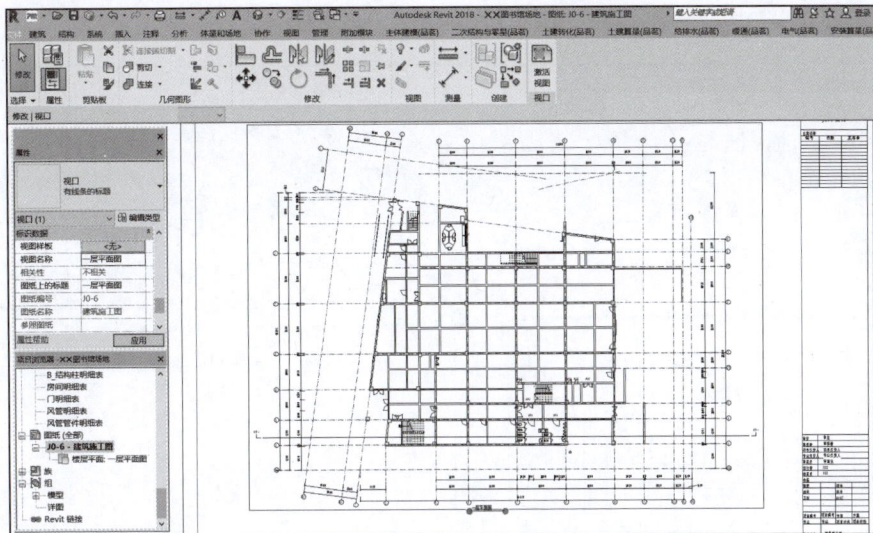

图 11.2.23　修改图纸上的标题

11.2.4　图纸打印和导出

📖 **知识准备**

在 Revit 中，可将布置好的图纸或视图导出成 DWG、DXF、DGN 及 ACIS（SAT）等格式的 CAD 数据文件，以方便为使用 CAD 软件的设计人员提供数据。

✎ **实训操作**

将图纸导出为 DWG 格式文件的步骤如下。

（1）启动 Revit，打开前面操作的"××图书馆"项目文件，双击前面新建的图纸，单击"文件"菜单→"导出"工具→"CAD格式"选项→DWG按钮，如图11.2.24所示。

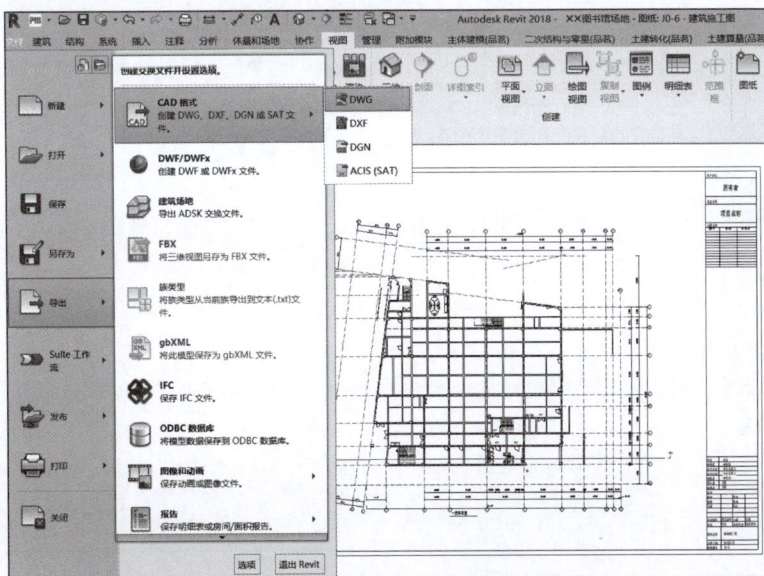

图 11.2.24　导出 DWG 格式

（2）弹出"DWG 导出"对话框，设置参数，如图 11.2.25 所示。

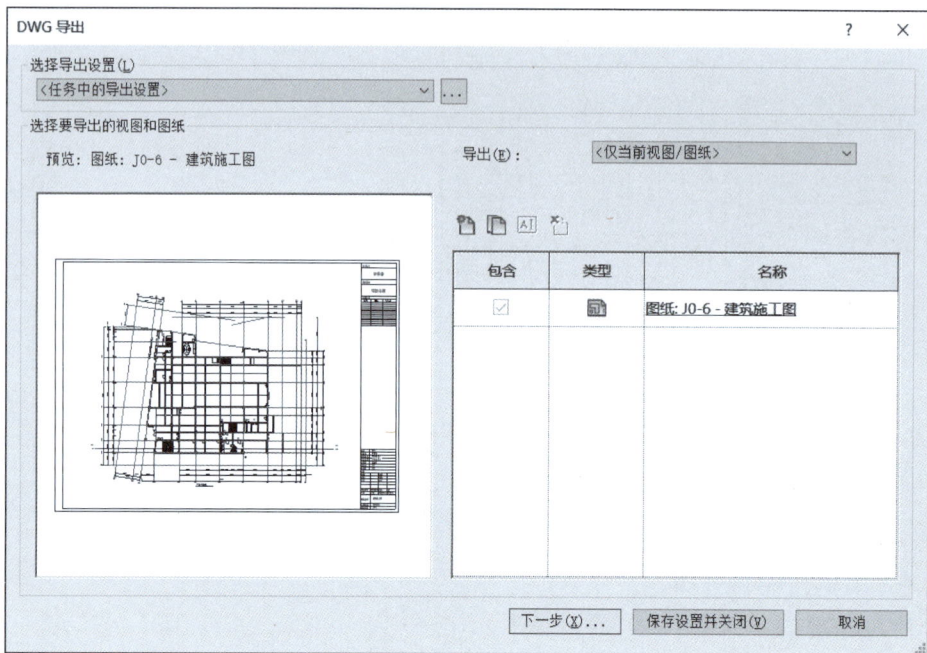

图 11.2.25 "DWG 导出"对话框

（3）弹出"保存"对话框，选择要保存的文件目录，选择文件类型，本例中选择"AutoCAD 2007 DWG 文件"，查看或修改文件名，单击"确定"按钮导出，如图 11.2.26 所示。

图 11.2.26 保存格式设置

（4）找到相应的保存文件，使用 CAD 软件打开文件，如图 11.2.27 所示。

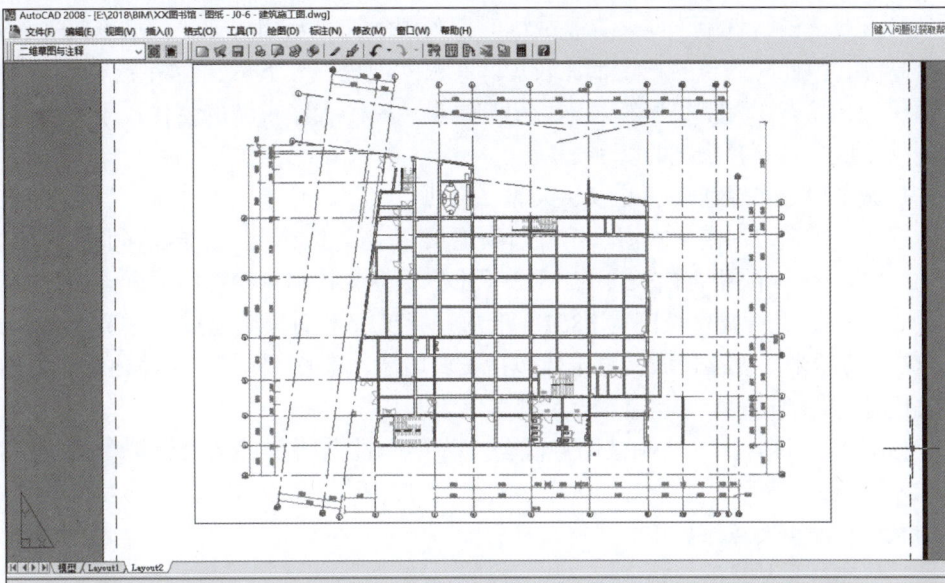

图 11.2.27　导出的 CAD 图纸

拓展阅读——中国古代建筑

中国古代建筑从陕西半坡遗址发掘的方形及圆形浅穴式房屋发展看，已有六七千年的历史。修建在崇山峻岭之上、蜿蜒万里的长城，是人类建筑史上的奇迹；建于隋代的河北赵县的赵州桥，在科学技术同艺术的完美结合上，早已走在世界桥梁科学的前列；现存的高达 67.1 米的山西应县佛宫寺木塔，是世界上现存最高的木结构建筑；北京明、清两代的故宫，则是世界上现存规模最大、建筑衍生精美、保存完整的大规模建筑群。至于我国的古典园林，它独特的艺术风格，使其成为中国文化遗产中的一颗明珠。这一系列现存的技术高超、艺术精湛、风格独特的建筑，在世界建筑史上自成系统，独树一帜，是我国古代灿烂文化的重要组成部分。它们像一部部石刻的史书，让我们重温着祖国的历史文化，激发起我们的爱国热情和民族自信心，同时它们也是一种可供人观赏的艺术，给人以美的享受。

1. 万里长城

万里长城又称长城，是中国古代的军事防御工事，是一道高大、坚固而且连绵不断的长垣，用于限隔敌骑的行动。长城不是一道单纯孤立的城墙，而是以城墙为主体，同大量的城、障、亭、标相结合的防御体系，如图 11.2.28 所示。

图 11.2.28　万里长城

长城修筑的历史可上溯到西周时期，发生在首都镐京（今陕西西安）的著名典故"烽火戏诸侯"就源于此。春秋战国时期列国争霸，互相防守，长城修筑进入第一个高潮，但此时修筑的长度都比较短。秦灭六国统一天下后，秦始皇连接和修缮战国长城，始有"万里长城"之称。明朝是最后一个大修长城的朝代，今天人们所看到的长城多是此时修筑的。

长城主要分布在河北、北京、天津、山西、陕西、甘肃、内蒙古、黑龙江、吉林、辽宁、山东、河南、青海、宁夏、新疆 15 个省（区市）。长城在河北省内长度为 2000 多千米，陕西省内长度为 1838 千米。根据文物和测绘部门的全国性长城资源调查结果，明长城总长度为 8851.8 千米，秦汉及早期长城超过 1 万千米，总长超过 2.1 万千米。现存长城文物本体包括长城墙体、壕堑 / 界壕、单体建筑、关堡、相关设施等各类遗存，总计 4.3 万余处（座 / 段）。

1961 年 3 月 4 日，长城被国务院公布为第一批全国重点文物保护单位。1987 年 12 月，长城被列入世界文化遗产。2020 年 11 月 26 日，国家文物局发布了第一批国家级长城重要点段名单。

2. 河北赵县赵州桥

赵州桥又名安济桥，是一座位于河北省石家庄市赵县城南洨河之上的石拱桥，因赵县古称赵州而得名。赵州桥始建于隋代，由匠师李春设计建造，后由宋哲宗赵煦赐名安济桥，并以之为正名，如图 11.2.29 所示。

赵州桥是世界上现存年代久远、跨度最大、保存最完整的单孔坦弧敞肩石拱桥，其建造工艺独特，在世界桥梁史上首创"敞肩拱"结构形式，具有较高的科学研究价值；雕作刀法苍劲有力，艺术风格新颖豪放，显示了隋代浑厚、严整、俊逸的石雕风貌，桥体饰纹雕刻精细，具有较高的艺术价值。赵州桥在中国造桥史上占有重要地位，对全世界后代桥梁建筑有着深远的影响。

1961 年 3 月 4 日，赵州桥被中华人民共和国国务院公布为第一批全国重点文物保护单位。2010 年，赵州桥景区被评为国家 AAAA 级旅游景区。

3. 山西应县佛宫寺木塔

应县佛宫寺木塔又名释迦塔，位于大同城西南 70 公里的应县城佛宫寺内，如图 11.2.30 所示。

图 11.2.29　赵州桥

图 11.2.30　佛宫寺木塔

　　佛宫寺坐北朝南，沿中轴线上依次为山门、木塔、砖建门楼，山门之前东西两侧置有钟鼓二楼，次有东西配殿，东殿塑有伽蓝护法神，西殿塑有达摩祖师，寺中为木塔，塔后建有砖砌门楼一座，门额之上题有"第一景"三个字。进入门楼，可见单檐歇山顶大雄宝殿，殿堂面阔七间，进深两间，殿内供奉三世佛和两尊菩萨。全寺建筑布局适当，结构严谨，木塔居于中部，游人站在山门之内，即可见到木塔全景。

　　木塔建于辽代清宁二年（1056年），虽距今有九百余年，历经多少酷暑严寒、风雨雷电以及地震袭击，但仍旧屹然壁立，坐视苍穹。由此可见，木塔设计之精密，结构之合理，质地之坚固，均为世上罕见。因此，应县佛宫寺木塔受到了国内外各界人士高度赞扬，一致称誉它为"建筑结构与使用功能设计合理的典范"。

　　木塔之基分为上下两层，均为青石砌筑，下层为方形，上层为八角形，台基各角均有角石，上雕石狮。塔身呈八角，共有五层六檐，四级暗层，实为九层。内外两槽立柱，构成双层套筒式结构，各层柱子叠接，暗层梁栿中用斜撑，把中心柱扩大力内环柱，地栿和额枋将各层楼板紧紧相连。塔顶为八角攒尖式，上立铁刹一座，由仰莲、覆钵、相轮、火焰、仰月、宝瓶以及宝珠等物组成。木塔总高为67.31米，底层直径为30.27米，比北京北海公园的白塔高出31.41米，比西安大雁塔高出3.21米，它是国内外现存最古老、最高大之木结构建筑。

　　木塔塔门坐北朝南，内有木制楼梯，可以逐级攀登至顶层，二层以上均设平座栏杆，可供游人凭栏远眺。一层供有释迦坐像，高达11米，体态丰盈，端庄慈祥，衣纹流畅，彩饰艳丽。莲座之下八大金刚，身披甲胄，英勇威武；内槽壁面之上，画有六幅如来佛像，比例适当，色泽艳丽；如来画像顶端两侧之飞天，神采奕奕，形象逼真；二层方形坛座之上供有一尊佛像和四尊菩萨；三层供有四尊佛像，神目如电；四层供有一尊佛像、二尊菩萨和二尊弟子像；五层供有释迦坐像，慈祥端庄，八大菩萨分坐四周，神态各异，造型优美，顶上木制八角藻井朴实大方，实为古今罕见。

　　4. 北京明、清两代的故宫

　　北京故宫是中国明、清两代的皇家宫殿，旧称紫禁城，位于北京中轴线的中心（图11.2.31）。北京故宫以三大殿为中心，占地面积约72万平方米，建筑面积约15万平方米，有大小宫殿七十多座，房屋九千余间。

　　北京故宫于明成祖永乐四年（1406年）开始建设，以南京故宫为蓝本营建，到永乐十八年（1420年）建成，成为明、

图 11.2.31　故宫

清两朝二十四位皇帝的皇宫。1925年10月10日故宫博物院正式成立开幕。北京故宫南北长961米，东西宽753米，四面围有高10米的城墙，城外有宽52米的护

城河。紫禁城有四座城门，南面为午门，北面为神武门，东面为东华门，西面为西华门。城墙的四角各有一座风姿绰约的角楼，民间有九梁十八柱七十二条脊之说，形容其结构的复杂。

北京故宫内的建筑分为外朝和内廷两部分。外朝的中心为太和殿、中和殿、保和殿，统称三大殿，是国家举行大典礼的地方。三大殿左右两翼辅以文华殿、武英殿两组建筑。内廷的中心是乾清宫、交泰殿、坤宁宫，统称后三宫，是皇帝和皇后居住的正宫。其后为御花园。后三宫两侧排列着东、西六宫，是后妃们居住休息的地方。东六宫东侧是天穹宝殿等佛堂建筑，西六宫西侧是中正殿等佛堂建筑。外朝、内廷之外还有外东路、外西路两部分建筑。

北京故宫是世界上现存规模最大、保存最为完整的木质结构古建筑群之一，是国家 AAAAA 级旅游景区，1961 年被列为第一批全国重点文物保护单位，1987 年被列为世界文化遗产。

（引自百度百科）

—— 学习笔记 ——

🔷 阶段性成果验收

阶段性成果验收单

查验内容	查验指标	自　评	互　评	教师评价
立面图纸	正确性：立面图纸设置是否正确，尺寸标注、高程点、立面做法标注是否正确	□是　□否	□是　□否	□是　□否
	规范性：是否符合立面出图规范	□是　□否	□是　□否	□是　□否
剖面图纸	正确性：剖面图纸设置是否正确，尺寸标注、高程点等标注是否正确	□是　□否	□是　□否	□是　□否
	规范性：是否符合剖面出图规范	□是　□否	□是　□否	□是　□否
平面图纸	正确性：平面图纸设置是否正确，尺寸标注点等标注是否正确	□是　□否	□是　□否	□是　□否
	规范性：是否符合平面出图规范	□是　□否	□是　□否	□是　□否
明细表	合理性：明细表字段设置是否合理，统计数据是否清晰	□是　□否	□是　□否	□是　□否
验收结果	□优　□良　□中　□合格　□不合格			
验收成员签字				

年　　月　　日

项目成果终级验收

项目成果终级验收单

查 验 内 容	分 项 验 收
标高、轴网	❑优　❑良　❑中　❑合格　❑不合格
柱、梁	❑优　❑良　❑中　❑合格　❑不合格
外墙、内墙、幕墙	❑优　❑良　❑中　❑合格　❑不合格
门、窗	❑优　❑良　❑中　❑合格　❑不合格
楼板、天花板、屋顶	❑优　❑良　❑中　❑合格　❑不合格
楼梯、洞口、坡道、栏杆	❑优　❑良　❑中　❑合格　❑不合格
家具、卫浴	❑优　❑良　❑中　❑合格　❑不合格
室外场地	❑优　❑良　❑中　❑合格　❑不合格
渲染漫游	❑优　❑良　❑中　❑合格　❑不合格
图纸输出	❑优　❑良　❑中　❑合格　❑不合格
项目总验收结果	❑优　❑良　❑中　❑合格　❑不合格
验收成员签字	年　　月　　日

习题

一、单选题

在图纸视图中，选择图纸中的视口，激活视口后使用文字工具输入文字注释，则该文字注释（　　　）。

A. 仅会显示在图纸视图中

B. 会同时显示在视口对应的视图和图纸视图中

C. 仅会显示在视口对应的视图中

D. 仅会显示在视口对应的视图中，同时会以复本的形式显示在图纸视图中

二、多选题

常见的工程图纸图例有（　　　）。

A. 标题栏　　　　　　B. 会签栏　　　　　　C. 钢筋　　　　　　D. 比例尺

E. 定位轴线

三、小讨论

从《中国古代建筑》中你感受到了什么？民族自豪感或是对古代建工人的敬佩？谈谈你的想法。

_____

_____

_____

_____

第 12 章　Revit 的族制作

12.1　族的基本概念

Autodesk Revit 中的所有图元都是基于族的。"族"是 Revit 中的一个功能强大的概念，是组成项目的构件，也是参数信息的载体，能轻松地管理数据和进行修改。每个族图元能够在其内定义多种类型，根据族创建者的设计，每种类型可以具有不同的尺寸、形状、材质设置或其他参数变量。

使用 Autodesk Revit 的一个优点是用户不必学习复杂的编程语言，便能够创建自己的构件族。使用族编辑器，整个族创建过程在预定义的样板中执行，可以根据用户的需要在族中加入各种参数，如距离、材质、可见性等。用户可以使用族编辑器创建现实生活中的建筑构件和图形 / 注释构件。

族编辑器是 Revit Architecture 中的一种图形编辑模式，使用户能够创建可载入项目中的族。当开始创建族时，在族编辑器中打开要使用的样板。样板可以包括多个视图，例如平面视图和立面视图。族编辑器与 Revit Architecture 中的项目环境具有相同的外观和特征，但在各个设计栏选项卡中包括的命令不同。

12.2　族类型

Autodesk Revit 有以下 3 种族类型。

1. 系统族

系统族是在 Revit 中预定义的族，只能在项目中进行创建和修改的族类型，例如建筑模型中的"墙""窗"和"门"。它们不能作为外部文件载入或创建，可以复制和修改现有系统族，可以通过指定新参数定义新的族类型，如图 12.2.1 所示。

2. 可载入族

在默认情况下，在项目样板中载入标准构件族，但更多标准构件族存储在构件库中，如图 12.2.2 所示。使用族编辑器创建和修改构件。可以复制和修改现有构件族，也可以根据各种族样板创建新的构件族。族样板可以是基于主体的样板，也可以是独立的样板。基于主体的族包括需要主体的构件。例如，以墙族为主体的门族。独立族包括柱、树和家具。族样板有助于创建和操作构件族。

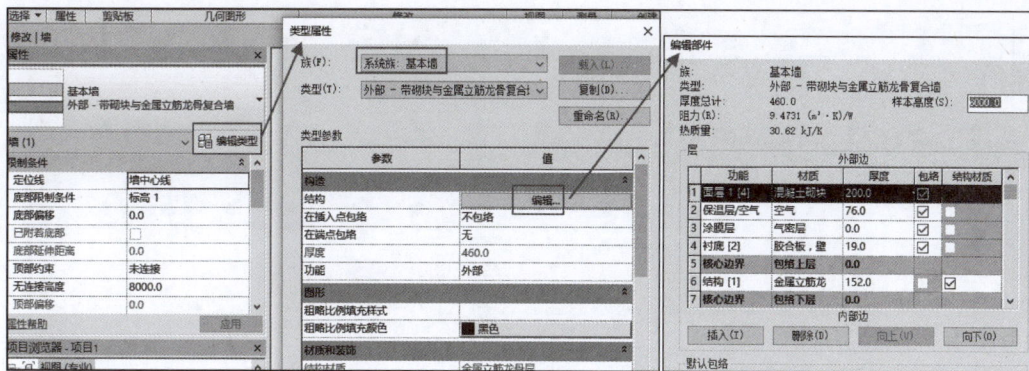

图 12.2.1　编辑系统族

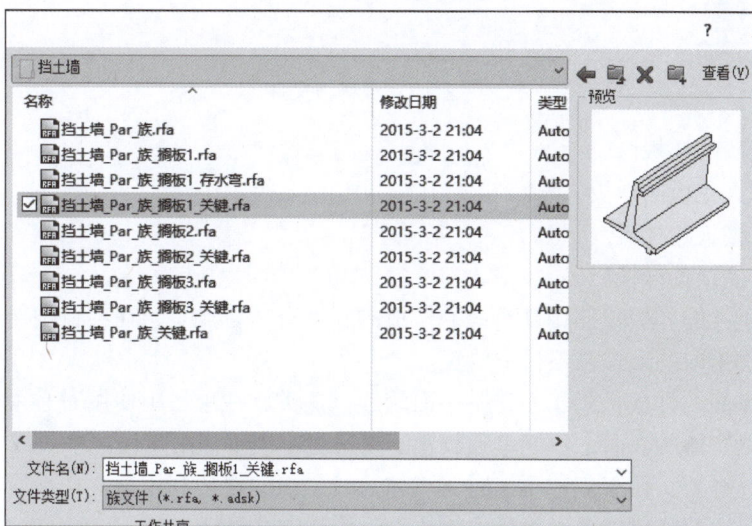

图 12.2.2　可载入族 - 挡土墙

3. 内建族

内建族可以是特定项目中的模型构件，也可以是注释构件。只能在当前项目中创建内建族，因此，它们仅可用于该项目特定的对象，例如，自定义墙的处理。创建内建族时，可以选择类别，且使用的类别将决定构件在项目中的外观和显示控制。

12.3　族样板

在创建族时，需要选择合适的族样板，Revit 软件自带族样板文件，样板文件均以 ".rft" 为后缀，不同的族样板拥有不同的特点，在文件中包含 "标题栏" "概念体量" "注释" 3 个子文件夹，用于创建相应的族；其他族样板用于创建构件，如栏杆、门、幕墙等，还有未规定使用用途的样板文件，如 "公制常规模型"，如图 12.3.1 所示。

族样板以族在项目（或族）中的使用方法分类，可以分为以下 4 种。

（1）基于主体的样板：利用基于主体的样板所创建的族必须依附于某一特定的图元上，即只有存在相对应的主体，族才能够被安放于项目之中。

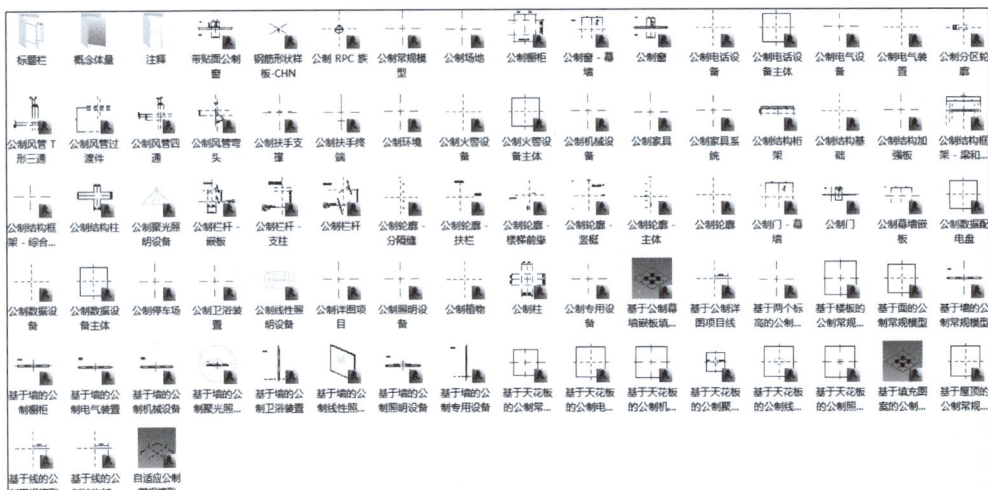

图 12.3.1　族样板文件

① 基于墙的样板。

② 基于天花板的样板。

③ 基于楼板的样板。

④ 基于屋顶的样板。

（2）基于线的样板：使用基于线的样板的族拥有的特点是，在项目中使用时，此类族均采用两次拾取的形式在项目中放置。

（3）基于面的样板：用于创建基于面的族，这类族在项目中使用时必须放置于某工作平面或者某实体的表面，不能单独放置于项目之中而不依附于任何平面或实体。

（4）独立样板：用于创建不依附于主体、线、面的族。利用独立样板所创建的族可以放置在项目中的任何位置，不受主体约束，使用方式灵活。

12.4　创建族

12.4.1　创建拉伸

教学视频：创建拉伸

📖 知识准备

拉伸主要用于通过拉伸二维形状（轮廓）来创建三维形状，如图 12.4.1 所示。

✎ 实训操作

创建拉伸的步骤如下。

（1）新建族文件：启动 Revit，单击"文件"选项卡→"新建"工具→"族"按钮，选择"公制常规模型"，单击"打开"按钮，如图 12.4.2 所示。

（2）创建参照平面：双击项目浏览器中的"楼层平面"中的"参照标高"，单击"创建"中的"参照平面"，如图 12.4.3 所示。

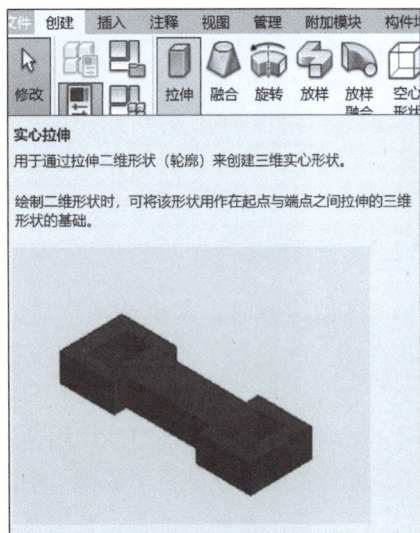

实心拉伸

用于通过拉伸二维形状（轮廓）来创建三维实心形状。

绘制二维形状时，可将该形状用作在起点与端点之间拉伸的三维形状的基础。

图 12.4.1　实心拉伸

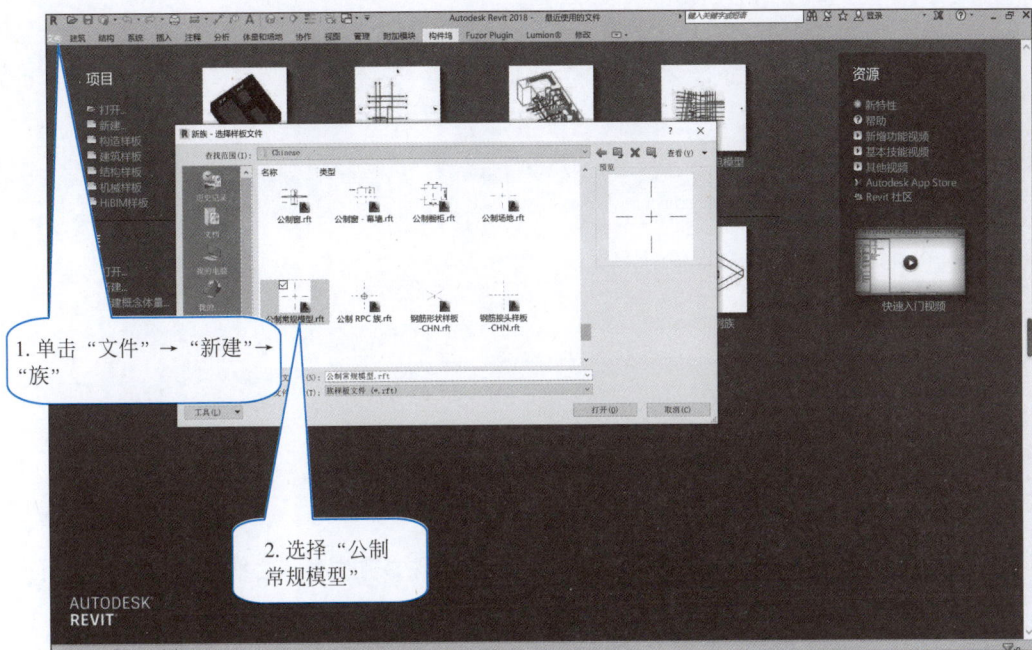

图 12.4.2　新建族文件

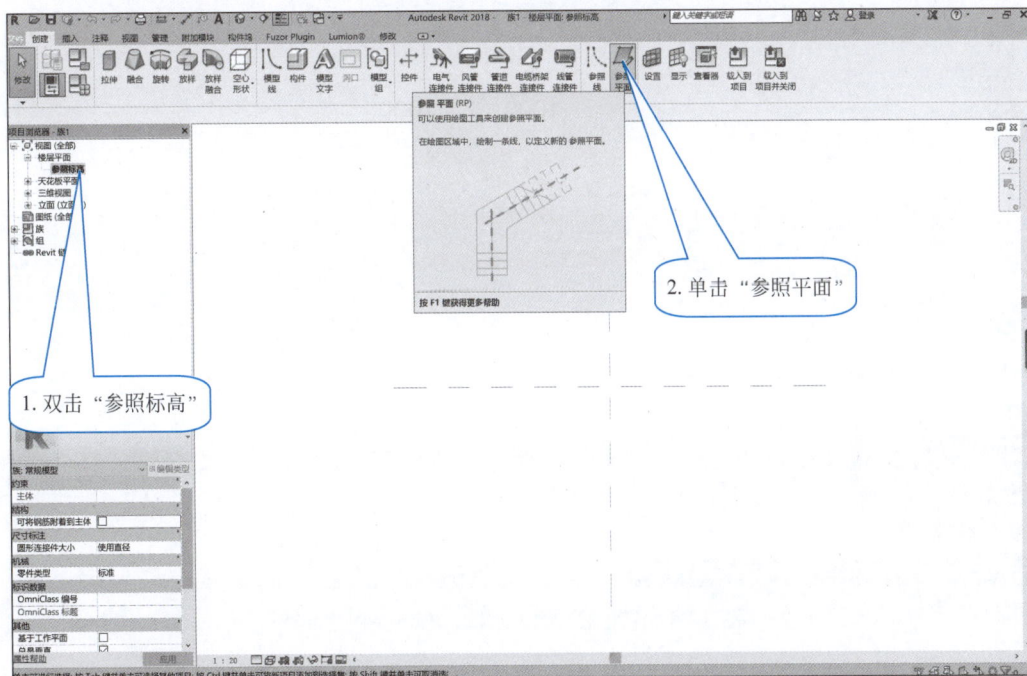

图 12.4.3　创建参照平面

　　在原中心参照平面的上侧绘制一个水平参照平面，并在临时标注尺寸中输入数据 1000 并按 Enter 键，如图 12.4.4 所示。

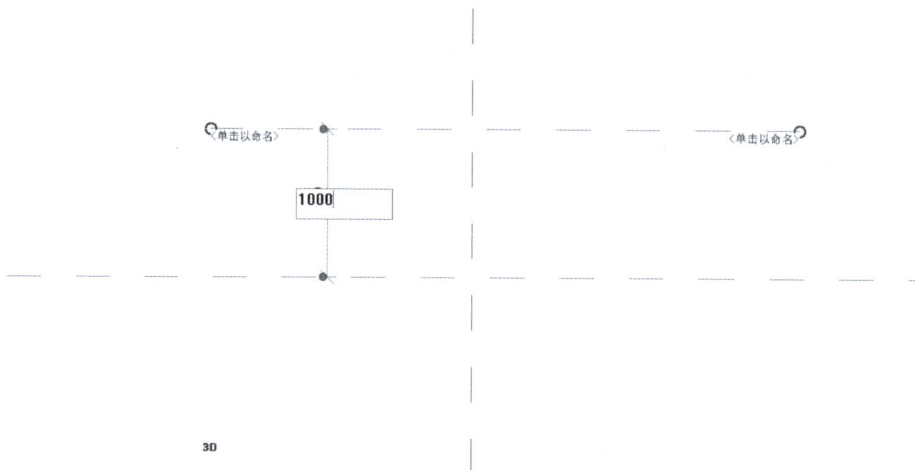

图 12.4.4　绘制上侧参照平面

　　以同样的方法分别在中心线的下侧、左侧、右侧绘制距离中心线 1000 的参照平面，如图 12.4.5 所示。

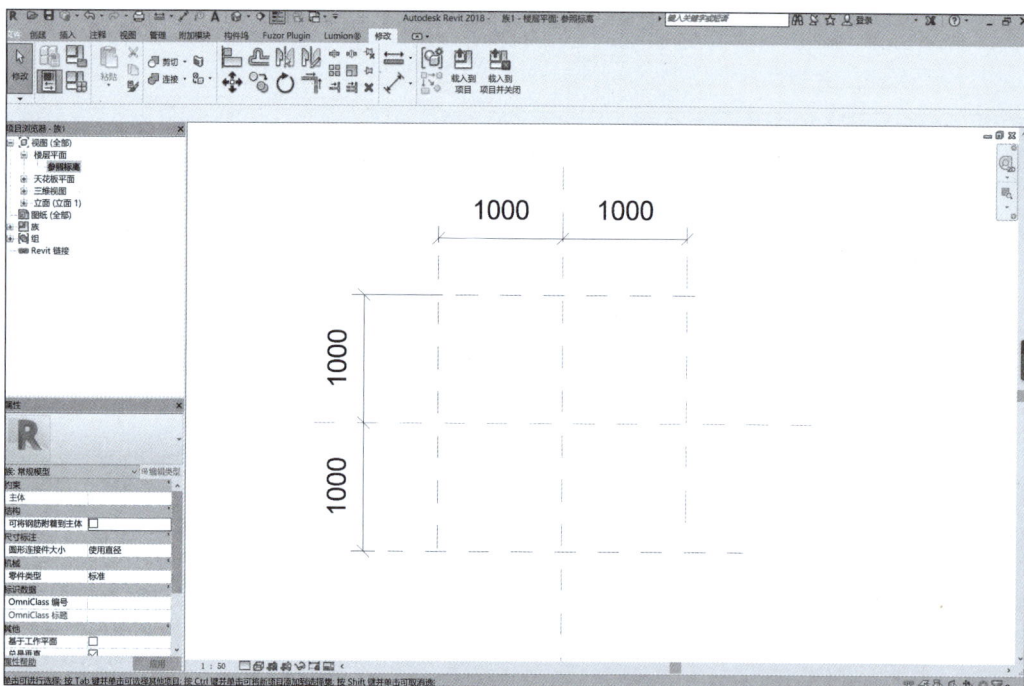

图 12.4.5　绘制下侧、左侧、右侧参照平面

　　（3）创建拉伸：单击"创建"→"拉伸"按钮，如图 12.4.6 所示。

　　（4）绘制拉伸形状：使用"修改|创建拉伸"中的"矩形"工具，沿参照平面绘制一个 2000×2000 的矩形轮廓，如图 12.4.7 所示。

　　继续使用"矩形"工具，将选项栏中的偏移设置为 500，沿着原参照平面绘制，可绘制出一个 3000×3000 的矩形轮廓，如图 12.4.8 所示。

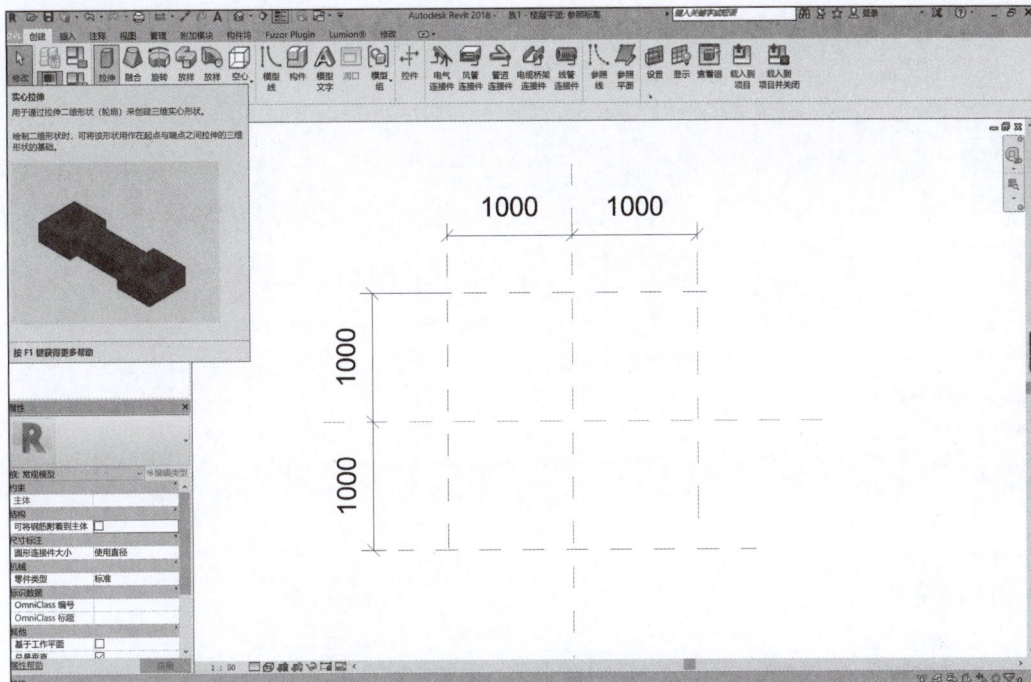

图 12.4.6　创建拉伸

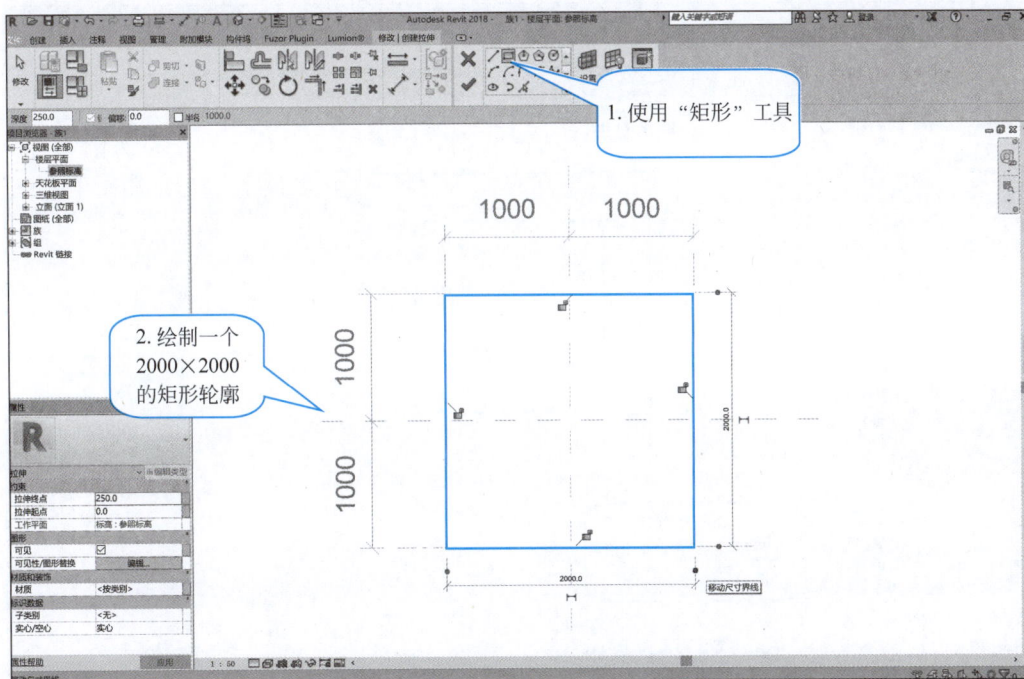

图 12.4.7　绘制 2000×2000 的矩形轮廓

（5）设置拉伸起点与终点：在"属性"面板中设置拉伸起点为 −300，拉伸终点为 1000，单击上下文选项卡中的"完成编辑模式"按钮结束编辑，如图 12.4.9 所示。

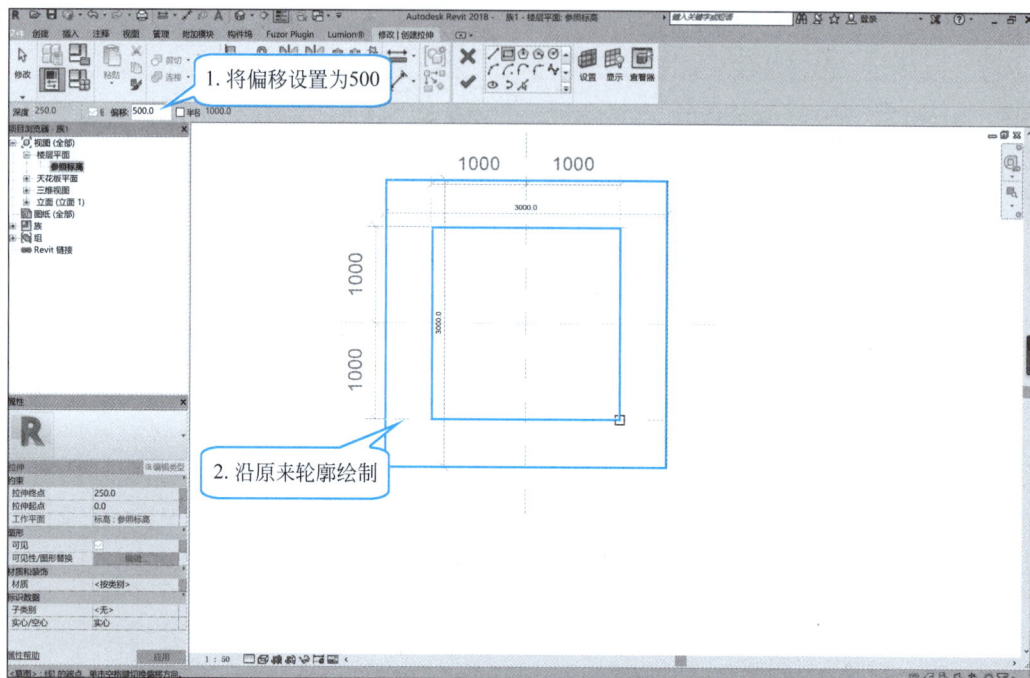

图 12.4.8　绘制 3000×3000 的矩形轮廓

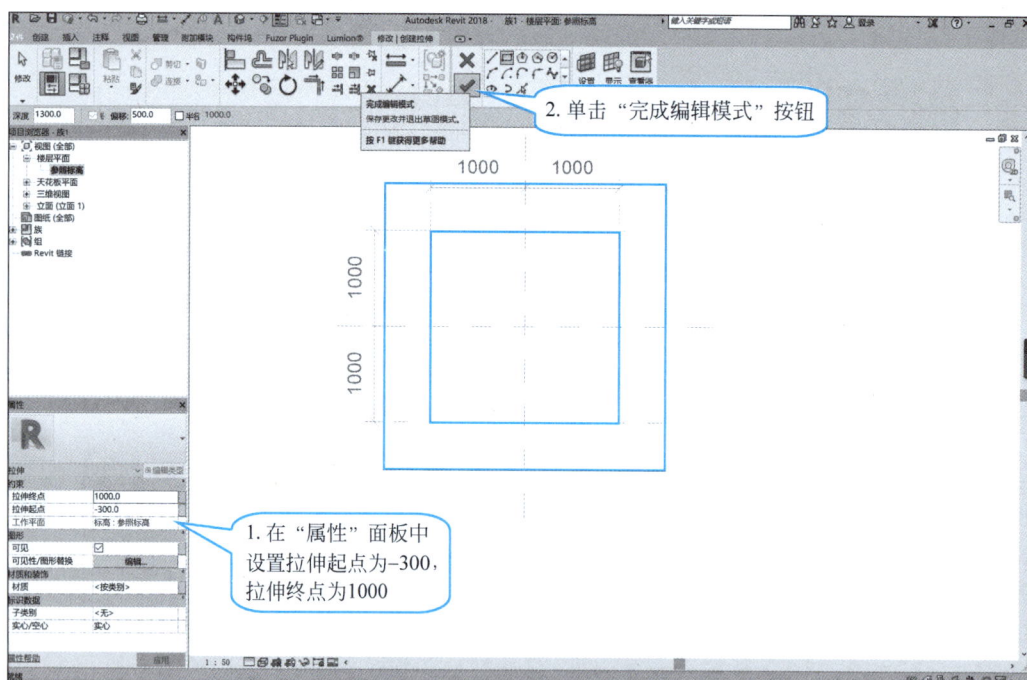

图 12.4.9　设置拉伸起点与终点

（6）三维模型查看：双击项目浏览器中的三维视图中的"视图 1"，选择"视觉样式"中的"着色"，查看创建的拉伸模型，如图 12.4.10 所示。

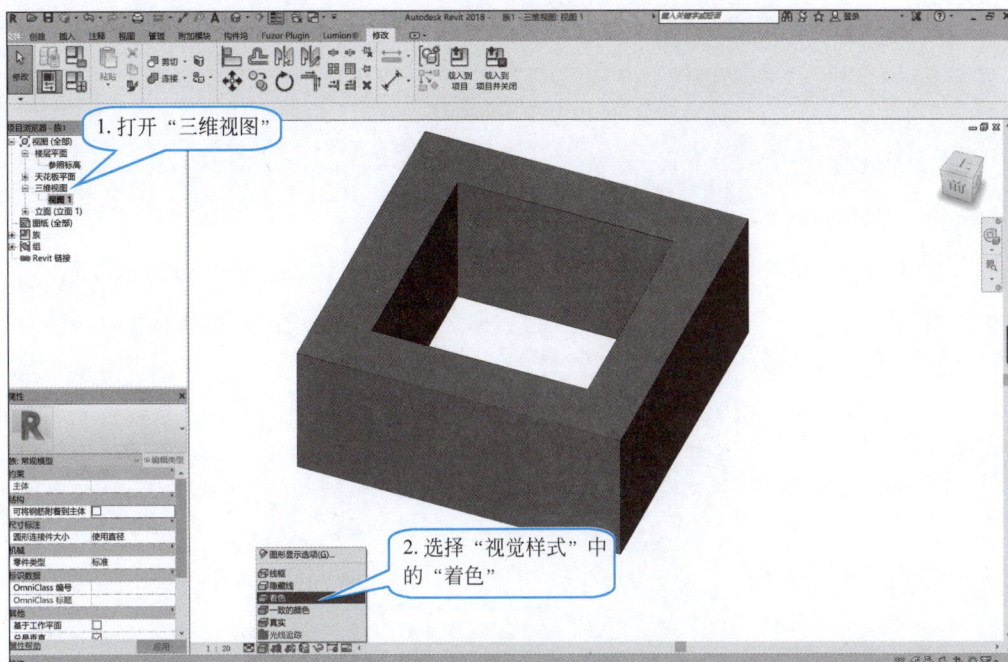

图 12.4.10　三维查看拉伸模型

（7）立面查看：双击项目浏览器中的立面中的"前"，选择"视觉样式"中的"着色"，查看创建的拉伸模型，可看到该模型下部离参照标高 300，上部离参照标高 1000，如图 12.4.11 所示。

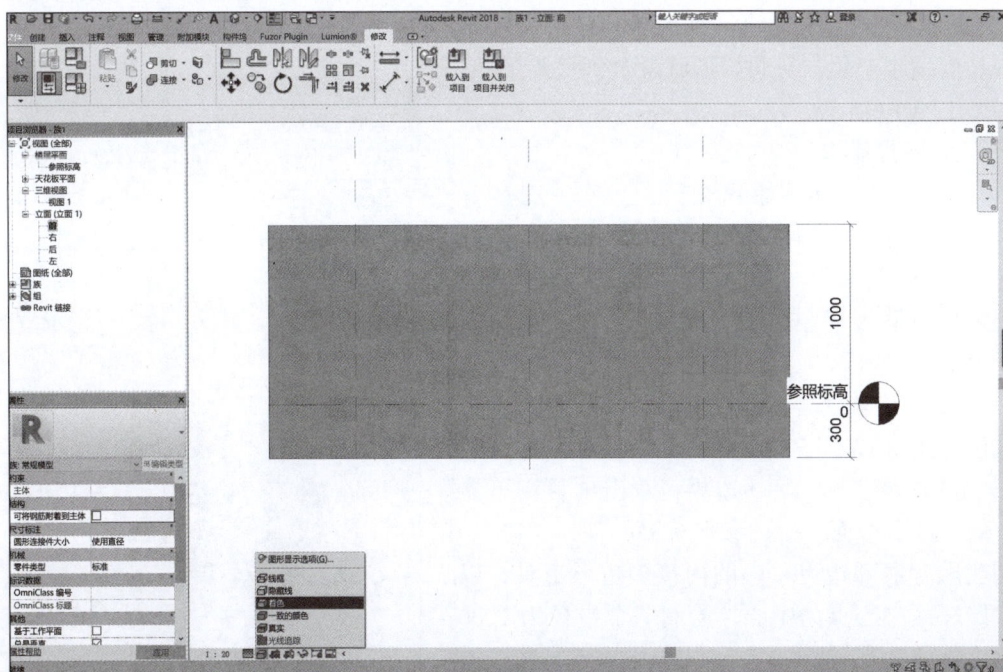

图 12.4.11　立面查看拉伸模型

（8）保存文件：单击"保存"按钮，将文件保存为"拉伸模型"，如图 12.4.12 所示。

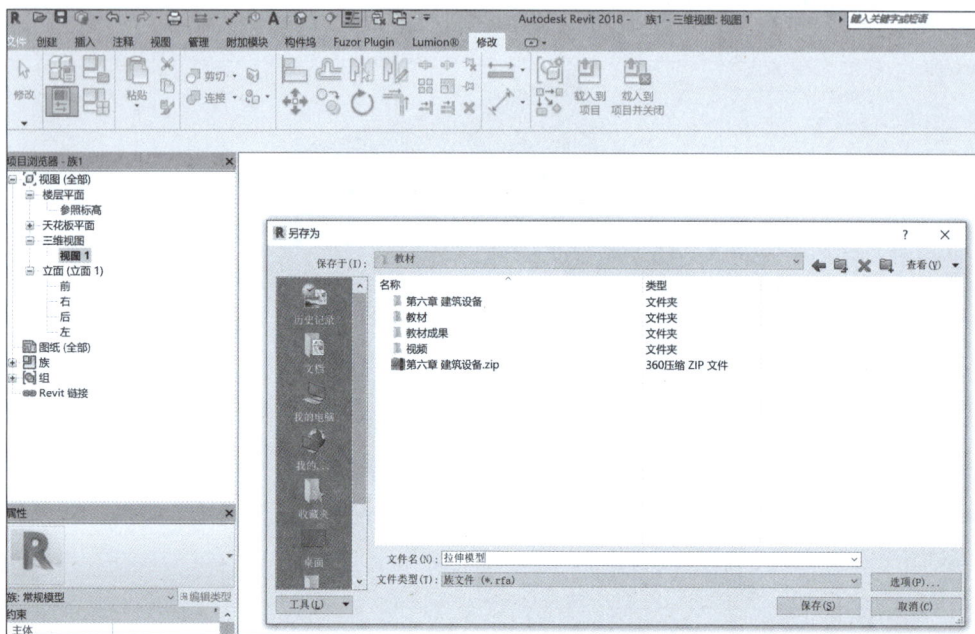

图 12.4.12　保存拉伸模型

12.4.2　创建融合

📖 知识准备

融合主要用于创建三维形状，该形状将沿其长度发生变化，从起始形状融合到最终形状，如图 12.4.13 所示。

✎ 实训操作

创建融合的步骤如下。

（1）新建族文件：启动 Revit，单击"文件"选项卡→"新建"工具→"族"按钮，选择"公制常规模型"，单击"打开"按钮，如图 12.4.14 所示。

（2）创建融合：单击"创建"→"融合"按钮，如图 12.4.15 所示。

（3）创建融合底部边界：双击项目浏览器中的"楼层平面"中的参照标高，使用"修改 | 创建融合底部边界"中的内接多边形工具，以参照平面中心点为中心，绘制一个半径为 1000 的内接六边形轮廓，单击"编辑顶部"进入下一步顶部边界绘制，如图 12.4.16 所示。

教学视频：创建融合

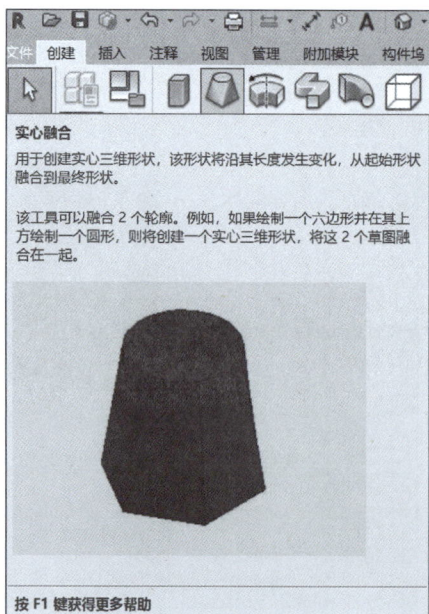

图 12.4.13　实心融合

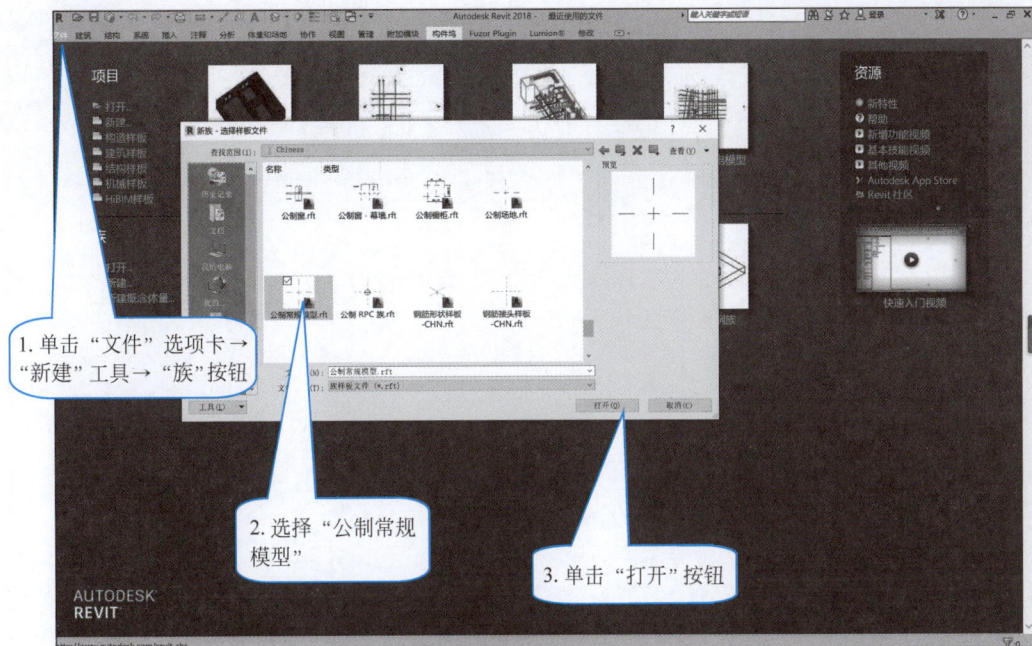

图 12.4.14　新建族文件

图 12.4.15　绘制融合

　　（4）创建融合顶部边界：使用"修改 | 创建融合顶部边界"中的内接多边形工具，以参照平面中心点为中心，绘制一个半径为 800 的内接多边形轮廓，如图 12.4.17 所示。

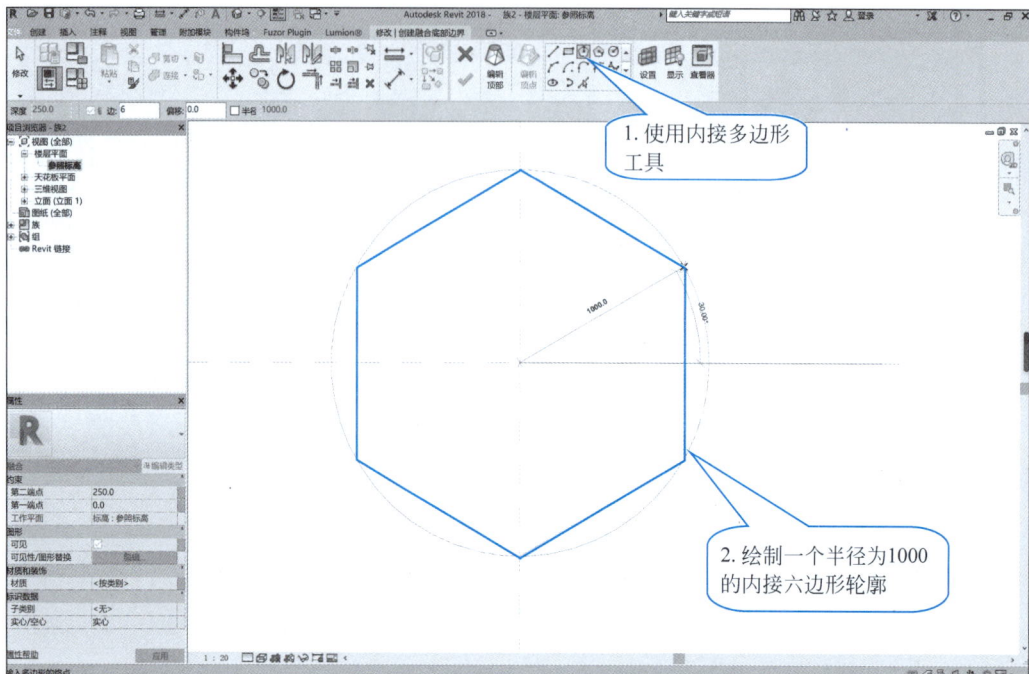

图 12.4.16　创建融合底部的六边形轮廓

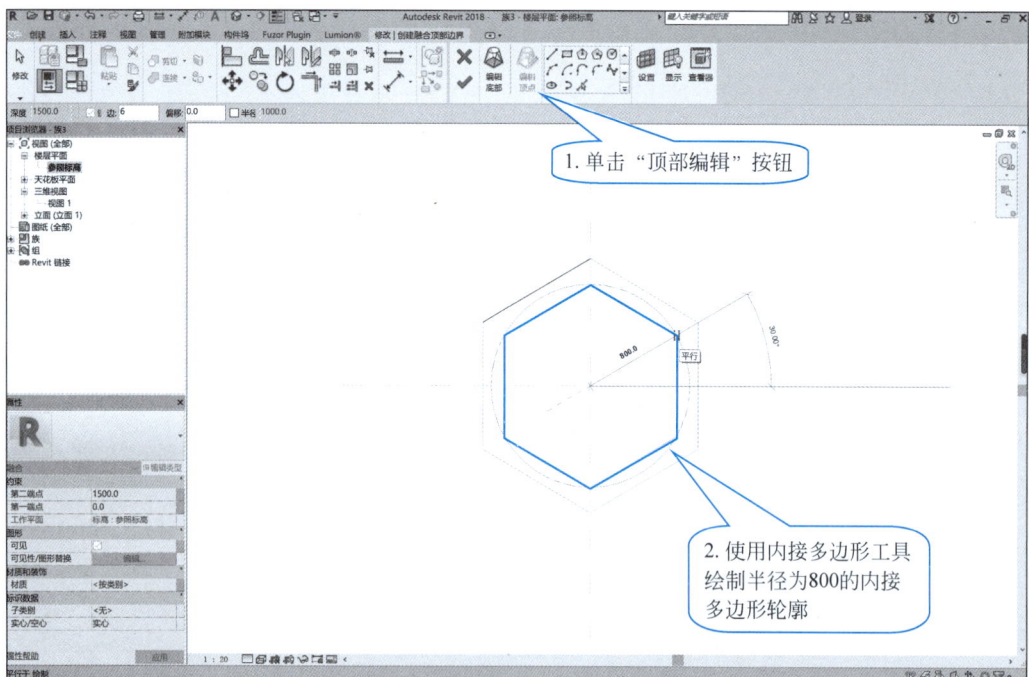

图 12.4.17　创建融合顶部的六边形轮廓

（5）设置拉伸起点与终点：在"属性"面板中设置第一端点为 0，第二端点为 1500，单击上下文选项卡中的"完成编辑模式"按钮结束编辑，如图 12.4.18 所示。

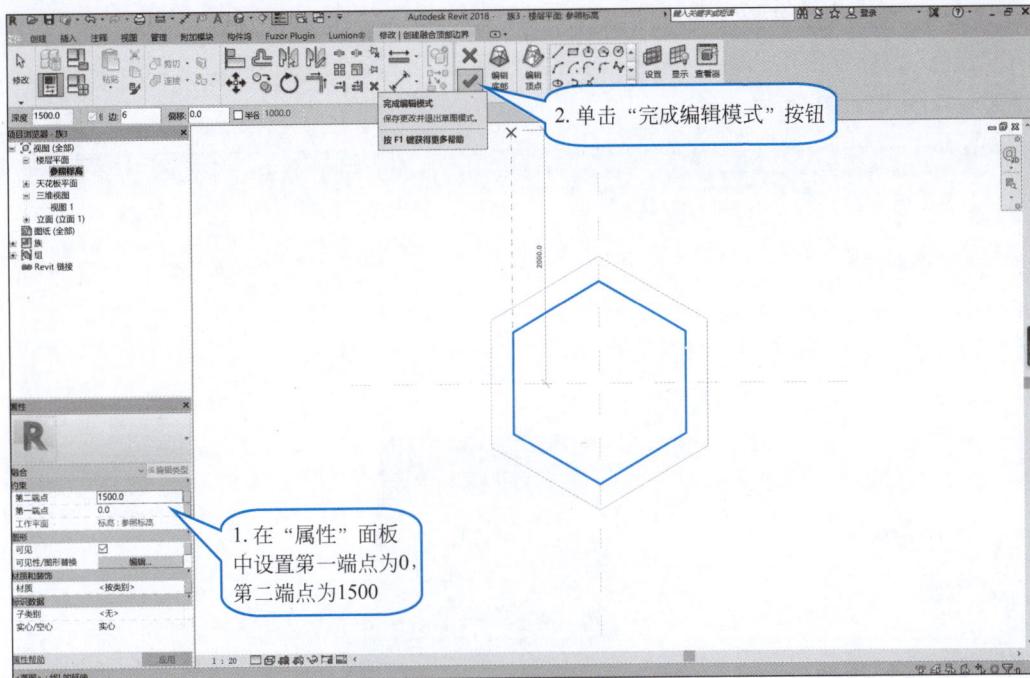

图 12.4.18　设置拉伸起点与终点

（6）三维模型查看：双击"项目浏览器"→"三维视图"→"视图 1"，选择"视觉样式"中的"着色"，查看创建的融合模型，如图 12.4.19 所示。

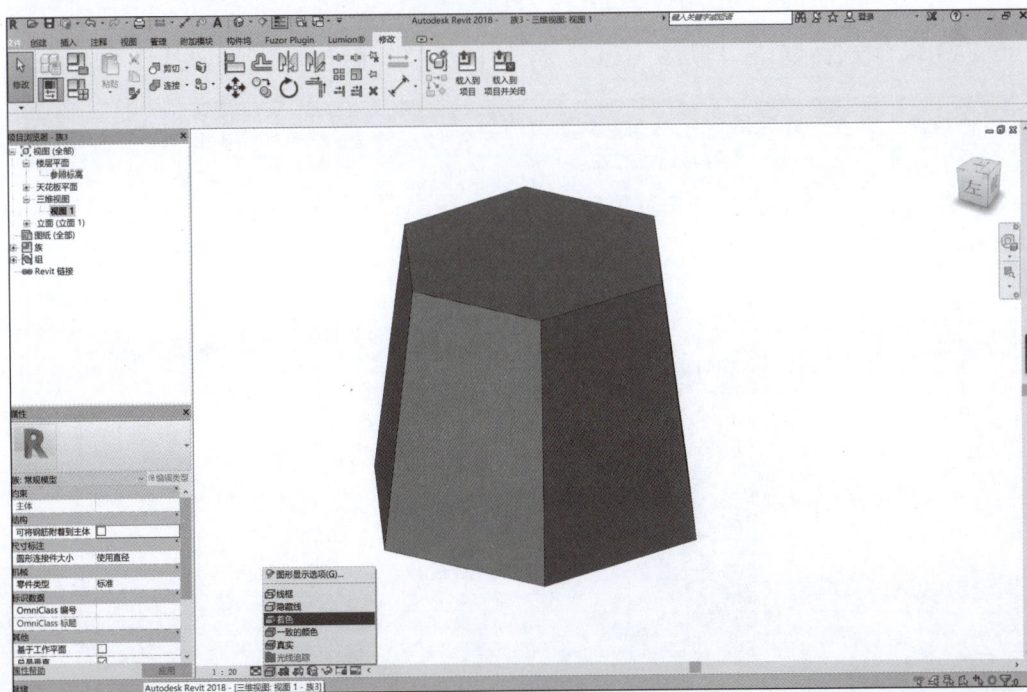

图 12.4.19　三维查看融合模型

（7）立面查看：双击"项目浏览器"→"立面"→"前"，选择"视觉样式"中的"着色"，查看创建的融合模型，可看到该模型下部离参照标高 0，上部离参照标高 1500，如图 12.4.20 所示。

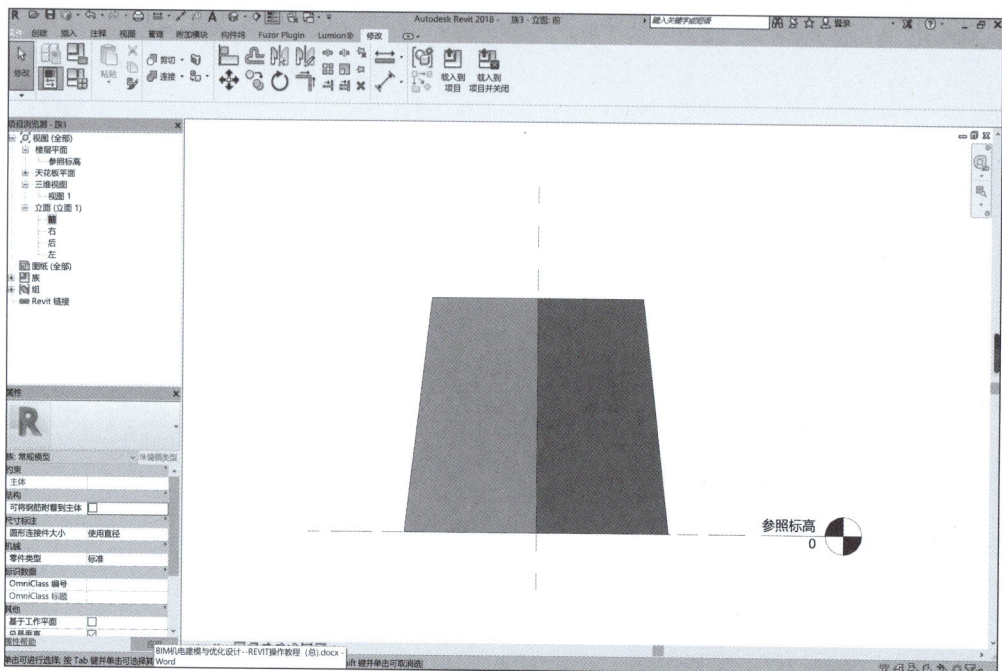

图 12.4.20　立面查看融合模型

（8）保存文件：单击"保存"按钮，将文件保存为"融合模型"，如图 12.4.21 所示。

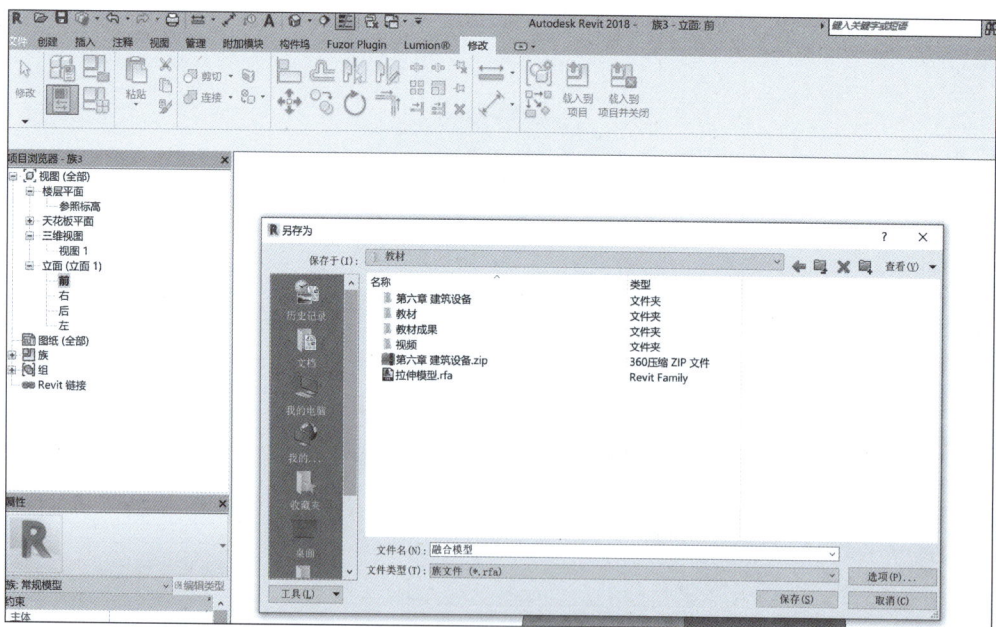

图 12.4.21　保存融合模型

12.4.3　创建旋转

📖 **知识准备**

旋转主要通过绕轴放样二维轮廓，创建三维形状，如图 12.4.22 所示。

✎ **实训操作**

创建旋转的步骤如下。

（1）新建族文件：启动 Revit，单击"文件"选项卡→"新建"工具→"族"按钮，选择"公制常规模型"，单击"打开"按钮，如图 12.4.23 所示。

（2）创建旋转：双击"项目浏览器"→"立面"→"前"立面，单击"创建"→"旋转"按钮，如图 12.4.24 所示。

（3）绘制边界线轮廓：使用"修改 | 创建旋转"中的"边界线"直线工具，如图 12.4.25 所示，绘制如图 12.4.26 所示的边界线轮廓。

（4）绘制旋转轴线：单击"修改 | 创建旋转"中的"轴线"，单击"直线"工具，沿垂直参照平面中心线绘制一条直线，单击上下文选项卡中的"完成编辑模式"按钮结束编辑，如图 12.4.27 所示。

教学视频：创建旋转

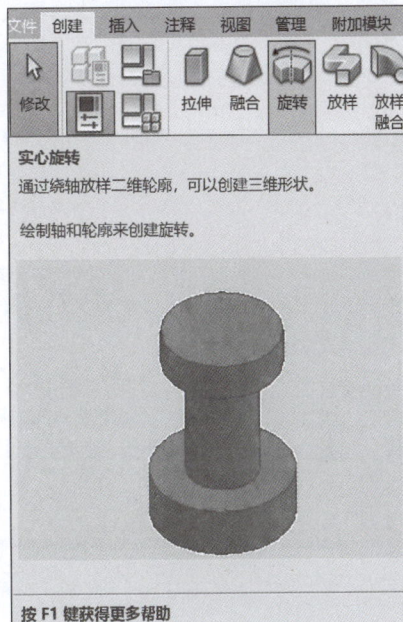

图 12.4.22　实心旋转

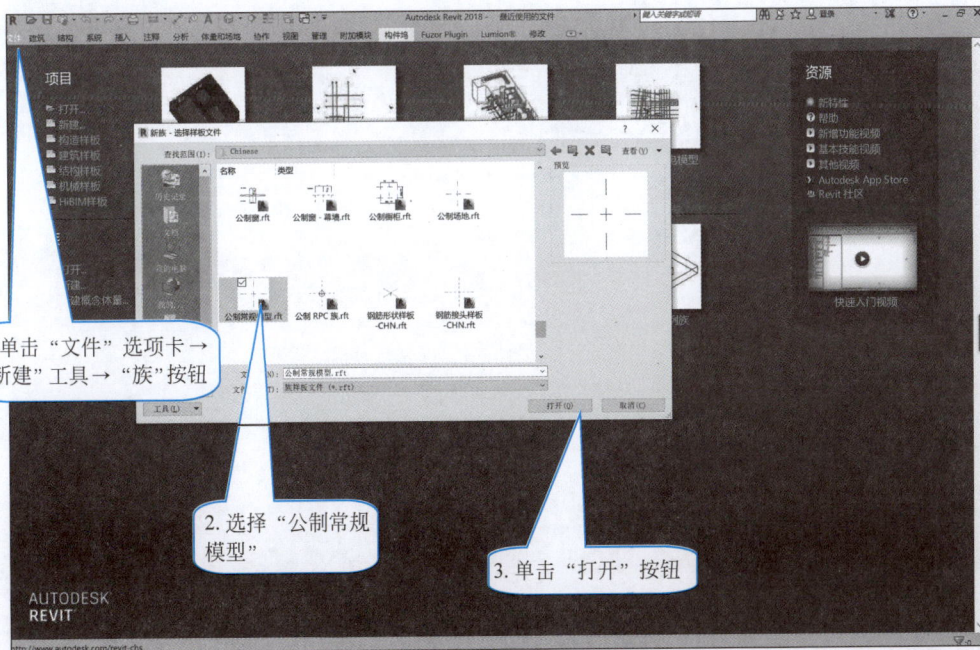

1.单击"文件"选项卡→"新建"工具→"族"按钮

2.选择"公制常规模型"

3.单击"打开"按钮

图 12.4.23　新建族文件

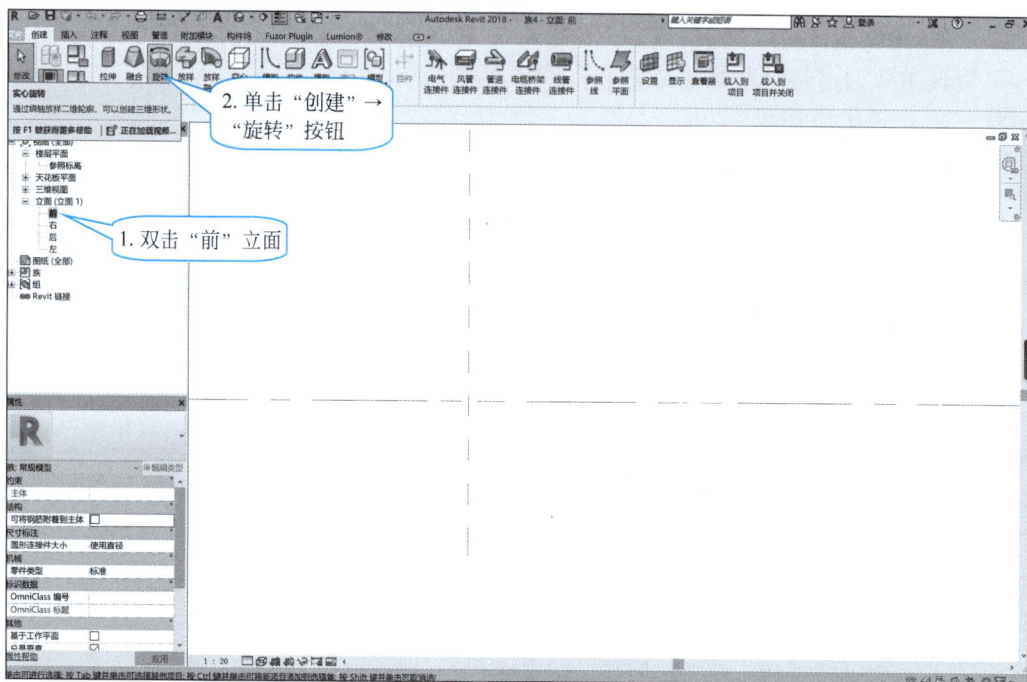

图 12.4.24　创建旋转

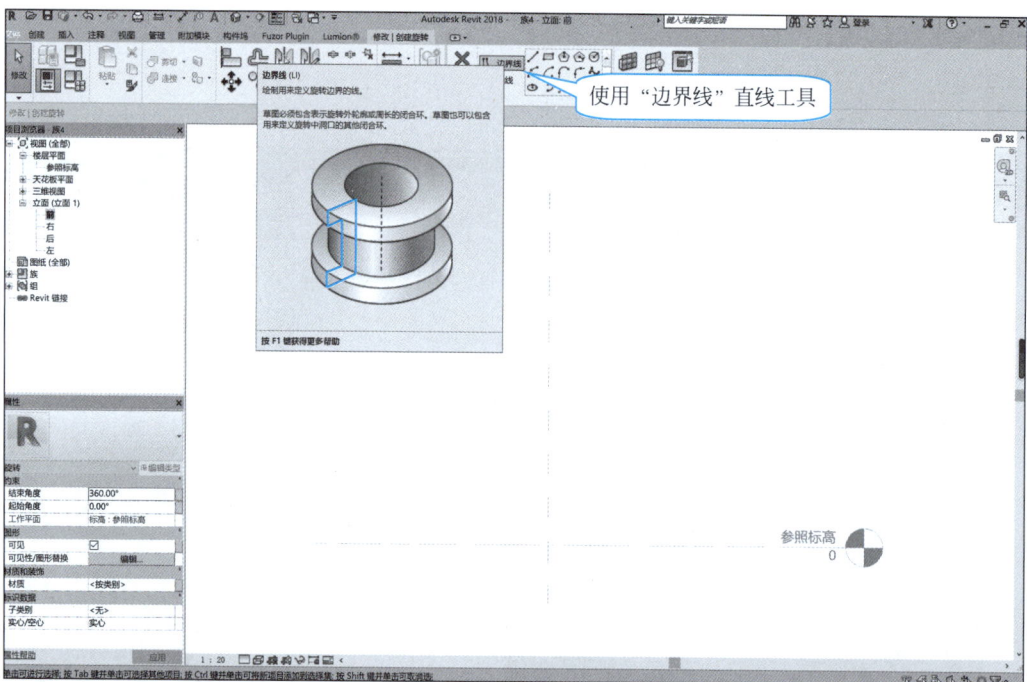

图 12.4.25　使用"边界线"直线工具

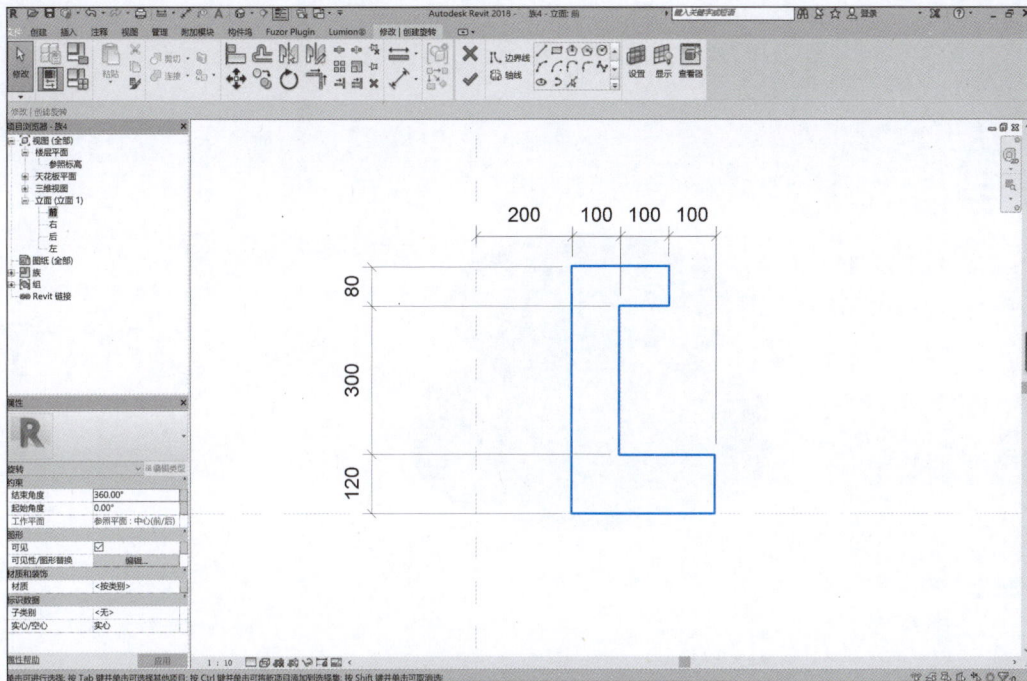

图 12.4.26　创建旋转边界线轮廓

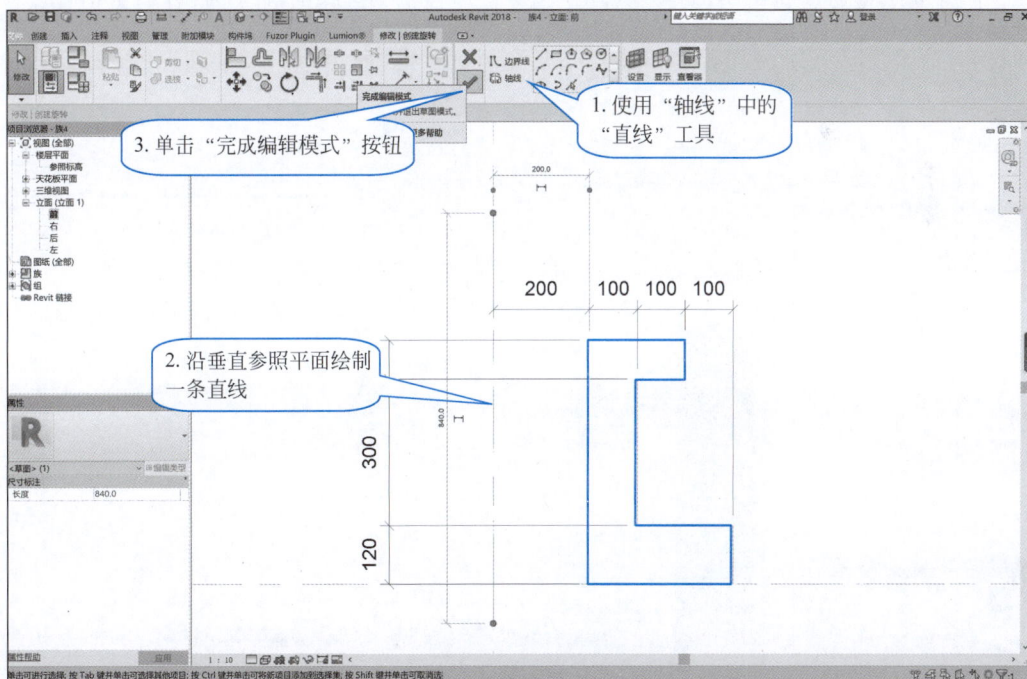

图 12.4.27　绘制旋转轴线

（5）三维模型查看：双击"项目浏览器"→"三维视图"→"视图 1"，选择"视觉样式"中的"着色"查看创建的旋转模型，如图 12.4.28 所示。

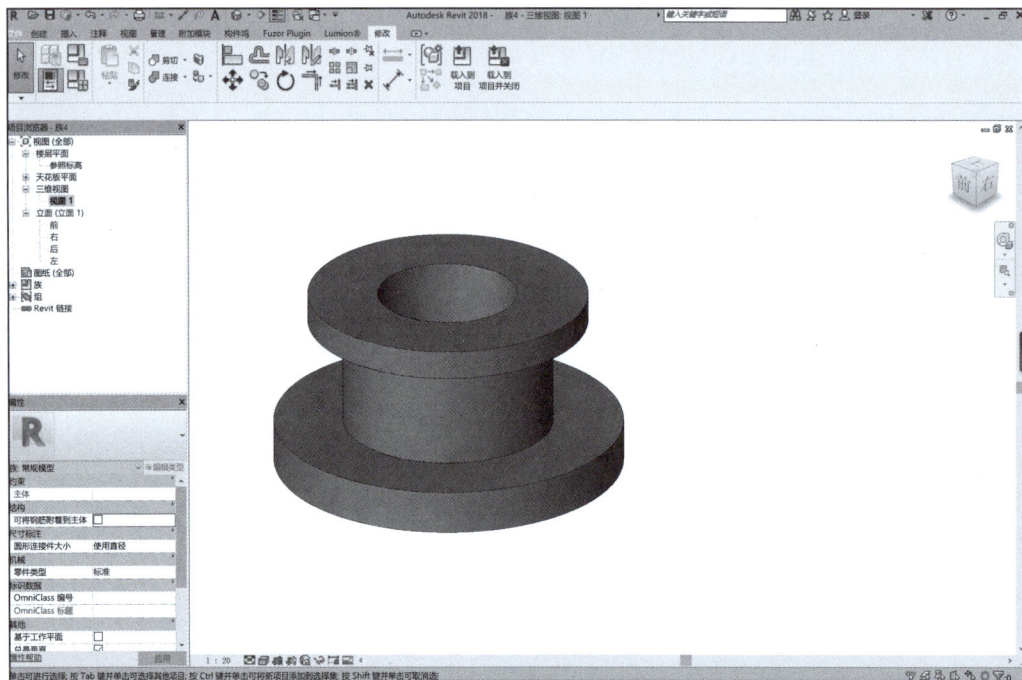

图 12.4.28　三维查看旋转模型

（6）保存文件：单击"保存"按钮，将文件保存为"旋转模型"，如图 12.4.29 所示。

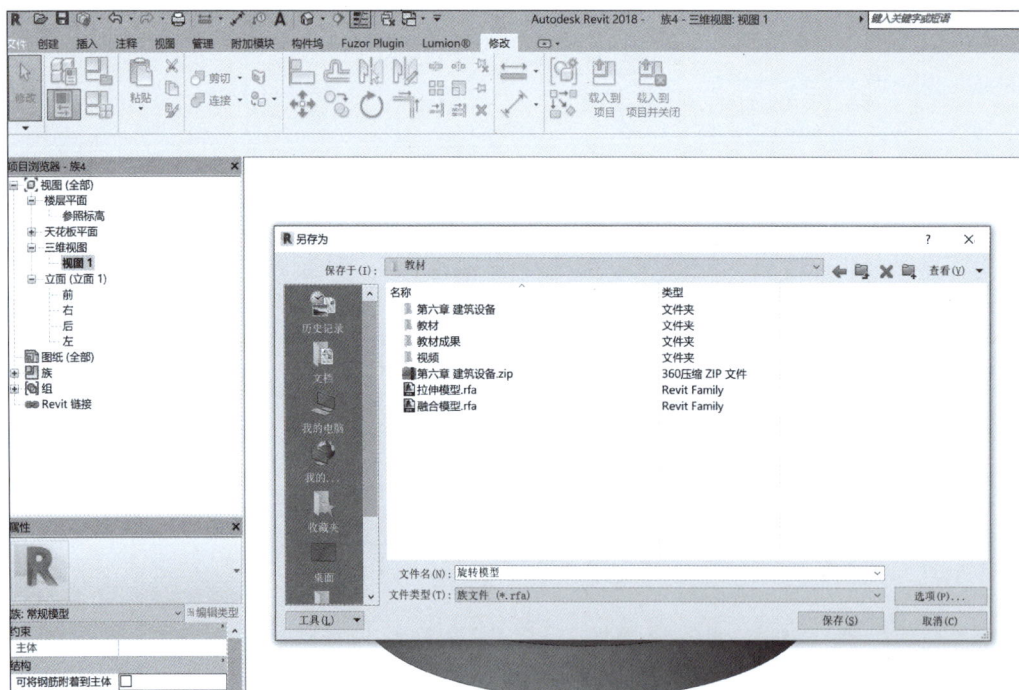

图 12.4.29　保存旋转模型

12.4.4　创建放样

📖 **知识准备**

放样主要通过沿路径放样二维轮廓，创建三维形状，如图 12.4.30 所示。

教学视频：创建放样

✍ **实训操作**

创建放样的步骤如下。

（1）新建族文件：启动 Revit，单击"文件"选项卡→"新建"工具→"族"按钮，选择"公制常规模型"，单击"打开"，如图 12.4.31 所示。

（2）创建放样：双击"项目浏览器"→"立面"→"前"立面，单击"创建"→"放样"按钮，如图 12.4.32 所示。

（3）绘制路径：单击"修改 | 放样"→"绘制路径"工具，如图 12.4.33 所示，绘制如图 12.4.34 所示路径，单击上下文选项卡中的"完成编辑模式"按钮，完成路径绘制。

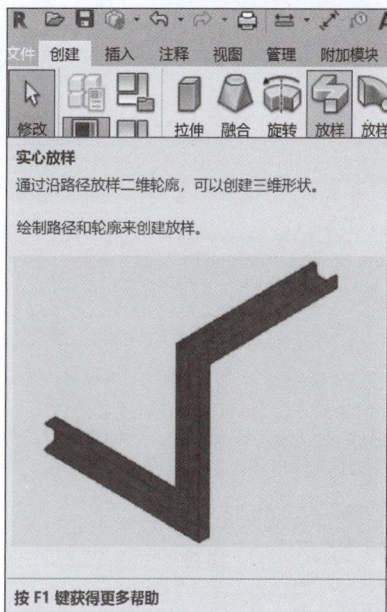

图 12.4.30　实心放样

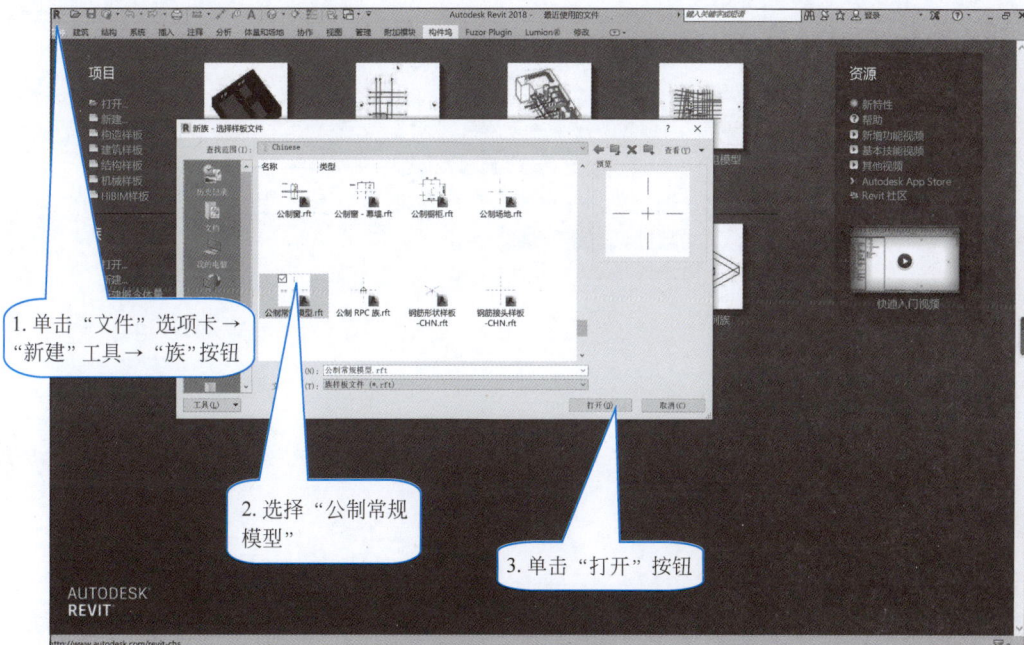

图 12.4.31　新建族文件

（4）编辑轮廓：单击"修改 | 放样"→"选择轮廓"→"编辑轮廓"按钮，选择"楼层平面：参照标高"，如图 12.4.35 所示。

沿垂直参照平面中心线绘制一个半径为 100 的圆，单击上下文选项卡中的"完成编辑模式"按钮，完成轮廓编辑，如图 12.4.36 所示。

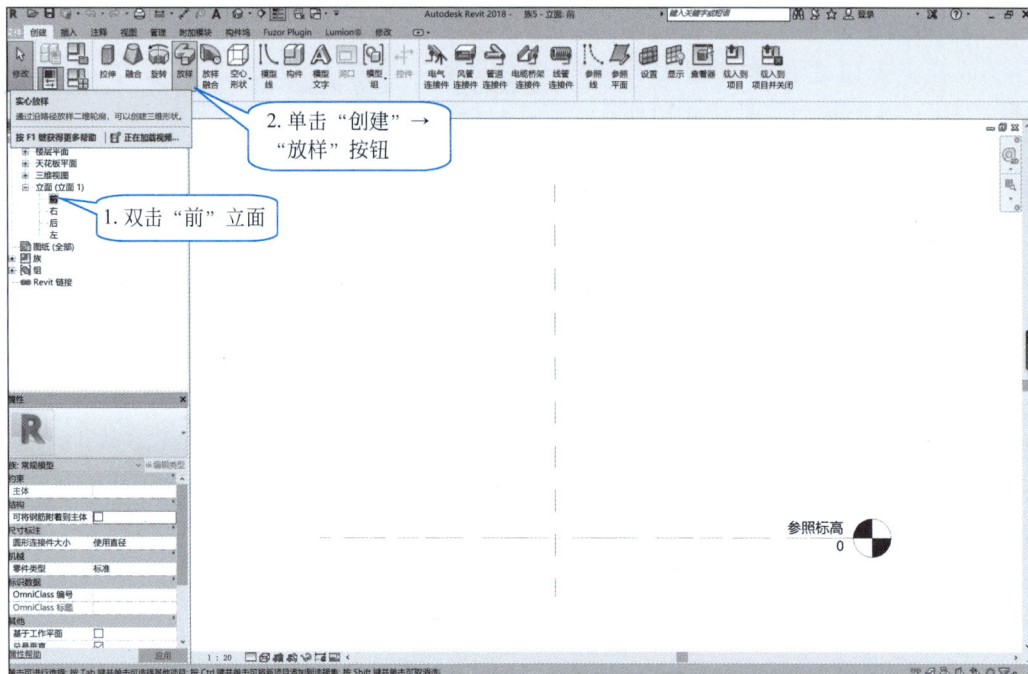

图 12.4.32　创建放样

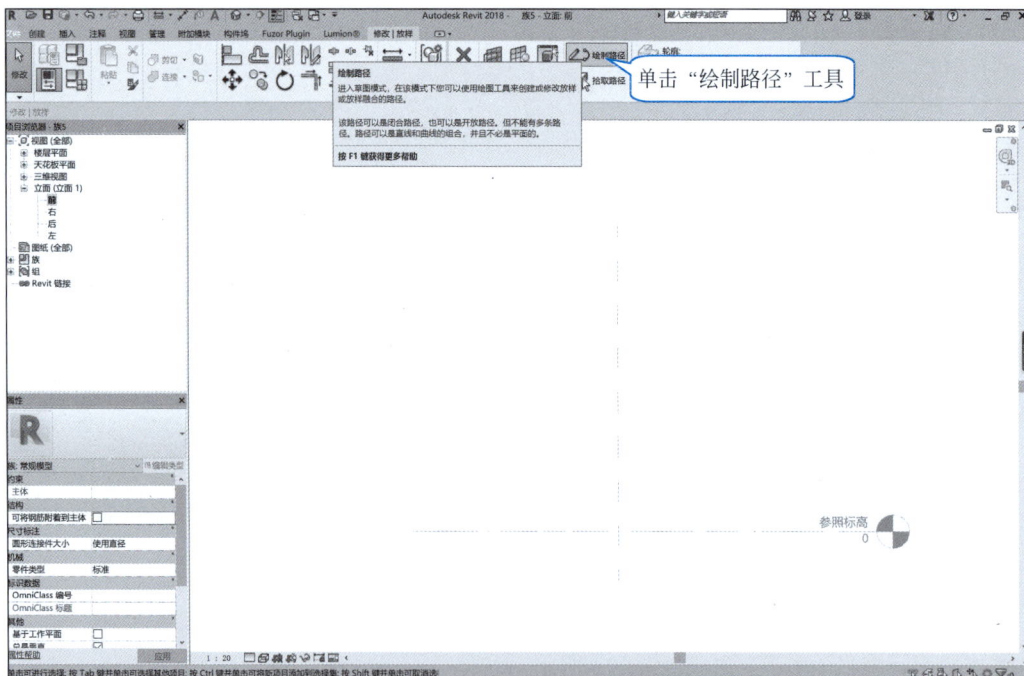

图 12.4.33　单击"绘制路径"工具

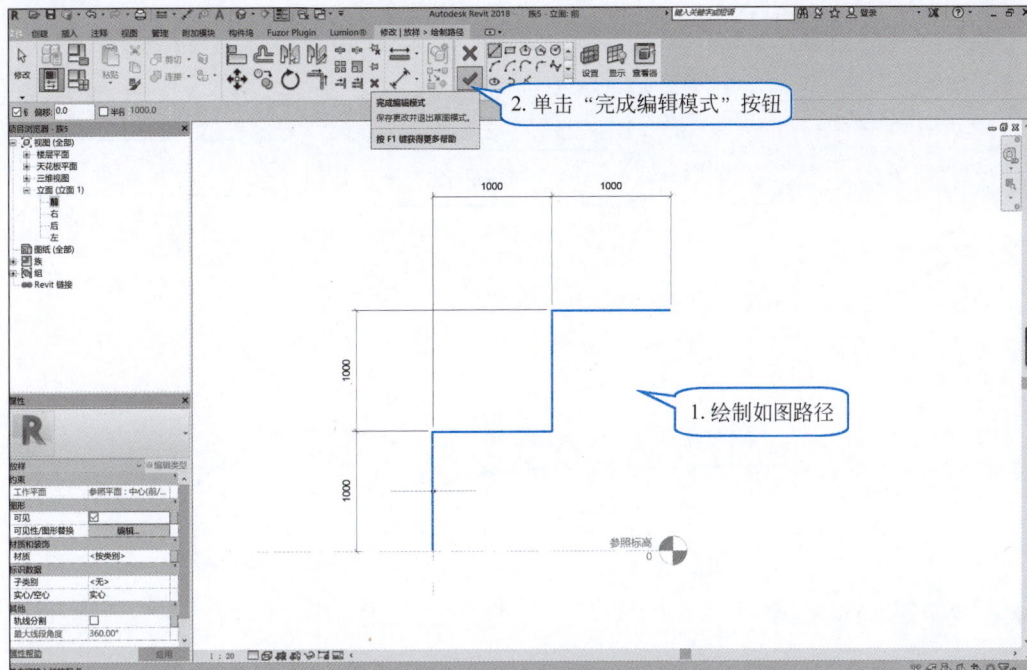

图 12.4.34　创建路径

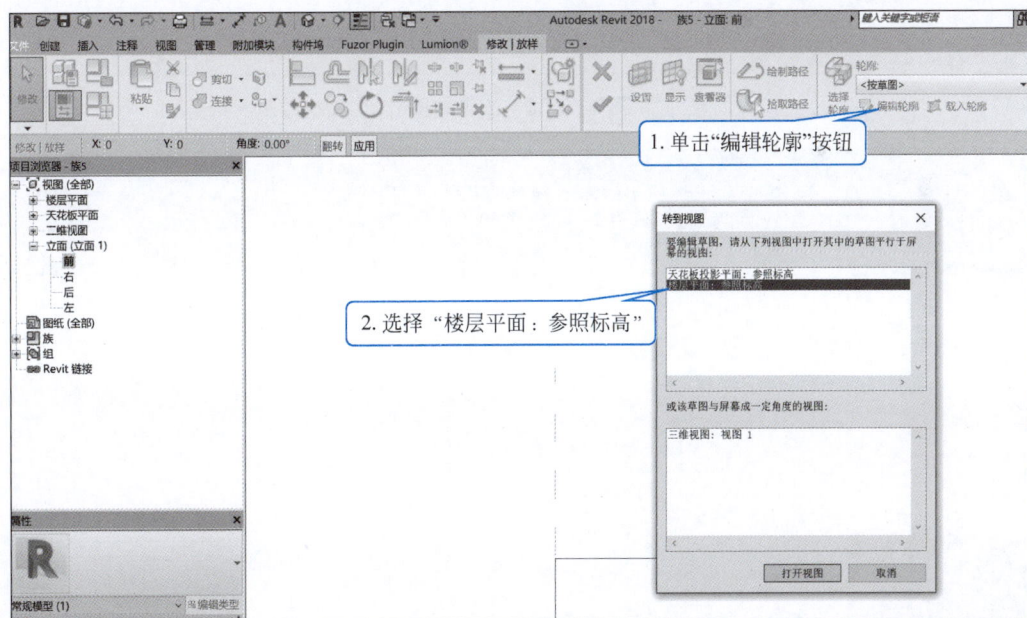

图 12.4.35　编辑轮廓

（5）单击上下文选项卡中的"完成编辑模式"按钮，完成放样，如图 12.4.37 所示。

（6）三维模型查看：双击"项目浏览器"→"三维视图"→"视图 1"，选择"视觉样式"中的"着色"，查看创建的放样模型，如图 12.4.38 所示。

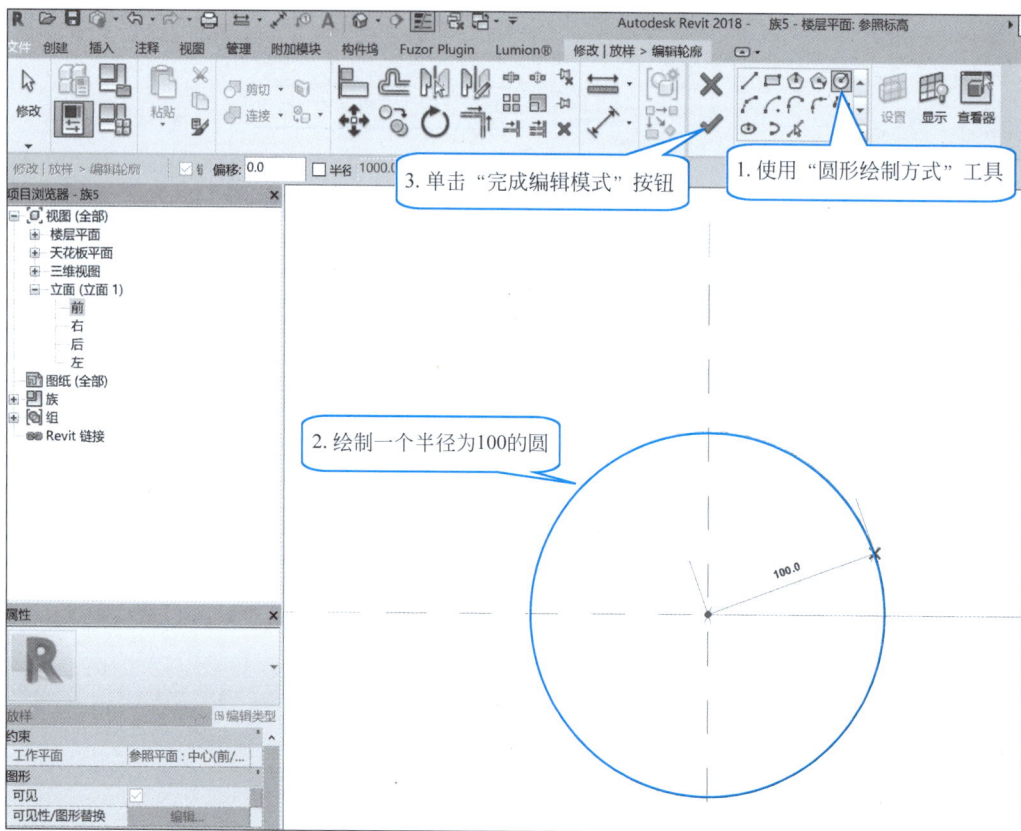

图 12.4.36　编辑轮廓

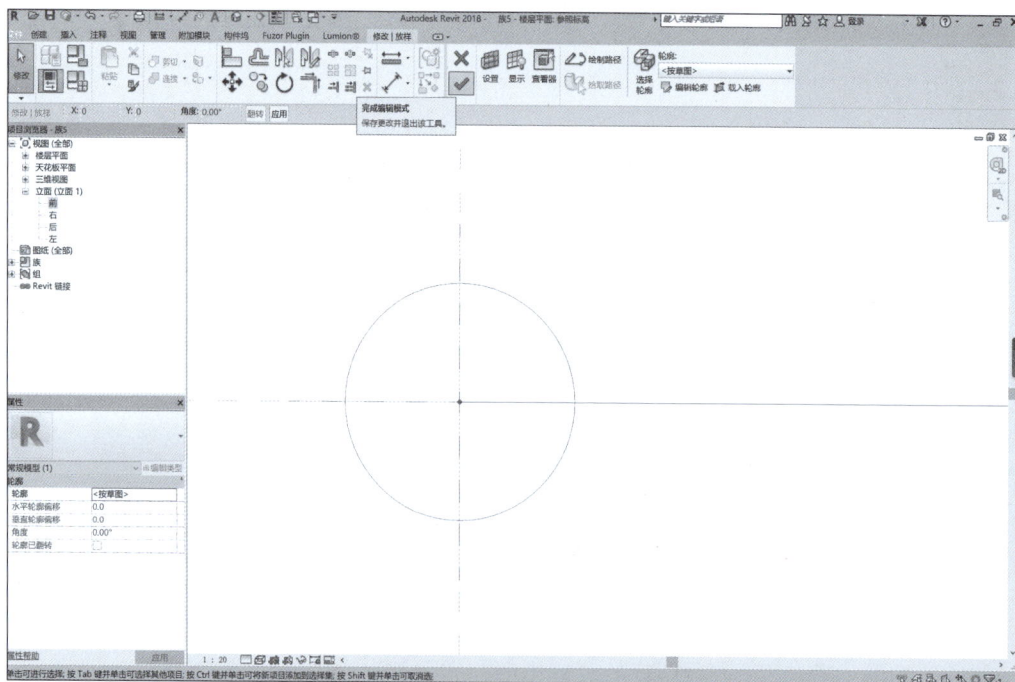

图 12.4.37　完成放样

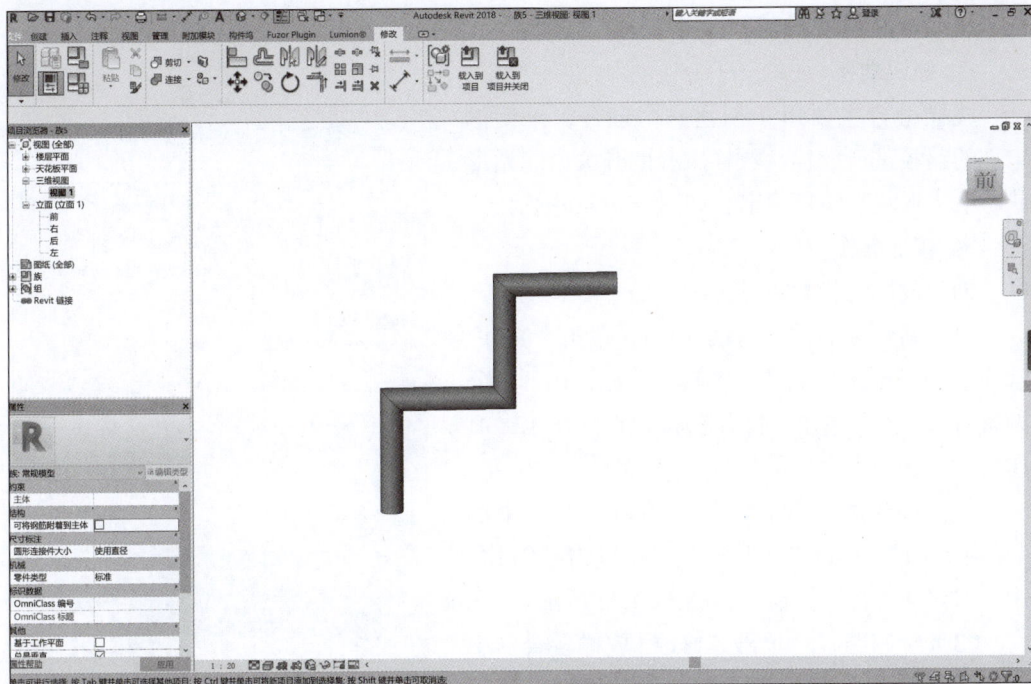

图 12.4.38　三维查看放样模型

（7）保存文件：单击"保存"按钮，将文件保存为"放样模型"，如图 12.4.39 所示。

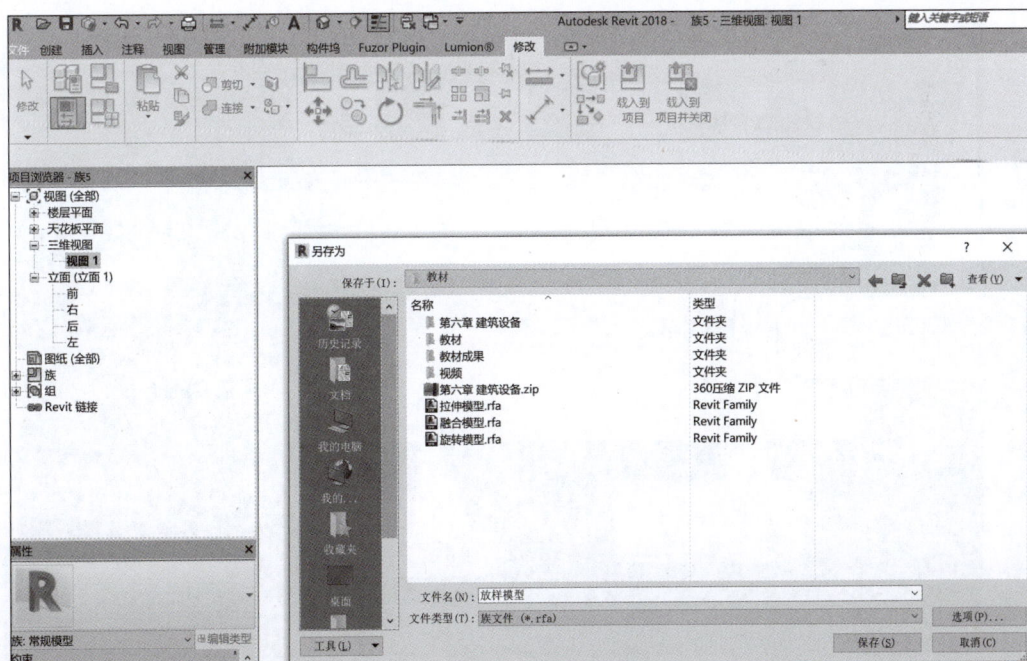

图 12.4.39　保存放样模型

12.4.5　创建放样融合

📖 知识准备

放样融合主要用于创建一个融合，以便沿定义的路径进行放样，放样融合的开关由起始形状、最终形状和路径确定，如图 12.4.40 所示。

✎ 实训操作

创建放样的步骤如下。

（1）新建族文件：启动 Revit，单击"文件"选项卡→"新建"工具→"族"按钮，选择"公制常规模型"，单击"打开"按钮，如图 12.4.41 所示。

（2）创建放样融合：双击项目浏览器中的"楼层平面"中的"参照标高"，单击"创建"中的"放样融合"按钮，如图 12.4.42 所示。

（3）绘制路径：单击"修改 | 放样融合"中的"绘制路径"工具，如图 12.4.43 所示。使用"圆心 - 端点弧"工具绘制半径为 1000 的半圆弧路径，单击上下文选项卡中的"完成编辑模式"按钮，完成路径绘制，如图 12.4.44 所示。

教学视频：创建放样融合

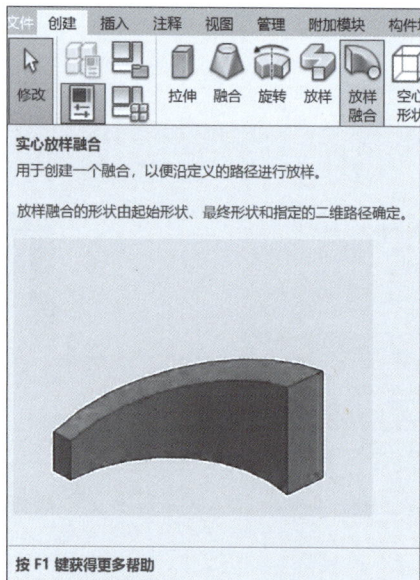

图 12.4.40　实心放样融合

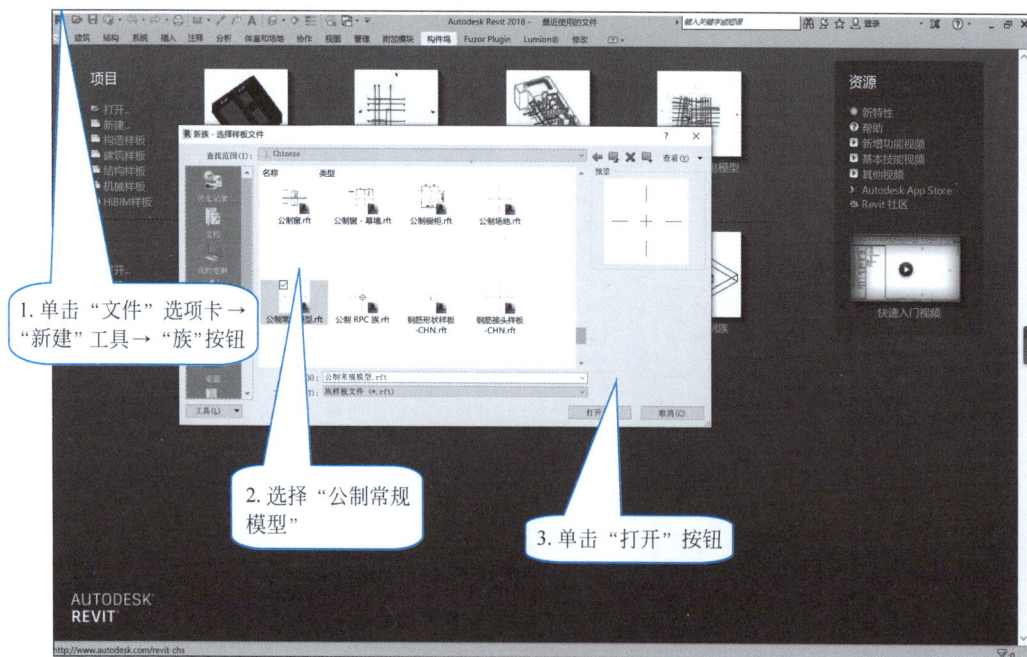

图 12.4.41　新建族文件

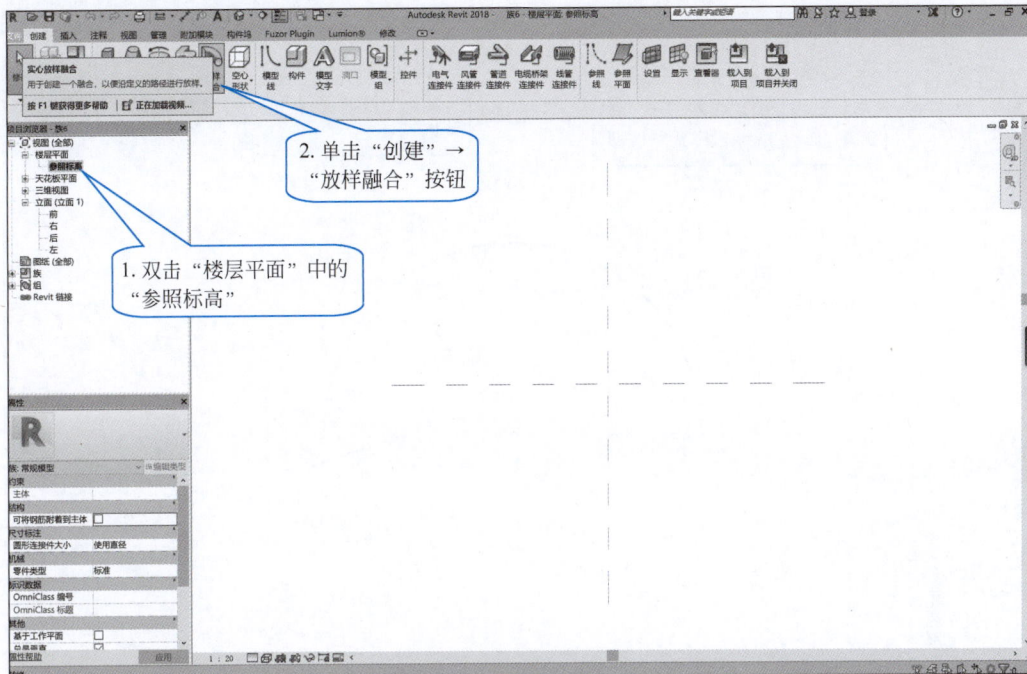

图 12.4.42　创建放样融合

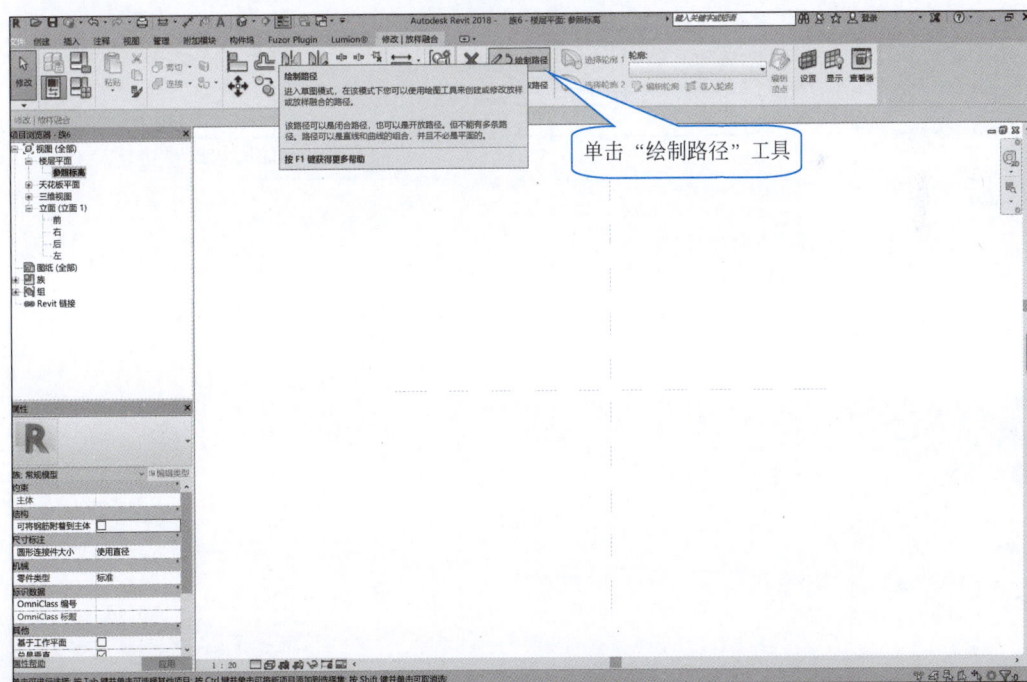

图 12.4.43　单击"绘制路径"工具

（4）编辑轮廓 1：双击项目浏览器中的三维视图中的"视图 1"，单击"修改 | 放样融合"→"选择轮廓 1"→"编辑轮廓"按钮，如图 12.4.45 所示。

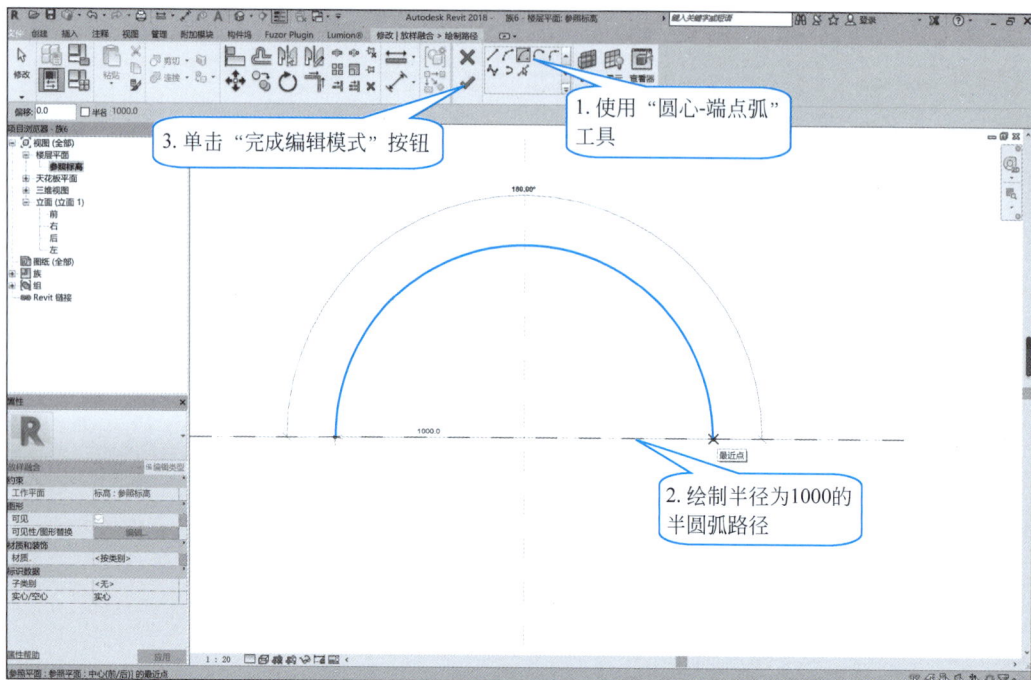

图 12.4.44　创建路径

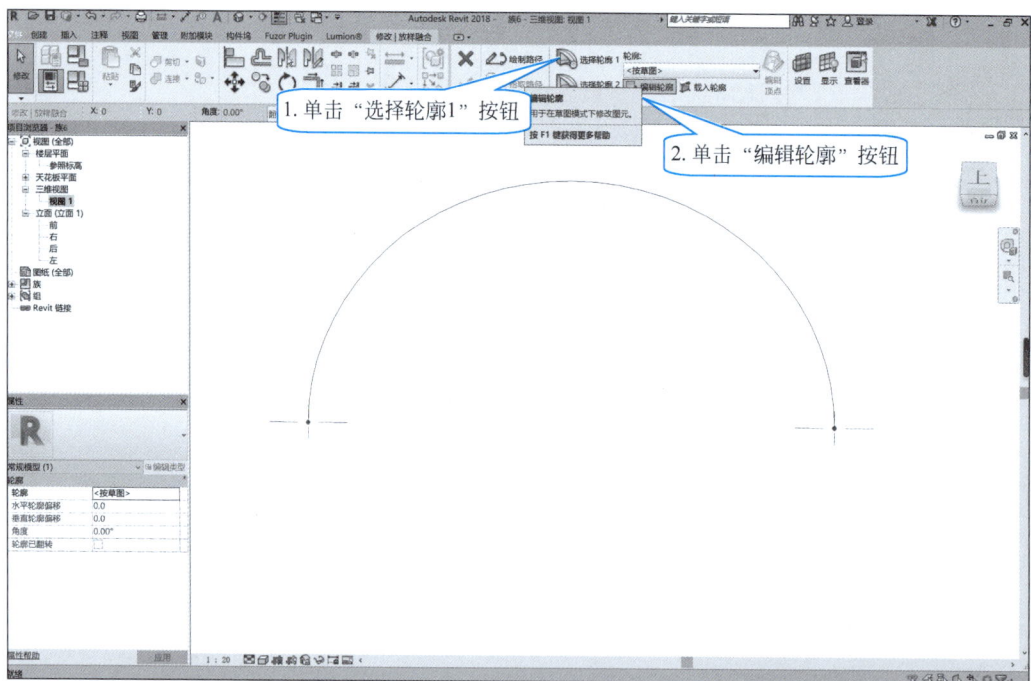

图 12.4.45　绘制旋转轴线

使用"圆形绘制方式"工具绘制一个半径为 100 的圆，单击上下文选项卡中的"完成编辑模式"按钮，完成轮廓 1 编辑，如图 12.4.46 所示。

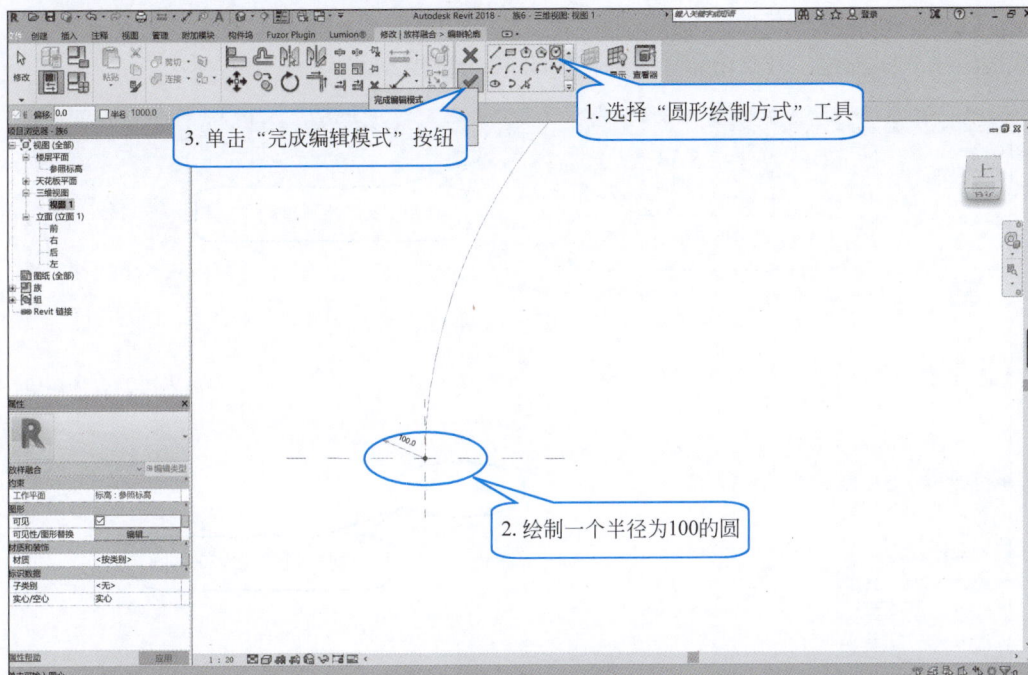

图 12.4.46　编辑轮廓 1

（5）编辑轮廓 2：单击"修改 | 放样融合"→"选择轮廓 2"→"编辑轮廓"，如图 12.4.47 所示。

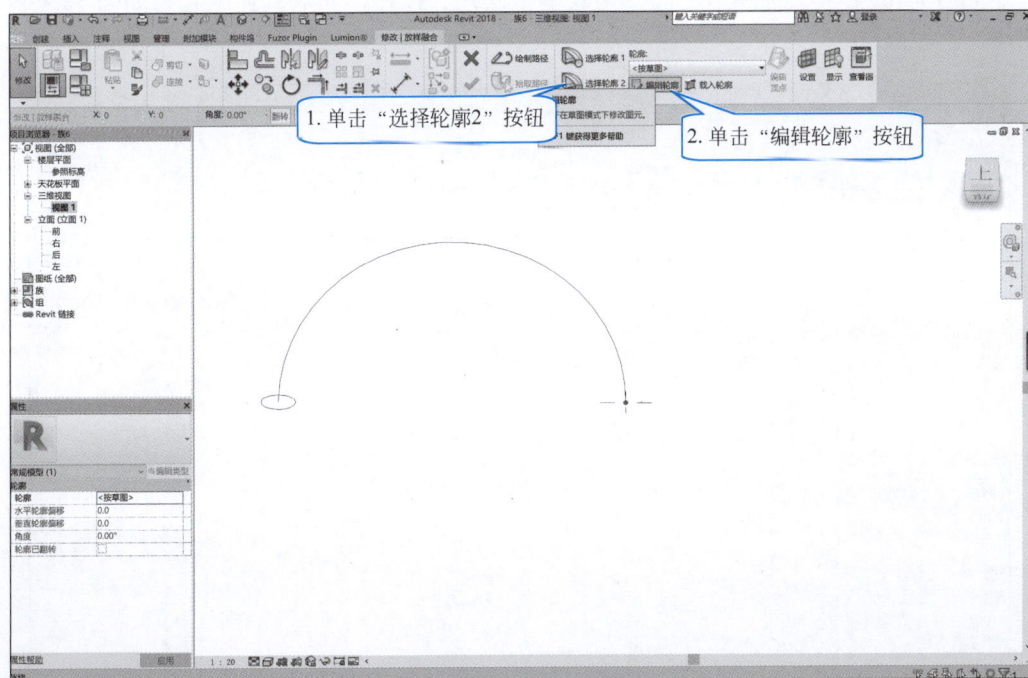

图 12.4.47　绘制旋转轴线

使用“圆形绘制方式”工具绘制一个半径为 200 的圆，单击上下文选项卡中的“完成编辑模式”按钮，完成轮廓 2 编辑，如图 12.4.48 所示。

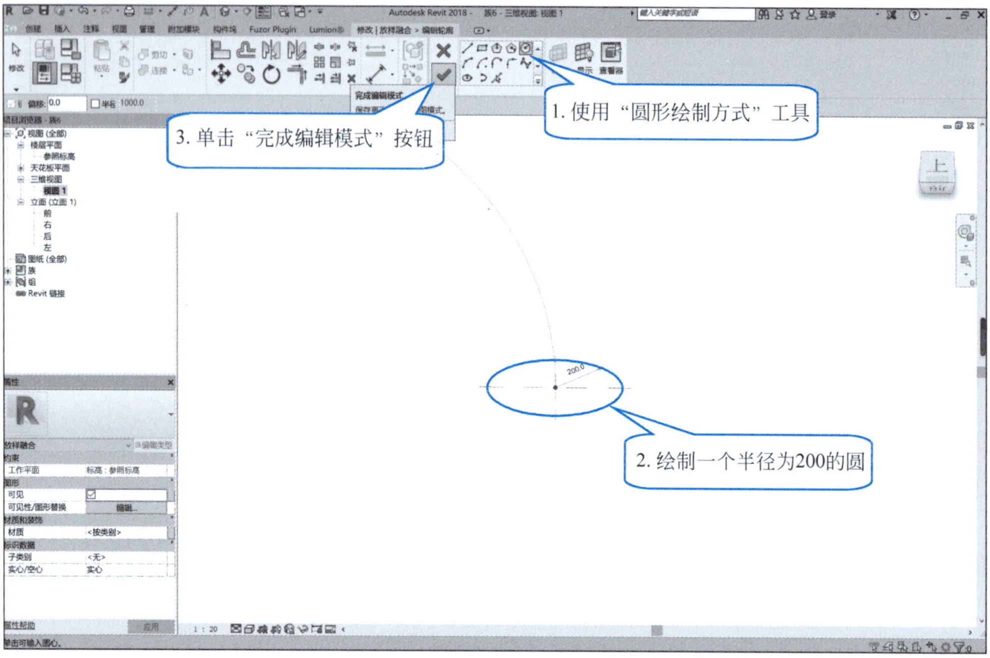

图 12.4.48　编辑轮廓 2

（6）单击上下文选项卡中的“完成编辑模式”按钮，完成放样融合，如图 12.4.49 所示。

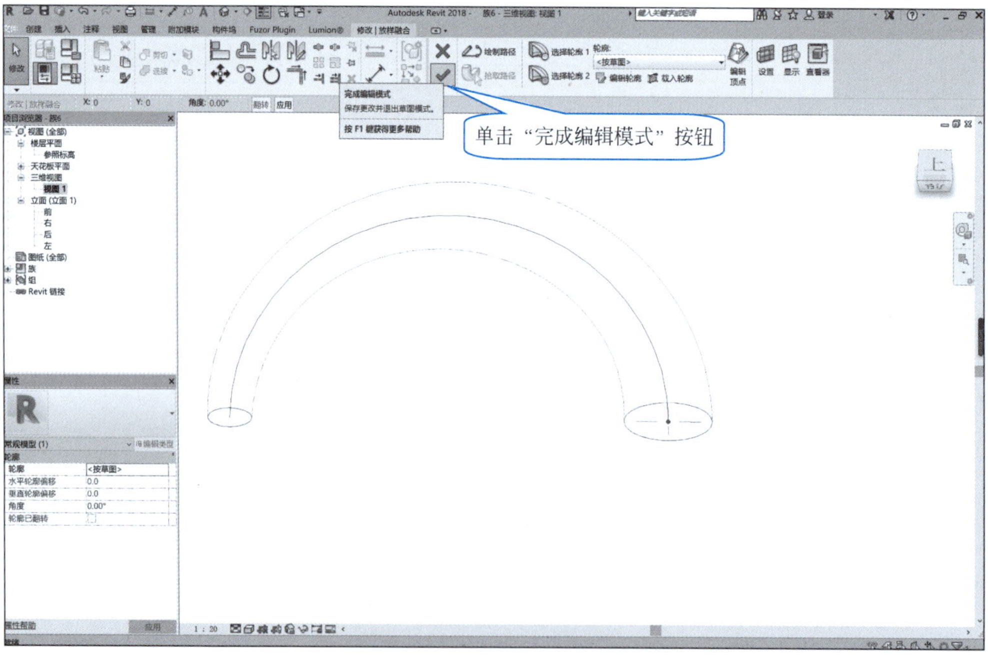

图 12.4.49　完成放样融合

（7）三维模型查看：双击项目浏览器中的三维视图中的"视图 1"，选择"视觉样式"中的"着色"，查看创建的放样融合模型，如图 12.4.50 所示。

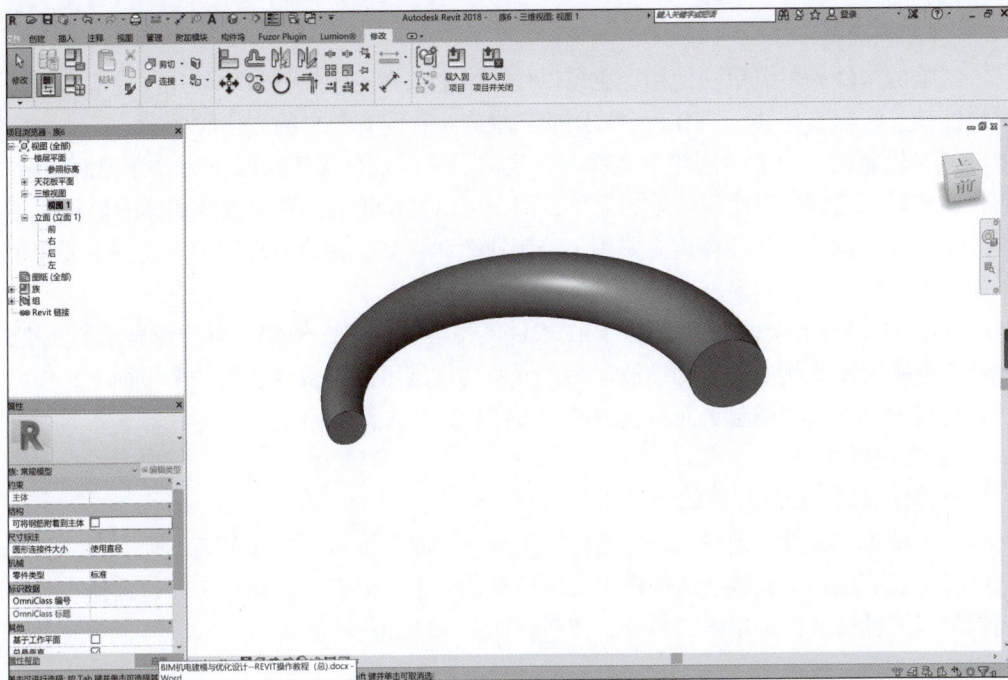

图 12.4.50　三维查看放样融合模型

（8）保存文件：单击"保存"按钮，将文件保存为"放样融合"，如图 12.4.51 所示。

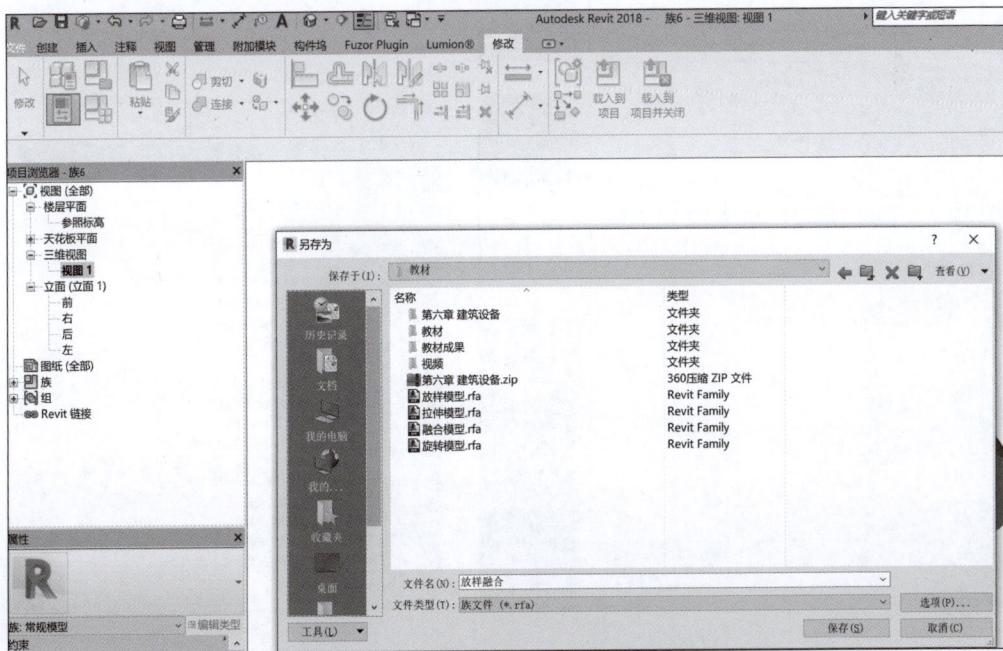

图 12.4.51　保存放样融合模型

12.5 创建二维族和三维模型

12.5.1 创建二维族

📖 知识准备

二维的构件族可以单独使用，也可以作为嵌套族在三维构件族中使用。轮廓族、详图构件族、注释族是 Revit MEP 中常用的二维族，它们有各自的创建样板。

（1）轮廓族：用于绘制轮廓截面，在放样、放样融合等建模时作为放样界面使用。用轮廓族辅助建模可以使建模更加简单，用户可以替换轮廓族随时改变实体的形状。

（2）详图构件族和注释族主要用于绘制详图和注释，在项目环境中，它们主要用于平面俯视图的显示控制。

详图构件族和注释族的区别：详图构件族不会随视图比例变化而改变显示的大小，注释族会随视图比例变化自动缩放显示；详图构件族可以附着在任何一个平面上，但是注释族只能附着在"楼层平面"视图的"参照标高"工作平面上。

✍ 实训操作

创建注释族 - 门标记族的步骤如下。

（1）单击"文件"选项卡→"新建"工具→"族"按钮，如图 12.5.1 所示。

（2）在弹出的"新族 - 选择样板文件"对话框中，双击"注释"文件，选择"公制门标记"族样板文件，单击"打开"按钮，如图 12.5.2 所示。

图 12.5.1 新建族

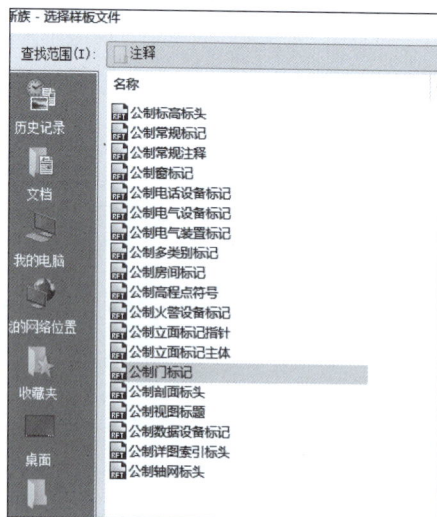

图 12.5.2 选择样板文件

（3）切换到"创建"选项卡，在"文字"面板中单击"标签"工具，如图 12.5.3 所示。

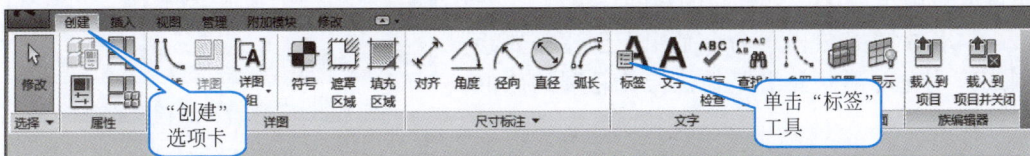

图 12.5.3　选择标签

（4）单击"标签"工具后，再单击视图中心位置，以此来确定标签位置，弹出"编辑标签"对话框，在"类别参数"下，选择"类型标记"，单击 ![按钮] 按钮，将其添加到"标签参数"面板，设置"样例值"为门的参数，单击"确定"按钮，如图 12.5.4 所示。

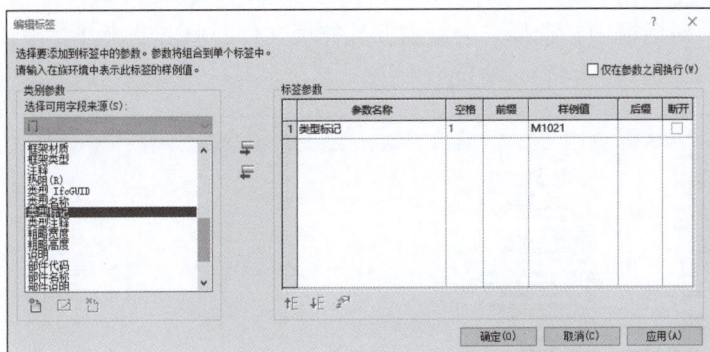

图 12.5.4　编辑标签

（5）在"属性"面板中勾选"随构件旋转"复选框，如图 12.5.5 所示。

（6）保存族并命名。

其他类型标记族的制作方法与门的制作方法相同，只要选取相对应的样板即可。

12.5.2　创建三维模型

📖 **知识准备**

创建三维模型最常用的命令是创建实体模型和空心模型，熟练掌握这些命令是创建三维模型的基础。在创建时需遵循的原则是：任何实体模型和空心模型都必须对齐锁定在参照平面上，通过在参照平面上标尺寸来驱动实体形状的改变。

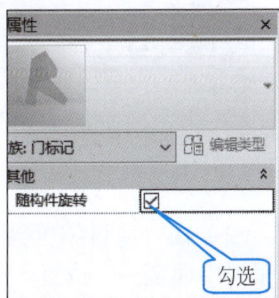

图 12.5.5　勾选"随构件旋转"复选框

"创建"选项卡中提供了"拉伸""融合""旋转""放样""放样融合"和"空心形状"等建模命令，如图 12.5.6 所示。

（1）拉伸："拉伸"命令是通过绘制一个封闭的拉伸端面并给予一个拉伸高度来建模的。

（2）融合："融合"命令可以将两个平行平面上的不同形状的端面进行融合建模。

（3）旋转："旋转"命令可创建围绕一根轴旋转而成的几何图形。可以绕一根轴旋转 360°，也可以只旋转 180°，或任意的角度。

（4）放样："放样"命令是用于创建需要绘制或应用轮廓形状并沿路径拉伸此轮廓的族的一种建模方式。

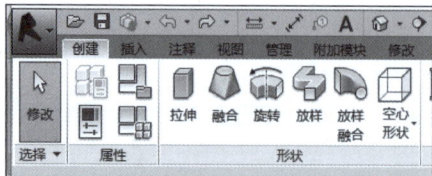

图 12.5.6　创建三维模型的命令

（5）放样融合：使用"放样融合"命令可以创建具有两个不同轮廓的融合体，然后沿路径对其进行放样。

（6）空心形状：使用"空心形状"命令可以删除实心形状的一部分。

✎ **实训操作**

创建平开窗族的步骤如下。

（1）启动 Revit，单击左上角"文件"菜单→"新建"工具→"族"按钮，在弹出的"新族-选择样板文件"对话框中，选择"公制窗"族样板文件，单击"打开"按钮，如图 12.5.7 所示。

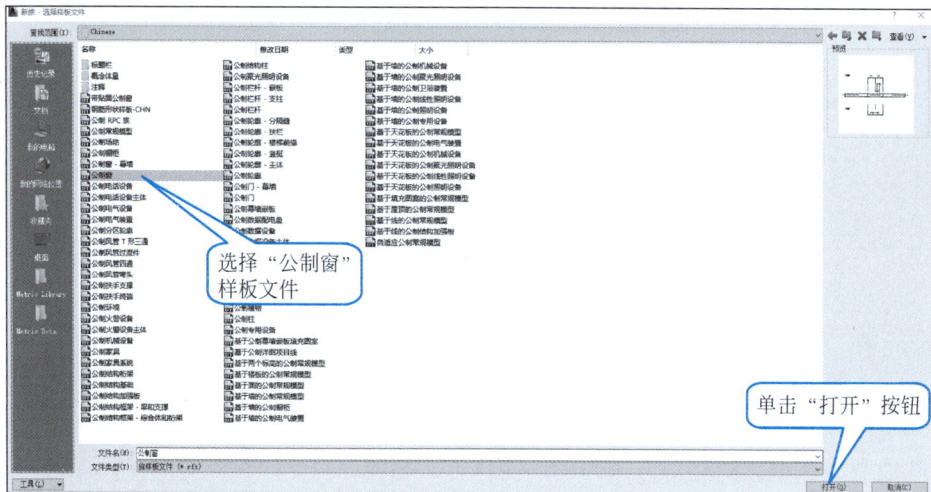

图 12.5.7　选择样板文件

（2）在"项目浏览器"中打开"内部"视图，切换到"创建"选项卡，打开"工作平面"面板→"设置"工具，弹出"工作平面"对话框，选择"参照平面：中心（前/后）"，最后单击"确定"按钮，如图 12.5.8 所示。

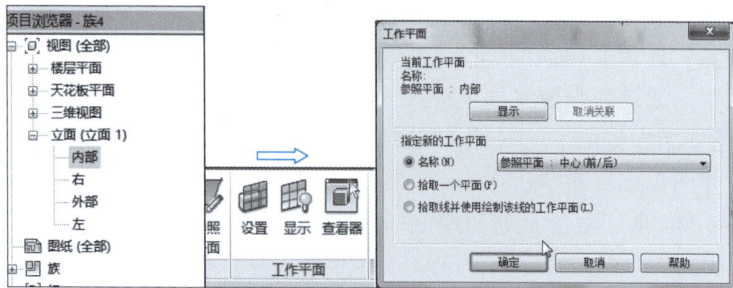

图 12.5.8　选择参照平面

（3）选择"拉伸"命令，在"绘制"面板中单击"矩形" ▣ 工具，沿着洞口绘制矩形轮廓，如图 12.5.9 所示。

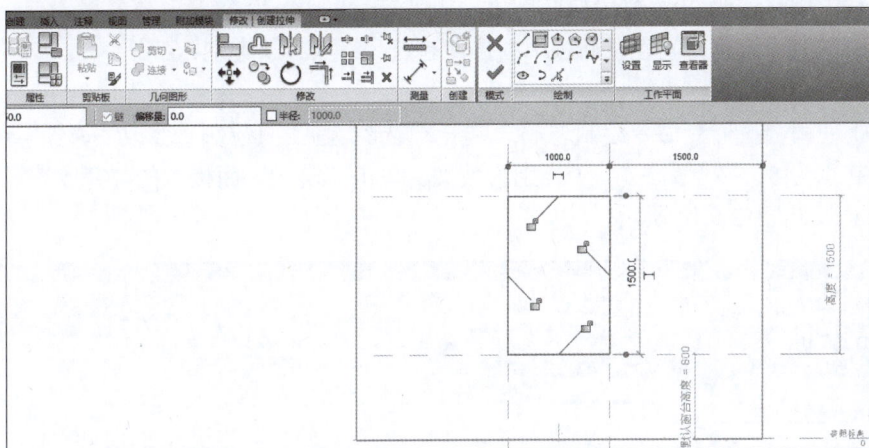

图 12.5.9　绘制矩形轮廓

（4）单击"偏移" ⤶ 命令，按住 Tab 键，向里偏移，偏移量为 40（窗框架厚度）（另一种方法为继续单击"矩形" ▣ 工具，修改偏移量为 −40，在原位置继续绘制矩形），接着单击"直线"工具绘制窗户横框，同样偏移量为 40，最后单击"拆分图元" ⬌ 命令剪切掉多余的线段，单击"模式"面板中的"完成编辑模式"按钮确定，修改"属性"面板中的拉伸起点、终点、子类别，如图 12.5.10 所示。

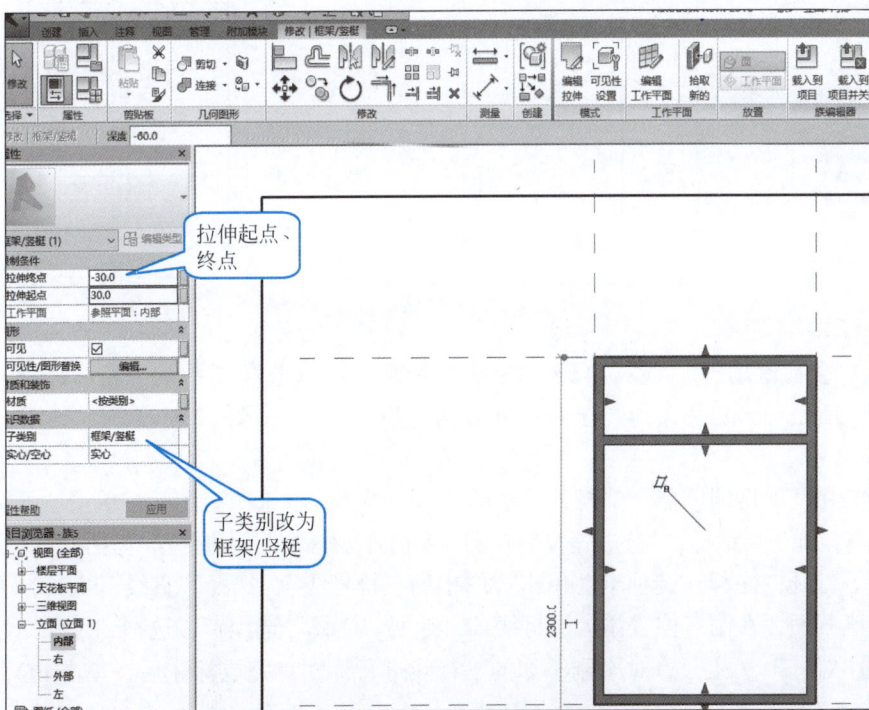

图 12.5.10　绘制窗框

（5）使用"拉伸"命令绘制窗扇，单击"矩形" 工具，沿着外窗框找中心点位置绘制，使用"偏移" 命令，按住 Tab 键，向里偏移，偏移量为 30（窗扇架厚度），再用"镜像" 命令绘制另一扇窗扇。修改"属性"面板中的拉伸起点、终点、子类别，如图 12.5.11 所示。

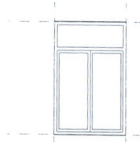

图 12.5.11　绘制窗扇

（6）使用"拉伸"命令绘制玻璃，单击"矩形" 工具绘制，修改"属性"面板中的拉伸起点为 5、终点为 −5、子类别为玻璃，单击"模式"面板中的"完成编辑模式"按钮确定，如图 12.5.12 所示。

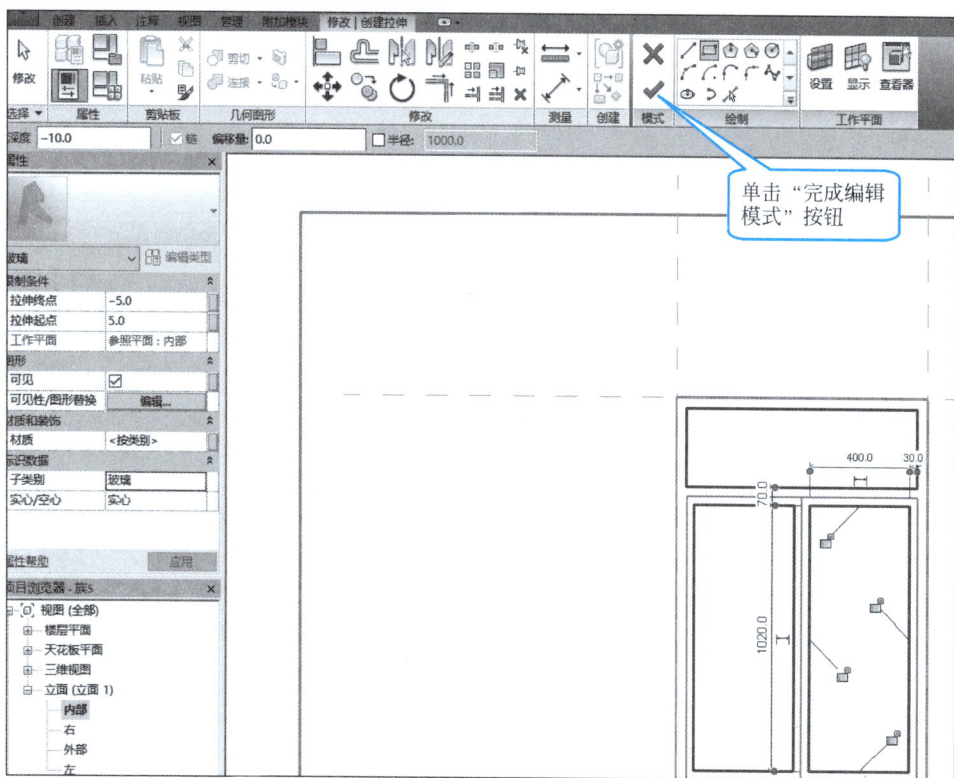

图 12.5.12　绘制玻璃

（7）绘制窗扇开启线：打开"注释"选项卡，单击详图中的"符号线"，选择"直线"工具，子类别选择"立面打开方向［投影］"，按图 12.5.13 所示绘制窗扇开启线。

（8）在"项目浏览器"中打开"楼层平面"视图，框选所有图元，单击"可见性设置"工具，弹出对话框，勾选"前/后视图"和"左/右视图"复选框，如图 12.5.14 所示。

（9）打开"注释"选项卡，单击详图中的"符号线"，选择"直线"工具，子类别选取玻璃截面，在洞口位置添加平行线。再返回"注释"选项卡，选择"尺寸标注"面板中的"对齐" 工具，对刚刚添加的平行线进行标注。完成标注后，单击 EQ，做等分处理，如图 12.5.15 所示。

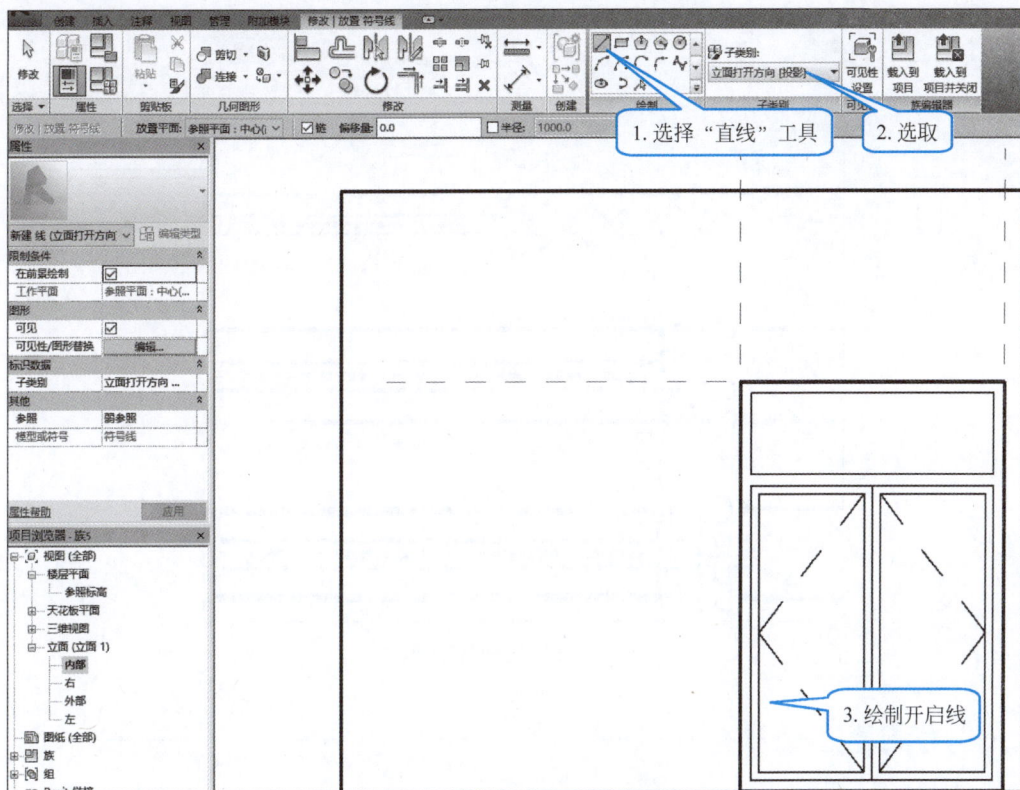

图 12.5.13　绘制窗扇开启线

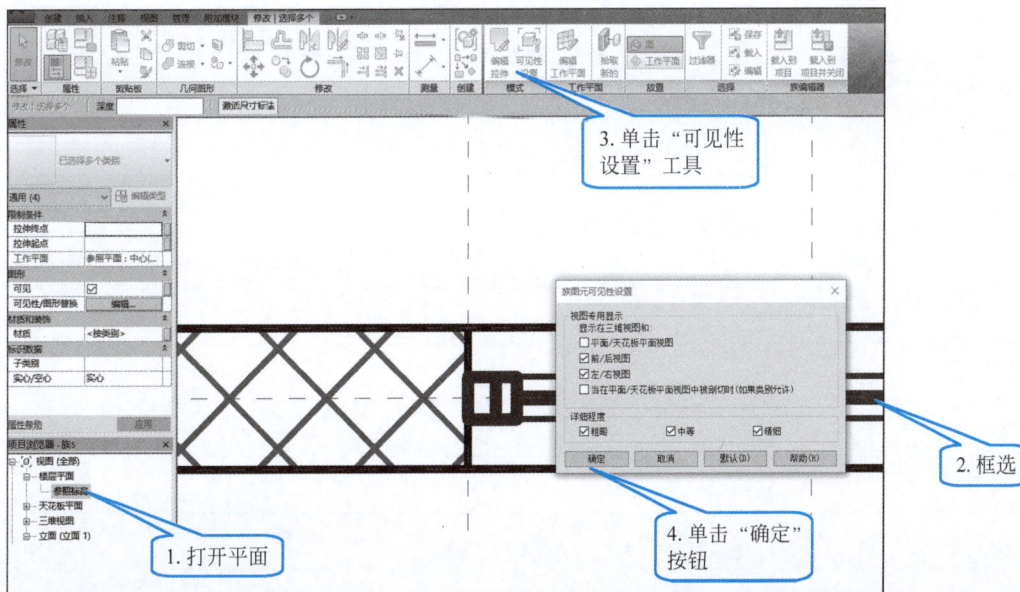

图 12.5.14　框选视图

（10）切换到三维视图，打开"属性"面板中的族类型，修改高度或者宽度，视图中若发生变化，则此族创建成功。

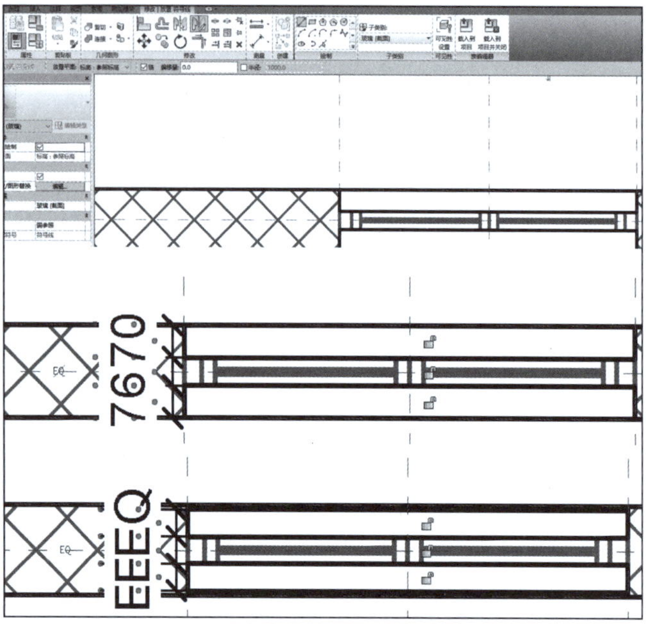

图 12.5.15　绘制玻璃截面

───── 学习笔记 ─────

🖨 **习题**

一、单选题

1. 族样板文件的扩展名为（　　　）。

    A. RFA 　　　　　　 B. RFT 　　　　　　 C. RTE 　　　　　　 D. RVT

2. 族文件的扩展名为（　　　）。

    A. RVT 　　　　　　 B. RTE 　　　　　　 C. RFA 　　　　　　 D. RFT

3. Revit 中项目、族、类别、类型和实例之间的相互关系是（　　　）。

    A. "项目"包含"类型"包含"族"包含"类别"包含"实例"

    B. "项目"包含"类别"包含"族"包含"类型"包含"实例"

    C. "项目"包含"族"包含"类型"包含"类别"包含"实例"

    D. "项目"包含"族"包含"类别"包含"类型"包含"实例"

4. 以下哪个是"放样"建模方式？（　　　）

    A. 将两个平行平面上的不同形状的端面进行融合的建模方式

    B. 通过绘制一个封闭的拉伸端面并给一个拉伸高度进行建模的方法

    C. 用于创建需要绘制或应用轮廓且沿路径拉伸该轮廓的族的一种建模方式

    D. 可创建出围绕一根轴旋转而成的几何图形的建模方法

5. 族是 Revit 项目的基础，下列有关族的描述有误的是（　　　）。

    A. 内建族不能保存为单独的".rfa"格式的族文件，但 Revit 允许用户通过复制
    内建族类型来创建新的族类型

    B. 可载入族是指单独保存为族".rfa"格式的独立族文件，且可以随时载入项
    目中

    C. 系统族仅能利用系统提供的默认参数进行定义，不能作为单个族文件载入或
    创建

    D. 系统族中定义的族类型可以使用"项目传递"功能在不同的项目之间进行
    传递

6. 下列选项中，不属于 Revit 族的分类有（　　　）。

    A. 内建族 　　　　　 B. 体量族 　　　　　 C. 系统族 　　　　　 D. 可载入族

7. 在"类型属性"对话框中，往族中添加一个新的类型并可修改这个类型的参数，
首先（　　　）。

    A. 在"类型属性"对话框中单击"添加族"

    B. 在"类型属性"对话框中单击"重命名"

    C. 在"类型属性"对话框中单击"复制"

    D. 在"类型属性"对话框中单击"载入"

8. （　　　）族是通用族，无任何特定族的特性，仅有形体特征。

    A. 安全设备 　　　　 B. 数据设备 　　　　 C. 常规模型 　　　　 D. 机械设备

9. 创建类似于"游泳圈"形状的构建集，下列哪个命令最为便捷？（　　　）

    A. 拉伸 　　　　　　 B. 旋转 　　　　　　 C. 放样 　　　　　　 D. 融合

二、多选题

1. Revit 有哪几种族类型？（　　　）

    A. 系统族　　　　　　B. 外部族　　　　　　C. 内建族　　　　　　D. 可载入族

    E. 体量族

2. 族创建构思需要考虑哪些因素？（　　　）

    A. 族插入点 / 原点　　　　　　　　　B. 族的主体和族的类型

    C. 族的详细程度　　　　　　　　　　D. 族的显示特性

3. 关于族的定义，下列说法正确的是（　　　）。

    A. 族是组成项目的基本单元，是参数信息的载体

    B. 族类别是以族性质为基础，对各种构建进行归类的一组图元

    C. 族类型可用于表示同一族类型的不同参数值

    D. 族实例是放置在项目中的项（图元），在项目模型中都有特定的位置

第13章 Revit 的概念体量模型制作

13.1 概念体量的基本知识

概念体量在 Revit 中也叫作概念设计，概念设计环境是一种族编辑器，主要应用于建筑概念及方案设计阶段，通过这种环境，用户可以直接操作设计中的点、线和面，形成可构建的形状。在其中，可以使用内建的和可载入的体量族来创建，如图 13.1.1 和图 13.1.2 所示。

教学视频：Revit 的
概念体量模型制作

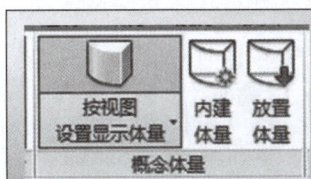

图 13.1.1 创建内置体量

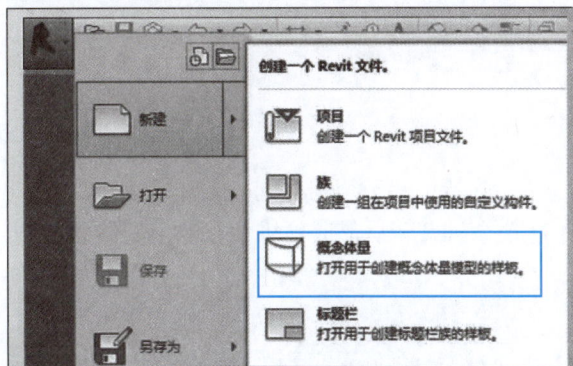

图 13.1.2 创建外部体量

创建体量的基本界面如图 13.1.3 所示。

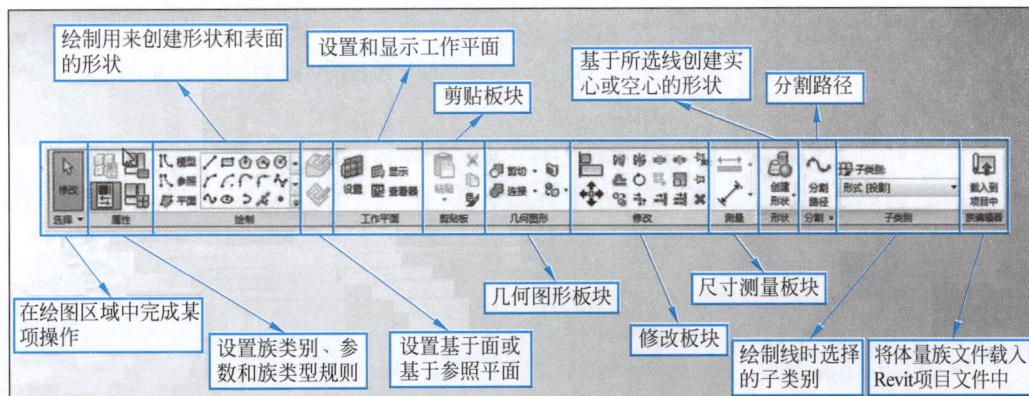

绘制用来创建形状和表面的形状

设置和显示工作平面

剪贴板块

基于所选线创建实心或空心的形状

分割路径

在绘图区域中完成某项操作

设置族类别、参数和族类型规则

设置基于面或基于参照平面

几何图形板块

修改板块

尺寸测量板块

绘制线时选择的子类别

将体量族文件载入 Revit 项目文件中

图 13.1.3 创建体量的基本界面

13.2 创建体量

📖知识准备

通过几何形状来创建各种需要的体量，几何形状的种类有：表面形状、拉伸、旋转、扫描、放样。

（1）表面形状：表面要基于开放的线或者边（非闭合轮廓）创建。创建过程如图 13.2.1 所示。

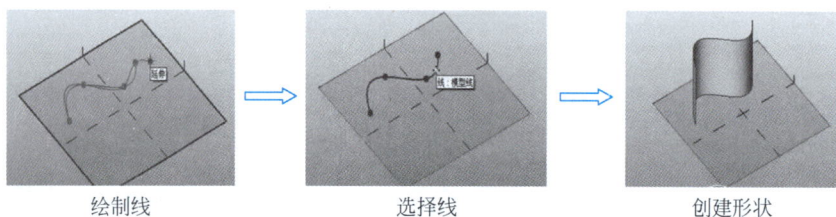

绘制线　　　　　　　　选择线　　　　　　　　创建形状

图 13.2.1　表面形状的创建过程

（2）拉伸：要基于闭合轮廓或者源自闭合轮廓的表面创建。创建过程如图 13.2.2 所示。

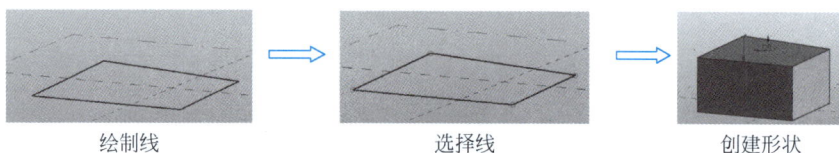

绘制线　　　　　　　　选择线　　　　　　　　创建形状

图 13.2.2　拉伸的创建过程

（3）旋转：基于绘制在同一工作平面上的线和二维形状创建线用于定义旋转轴，二维形状绕该轴旋转后形成三维形状。创建过程如图 13.2.3 所示。

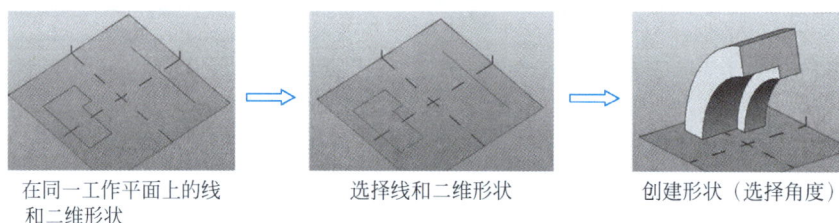

在同一工作平面上的线　　　选择线和二维形状　　　创建形状（选择角度）
和二维形状

图 13.2.3　旋转的创建过程

（4）扫描：基于沿某个路径扫描的二维轮廓创建。创建过程如图 13.2.4 所示。

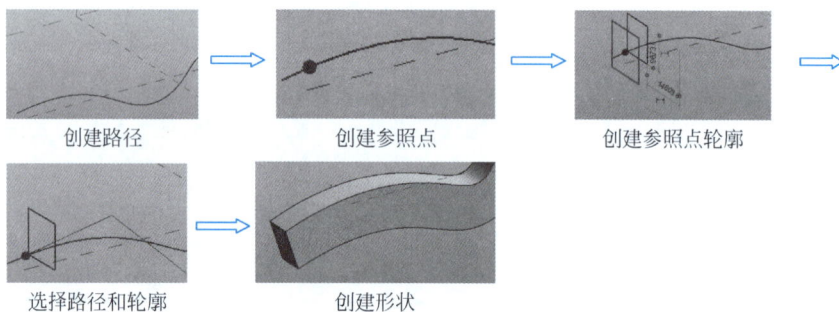

创建路径　　　　　创建参照点　　　　　创建参照点轮廓

选择路径和轮廓　　　　　创建形状

图 13.2.4　扫描的创建过程

（5）放样：基于多个二维轮廓进行放样创建形状。创建过程如图 13.2.5 所示。

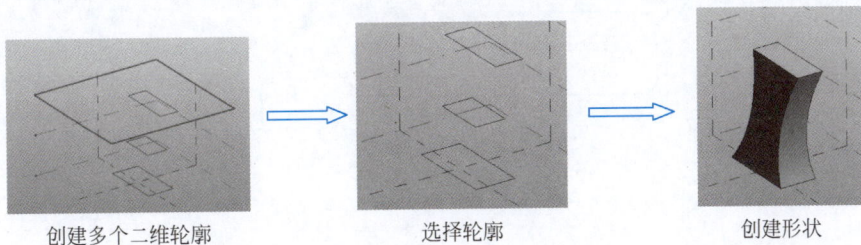

创建多个二维轮廓　　　　　　　选择轮廓　　　　　　　创建形状

图 13.2.5　放样的创建过程

📖 **实训操作**

创建不规则六边形概念体量的步骤如下。

（1）启动 Revit，单击左上角"文件"菜单→
"新建"工具→"概念体量"按钮，选择"公制体量"
样板文件，单击"打开"按钮，如图 13.2.6 所示。

（2）在视图中复制两条标高（或者按照创建标
高方法在立面视图中创建两条标高），间距根据需
要确定，如图 13.2.7 所示。

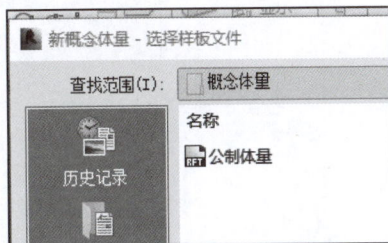

图 13.2.6　选择体量样板

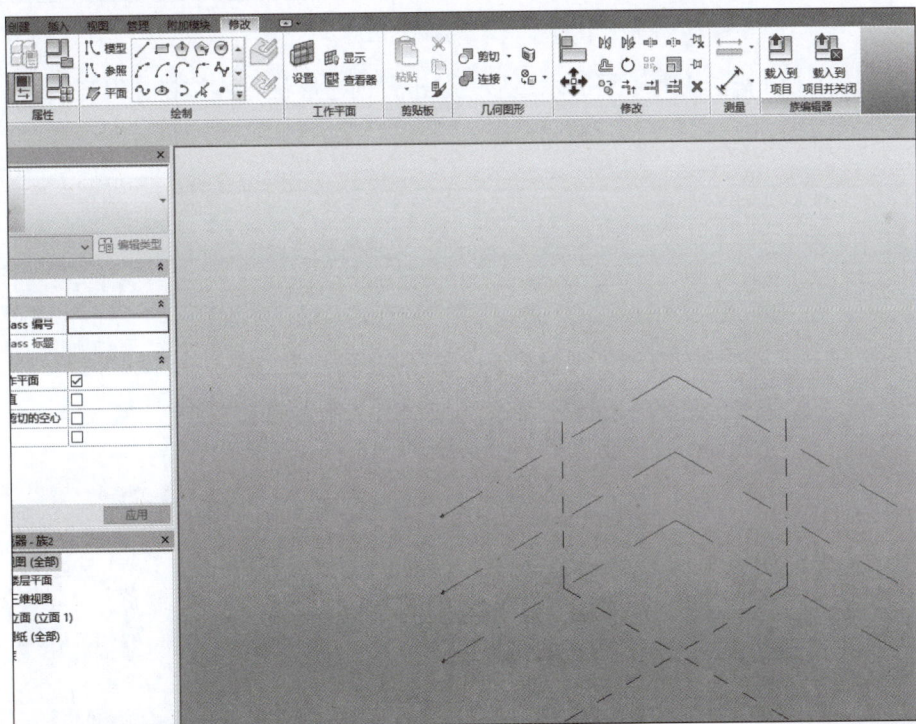

图 13.2.7　创建标高

（3）使用绘制线分别在每一层创建六边形，并使用"旋转"工具进行旋转，如
图 13.2.8 所示。

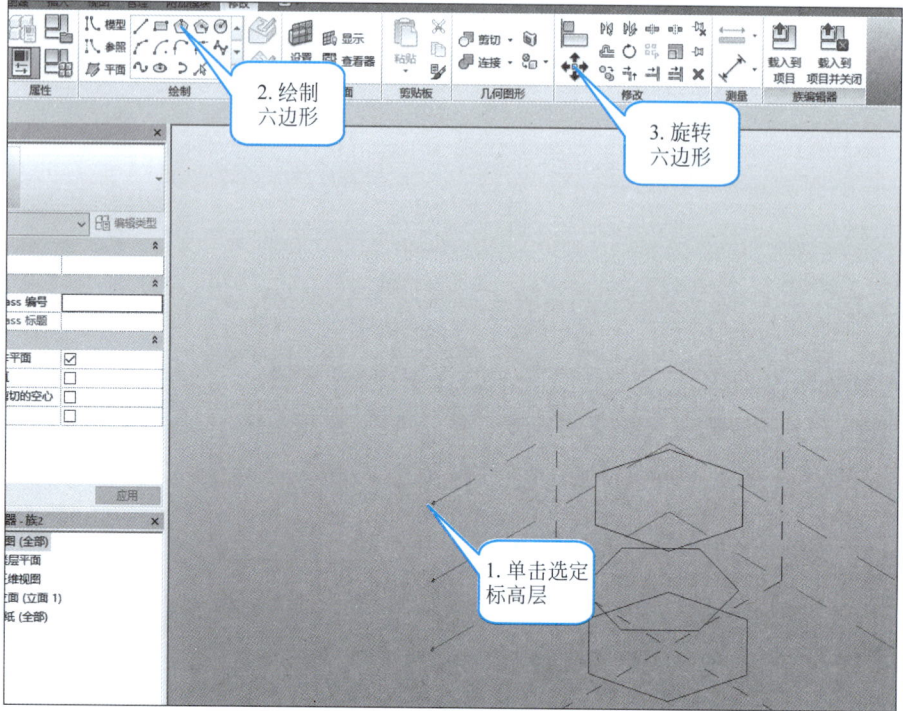

图 13.2.8　绘制六边形

（4）按住 Ctrl 键选中每一层的六边形，单击"创建形状" 按钮，得到如图 13.2.9 所示的效果。

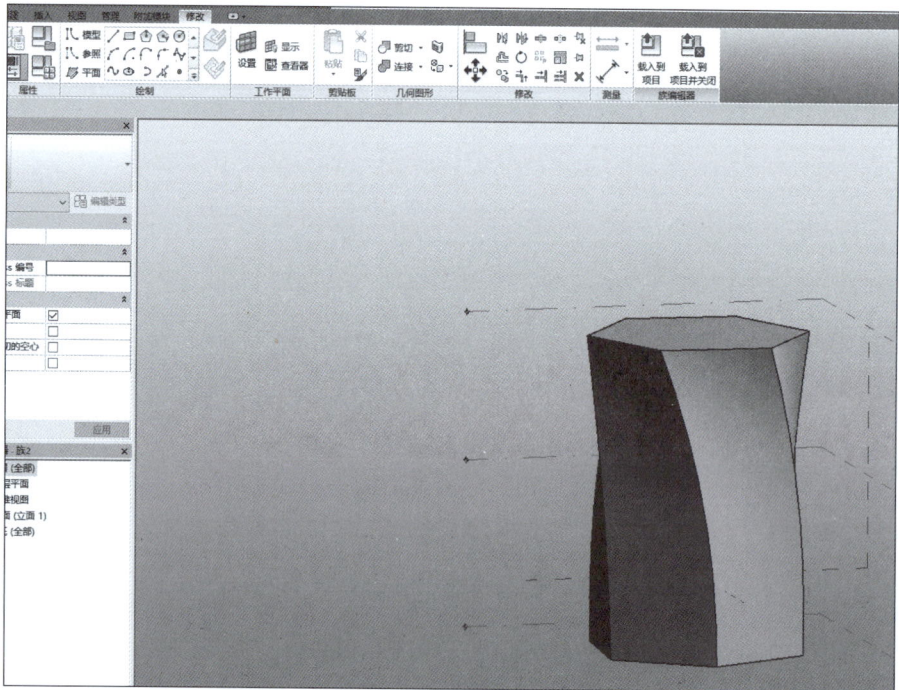

图 13.2.9　创建形状

拓展阅读——中国当代十大建筑

中国当代十大建筑是当代中国具有广泛影响的地标性建筑。中国当代十大建筑评选由文化部下属中国建筑文化研究会、北京大学文化资源研究中心共同主办。

评选汇集了来自建筑、文化、专业媒体、房地产和社交网络领域的权威学者和意见领袖。骏豪中央公园广场、中国尊、鸟巢国家体育场、上海金茂大厦、中国美术学院象山校区等知名建筑成为新一批的"中国当代十大建筑"。尽管在中国当代十大建筑中依然以外国建筑师项目居多，但是以马岩松、吴晨为代表的中国建筑师的设计项目最终也突围成功。

1. 中国尊

中国尊是位于北京市朝阳区 CBD 核心区的一幢超高层建筑，是北京市最高的地标建筑。中国尊是中国中信集团总部大楼，位于北京 CBD 编号为 Z15 地块正中心，西侧与北京国贸三期对望，总建筑面积 11 万 m^2，建筑总高 528m，地上 108 层、地下 7 层，可容纳 1.2 万人办公（图 13.2.10）。

2. 鸟巢国家体育场

国家体育场位于北京奥林匹克公园中心区南部，为 2008 年北京奥运会的主体育场。工程总占地面积为 21 公顷，场内观众座席约为 91 000 个。国家体育场举行了奥运会、残奥会开闭幕式、田径比赛及足球比赛决赛。奥运会后，国家体育场成为北京市民参与体育活动以及享受体育娱乐的大型专业场所，并成为地标性的体育建筑和奥运遗产（图 13.2.11）。

图 13.2.10　中国尊

图 13.2.11　鸟巢国家体育场

体育场由雅克·赫尔佐格、德梅隆、艾未未以及李兴刚等设计，由北京城建集团负责施工。体育场的形态如同孕育生命的"巢"和摇篮，寄托着人类对未来的希望。

3. 骏豪中央公园广场

骏豪中央公园广场是中国建筑设计师马岩松"城市山水"的代表作，其设计理念沿用了钱学森先生所提的"城市山水"概念，将建筑外形设计为山形，与朝阳公园大面积湖水融为一体，形成"城市山水"的人文和自然景观（图 13.2.12）。

　　马岩松在建造时大量运用了借景的手法。借景，是通过人工的手段，截取或剪裁自然中的一部分，将其纳入。这是中国传统造园中常用的手法。

　　骏豪中央公园广场并不是简单地回归传统，这一建筑有着世界当代建筑所共有的外形简约、线条鲜明的特点，而将中国传统文化的韵味与舒适前卫的现代感巧妙结合这一创造性做法，在中国并不多见。

　　4. 中国美术学院象山校区

　　中国美术学院象山校区位于杭州转塘镇，周围是青山绿水（图 13.2.13）。新建一期工程建筑面积 6.4 万 m^2，设有视觉艺术学院、传媒动画学院和基础教育中心三个教学单位。校区总体规划十分注重校园整体环境的意境营造和生态环境保护，借鉴中、西方大学校园的发展模式，创造一个功能分区合理，融建筑、空间、园林绿化、自然环境为一体的校园总体布局，真正建成符合教育旅游要求的园林式、开放式的校园环境。总体布置从地势和环境特点出发，遵循简洁、高效的原则，分区明确，充分考虑未来发展的可变性、整体性。

图 13.2.12　骏豪中央公园广场

图 13.2.13　中国美术学院象山校区

　　5. 上海金茂大厦

　　金茂大厦又称金茂大楼，位于上海浦东新区黄浦江畔的陆家嘴金融贸易区，楼高 420.5m（图 13.2.14）。大厦于 1994 年开工，1999 年建成，有地上 88 层，若再加上尖塔的楼层共有 93 层，地下 3 层，楼面面积 27 万 m^2，有多达 130 部电梯与 555 间客房，现已成为上海的一座地标，是集现代化办公楼、五星级酒店、会展中心、娱乐、商场等设施于一体，融汇中国塔形风格与西方建筑技术的多功能形摩天大楼，由著名的美国芝加哥 SOM 设计事务所的设计师 Adrian Smith 设计。

　　6. 台北 101 大厦

　　台北 101 大厦位于中国台湾省台北市信义区，由建筑师李祖原设计，KTRT 团队建造（图 13.2.15）。

　　台北 101 大厦高 509m，地上 101 层，地下 5 层。该

图 13.2.14　上海金茂大厦

楼融合东方古典文化及台湾本土特色，造型
宛若劲竹，节节高升、柔韧有余。另外，运
用高科技材质及创意照明，以透明、清晰营
造视觉穿透效果。建筑主体分为裙楼（台北
101 购物中心）及塔楼（企业办公大楼）。

图 13.2.15　台北 101 大厦

　　7. 广州塔

　　广州塔又称广州新电视塔，昵称小蛮
腰，位于中国广州市天河区（艺洲岛）赤岗

塔附近，高 600m，距离珠江南岸 125m，与海心沙岛和广州市 21 世纪 CBD 区珠江
新城隔江相望，是中国第一高塔，世界第三高塔（图 13.2.16）。2010 年 9 月 28 日，
广州市城投集团举行新闻发布会，正式公布广州新电视塔的名字为广州塔，整体高
600m，为广州最高建筑物，国内第一高塔，而"小蛮腰"的最细处在 66 层。2011
年正式获评"羊城新八景"之首"塔耀新城"，成为"游广州，必游广州塔"的广
州景点，于 2010 年 10 月 1 日起正式对公众开放。

　　8. 国贸三期

　　中国国际贸易中心第三期（China World Trade Center Tower 3）简称国贸三期，
是建成时北京的最高建筑。其位于北京中央商务区，2007 年建成，高 330m，80 层，
由国贸中心和郭氏兄弟集团联合投资建设。其与国贸一期、国贸二期一起构成
110 万 m^2 的建筑群，是今日全球最大的国际贸易中心（图 13.2.17）。

图 13.2.16　广州电视塔

图 13.2.17　国贸三期

　　9. 上海证大喜玛拉雅中心

　　喜玛拉雅中心是由证大集团精心打造的占地超过 3 万 m^2，总建筑面积 18 万 m^2
的当代中国文化创意产业的综合商业地产项目。它由证大·大隐精品酒店和证大艺
术酒店、喜玛拉雅美术馆、大观舞台和商场共同组成。它运用古老中国精神和哲学，
从传统中国文化中淬炼出属于当代中国的生活美学指标，旨在打造体现当代中国文
化艺术的高品质生活与服务（图 13.2.18）。

　　喜玛拉雅中心地址是浦东新区芳甸路 1188 号，坐落于中国上海浦东芳甸路、樱
花路、梅花路和石楠路围合地块，毗邻世博园区和上海新国际博览中心的喜马拉雅

中心，地铁 7 号线终点站花木路站 3 号口直达，地铁 2 号线龙阳路站、磁悬浮列车近在咫尺，便捷通达陆家嘴金融贸易区、浦东国际机场和浦西繁华商贸区。

10. 上海中心大厦

上海中心大厦是上海市综合物业发展计划的一部分（图 13.2.19）。该项目位于上海陆家嘴核心区 Z3-2 地块，东泰路、银城南路、花园石桥路交界处，地块东邻上海环球金融中心，北面为金茂大厦。上海中心大厦总高为 632m，结构高度为 580m，由地上 118 层主楼、5 层裙楼和 5 层地下室组成，总建筑面积 57.6 万 m^2，总重量约 80 万吨。建成后成为上海最高的摩天大楼，也是城市标志之一。2008 年 11 月 29 日进行主楼桩基开工。2013 年 8 月 3 日，上海中心大厦 580m 主体结构封顶，2014 年完成整栋大厦的施工工程。

图 13.2.18 上海证大喜玛拉雅中心

图 13.2.19 上海中心大厦

── **学习笔记** ──

习题

一、单选题

新建概念体量选择的公制体量样板文件的扩展名为（　　　）。

A. RFA　　　　　　　　B. RFT　　　　　　　C. RVT　　　　　　　D. RTE

二、多选题

Revit 有以下哪几种体量创建方式？（　　　）

A. 内建体量　　　　　B. 系统体量　　　　　C. 体量族　　　　　D. 新建概念体量

三、小讨论

阅读《中国当代十大建筑》，你是否感受到了我国建筑业的蓬勃发展？选取其中一座建筑，谈一谈建筑的特色，以及所使用的新技术、新工艺。

第 14 章　创建钢结构模型

14.1　创建标高、轴网

📖 知识准备

钢结构是由钢制材料组成的结构，是主要的建筑结构类型之一。结构主要由型钢和钢板等制成的钢梁、钢柱、钢桁架等构件组成，并采用硅烷化、纯锰磷化、水洗烘干、镀锌等除锈防锈工艺。各构件或部件之间通常采用焊缝、螺栓或铆钉连接。因其自重较轻，且施工简单，而广泛应用于大型厂房、场馆、超高层、桥梁等领域。

教学视频：创建标高、轴网

钢材的特点是强度高、自重轻、整体刚度好、抵抗变形能力强，故适合用于建造大跨度和超高、超重型的建筑物；材料匀质性和各向同性好，属理想弹性体，最符合一般工程力学的基本假定；材料塑性、韧性好，可有较大变形，能很好地承受动力荷载；建筑工期短；工业化程度高，可进行机械化程度高的专业化生产。

✍ 实训操作

创建全国 BIM 技能等级考试第二十三期售楼处钢结构模型标高和轴网。

（1）启动 Revit，单击"文件"选项卡→"新建"工具→"项目"按钮，如图 14.1.1 所示。

（2）弹出"新建项目"对话框，在样板文件中选择"结构样板"，单击"新建"选项卡→"项目"工具→"确定"按钮，如图 14.1.2 所示。

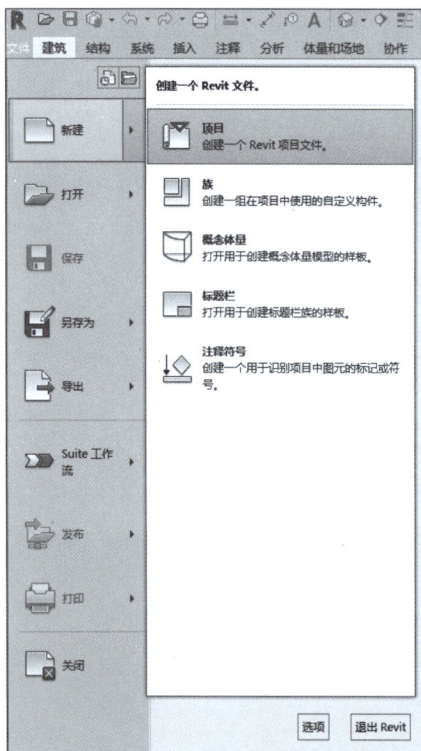

图 14.1.1　新建项目文件

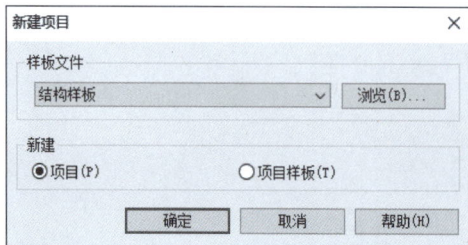

图 14.1.2　"新建项目"对话框

（3）单击"文件"选项卡→"保存"按钮，选择保存的路径并输入项目文件名"××售楼处"，如图 14.1.3 所示，单击"保存"按钮，相应目录中将出现以"××售楼处 .rvt"为扩展名的项目文件。

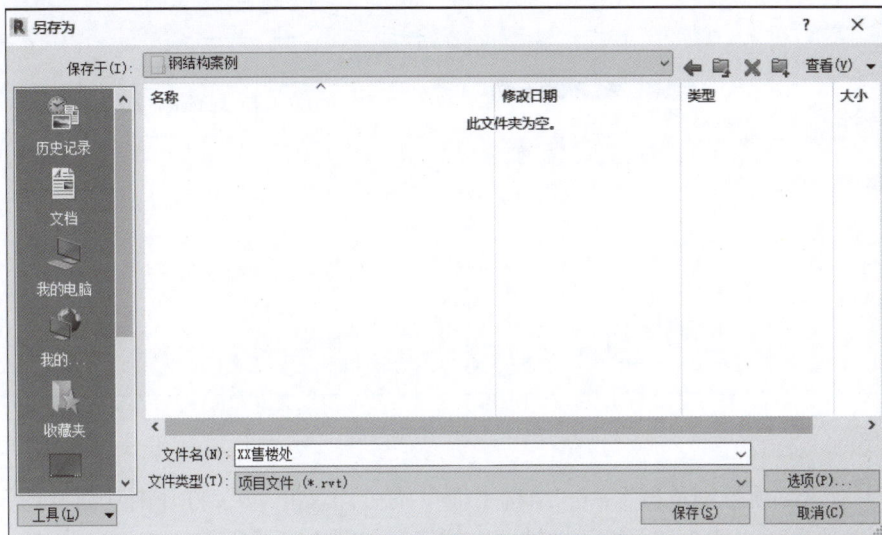

图 14.1.3　"保存"对话框

（4）双击"项目浏览器"→"立面（建筑立面）"，双击"南"打开南立面视图，单击"建筑"选项卡→"基准"面板→"标高"按钮，如图 14.1.4 所示。

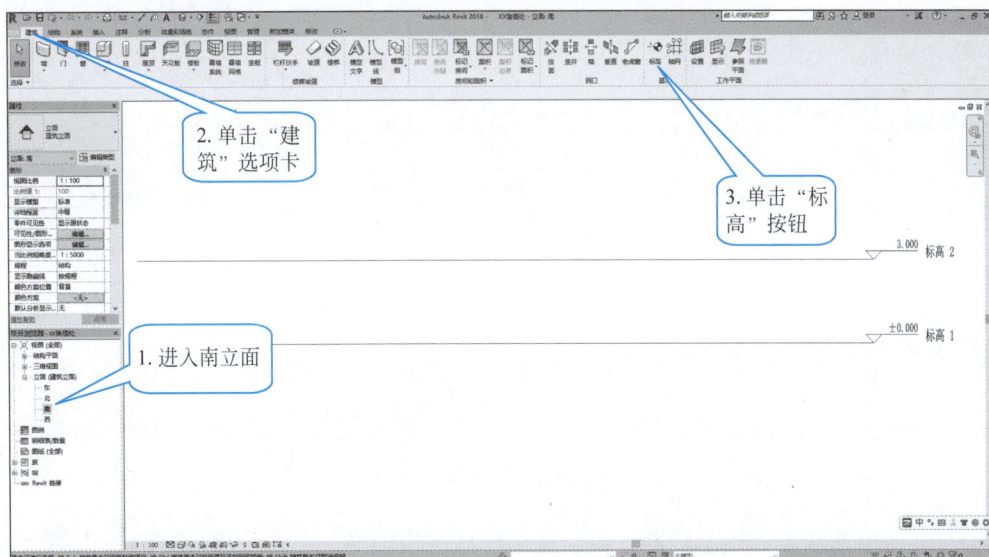

图 14.1.4　标高工具

（5）使用标高工具绘制标高，单击标高数值，分别修改标高高度为 0、4、6、8、10m，将标高名称与标高高度对应命名，系统弹出对话框询问"是否希望重命名相应视图？"，单击"是"按钮，如图 14.1.5 所示。

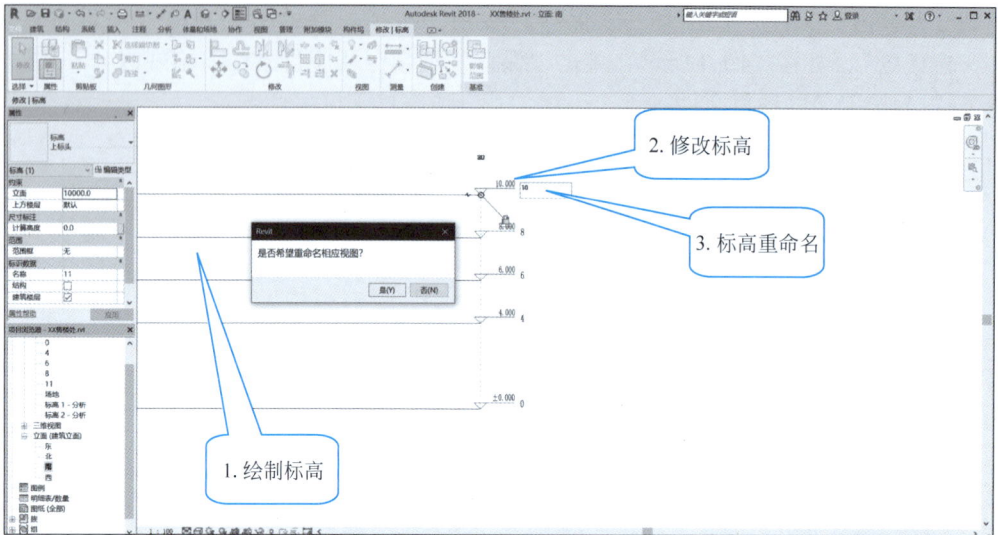

图 14.1.5　绘制标高

（6）双击"项目浏览器"→"结构平面"按钮，双击"0"打开南立面视图，单击"建筑"选项卡→"基准"面板→"轴网"按钮，如图 14.1.6 所示。

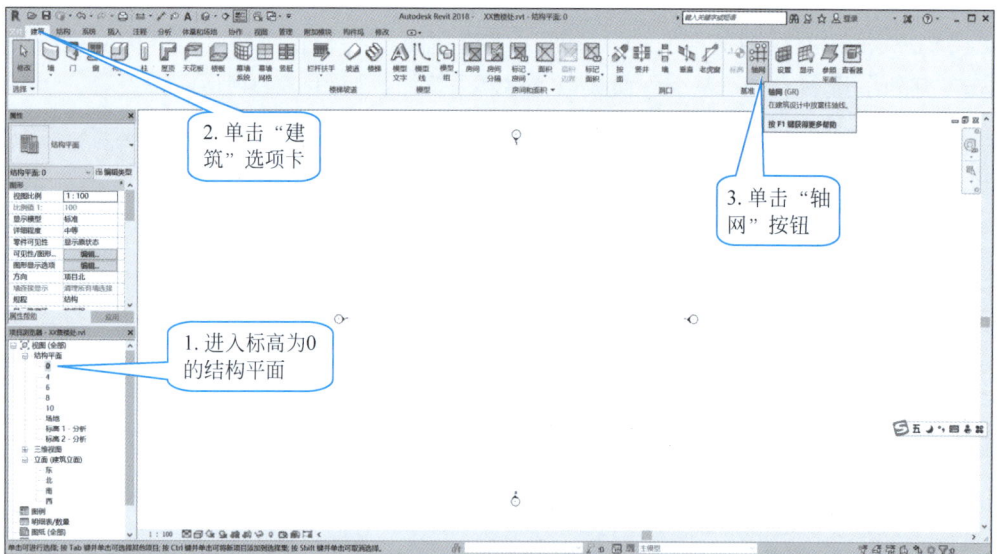

图 14.1.6　轴网工具

（7）使用轴网工具绘制轴网，单击选中任意一根轴网，单击"属性"面板中的"编辑类型"按钮，将轴线末端颜色改为红色，勾选平面视图轴号端点 1（默认）、平面视图轴号端点 2（默认）复选框，单击"确定"按钮，使用"注释"选项中的"对齐"工具进行尺寸标注，如图 14.1.7 所示。单击"文件"选项卡→"保存"按钮，将文件保存为"××售楼处 .rvt"。

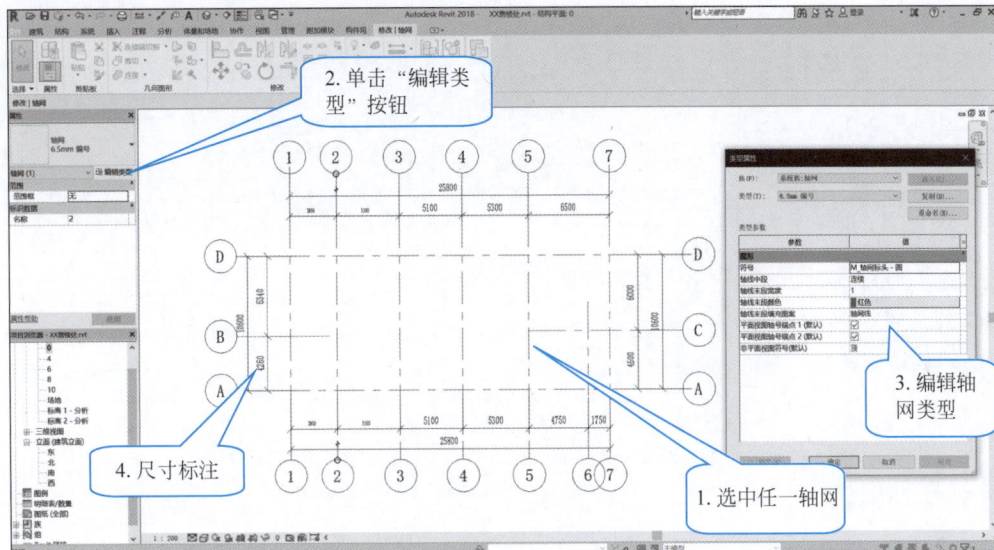

图 14.1.7　绘制轴网

14.2　创建钢柱

📖 **知识准备**

钢柱是一种常见的结构支撑物，通常用于建筑物、桥梁和其他工程中。其用于承受垂直载荷，起到支撑和稳定结构的作用。钢柱通常由高强度的钢材制成，具有优良的强度和刚度，能够承受压力和扭矩。

钢柱的形式多样，可以是圆柱形、方柱形或其他更复杂的形状，根据具体的工程需求而定。钢柱通常被固定在地基或其他支撑结构上，通过焊接、螺栓等方式连接在一起，形成一个整体的支撑体系。

教学视频：创建售楼处钢柱

✎ **实训操作**

创建 ×× 售楼处钢柱。

（1）启动 Revit，打开上一节中新建的"×× 售楼处"项目文件，双击"项目浏览器"→"结构平面"按钮，双击"0"打开标高为 0 的结构平面，单击"插入"选项卡→"从库中载入"面板→"载入族"按钮，单击"从库中载入"面板→"载入族"按钮，选择系统族中"结构"目录→"柱"→"钢"→"电焊钢管柱"，单击"打开"按钮（不同版本目录会稍有不同），如图 14.2.1 所示。

（2）选择任意一个类型，单击"确定"按钮，如图 14.2.2 所示。

（3）单击"结构"选项卡→"结构"面板→"柱"按钮，在"属性"面板中找到电焊钢管柱，单击"编辑类型"按钮进入类型属性对话框，单击"复制"按钮，输入名称 GZ1，单击"确定"按钮，在类型属性对话框中设直径为 24.50cm，设墙公称厚度为 1.60cm，单击"确定"按钮，在"属性"面板设置结构材质为"金属 - 钢 Q235"，如图 14.2.3 所示。

（4）在修改放置结构柱选项栏，选择"高度"，将其设置为 8，根据钢柱平面布置图放置 GZ1，共 14 根，如图 14.2.4 所示。

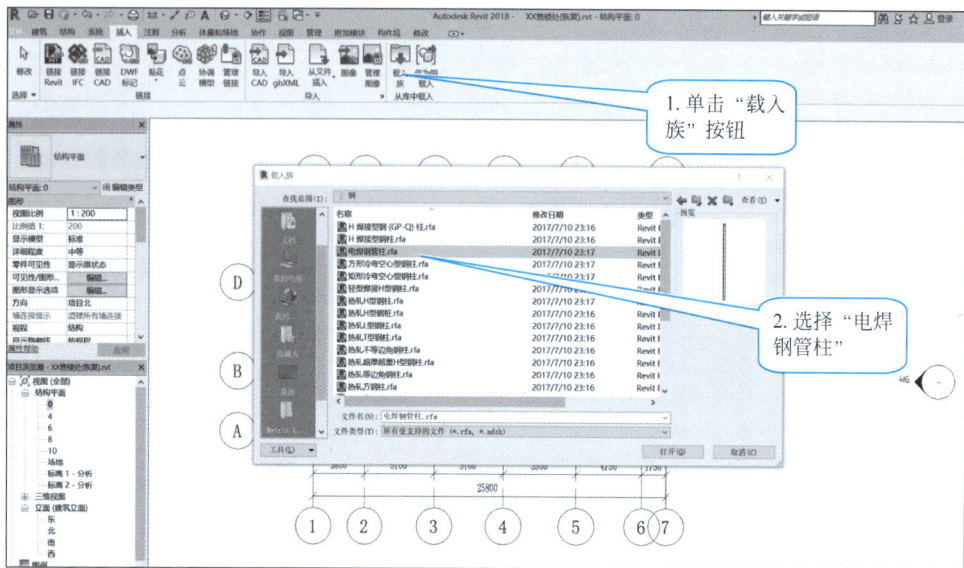

图 14.2.1　载入钢柱

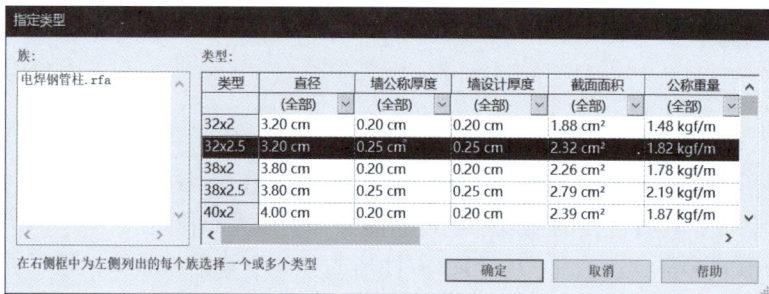

图 14.2.2　指定类型

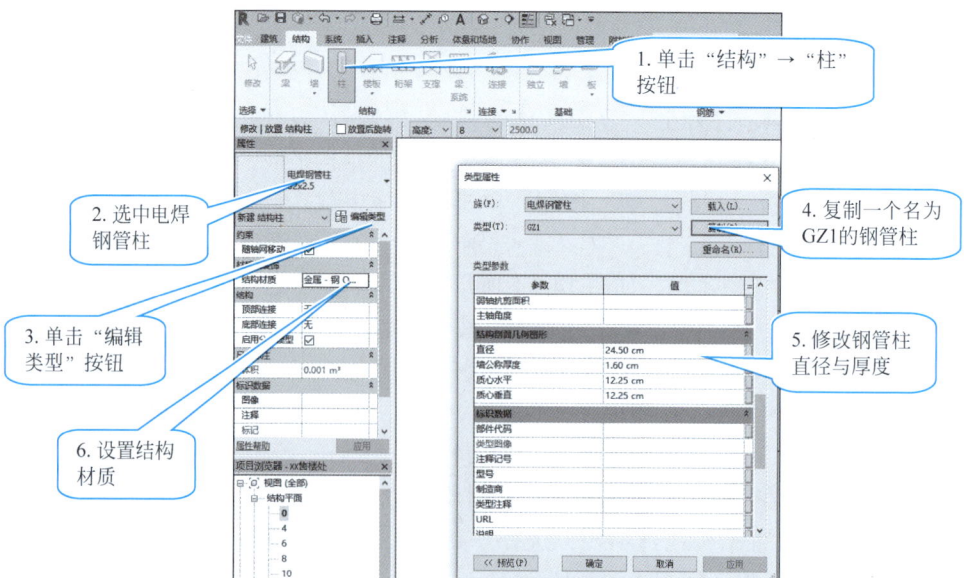

图 14.2.3　编辑 GZ1 钢柱类型属性

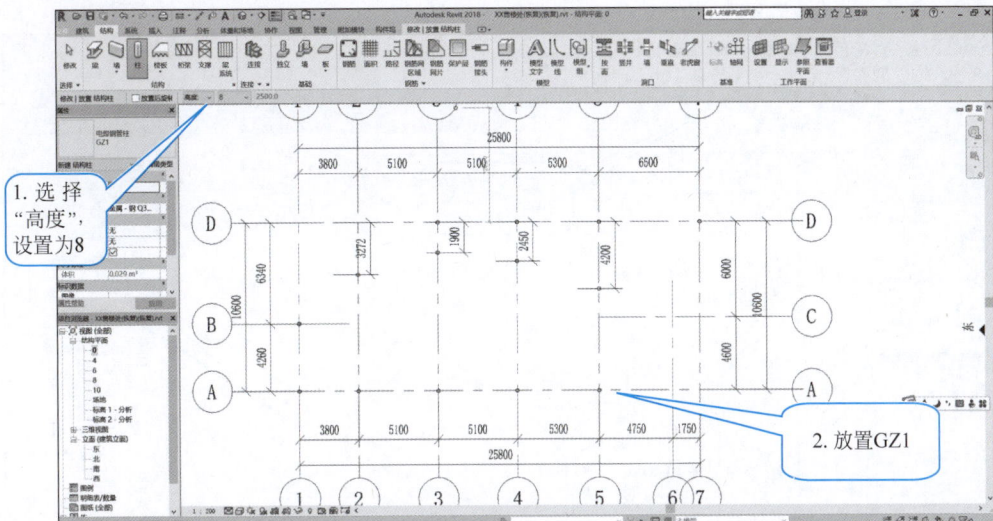

图 14.2.4　放置 GZ1

（5）单击"注释"选项卡→"详图线"按钮，选择"绘制"面板中的"内接多边形"工具图标，在选项栏中输入边数 8，以 C 轴和 6 轴的交点为圆心绘制半径分别为 2900mm 和 4400mm 的八边形，如图 14.2.5 所示。

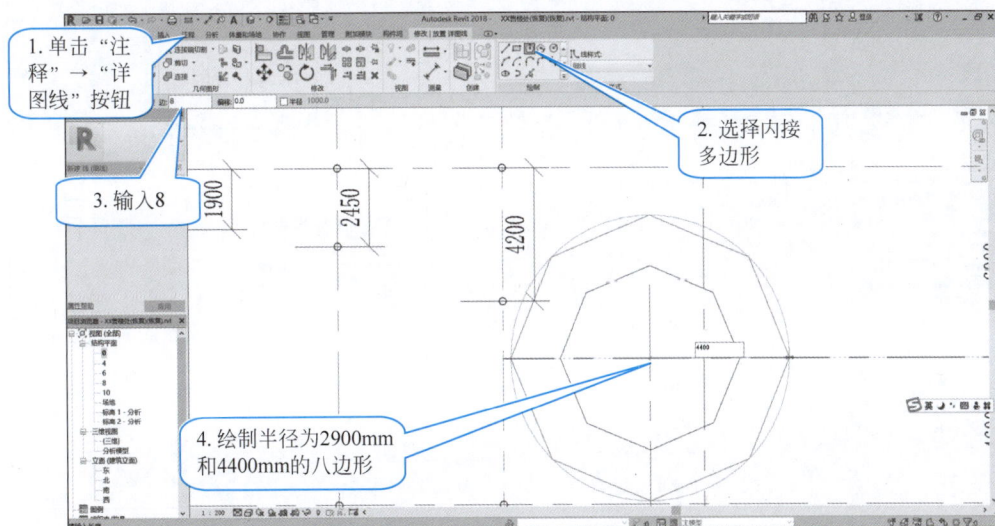

图 14.2.5　绘制 GZ2 详图线

（6）按住 Ctrl 键并单击八边形的每一条边，选中两个八边形所有边，选择"旋转"功能，以圆心将两个八边形旋转 22.5°，如图 14.2.6 所示。

（7）选择"建筑"选项卡→"参照平面"选项，绘制参照平面如图 14.2.7 所示。

（8）在"属性"面板→"视图范围"选项中，设置视图范围顶部偏移值为 10000，剖切面偏移值 9500，如图 14.2.8 所示。

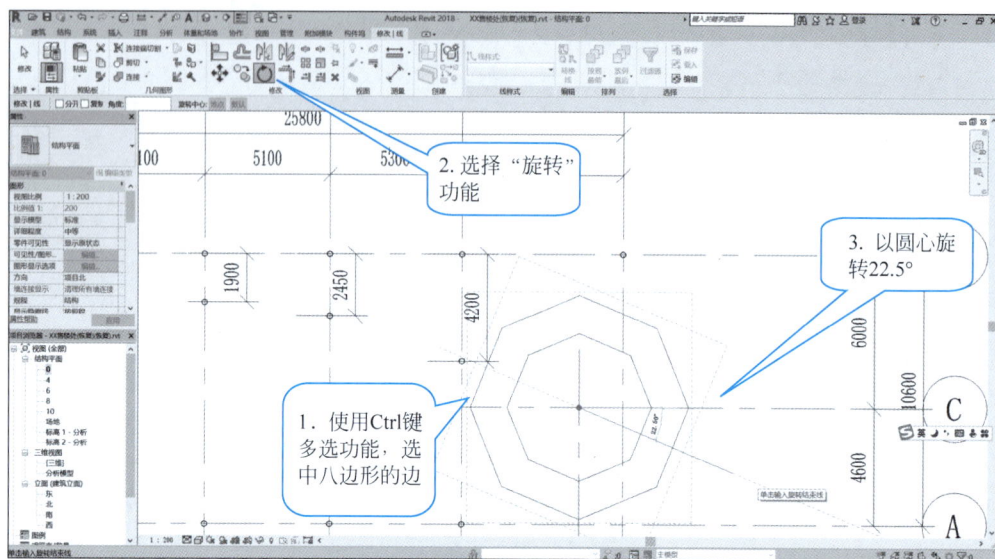

图 14.2.6　旋转 GZ2 详图线

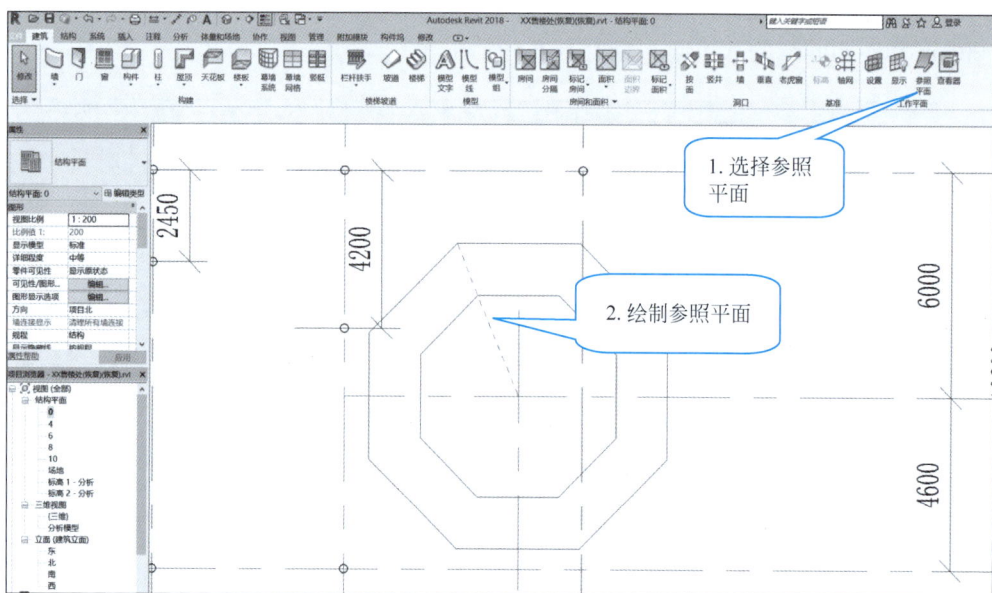

图 14.2.7　绘制参照平面

（9）单击"结构"选项卡→"结构"面板→"柱"按钮，在"属性"面板中找到电焊钢管柱，单击"编辑类型"按钮进入类型属性对话框。单击"复制"按钮，输入名称为 GZ2，单击"确定"按钮，在类型属性对话框中将直径设为 21.90cm，墙公称厚度设为 1.20cm，单击"确定"按钮。在"属性"面板设置结构材质为"金属 - 钢 Q235"，如图 14.2.9 所示。

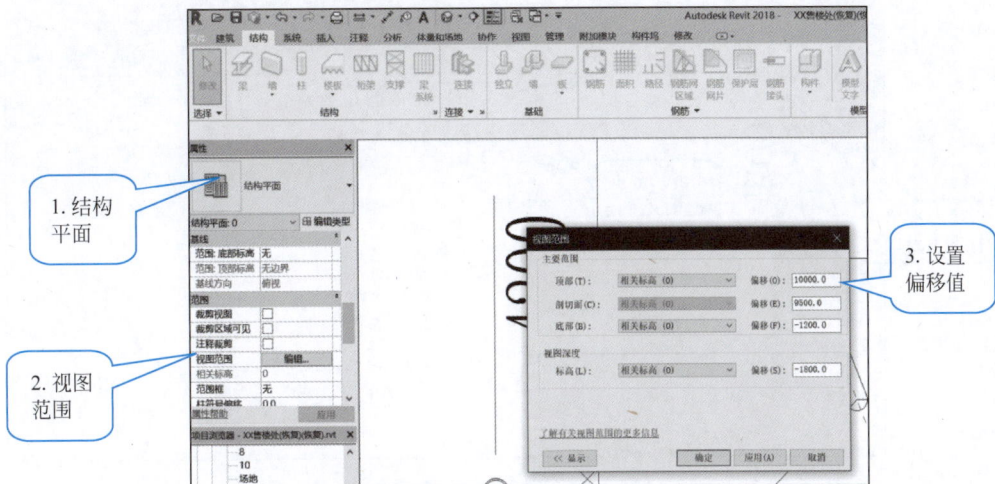

图 14.2.8　设置视图范围

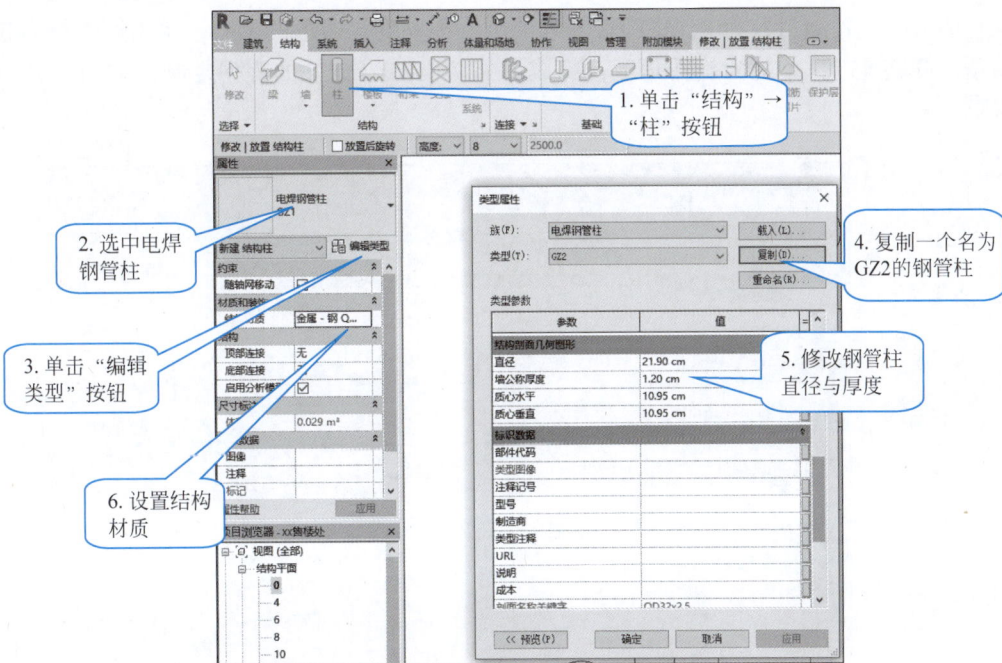

图 14.2.9　编辑 GZ2 钢柱类型属性

（10）在"修改|放置 结构柱"上下文选项卡中选择斜柱，选项栏中"第一次单击"标高设为 10，"第二次单击"标高设为 0，不勾选三维捕捉复选框，在参照线与半径为 4400mm 的八边形相交处单击一次，在参照线与半径为 2900mm 的八边形相交处再单击一次，完成一根 GZ2 斜柱的绘制，如图 14.2.10 所示。

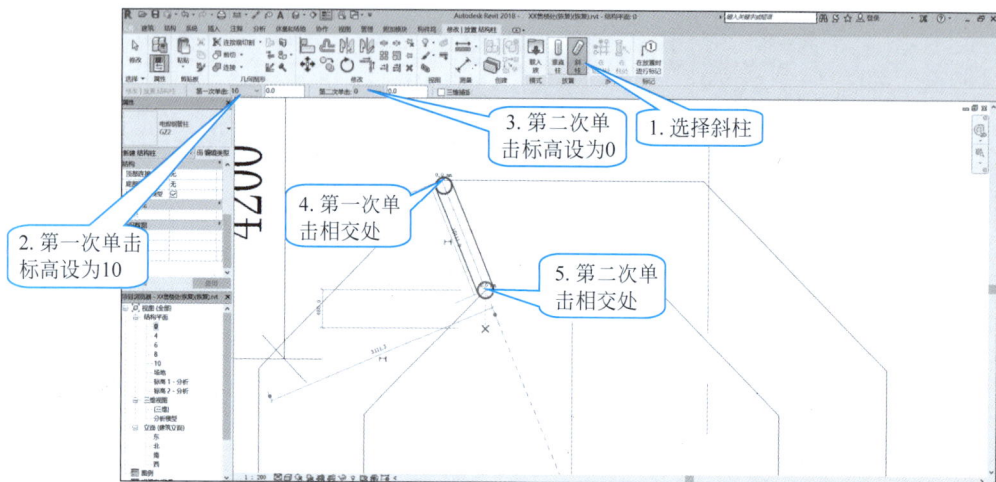

图 14.2.10　绘制 GZ2 斜柱

（11）单击选择刚刚绘制的 GZ2，使用"阵列"→"半径"工具，不勾选成组并关联复选框，设置项目数为 8，将旋转阵列的圆心拖动到八边形的圆心，单击原钢柱为起始角，旋转 45°，单击为旋转角度，完成另外 7 根 GZ2 钢柱的阵列复制，如图 14.2.11 所示。

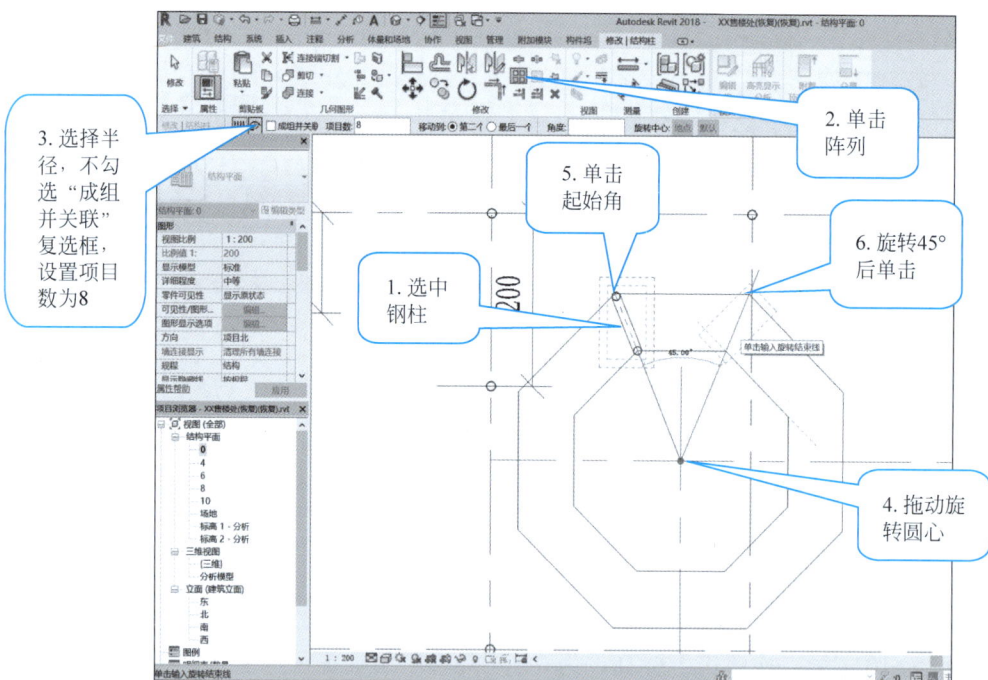

图 14.2.11　阵列复制 GZ2 斜柱

（12）双击"项目浏览器"→"三维视图"→"{ 三维 }"，查看 GZ1 和 GZ2 钢柱创建完成后的效果，如图 14.2.12 所示。

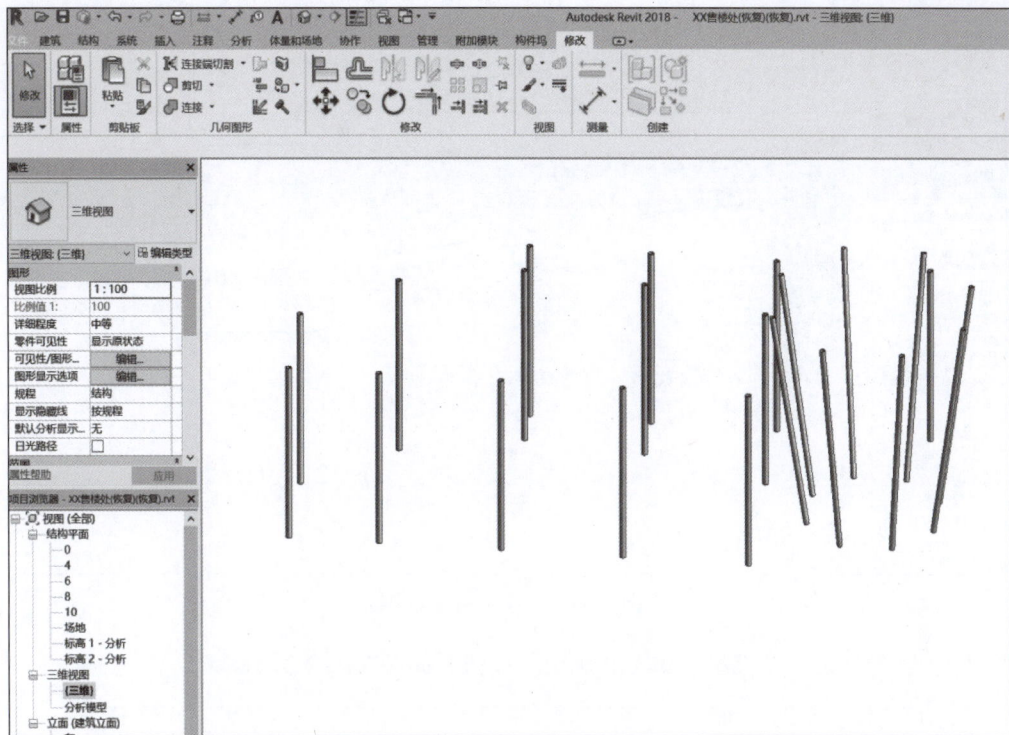

图 14.2.12　钢柱三维模型

14.3　创建钢梁

📖 知识准备

H 型钢梁是一种截面形状为 H 形的钢材，因其独特的结构设计而广泛应用于各种建筑和工程领域。H 型钢梁具有优异的力学性能和良好的加工性能，成为建筑行业中不可或缺的重要材料。

H 型钢梁的截面形状由中间腹板与两侧平行的翼缘板组成。这种设计使得 H 型钢梁在承受荷载时能够发挥出色的力学效果，具有优异的抗弯和抗剪性能。根据翼缘宽度，H 型钢梁可以分为宽翼缘、中翼缘和窄翼缘三类，规格以"腹板高度 h、翼缘宽度 b、腹板厚度 $t1$、翼缘厚度 $t2$"进行详细标注。

教学视频：创建售楼处钢梁

✎ 实训操作

创建 ×× 售楼处钢梁。

（1）启动 Revit，打开上一节中的"×× 售楼处"项目文件，双击"项目浏览器"→"结构平面"按钮，双击"4"打开标高为 4 的结构平面，单击"插入"选项卡→"从库中载入"面板→"载入族"按钮，单击"从库中载入"面板→"载入族"按钮，选择系统族中"结构"→"框架"→"钢"→"H 焊接型钢"，单击"打开"按钮（不同版本目录会稍有不同），如图 14.3.1 所示。

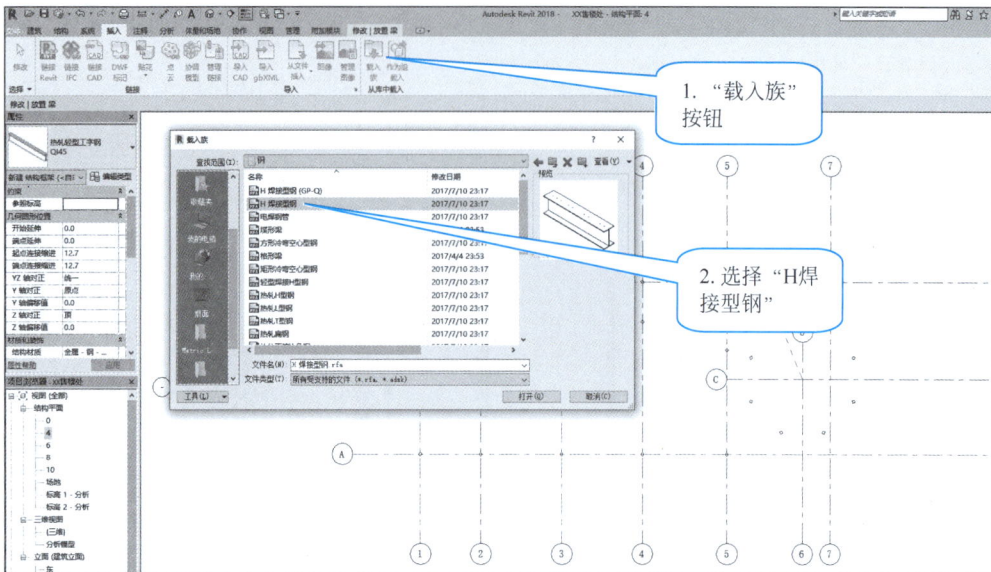

图 14.3.1 载入 H 型钢梁

（2）选择任意一个类型，单击"确定"按钮，如图 14.3.2 所示。

图 14.3.2 指定类型

（3）单击"结构"选项卡→"结构"面板→"梁"按钮，在"属性"面板中找到 H 焊接型钢，单击"编辑类型"按钮进入类型属性对话框。单击"复制"按钮，输入名称为 GL1，单击"确定"按钮。在"类型属性"对话框中设宽度为 15.00cm，设高度为 30.00cm，腹杆厚度为 0.65cm，顶部法兰厚度为 0.90cm，底部法兰厚度为 0.90cm，单击"确定"按钮。在"属性"面板设置结构材质为"金属 - 钢 Q235"，如图 14.3.3 所示。

（4）在标高为 4 的结构平面中的 A 轴至 B 轴交 1 轴处放置 GL1，将"视图控制栏"中的"详细程度"改为"精细"，"视图样式"改为"着色"，如图 14.3.4 所示。

（5）以相同方法，根据 4 米标高平面布置图在标高为 4 的结构平面中绘制其余的 GL2、GL3、GL4、GL5，如图 14.3.5 所示。

（6）双击"项目浏览器"→"结构平面"按钮，双击"8"打开标高为 8 的结构平面，以相同方法，根据 8 米标高平面布置图在标高为 8 的结构平面中绘制的 GL1、GL2、GL3、GL4，如图 14.3.6 所示。

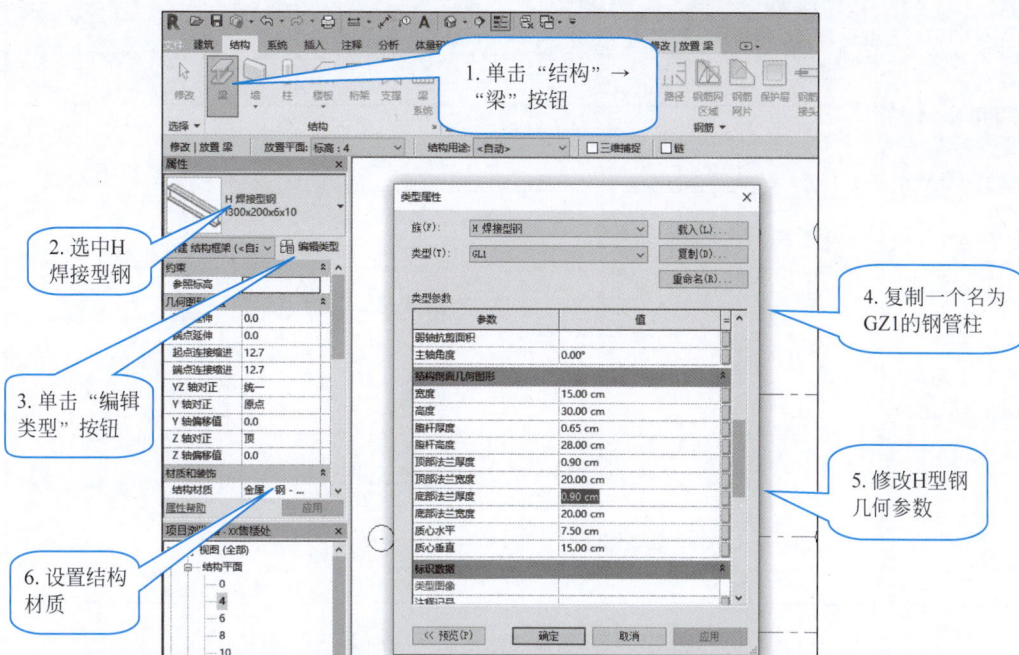

1. 单击"结构"→"梁"按钮

2. 选中H焊接型钢

3. 单击"编辑类型"按钮

4. 复制一个名为GZ1的钢管柱

5. 修改H型钢几何参数

6. 设置结构材质

图 14.3.3　编辑 GL1 钢梁类型属性

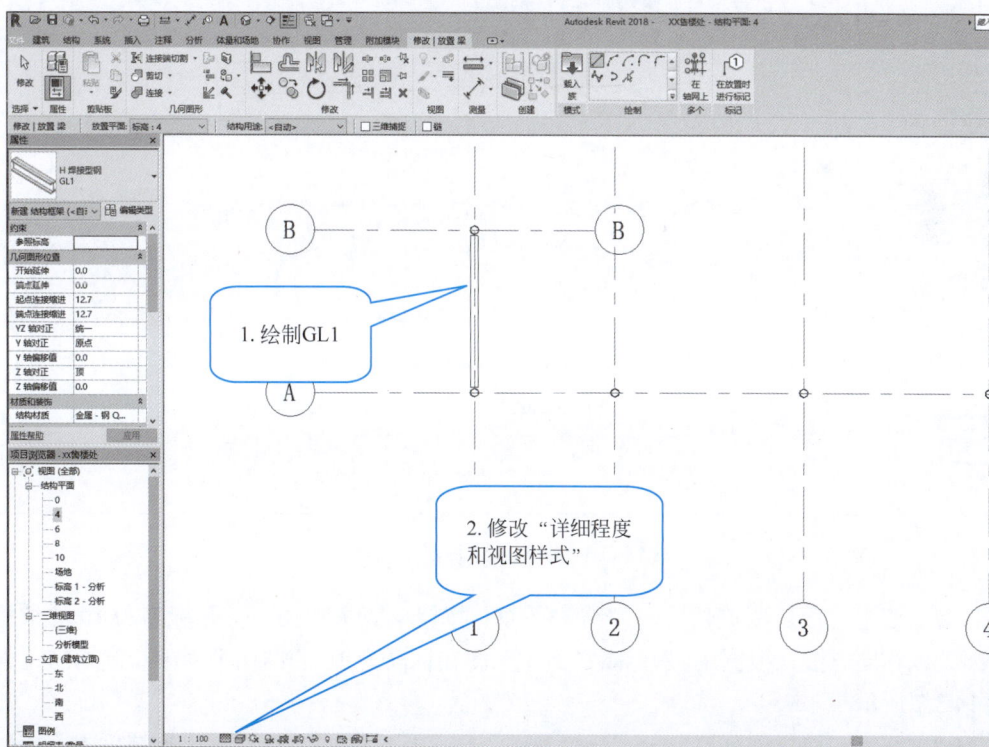

1. 绘制GL1

2. 修改"详细程度和视图样式"

图 14.3.4　放置 GL1

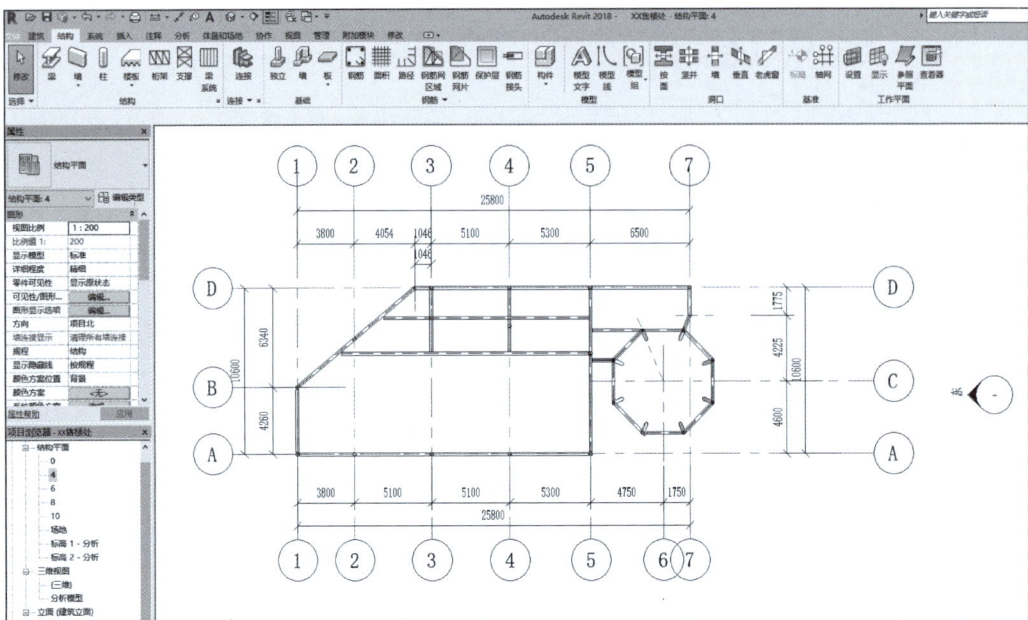

图 14.3.5　绘制 4 米标高平面钢梁

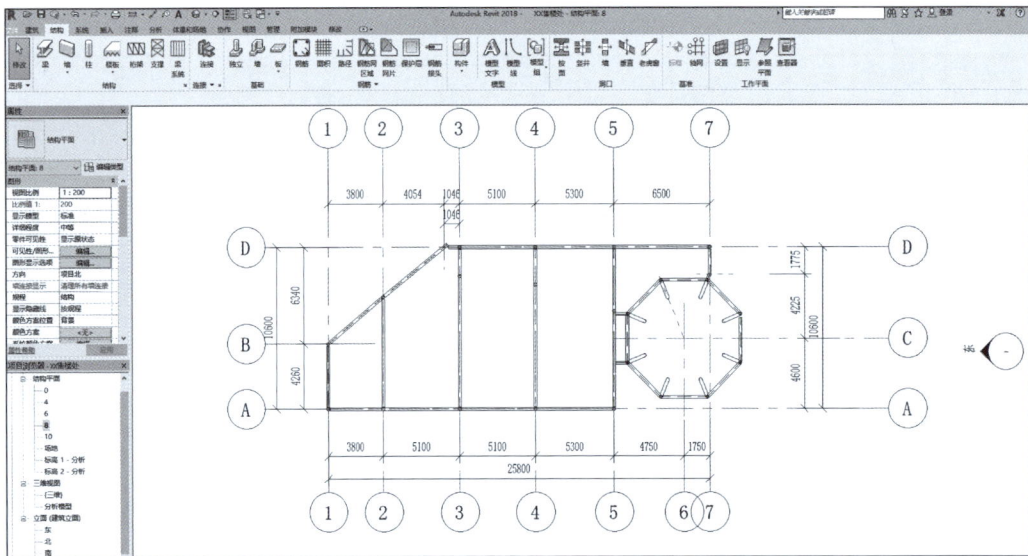

图 14.3.6　绘制 8 米标高平面钢梁

（7）双击"项目浏览器"→"结构平面"按钮，双击"10"打开标高为 10 的结构平面，以相同方法，根据 10 米标高平面布置图在标高为 10 的结构平面中绘制 GL1，如图 14.3.7 所示。

（8）双击"项目浏览器"→"三维视图"→"{三维}"，查看钢梁钢柱创建完成后的效果，如图 14.3.8 所示。

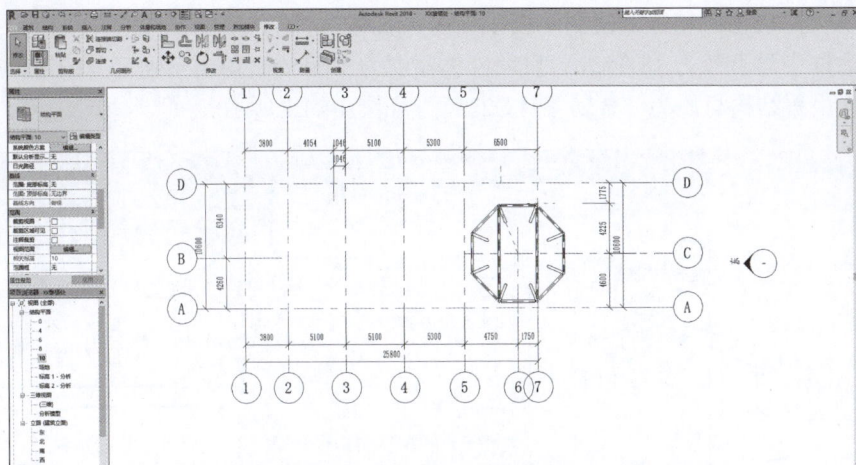

图 14.3.7　绘制 10 米标高平面钢梁

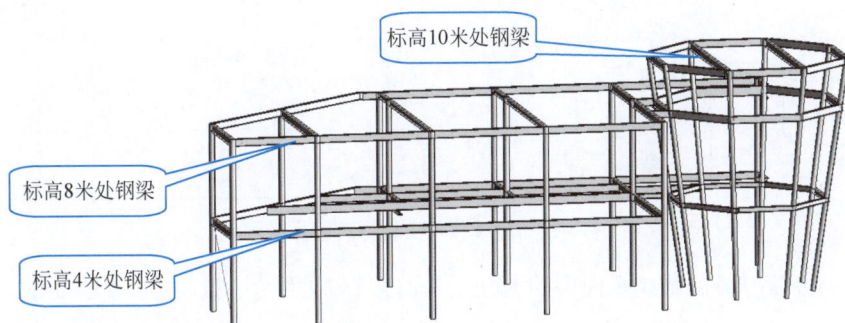

图 14.3.8　钢梁钢柱三维模型

14.4　创建斜撑、檩条、隅撑

📖 知识准备

斜撑：通过在建筑的外立面设置跨越数层的斜杆，形成空间桁架，从而有效增大结构的刚度和抗震能力。

檩条：亦称檩子或桁条，是垂直于屋架或椽子的水平屋顶梁，主要用于支撑椽子或屋面材料。檩条在建筑结构中起着至关重要的作用，它能够减小屋面板的跨度并固定屋面板，从而确保屋面的稳定性和承重能力。

隅撑：连接在梁与檩之间、柱与檩之间的支撑杆，通常设置在结构的角落或边角处。根据其应用位置的不同，隅撑可以分为墙隅撑（用于墙面）和屋面隅撑（用于屋面）。

教学视频：创建售楼处斜撑、檩条、隅撑

✎ 实训操作

创建××售楼处斜撑、檩条、隅撑。

（1）启动 Revit，打开上一节中的"××售楼处"项目文件，双击"项目浏览器"→"结构平面"按钮，双击"4"打开标高为 4 的结构平面。单击"结构"选项卡→"结构"面板→"梁"按钮，在"属性"面板中选择热轧无缝钢管，单击"编辑类型"按钮进入类型属性对话框。单击"复制"按钮，输入名称为 XG，单击"确定"按钮。在类型属性对话框中设直径为 18.00cm，设墙公称厚度为 1.00cm，单击"确定"按钮。在"属性"面板设置结构材质为"金属 - 钢 Q235"，如图 14.4.1 所示。

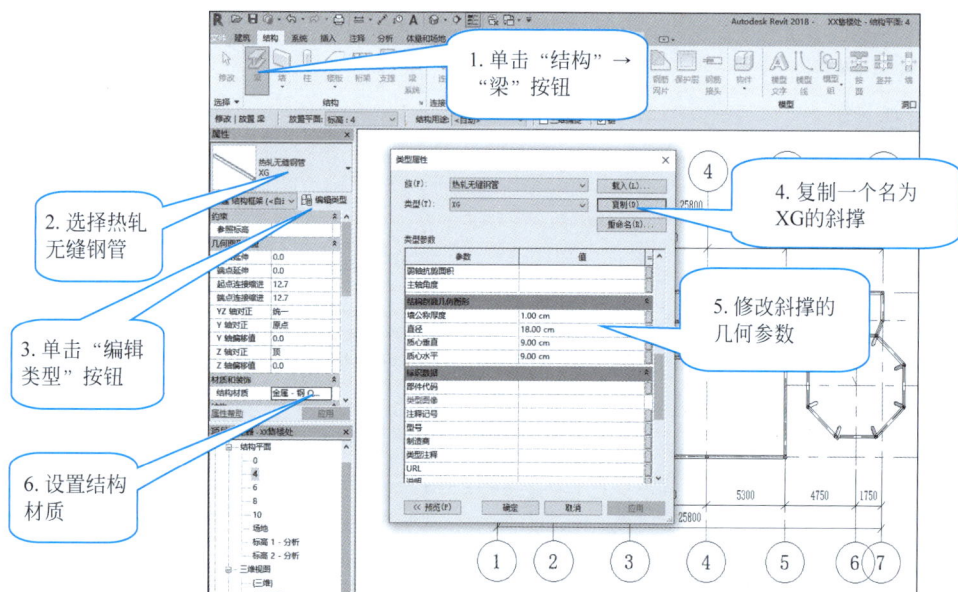

图 14.4.1　编辑 XG 斜撑类型属性

（2）在标高为 4 的结构平面中的 A 轴至 B 轴交 1 轴处绘制 XG 斜撑，如图 14.4.2 所示。

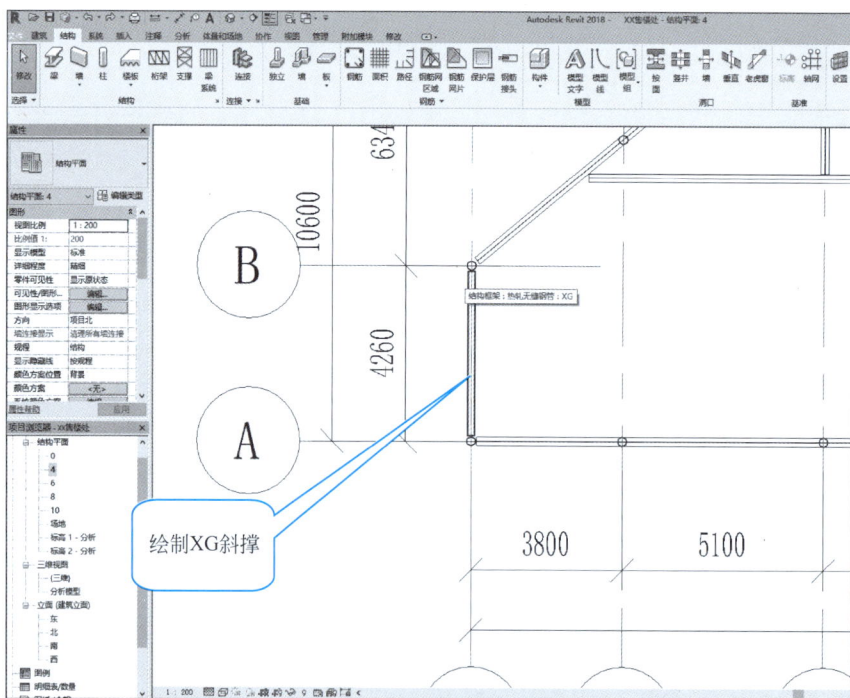

图 14.4.2　绘制 XG 斜撑

（3）双击"项目浏览器"→"三维视图"→"{三维}"，单击选中 XG，在"属性"面板中设置终点标高偏移为－4000mm，如图 14.4.3 所示。

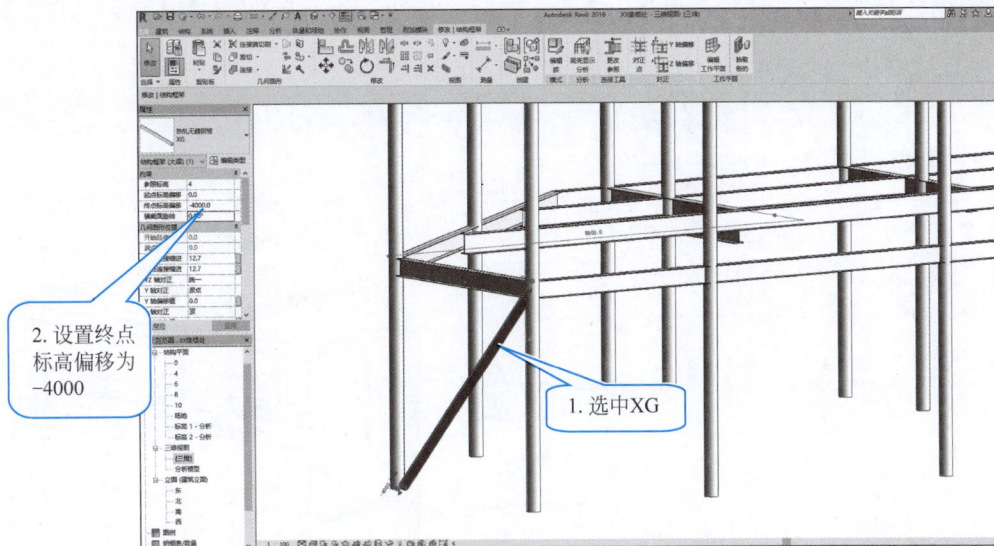

图 14.4.3　设置斜撑终点标高偏移

（4）单击选中 XG，双击"项目浏览器"→"结构平面"按钮，双击"4"打开标高为 4 的结构平面，单击"镜像－绘制轴"按钮，在 1 轴交 A 轴、B 轴的中点处绘制轴线，将原 XG 镜像，如图 14.4.4 所示。

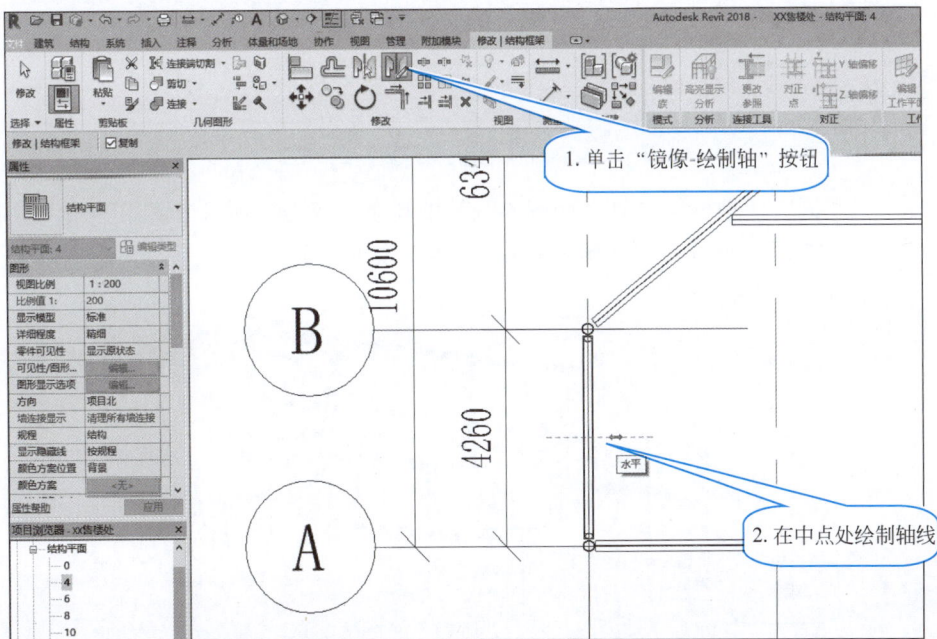

图 14.4.4　采用"镜像－绘制轴"功能绘制另一根斜撑

（5）双击"项目浏览器"→"三维视图"→"{三维}"，按住 Ctrl 键并选中两根 XG 斜撑，单击"复制到剪贴板"按钮，单击"粘贴"按钮下的下三角按钮，选择"与选定的标高对齐"，选择标高 8，单击"确定"按钮，将一层的斜撑复制到二层，如图 14.4.5 所示。

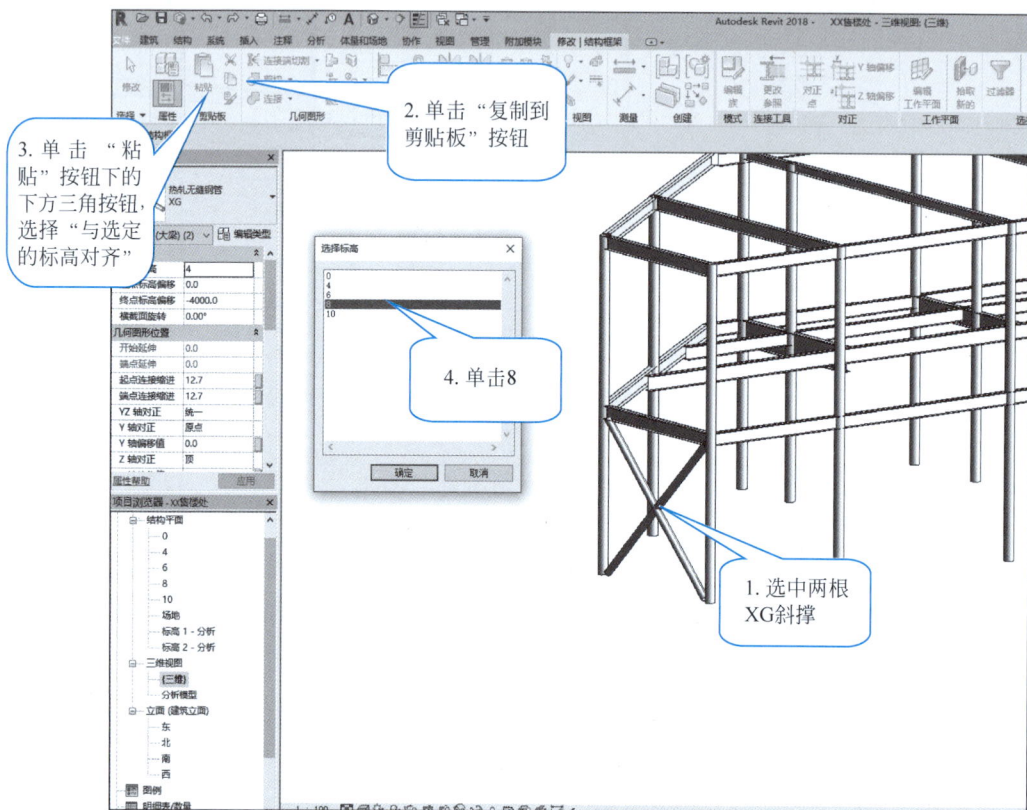

图 14.4.5　将一层的斜撑复制到二层

（6）以相同方法根据 1~7 轴立面图绘制其他斜撑，双击"项目浏览器"→"三维视图"→"{三维}"，查看斜撑创建完成后的效果，如图 14.4.6 所示。

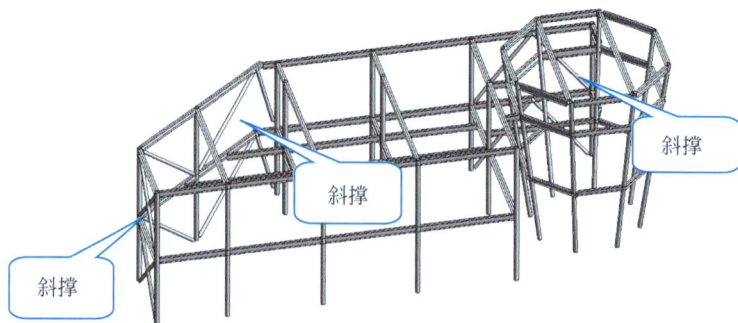

图 14.4.6　斜撑三维模型

（7）双击"项目浏览器"→"结构平面"按钮，双击"8"打开标高为 8 的结构平面→单击"插入"选项卡→单击"从库中载入"面板→"载入族"按钮，单击"从库中载入"面板→"载入族"按钮，选择系统族中的"结构"目录→"框架"→"轻质钢"→"轻型 -Z 型"，单击"打开"按钮（不同版本目录会稍有不同），如图 14.4.7 所示。

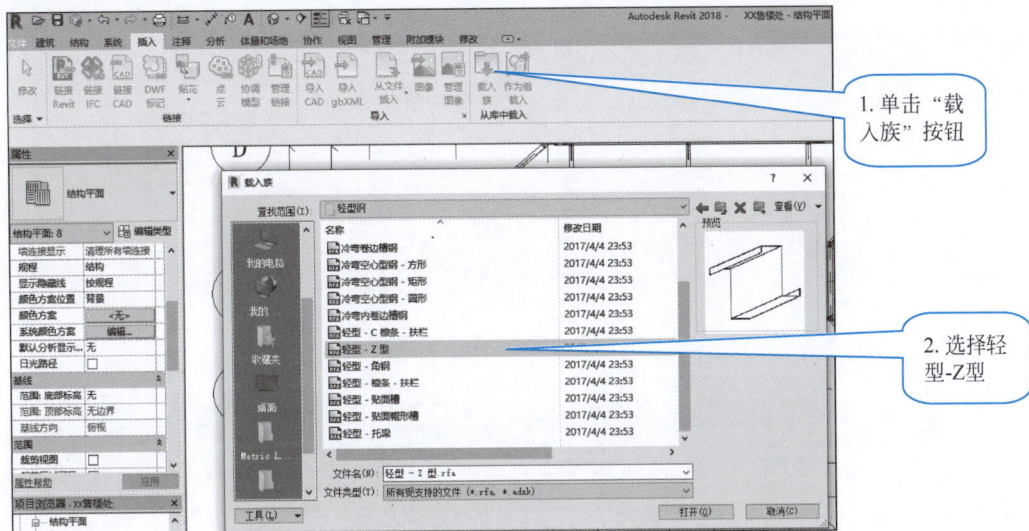

图 14.4.7　载入 Z 型轻型钢

（8）选择任意一个类型，单击"确定"按钮，如图 14.4.8 所示。

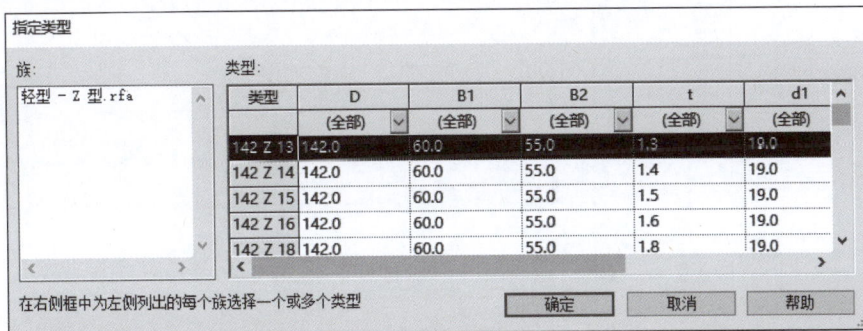

类型	D	B1	B2	t	d1
	（全部）∨	（全部）∨	（全部）∨	（全部）∨	（全部）∨
142 Z 13	142.0	60.0	55.0	1.3	19.0
142 Z 14	142.0	60.0	55.0	1.4	19.0
142 Z 15	142.0	60.0	55.0	1.5	19.0
142 Z 16	142.0	60.0	55.0	1.6	19.0
142 Z 18	142.0	60.0	55.0	1.8	19.0

图 14.4.8　指定类型

（9）单击"结构"选项卡→"结构"面板→"梁"按钮，在"属性"面板中找到轻型 -Z 型，单击"编辑类型"按钮进入类型属性对话框，单击"复制"按钮，输入名称为 LT，单击"确定"按钮。在类型属性对话框中，分别将 D 设为 160，t 设为 2.5，$B1$、$B2$ 设为 60，$d1$、$d2$ 设为 20，单击"确定"按钮。在"属性"面板设置结构材质为"金属 - 钢 Q235"，如图 14.4.9 所示。

（10）在标高为 8 的结构平面中的 B 轴交 1 至 5 轴处绘制 LT，单击选中檩条，在"属性"面板中将 Z 轴偏移值设置为 160，如图 14.4.10 所示。

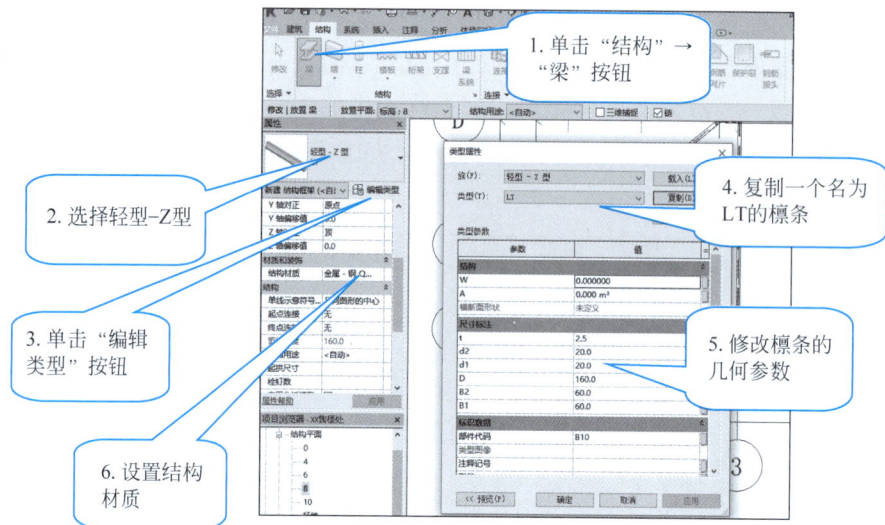

图 14.4.9　编辑 LT 檩条类型属性

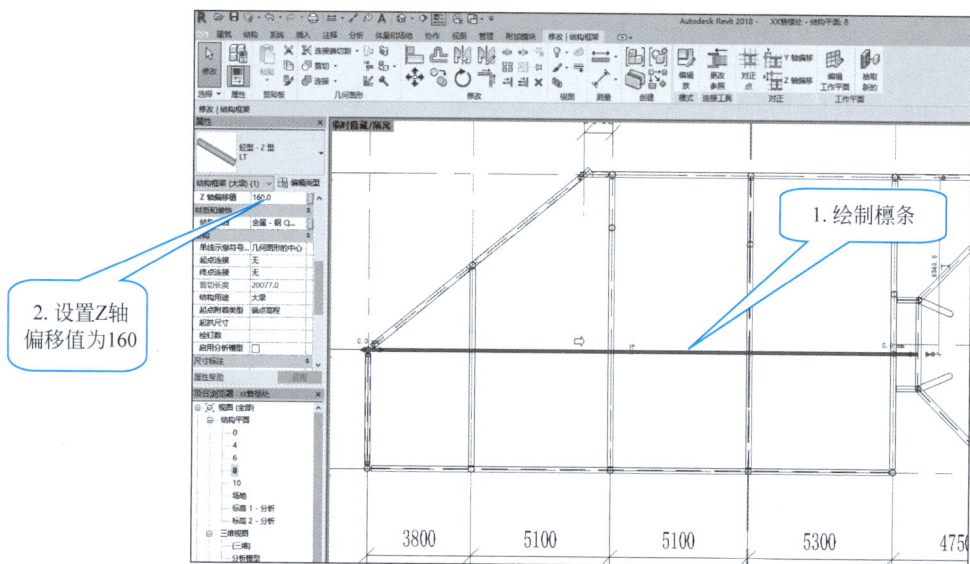

图 14.4.10　绘制 LT 檩条

（11）以相同方法根据 8 米标高平面布置图和 10 米标高屋面布置图布置所有檩条，双击"项目浏览器"→"三维视图"→"{三维}"，查看檩条创建完成后的效果，如图 14.4.11 所示。

（12）双击"项目浏览器"→"结构平面"按钮，双击"8"打开标高为 8 的结构平面，单击"插入"选项卡→"从库中载入"面板→"载入族"按钮，单击"从库中载入"面板→"载入族"按钮，选择系统族中的"结构"→"框架"→"轻质钢"→"轻型 - 角钢"，单击"打开"按钮（不同版本目录会稍有不同），如图 14.4.12 所示。

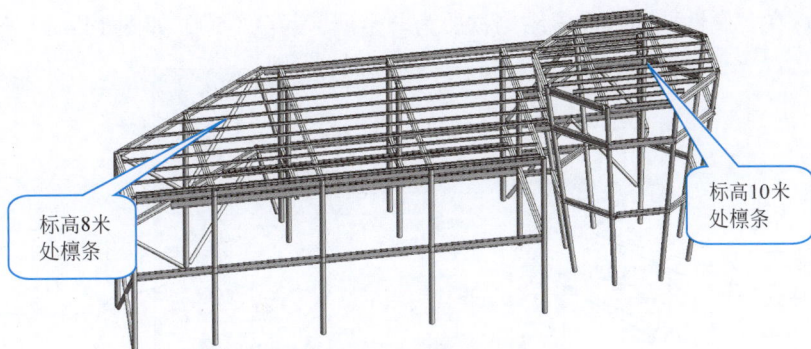

标高8米处檩条

标高10米处檩条

图 14.4.11 檩条三维效果图

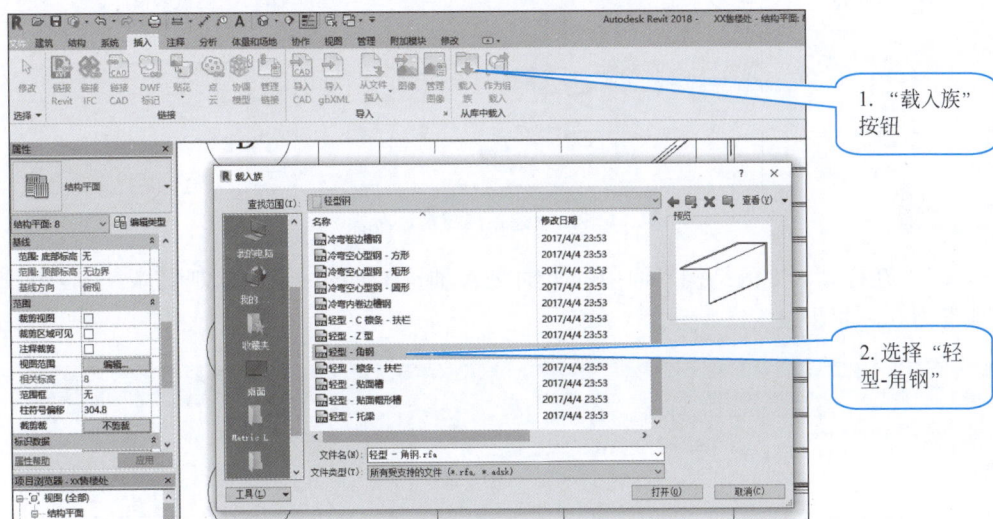

1. "载入族"按钮

2. 选择"轻型-角钢"

图 14.4.12 载入角钢

（13）选择任意一个类型，单击"确定"按钮，如图 14.4.13 所示。

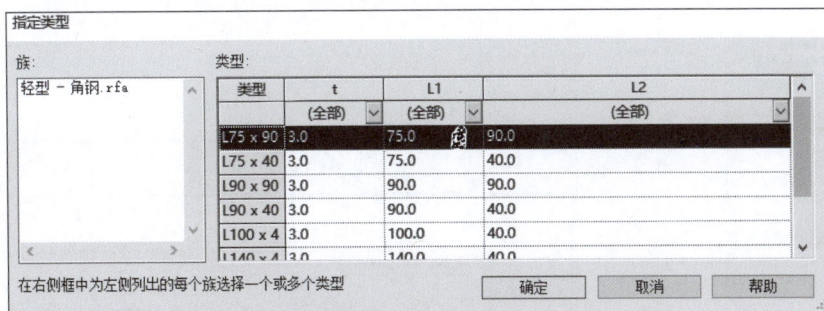

图 14.4.13 指定类型

（14）单击"结构"选项卡→"结构"面板→"梁"按钮，在"属性"面板中找到轻型 - 角钢，单击"编辑类型"进入类型属性对话框，单击"复制"按钮，输入名称为YC，单击"确定"按钮。在类型属性对话框中将 t 设为 4.0，$L1$、$L2$ 设为 50，单击"确定"按钮。在"属性"面板设置结构材质为"金属 - 钢 Q235"，如图 14.4.14 所示。

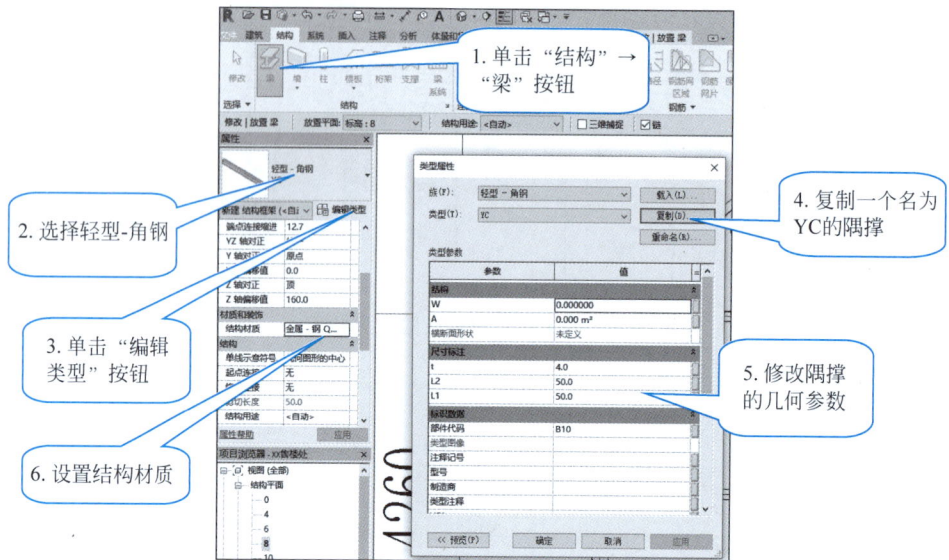

图 14.4.14　编辑隔撑类型参数

（15）在标高为 8 的结构平面中的 1 轴交 A 轴、B 轴的中点处绘制隔撑，将 Z 轴偏移值设为 0，如图 14.4.15 所示。

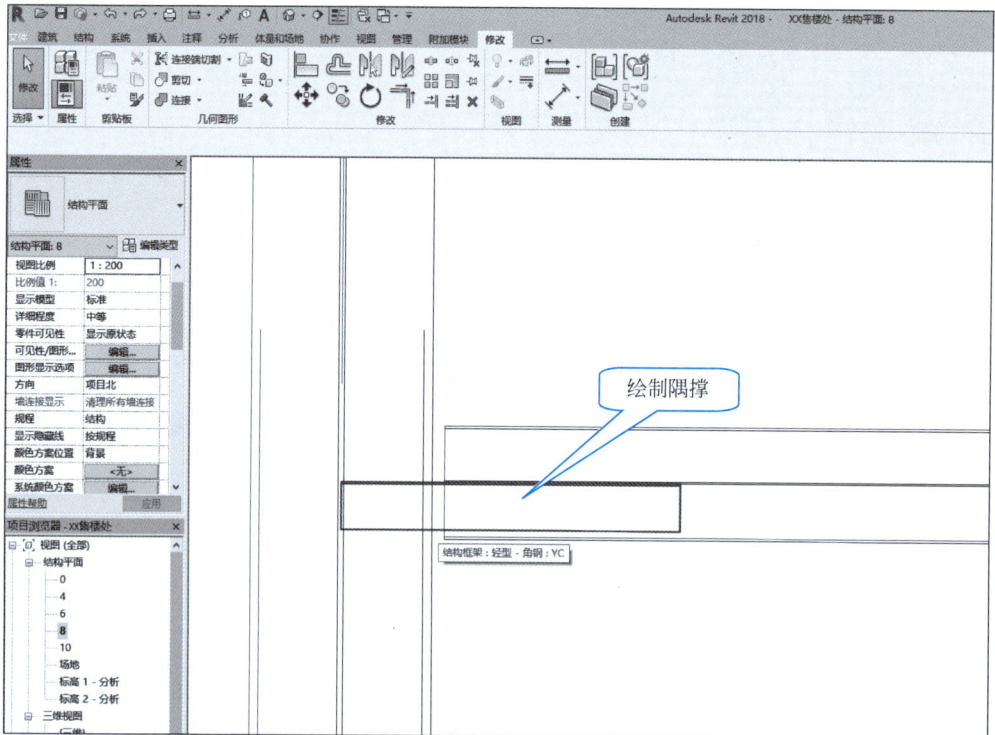

图 14.4.15　绘制隔撑

（16）双击"项目浏览器"→"三维视图"→"{ 三维 }"，选中隔撑，设置起点标高偏移−250，拖动终点上的三角箭头，使隔撑与檩条相接，创建完成后的效果如图 14.4.16 所示。

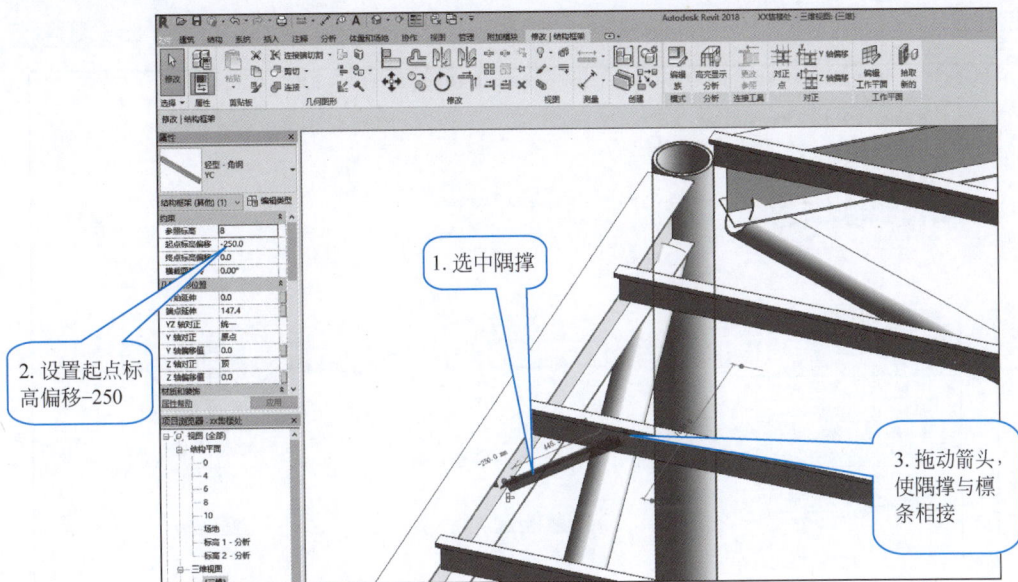

图 14.4.16　修改隔撑

（17）使用复制、镜像等工具根据 8 米标高平面布置图和 10 米标高屋面布置图，布置其他隔撑，创建完成后的效果如图 14.4.17 所示。

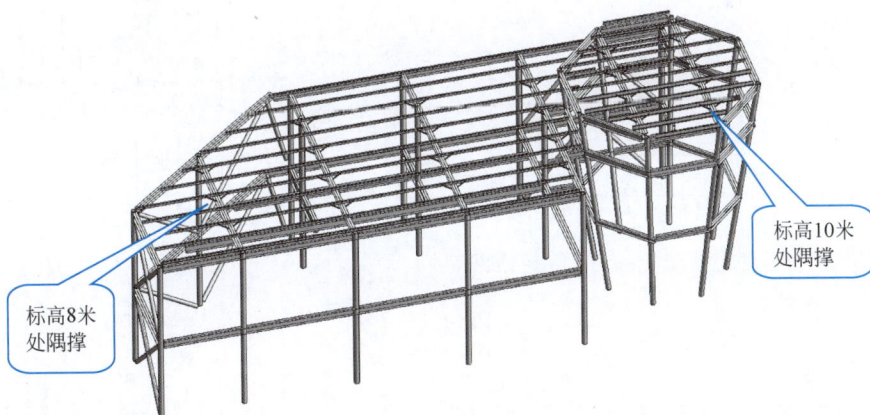

图 14.4.17　隔撑三维效果图

习题

根据图 14.4.18~ 图 14.4.21 完成中国图学会第二十三期“全国 BIM 技能等级考试”二级（结构）试题某售楼处钢结构模型的创建。

教学视频：考题分析与操作视频

四、根据以下图纸，建立某售楼处钢结构模型，并创建有关明细表及图纸，标明尺寸和位置的构件需要准确布置，未标明的不作要求。（50分）

1. 建立轴网、标高；
2. 建立整体钢结构模型，包括：柱脚、钢梁、钢柱、斜撑、隅撑、檩条等。
3. 绘制6米标高平面布置图，添加尺寸标注，并对构件进行标注；
4. 创建材料明细表，统计Q235钢材用量；
5. 创建柱脚大样一详图，并添加尺寸标注；
6. 创建A1尺寸图纸，将6米标高平面布置图、材料明细表、柱脚大样一详图一起放置于一张图纸中；
7. 将结果以“钢结构模型+考生姓名.xxx”为文件名保存到考生文件夹中。

主要构件明细表

类型标记	名称	截面尺寸	材质
GZ1	钢柱	圆管Φ245X16	Q235
GZ2	钢柱	圆管Φ219X12	Q235
GL1	钢梁/窄翼缘H形钢/	HN300X150X6.5X9	Q235
GL2	钢梁/窄翼缘H形钢/	HN200X100X5.5X8	Q235
GL3	钢梁/窄翼缘H形钢/	HN600X200X11X17	Q235
GL4	钢梁/窄翼缘H形钢/	HN400X200X8X13	Q235
GL5	钢梁/窄翼缘H形钢/	HN350X175X7X11	Q235
XG	斜撑	Φ180X10	Q235
LT	Z形檩条	Z160X60X2.5	Q235

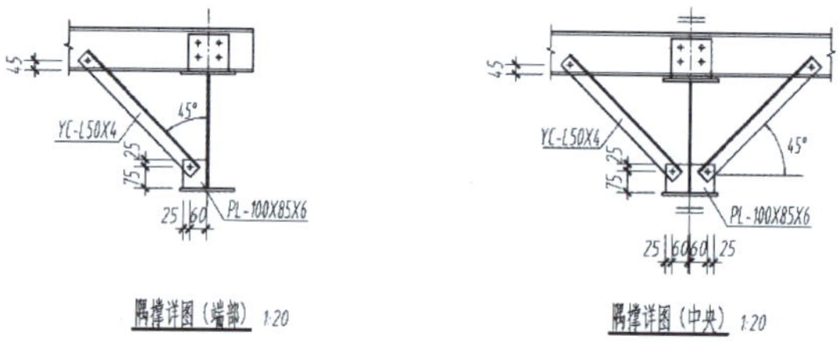

图 14.4.18　某售楼处钢结构模型图纸（一）

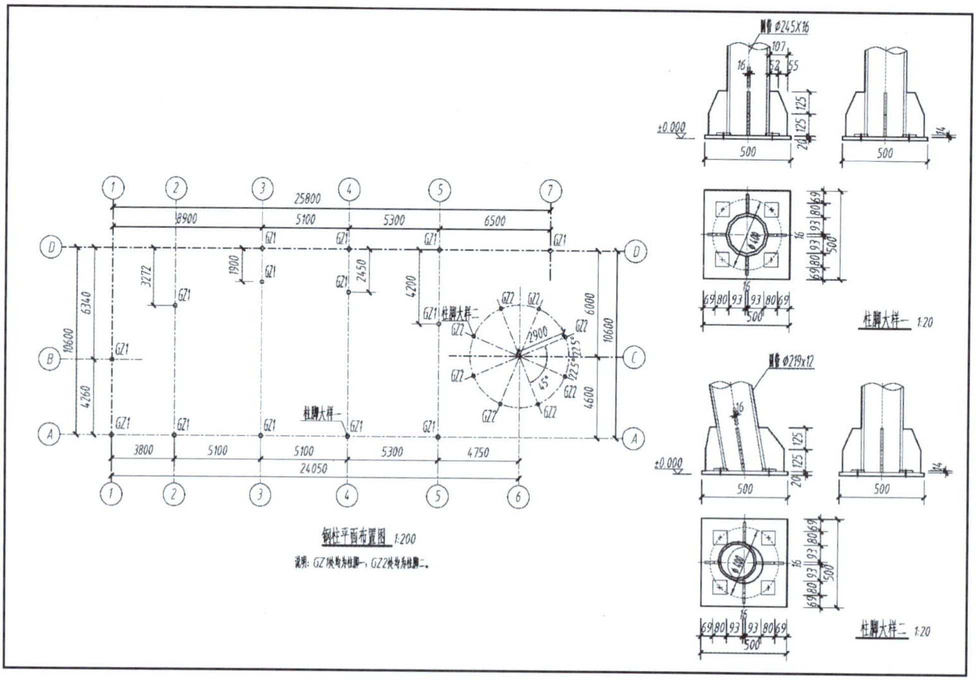

图 14.4.19　某售楼处钢结构模型图纸（二）

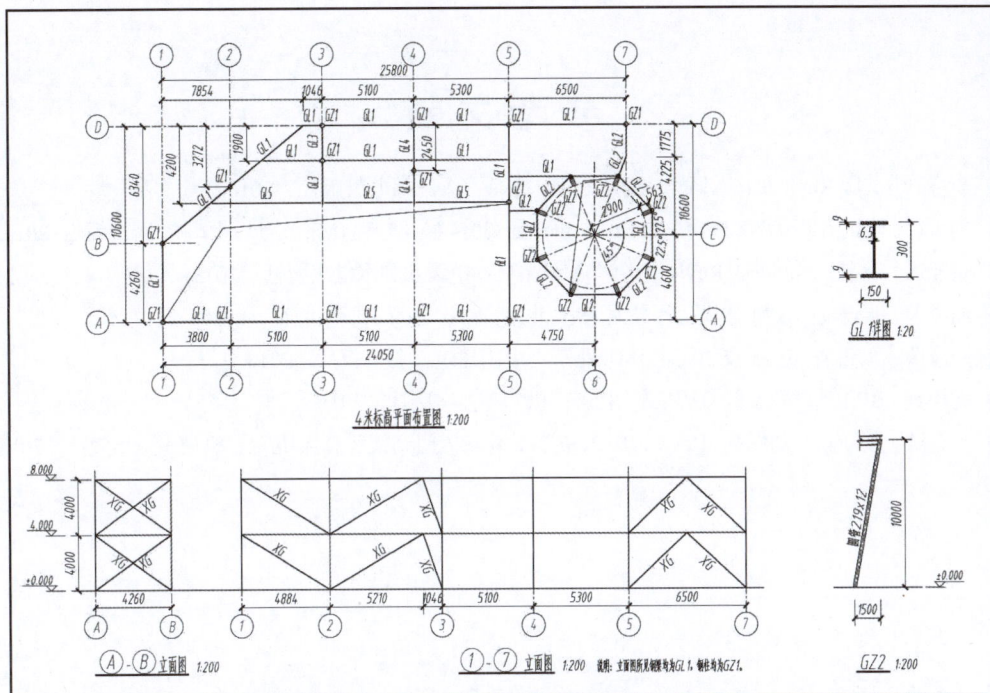

图 14.4.20 某售楼处钢结构模型图纸（三）

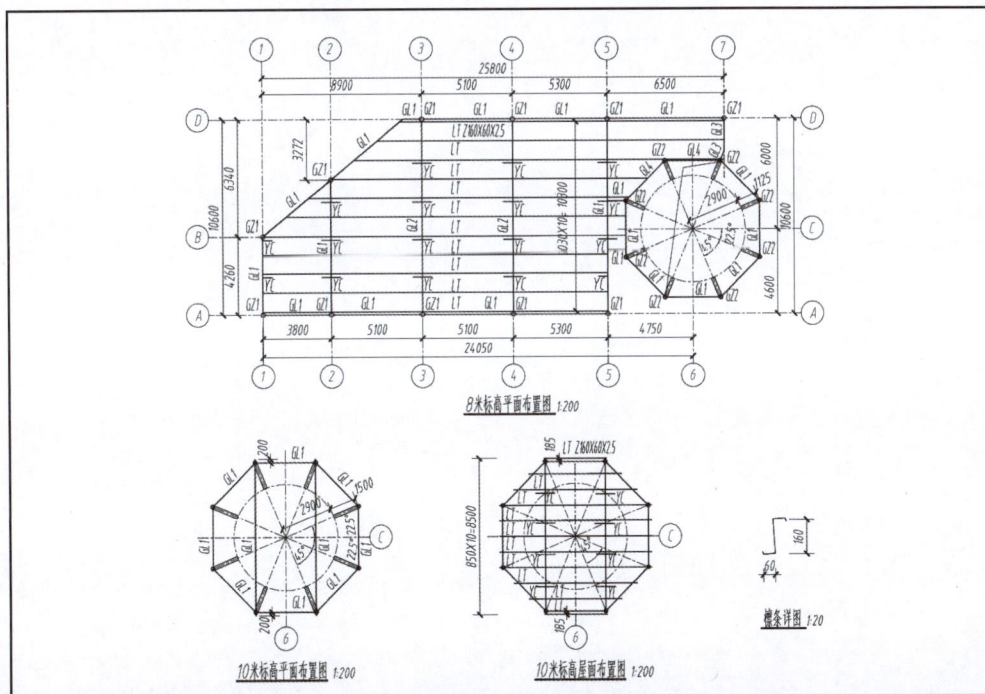

图 14.4.21 某售楼处钢结构模型图纸（四）

参 考 文 献

[1] 李鑫. 中文版 Revit 2016 完全自学教程 [M]. 北京：人民邮电出版社，2016.

[2] 刘孟良. 建筑信息模型（BIM）Revit Architecture 2016 操作教程 [M]. 长沙：中南大学出版社，2016.

[3] 黄亚斌，徐钦. Autodesk Revit 族详解 [M]. 北京：中国水利水电出版社，2013.

[4] 陆泽荣，叶雄进. BIM 建模应用技术 [M]. 北京：中国建筑工业出版社，2018.

[5] 陆泽荣，刘占省. BIM 技术概论 [M]. 北京：中国建筑工业出版社，2018.

[6] 鲍学英. BIM 基础及实践教程 [M]. 北京：化学工业出版社，2016.

[7] 王金城，杨新新，刘保石. Revit 2016/2017 参数化从入门到精通 [M]. 北京：机械工业出版社，2017.